国家林业和草原局普通高等教育"十四五"规划教材

木材科学与
工程导论

周晓燕　主　编

中国林业出版社
China Forestry Publishing House

内 容 简 介

本教材是国家林业和草原局普通高等教育"十四五"规划教材。全书共 12 章,主要介绍了木材多尺度结构与性能、木材绿色改性技术、木材胶接与涂饰、木基复合材料、先进木质材料、木制品智能制造以及木结构建筑等木材科学和木材加工工程领域的基本知识,解析了木材与人类文明的关系,分析了木材科学与工程中的经济、环境与社会问题。

本教材适用于高等学校木材科学与工程、家具设计与工程、材料科学与工程、林学等专业学生学习,也可供相关生产企业的技术和管理人员学习和参考。

图书在版编目(CIP)数据

木材科学与工程导论 / 周晓燕主编. —北京:中国林业出版社,2023.12
ISBN 978-7-5219-2484-8

Ⅰ.①木… Ⅱ.①周… Ⅲ.①木材科学-高等学校-教材 Ⅳ.①S781.1

中国国家版本馆 CIP 数据核字(2023)第 248921 号

策划、责任编辑:田夏青
责任校对:苏 梅
封面设计:周周设计局

出版发行:中国林业出版社
　　　　　(100009,北京市西城区刘海胡同 7 号,电话 010-83223120)
电子邮箱:cfphzbs@163.com
网址:https://www.cfph.net
印刷:北京中科印刷有限公司
版次:2023 年 12 月第 1 版
印次:2023 年 12 月第 1 次
开本:850mm×1168mm 1/16
印张:18.75
字数:462 千字
定价:55.00 元

《木材科学与工程导论》
编写人员

主　　编　周晓燕（南京林业大学）

副 主 编　王成毓（东北林业大学）

　　　　　石江涛（南京林业大学）

参编人员　（按姓氏拼音排序）

　　　　　郭晓磊（南京林业大学）

　　　　　连海兰（南京林业大学）

　　　　　刘志鹏（南京林业大学）

　　　　　潘明珠（南京林业大学）

　　　　　卿　彦（中南林业科技大学）

　　　　　王明枝（北京林业大学）

　　　　　王志强（南京林业大学）

前　言

进入 21 世纪以来，信息技术、纳米科技等新技术浪潮推动林产工业的产业结构、生产方式等发生了深刻变革，产业转型升级和创新发展急需培养一批高水平、多学科背景的复合型农林人才。

"木材科学与工程导论"是面向大学一年级新生开设的专业引导性课程，在全国设有木材科学与工程、家具设计与工程、材料科学与工程等专业的农林院校都是专业必修基础课程。本课程旨在促进学生掌握专业领域基本知识，了解行业发展动态，加深对所学专业的认识。但是，国内高校同行中并未有正式出版的相关专业教材。本教材在南京林业大学木材科学与工程专业长期建设所获经验的基础上，联合东北林业大学、北京林业大学和中南林业科技大学，以木材结构—性质—利用为主线，分别结合多尺度结构解析、实木加工利用、木质单元基复合材料、木质基精细化和功能化利用、木质制品智能制造、木结构建筑等主题，全面系统地阐述现代木材科学与工程专业的基础知识。本教材既注重基本概念和基础理论，又紧密结合本专业领域的前沿进展和发展趋势，并有机融入国家生态文明建设、乡村振兴和"碳达峰、碳中和"等重大战略内容以及爱国情怀、工匠精神、职业使命担当等思政教育内容，着力培养好品德、高水平、多学科背景的复合型农林人才。

本教材由周晓燕任主编，王成毓、石江涛任副主编。编写人员分工如下：周晓燕编写前言、第 1 章、第 5 章；王成毓编写第 7 章；石江涛编写第 2 章、第 3 章(部分)、第 12 章；王明枝编写第 3 章(部分)；连海兰编写第 4 章；卿彦编写第 6 章；刘志鹏编写第 8 章；潘明珠编写第 9 章；郭晓磊编写第 10 章；王志强编写第 11 章。

本教材是木材科学与工程专业的一本综合性教材，涉及面广，但限于编者水平，书中欠妥、疏漏之处在所难免。恳请广大读者批评指正，谨致谢忱！

编　者
2023 年 8 月于南京

目 录

前 言

第1章 绪 论 ……………………………………………………………… 1
  1.1 木材与人类生活 ………………………………………………… 1
  1.2 木材的生态属性及科学利用的意义 …………………………… 9
  1.3 我国木材资源及加工利用现状 ………………………………… 12
  1.4 木材科学与工程专业概述 ……………………………………… 15

第2章 木材基本特性 …………………………………………………… 19
  2.1 森林类型与木材类别 …………………………………………… 19
  2.2 木材的生成 ……………………………………………………… 22
  2.3 木材的生物学特性 ……………………………………………… 24
  2.4 木材的多孔性 …………………………………………………… 31
  2.5 木材与水分 ……………………………………………………… 34
  2.6 木材的环境学特性 ……………………………………………… 38

第3章 木材绿色改性技术 ……………………………………………… 45
  3.1 木材性质遗传改良 ……………………………………………… 45
  3.2 木材热处理 ……………………………………………………… 52
  3.3 木材增强处理 …………………………………………………… 54
  3.4 木材防腐(生物危害防治)处理 ………………………………… 56
  3.5 木材阻燃处理 …………………………………………………… 58

第4章 木材胶接与涂饰 ………………………………………………… 62
  4.1 木材胶黏剂 ……………………………………………………… 62
  4.2 木材胶接技术 …………………………………………………… 72
  4.3 木材表面涂饰 …………………………………………………… 76

第5章 木基复合材料 …………………………………………………… 84
  5.1 概述 ……………………………………………………………… 84
  5.2 木材/合成树脂复合材料 ………………………………………… 89
  5.3 木材/无机胶凝复合材料 ………………………………………… 97
  5.4 木材/塑料复合材料 ……………………………………………… 101
  5.5 木材/金属复合材料 ……………………………………………… 106

第6章　木质纳米纤维素材料 …………………………………………………… 110
　　6.1　概述 ………………………………………………………………………… 110
　　6.2　木质纳米纤维素的解离方法与原理 ……………………………………… 111
　　6.3　木质纳米纤维素的结构与性质 …………………………………………… 113
　　6.4　木质纳米纤维素功能材料 ………………………………………………… 116
第7章　木材仿生材料 …………………………………………………………… 135
　　7.1　自然界的仿生材料 ………………………………………………………… 135
　　7.2　仿生智能木材 ……………………………………………………………… 136
　　7.3　仿生人工木材 ……………………………………………………………… 163
第8章　木材基光电功能材料 …………………………………………………… 172
　　8.1　木材与光电转化概述 ……………………………………………………… 172
　　8.2　木材基光学材料 …………………………………………………………… 173
　　8.3　木材材料与电子器件 ……………………………………………………… 179
第9章　木基3D打印材料 ……………………………………………………… 190
　　9.1　3D打印与增材制造 ……………………………………………………… 190
　　9.2　木基3D打印技术 ………………………………………………………… 196
　　9.3　木基3D打印材料 ………………………………………………………… 201
　　9.4　木基3D打印的趋势 ……………………………………………………… 205
第10章　木制品加工与智能制造 ……………………………………………… 211
　　10.1　木材机械加工基础 ……………………………………………………… 211
　　10.2　木材机械加工装备 ……………………………………………………… 216
　　10.3　木制品智能制造技术 …………………………………………………… 225
第11章　木结构建筑 …………………………………………………………… 235
　　11.1　木结构概述 ……………………………………………………………… 235
　　11.2　木结构发展 ……………………………………………………………… 246
　　11.3　木结构技术及发展 ……………………………………………………… 251
第12章　木材科学与工程中的社会、经济和环境问题 ……………………… 267
　　12.1　木材科学与工程中的社会问题 ………………………………………… 267
　　12.2　木材科学与工程中的经济问题 ………………………………………… 275
　　12.3　木材科学与技术中的环境问题 ………………………………………… 281
参考文献 …………………………………………………………………………… 289

第1章
绪　论

本章阐述了木材与人类文明的关系，分析了木材的生态学属性及科学利用的意义，概述了我国木材资源及加工利用现状，介绍了木材科学与工程专业的知识和课程体系、专业学习方法和职业发展方向。

木材是大自然赋予人类的宝贵财富。自有人类以来，木材一直伴随着人类社会的发展。人类的祖先就是从"构木为巢""钻木取火"的艰苦岁月中走出来的，可以说，木材在人们的吃、穿、住、行中起着举足轻重的作用，即使在科技、经济如此发达的今天，木材仍然在人类的生产和生活中扮演着无可替代的角色，木材对人类文明和社会进步作出了巨大贡献。人类对木材的研究和利用，开启了人类文明之窗。

1.1　木材与人类生活

1.1.1　木材与生活

1.1.1.1　木材与衣

人类来到地球大约有 300 万年历史，其中 200 多万年是以素颜裸体面世，大约在 10 万年前，早期智人开始在身上佩戴一些树叶、树枝和花草等饰物，这或许可以被看作衣服的起源。随着人类体毛在漫长的进化过程中逐渐退化，衣服逐渐成为人们生活的必需品。最先，远古人把一片片树叶串联起来，披在身上，制成了最原始的衣服；但是，由于这种树叶衣披在身上稍微一动就会纷纷散落，这使得人们行动极为不便，后来，人们把树皮剥下来，经过捶打、洗涤、晾干等工序，制成比较柔软的树皮料，并用这种树皮料缝制成树皮衣服。据古代典籍记载，至少在 3000 年以前，中国海南岛已经出现了树皮衣。考察中华文明历史可知，衣服是沿着"树叶—树皮—动物毛皮—麻布—丝绸—棉纱—化纤"这一路径演化而来的。木竹材是天然高分子材料，现代科学技术已经可以把木材的主要成分——纤维素加工成木纤维布料。这种木纤维布料像棉布一样，具有很好的保暖性和柔韧性，且其透气性、吸汗性、抗菌性和抗静电性都优于棉料，在服装领域的应用前景十分广阔。

衣服除了御寒功能，还有美饰功能，而木材在实现衣物的美饰功能方面也可以发挥很好的作用。木材是由细胞构成的，木材中各类细胞的大小、形状和排列组合既严格遵守物种进化的自然法则，又因自然环境影响而变幻无穷。不同树种的木材、同一树种不

同植株的木材、同一植株不同部位的木材以及同一部位不同切削方向形成的木材表面都
会产生不同的纹理、花纹和图案，将这些由木材各类细胞和组织形成的天然美学图案应
用于服装设计，具有天然的亲和性。图 1-1 中乔木刺桐的木材构造十分特别，其轴向薄
壁组织非常丰富，且成叠生构造，在木材弦切面上，短小的纺锤形轴向薄壁组织整齐地
排列在同一个高度，形成波浪状，它们与粗大的木射线一起构成蝶衣图纹，巧妙地将此
蝶衣图纹应用于服装设计，会产生一种天然的铠甲时装效果。

图 1-1　乔木刺桐木材显微构造美学图案在衣物上的应用

1.1.1.2　木材与食

　　远古时代，人类是地道的素食者，以山林果实为生，后来在与食人猛兽的搏斗过程
中，人类学会了杀戮，并像其他野兽一样过着茹毛饮血的野蛮生活。在 100 多万年前，
人类发明了"钻木取火"术。自从掌握了钻木取火技术，人类用火得以普及推广。从此，
人类告别了茹毛饮血的野蛮时代，生活逐渐走向文明。时至今日，一些地方的人们还在
用柴火烧水、煮饭和取暖。

　　在原始时期，人类进食时直接用手来抓。当人类掌握了钻木取火技术后，知道用火
煮、烤食物能享受到更好的美味。为了从火中或沸水中捞取食物，他们就地折下两根柴
枝，用来夹取烫手的食物，这应该是筷子的雏形。直至今日，最普遍使用的是竹木筷
子，它具有挑、拨、夹、拌、扒等多种功能，使用方便，价廉物美，是世界上一种独特
而神奇的餐具。筷子诞生以后，随着人们对木材认识的不断全面和深入，相继又制作出
了碗、瓢、盆、刀、叉、勺、铲等各种木制食具。现在，这些食具已经成为中华民族餐
饮文化和人类文明的重要内涵，筷子更被视为东方文明的典型特征。

　　在人类的原始时期，山林野果曾是我们祖先的主食。随着农牧业和水产业的发展，
人类的食品种类越来越多。现在，木本水果虽然已经不再是人们赖以生存的主食，但依
然是人们餐余饭后的美味，如杨梅、苹果、蓝莓、樱桃、柿子、柑橘、杨桃、石榴、荔
枝等。除了这些美味的木本水果以外，自然界还拥有许多木本粮食，比如面条树，属于
夹竹桃科鸡骨常山属，学名糖胶树（*Alstonia scholaris*）。面条树的果实为长须状，果肉充
实，味道香甜，富含淀粉、维生素 A、维生素 B 以及少量蛋白和脂肪。将面条树的须状

干果放入水中煮熟，加上佐料，即成为美味的面条，口感如同面粉做的面条，营养丰富，可以作为人们的口粮。又如大米树，属于棕榈科西谷椰属，又名西谷椰(*Metroxylon sagu*)，其茎髓细胞中含有丰富的淀粉，所以人们通常在树木花期到来之前，伐倒树木，将其锯切成数段，然后劈开木段，用刀刮取茎髓水中的淀粉。这种淀粉经浸泡、澄清和干燥等过程，可成洁白晶莹的大米状颗粒，即"西谷米"。此外，还有许多坚果类树木，如板栗、榛子、腰果、核桃、开心果和夏威夷果等，其果实中富含淀粉和油脂，也可以作为木本粮食。

1.1.1.3 木材与住

人类祖先以采集和狩猎为生，他们以天为被，以地为床，居无定所。大约在公元前1万年，由于人口的增长，物资需求不断扩大，受生活所迫，这时人类开始由采集和狩猎转向农耕生活。从事农耕需要有相对固定的土地，土地上种植的农作物需要几月甚至几年才能收获，所以人类从此开始逐渐形成居家生活。住房和起居设施是居家生活的必需品。人类的原始住房与动物世界极为相似，主要分为巢居和穴居两种形式。巢居相当于动物世界的鸟窝，穴居相当于动物世界的土洞。在中国古代文献中曾记载有巢居的传说，如《韩非子·五蠹》中记载，"上古之世，人民少而禽兽众，人民不胜禽兽虫蛇。有圣人作，构木为巢以避群害"。由此可以推测，巢居是低洼潮湿而多虫蛇的地方采用过的一种原始居住方式，我国长江中下游地区的原始人类多采用巢居方式。中华民族文化主要发源于黄河与长江两大流域，其中黄河中下游为上古文化的主要发祥地。这里广阔而肥沃的土地适于发展农耕经济，而且气候干燥，土质细密，并含有一定的石灰质，适于挖掘洞穴。所以，当母系氏族社会进入农耕时代，在生活上提出定居的要求之后，穴居这一形式在黄河中下游流域成为居家的主流形式。由此可见，巢居和穴居是原始人类居家的基本形式，是后来人类文明中居家建筑发展的起点。

先秦文献追述建筑的起源，认为是从"有巢氏"教人"构木为巢"开始的。人类的巢居本质上源于森林古猿的"树宿"。森林古猿白天采摘林中野果，夜晚栖息树杈之上，这就是人类祖先的生活状态。氏族社会初始，当居家成为需要和可能的时候，人们自然地继承祖先衣钵，刚开始都采用树宿(巢居)的居家方式。《礼记·礼运》中有记载，"昔者先王未有宫室，冬则居营窟，夏则居橧巢"。公元前1万年左右的氏族社会初期，出现了搭在单棵树上的窝棚，即独木橧巢。公元前8500年左右的氏族社会早期，发展为搭建在多棵树上的窝棚，即多木橧巢。到公元前5000年左右的母系氏族晚期，出现了由桩、柱构成架空基座的"宫"型建筑，称为干阑式建筑(图1-2)。

(a) 独木橧巢　　(b) 多木橧巢　　(c) 干阑式建筑

图1-2　原始巢居的演变过程

氏族社会初期，由于黄河中下游地区的黄土质地细密，并含有一定石灰质，其土壤结构呈垂直节理，易于壁立，不易塌陷，适于洞穴的制作。进入农耕时代，穴居成为中国北方地区的主流家居方式。穴居起源于天然洞穴，出现于公元前2万年左右。人类祖先从树上来到地面之初，像其他动物一样借居天然洞穴，如北京周口店山顶洞人就是如此。公元前1万年的新石器时期，人们基于居住天然洞穴的经验，首先学会了掏挖横穴作为栖身之所(图1-3)，即现代窑洞的雏形。建造横穴需要借助天然的立壁，这给穴居的建造带来了一些不便。鉴于黄河流域的土壤具有易于壁立不塌陷的特点，公元前6000年左右，横穴逐渐发展成了竖穴。公元前4000年左右，又出现了半地穴居。人类从穴居来到地面上发生于公元前2000年左右。随着人类营造经验的不断积累，生产工具和生产技术不断提高，土木混合结构建筑得到迅速发展，并延续至今。

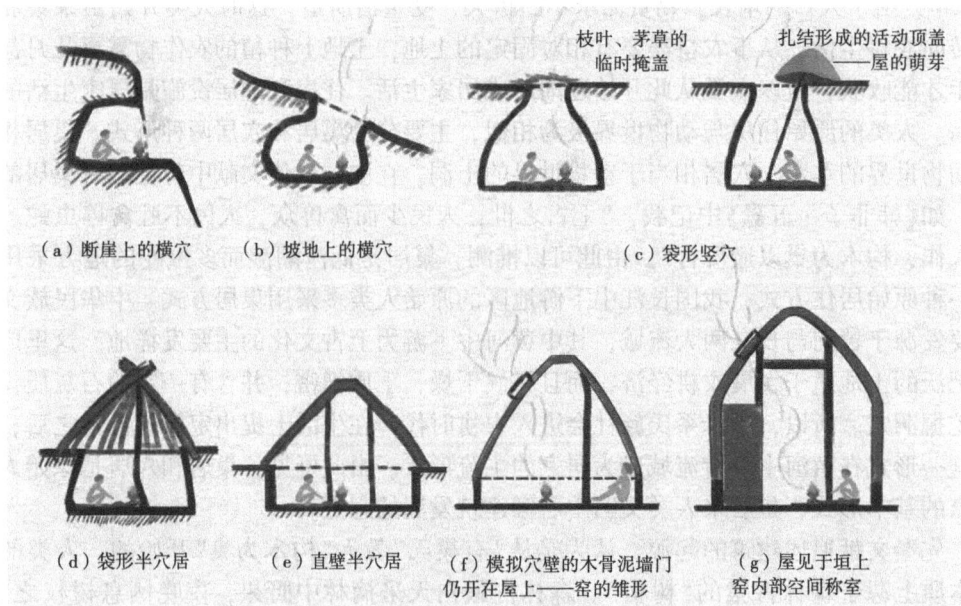

图1-3　原始穴居的演变过程

人们居家生活最基本的居家设施就是床和桌椅。原始时期，床就是橧巢上用柴枝铺就的平台，历经数万年之后，演变成了现代的木床。原始时期，人们需要坐下来休息时自然会找到一些天然的石墩或木墩当作坐具。通过亲身感受，人们认识到坐在木墩上比较舒适，冬天不会感觉冰凉，夏天不会感觉热烫，于是人们把木墩搬回家里，这样就有了朴素的木墩家具。随着金属切削工具的问世，大大提高了人们的木作技艺，于是就有了现代漂亮的桌椅家具。

1.1.1.4　木材与行

人类首先通过攀扶树枝学会了站立，但因为树干不能随身移动，于是人类很自然地捡起了地上的木棍，用它替代树干的扶持作用，开始学习直立行走。经过世世代代的自我训练和进化，大约在360万年前，人类实现了自如地直立行走。

当人类有了直立行走的能力以后，活动范围不断扩大，这样必然会遇到山间溪流的阻隔，人类祖先借助天然倒木，即桥梁的雏形，越过了山间溪流。长期对天然倒木"桥梁"的使用，让人们体验了木材，认识了木材属性，于是自发地开始用木造桥跨越行路中的水流和沟壑。据史料和考察，在原始社会，中国就有了独木桥和数根圆木排拼而成的木梁桥，距今已有7000多年的历史。大约在公元前1400年，人类进入铁器时代，这使得木材采伐和加工器具有了质的飞跃。春秋时期，木工祖师爷鲁班发明了锯子和墨斗等木工工具，木材加工技术和效率大幅度提高，因而大大推动了桥梁建造技术的发展。在先秦时期，中国已普遍出现了多跨木柱木梁桥和木浮桥。随着人类知识的积累和科学技术的发展，现代桥梁建造技术不断提高，规模不断增大，已能彻底征服人类文明旅途中山水阻隔的障碍。

距今3万~2万年的旧石器时代中晚期，人类的狩猎活动非常活跃，外出狩猎后常常满载而归。为了将猎物搬运回家，人类发明了用藤蔓铰接树枝的运送猎物工具——木橇，它可被看作现代车的雏形。进入新石器时代（大约距今1.2万年）以后，随着磨制石器的出现，使得砍伐树木成为可能，人们为了提高木橇拖运货物的效力，自发地以滚动替代滑动，从而出现了车轮的萌芽[图1-4(a)]。为了解决圆木桩滚动难以通过坑洼不平地段的问题，人们将圆木桩的中间部分逐渐削小，大约在距今1万年前演变成了哑铃形状的合轴车轮。为进一步解决合轴车轮的转弯问题，经过长时间的改进实践，大约在4000年前，实现了轮与轴的分离，产生了分轴车轮[图1-4(b)]。为了减轻车轮质量，大约在3200年前，出现了辐条车轮[图1-4(c)]。大约在1500年前，人们开始在木制车轮外圆套上铜箍或铁箍，以减少木制车轮的磨损，延长使用寿命。后来，为了进一步减少行车震动，提高乘车舒适性，大约1000年前出现了装有硬质橡胶圈的钢制车轮[图1-4(d)]。由于这种实心的硬质橡胶车胎的减震性依然不好，到了19世纪80年代，车轮最后演变成了现代的充气车轮[图1-4(e)]。

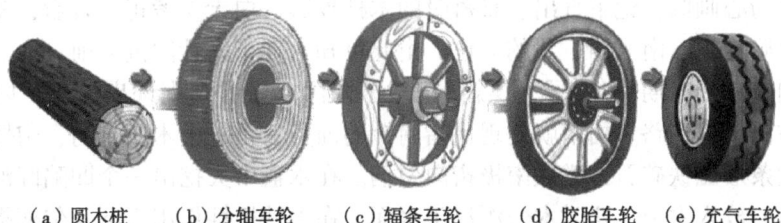

（a）圆木桩　（b）分轴车轮　（c）辐条车轮　（d）胶胎车轮　（e）充气车轮

图1-4　车轮的演变过程

捕捞是远古人类重要的谋生手段之一，为了获得更大的收获，人们需要借助水上运输工具到远离岸边的深水区域作业。大约在1万年以前，人们开始刳木为舟，剡木为楫，于是舟船就在这一时期诞生了。远古先民们以粗大的树木为原料，经自然干燥后，采用钻木取火的方法，点燃树枝，烧烤原木上需要挖掉的地方，烧焦之后再用刀刮削，如此火烧、刀刮反复交错进行，即可挖出独木之舟的肚部；在需要保留的地方，则涂上一层潮湿的泥浆，用于阻隔火苗。从"刳木为舟，剡木为楫"开始，到工业革命之后、蒸汽机出现以前，在水运的发展中，无论是船体还是驱动装备（桨和橹），都是以木材为主。现在舰船制造以钢铁为主，这只是近200年的事情。此前1万多年的发展历史过程中，木材一直是舟船文化的主角。

古往今来，像鸟儿一样自由飞翔，去看星星、看月亮，是人类有史以来的伟大梦想。仿鸟飞行是航天事业发展的原始动力。2400多年前，木匠鼻祖鲁班发明了木制风筝(称为木鸢)，用作军事通信工具。从飞行原理来看，风筝可以看作现代飞机的雏形。我国明朝初期的木匠万户提出了火箭载人登月的设想，并进行了尝试，为现代航天技术发展奠定了基础，他也成为世界公认的"人类真正的航天始祖"。意大利文艺复兴时期的天才艺术家和科学发明家达·芬奇设计了一种能像鸟那样扇动翅膀飞行的木质机器——扑翼机。该机器前部装有鸟羽毛的横杆，能像划桨一样扇动空气，从而推动飞行。自此以后，许多人献身于扑翼机的制作和改进。直至现在，真正实用的扑翼机还没有成功，现在商用飞机的机翼都还是固定不能动的，远不及羽翼那样轻便灵活。19世纪下半叶内燃机的问世，让人类实现动力飞行成为可能。1903年，美国莱特兄弟驾驶着亲手制作的木结构飞机"飞行者1号"实现了人类第一次驾机动力飞行，从此，人类真正进入飞机时代。从木匠鼻祖鲁班的木鸢制作、木匠万户的飞行壮举、达·芬奇的扑翼机，一直到莱特兄弟的"飞行者1号"，人们基于对木材性能的认识，一直以木材为基本材料来制作各种各样的飞行器，可见木材对人类航天事业的起源、形成和发展起到了无可替代的作用。

1.1.2 木材与科学

1.1.2.1 木材与四大文明

我国是世界文明古国之一，其中的重要标志即中国古代四大发明——指南针、造纸术、火药和印刷术。指南针是一种用来判别方向的简单仪器，是四大发明中最早的一项发明。早在8000多年前，我国古人就掌握了"立杆测影"判定方位的技法。据《周礼·冬官·考工记》记述，工匠造城时用悬水法测量地平，用悬绳设置木柱，用以观察日影。以木柱为心画圆，记下日出、日落时的木柱投影，白天参考正午日影，夜里参考北极星，可以确定东、南、西、北的方位。由此可知，在指南针问世以前，人们依靠木杆来测定方向。战国时期《鬼谷子·谋篇》记载了郑国人带着司南外出采玉，以便随时定向，防止在深山里迷路。司南就是现代指南针的前身，是一个木质长勺，勺体内部埋藏有一块天然条形磁铁矿石，磁铁南极指向勺柄。在木盘中央挖出一个凹陷圆池，池中添加少量水后，放入木勺，这时木勺漂浮于水面，在磁铁极性作用之下，勺柄指向正南方向。按照同样的原理，后来人们还用木材制成了指南鱼和指南龟。到了三国时期，人们又利用差速齿轮原理发明了全木结构的指南车，主要用于帝王仪仗车队的指向。可见，木材对于人类的定向活动起到了至关重要的作用。

原始时期，没有文字之前，人类社会的信息交流全靠声音来传递；有了文字之后，信息交流则需靠文字的载体。古埃及人利用尼罗河的莎纸草来记述历史，古欧洲人曾长期使用羊皮书卷，中国古人则用甲骨、竹简、木牍和绢帛来书写文字。东汉时期，蔡伦系统地总结和继承了前人的技术，并加以改进和提高，以树皮为原料，经过切片、洗涤后用石灰水浸泡，再经蒸煮后舂捣，此后进入水池中打浆，将浆料稀释后即可用滤网进行抄纸，再经晒晾和收纸，获得纸张成品。现代造纸工业就是在此基础上发展而来的。

火药的发明源于中国隋唐时期道家的炼丹术。古代帝王都希望能长生不老，永享荣华富贵，因此，他们总是千方百计地寻找长生不老的神丹妙药。据说唐朝初年，著名医学家兼炼丹家孙思邈(581—682)在炼长生不老丹药时，偶然发现硝和磺与木炭混合在一起会着火。因为硝、磺早在西汉时期就应用于医药，故把这种着火的东西称为"着火的药"，简称"火药"。大约 10 世纪初的唐代末年，火药配方由炼丹家转到军事家手里，诞生了中国古代四大发明之一的黑色火药。火药被引入军事，成为具有空前威力的新型武器，并引起了军事科技的重大变革。

印刷术的发明是人类历史上的一个重大里程碑，是中华民族对人类文明发展作出的伟大贡献。历史上，印刷术经历了雕版印刷和活字印刷两个发展阶段。在雕版印刷的关键环节雕版制作中，选用结构细腻均匀的木材为原料，首先将其锯制成合适厚度的木板，放在阴凉通风处自然干燥一年以上。然后，选取没有裂纹的木板，锯切成书页大小的版坯，再将版坯水浸月余，以除去木材内含物质。版坯阴干后刨削平整，用木贼草磨光后，即可用于印版雕刻。北宋毕昇于 1041—1048 年在雕版印刷的基础上发明了活字印刷术，其原理是将原来的整块木板刻字改为单字雕刻，然后再根据文稿逐字排版。但是，毕昇发明的活字印刷术采用的是泥活字，在实际应用中技术难度很大。大约 250 年之后，元代初期大农学家王祯（1271—1368）为尽快出版他的《农书》而进行了木活字印刷试验，并取得巨大成功。印刷术的发明为促进全人类知识积累、文化进步和科技发展发挥了极其重要的作用。

1.1.2.2　木材与计算科学

"算筹"是我国古代重要的数学工具之一。在人类进化初始时期，人们把手指当作计数"工具"，随着社会生产力的不断发展，计算涉及的数字越来越大，越来越复杂，用手指已经不能满足计算的要求。在此背景下，人们不得不借助其他工具来开展庞大的复杂计算。算筹应运而生，这是一种真正意义上的数学工具。据史书记载和考古发现，我国东周的春秋时期，人们以一些长 6 寸、径 1 分①的小木棍取代手指进行庞大复杂的计算，并逐渐形成了一套完整系统的筹算方法，这可以看作计算科学正式诞生的标志。之后，由算筹逐渐演变成算盘，并形成了用其来进行数字运算的计算方法——珠算，它以其简便的计算工具和独特的数理内涵而被誉为"世界最古老计算机"。

除此以外，现代计算科学与织布机有着不可分割的渊源，现代计算机的编程思想就来源于织布机的花纹编织控制方法。1804 年，法国人约瑟夫·玛丽·雅卡尔为了减轻纺织工人的劳动强度和提高工作效率，在老式提花机的基础上发明了穿孔纸带控制编制花样的提花机，其工作原理是预先根据需要编制的图案在纸带上打孔，根据孔的有无来控制经线和纬线的上下关系。这一发明为全人类打开了一扇信息控制的大门。1836 年，计算机科学先驱、著名的英国数学家查尔斯·巴比奇制造了一台木齿铁轮计算机，他利用雅卡尔的穿孔纸带原理进行了计算机编程，因此，人们将巴比奇称为"计算机的鼻祖"。

综上所述，简朴的算筹促进了计算科学的形成，精致的珠算促进了计算科学的发展，为人类留下了厚重的非物质文化遗产。用于木质织布机的经纬编织乃是现代计算机编程思想的起源。由此可知，木材对人类计算科学的起源与发展发挥了极其重要的作用。

1.1.2.3　木材与测量科学

在人类的原始时期，起初人们用自己的手和脚来丈量物体，当遇到比人类肢体大很

---

① 1 寸 ≈ 3.33cm；1 分 = 0.3117cm。

多而无法测量的情形时，则会用木棍和竹竿进行丈量，从而创造出了人类历史上最原始的测量工具——"木棍"。后来，为了提高测量精度，远古先民们把木棍做成平直的木条，并把它划分成若干等分，这就成了现今的"尺子"。为了能够测量圆柱的直径，人们又采用可以弯曲的竹篾等材料来制作"围尺"，这就有了后来的"丈量步车"和现今的"卷尺"。此外，人们还发明了一套完整、简单而又实用的粮食计量系统，即升、斗、斛、石等计量单位及其木质计量器具。总之，现代测量科学的发展、各种现代测量仪器的诞生，追根溯源，都离不开"木棍"这一原始的测量工具。

1.1.2.4　木材与计时科学

进入新石器时代以后，人类社会从采集、狩猎经济转型为农牧业经济。农牧业生产具有很强的季节性，人们的农事活动需要依时间和季节而行。系统的历法形成以前，观天象以定时是远古时期人们感受和认识时间的一种手段，通过观测并掌握日月星辰的位置变化（即运行规律），就能计量和确定一年的时节和一天的时辰。最初，人们发现了太阳照射树木等自然物体所产生的影子与时辰的关联性，便开始根据树木或其他自然物体的影长来掌握时间。通过长期观察树木等自然物体的日影，人们逐渐掌握了日影长度和方位的变化规律，从而获得了对时间和季节的深刻认识。这时，人们就有意识地用木杆来取代自然物体，这样就形成了"立杆测影"技术。通过长期立杆测影的实践之后，人们比较系统地认识了日影的长度、方位与时间、季节的关系，比较系统地掌握了日月星辰的运行规律。在此基础上，为了更加准确方便地掌握时间和季节，人们试图制作计量时间的仪器。圭表和日晷正是在这样的背景之下形成的人类最古老的计时仪器。其基本原理都是用木杆来测日影，但两者的功能有所不同：圭表的主要功能是根据日影长度变化来测算季节，日晷的主要功能是根据日影方位变化来测算时辰。

1.1.2.5　木材与能源科学

能源消耗与人类的社会发展和文明进步密切相关。人类祖先最初以采食野果为生，后来开始生食捕猎的野生动物，过着"日出而作、日落而息"的生活。这种原生态的生活，除了少量消耗人体本身的能量之外，无须消耗其他能源。但是，随着人类社会的发展和文明程度的提高，能源消耗越来越大，能源危机越来越严重，因此能源科学的发展越来越受到人们的关注。从远古至今，"木"以柴火形式为人类提供烧饭和取暖等基本能源需求。工业文明时期以来，"木"以煤和石油等化石能源形式推动着人类社会的经济高速发展，为人类文明进步作出了巨大贡献。现代社会，由于化石能源的过度开采，导致能源危机日益加剧，严重威胁到人类生存与发展。解决现代能源危机，仍然可以寄希望于"木"，一方面，可以通过种植生物能源树种，生产木本燃油；另一方面，可以通过现代加工技术，将木材等木质纤维原料转化为柴油、酒精或电力，从而获得可再生的永久性能源。地球上以木材为主的生物质产量每年高达 2000 亿 t，所含热值达 3×10^{18} kJ，这相当于全球每年能源总耗量的 10 倍之多。如果能够将木质生物质原料所含的热值有效地转化成可供利用的能源，可望彻底解决人类能源危机问题。

1.1.3 木材与人文

1.1.3.1 木材与音乐

木材是乐器制作的传统材料，无论是西洋乐器还是我国的传统乐器，大多选用木材制作。特别是对于具有共鸣音箱的乐器（如琵琶、提琴等）来说，木材更是无可替代的制作材料。木材之所以特别适合于制作乐器，是由木材内部的组织构造所决定的。木材由细胞组成。成熟木材的每一个细胞类似于一个房间，细胞壁则相当于房间四周墙壁，"墙壁"所围合的空间就是细胞腔。在木材细胞壁上，生长着许许多多构造奇特的纹孔。这样一个木材细胞相当于一个微型音箱，所以，由无数细胞构成的木材具有其他材料无可比拟的音响效果。

1.1.3.2 木材与美术

美术是一种视觉艺术，是指用一定的物质材料（颜料、纸张、画布、泥土、石材、金属和木料等），塑造可视的平面或立体视觉形象，用以反映自然和社会生活、表达艺术家思想观念和感情的一种艺术活动。

绘画是一种在平面上以手工方式塑造图像的艺术形式，以获得二维或三维的艺术效果。与木材相关的绘画活动非常丰富，比如树皮画、木纹画、木刻画和木版画等。雕塑是指用凿刀等工具将木、石、金属或其他材料雕刻塑造成一定艺术形象的艺术活动。与木材相关的有木雕、根雕和木化石雕塑等。

工艺美术是一种美化人们生活用品和生活环境的造型艺术活动，起源于人类手工工具的制造。正是在数万年来手工工具的制造过程中，人们获得了形式美的认知和制作技艺的积累，所以，工艺美术作品的首要特征是实用和审美相结合。人类发源并长期生长于森林之中，人们对木材的感知、体验和认识必然是最早、最全面和最深刻的，所以木材成为人们用来制作工具和生活用品的传统材料。在漫长的人类文明发展过程中，人们创造出了各式各样的木制工艺品。

建筑艺术与工艺美术一样，也是一种实用性和审美性相结合的艺术。木材具有其他材料无可比拟的天然属性，使得木结构建筑既具有很好的居住舒适性，又可以展现精美的造型艺术，因此，木材成了人类的传统建筑材料。

1.2 木材的生态属性及科学利用的意义

在自然界生长的绿色植物，尽管形态各异，但均有一个共同的特点——与人类和环境友好。同样，木材是树木生长过程中通过光合作用和生物化学作用而形成的天然高分子聚合物的复合体，具有与生俱来的生态学属性。这些属性被人们广泛、长久地应用于家具制造、木结构建筑和室内装修等领域及日常生活中。

木材的生态属性主要体现在：①木材及其复合材料和制品构建的人居环境具有幽雅、舒适的可居住性；②木材及其复合材料和制品具有碳汇功能、潜在良好的生态效应。

1.2.1　木材的生态属性与人居环境

亘古以来,人类的生活就与木材息息相关。祖先学会了钻木取火,秦始皇用木材修造阿房宫,现代建筑的室内装饰,都表明人类与木材具有紧密联系。随着人们生活质量的提高和回归自然的追求,人们越来越希望在生活空间中更多地使用木材及其制品,这是因为木材具有其他材料无法比拟的环境学特性:由木材构成的空间,可以调节室内小气候,并进行生物生存及心理感觉的调节。每当接触木材、注视木材时,人们便会产生稳静感和舒畅感,因为木材中的一些解剖元素(如生长轮及早、晚材的间隔分布所呈现的波动现象)与人的心脏跳动形式相吻合。

由木材及其制品所构成的人类生活环境,除了给人们一种自然感觉和美的享受外,还有益于人们休憩、娱乐和健康,因而深受人们喜爱。木材因树种不同,具有不同的香气与色调:花柏的香味很浓,用花柏建造的居室几年内不见蚊子靠近,因为花柏中散发出来的松烯类化合物可以驱除蚊子;松木有消炎、镇静、止咳等作用,能够刺激大脑,使脑力活动更活跃;银杏可用于治疗高血压;白桦具有抗流行性感冒之功效;冷杉能杀灭黄色葡萄球菌。木材中含有的挥发成分或抽提物质具有抗菌和杀菌作用,保障人们身体健康。因此,在木材及其制品构成的居室中生活可以享受回归自然的感觉,体现"人+木=休"的意义。休息过后,可以使人们重新精力充沛,提高工作效率和工作质量。

木材不仅是一种人们可以利用的天然材料,而且具有其他任何材料无法比拟的环境学特性——木材的视觉特性、触觉特性、听觉特性、嗅觉特性及调节特性,为构建人居空间营造了适宜的光环境、声环境、温湿环境和卫生环境,使居住者感到温馨、舒适,有益于身心健康。

1.2.2　木材的碳素储存与环境效应

森林是保护地球生态系统最重要的自然资源。树木在生态效益中发挥着固定二氧化碳(二氧化碳)、供给氧气(氧气)、保持水土、涵养水源等多种重要功能。树木在生长过程中,通过光合作用将吸收的二氧化碳以有机物的形式储存于生命体内,固定于树干、树根和树枝中。树根是树木的地下部分,占立木体积的5%~25%,其中主根支持树体,侧根和毛根从土壤中吸收水分和矿物质营养;树冠占立木体积的5%~25%,包括枝杈、树叶、侧芽和顶芽等,其主要功能是通过光合作用将二氧化碳转化为碳水化合物,供树木生长;树干占立木体积的50%~90%,具有输导、储存和支撑的三项重要功能,也是木材的主要来源。从构成元素分析,木材主要含有碳、氧和氢,其中,碳约占50%,氧约占42.6%,氢约占6.4%。据文献记载,通过光合作用,树木每生产1 t生物质(纤维素等)需要吸收1.6 t二氧化碳,释放出1.3 t氧气,可固定约0.5 t碳。由此可知,木材是一个巨大的碳素储存库,是一种无公害、节能源、可再生、可循环利用的生态型材料。

森林植被总生物量是指乔木林、灌木林、竹林、疏林、散生木、散生竹和四旁树的地上和地下部分干物质总量。依据第九次全国森林资源清查(2014—2018)结果和森林生态定位监测结果综合评估,全国森林植被总生物量约188.02亿t,其中:乔木林生物量155.11亿t,占84.46%;竹林生物量4.22亿t,占2.30%;灌木林生物量8.99亿t,

占4.90%；疏林生物量0.97亿t，占0.53%；散生木生物量9.48亿t，占5.16%；四旁树生物量4.87亿t，占2.65%。全国森林植被总碳储量91.86亿t，其中：乔木林碳储量75.75亿t，占84.35%；竹林碳储量2.11亿t，占2.35%；灌木林碳储量4.50亿t，占5.02%；疏林碳储量0.48亿t，占0.53%；散生木碳储量4.63亿t，占5.16%；四旁树碳储量2.33亿t，占2.59%。

树木生长的主要产物是木材，碳素储存有相应的生命周期。从林地上植树造林开始到树木砍伐(轮伐期因树种和用途不同而异)是树木的生长阶段。在生长期内，树木将吸收的二氧化碳在体内以碳素形式加以固定，随着树龄的增加，其储存量也相应增加。树木生长到一定年限后，要进行采伐、制材、加工和利用。假定制材后的锯材被用于建造木结构住宅，此时，树木中所储存的碳素会保持在该状态下，继续储存于住宅用材之中；使用数十年后，一旦住宅解体，产生的废旧木材和木质材料可重新粉碎，再加工制成木质复合材料，这些材料又可用于家具制造，此时碳素又被家具材料储存起来；家具使用若干年后，会因废旧解体而被弃掉，此时，树木生长过程所储存的碳素又全部回归自然。但是，在木材加工和使用过程中存在着碳素损失，特别是采伐和加工剩余物，未进行再利用的部分(废弃物)会将储存的碳素释放。综上所述，在木材生产和加工利用过程中，碳素储存不断发生变化，碳汇在不同阶段有相应的生命周期。只有了解和掌握碳素储存在各个阶段的生命周期及其从植树造林到木材使用完结全过程中的变化，才能有力、有节、有效地保证碳素储存数量，提升和发挥树木的碳汇功能。

1.2.3 木材科学利用的生态意义

与疆土相比，我国的森林资源比较贫乏，因此林木的碳素储备总量不足，从维护生态平衡角度出发，须特别注意碳素的"储存库"——木材的科学保护和科学利用，以减少温室效应，维护生态安全。温室效应是由温室气体产生的，而二氧化碳是所有温室气体中数量最大、影响最直接的因素。树木生长过程中吸收的二氧化碳以木材的形式进行固定和储存，木材是林木生物量中储存碳素量最大的生物质。因此，保护和利用木材，减少二氧化碳排放，具有十分重要的生态意义。

(1)木材及其制品的保护

由于木材具有独特的自然美感和环境学特性，常常用于制作室内家具和日常生活用品、装饰人居空间和建筑房屋。科学管护，以延长木材及其制品的使用年限，是减少或避免其所储存的碳素又以各种形式回归自然的有效途径。

当木材及其制品被燃烧和腐朽时，原本在其中以有机物形式储存的二氧化碳又会被释放出来，所以实施木材的阻燃处理和防腐处理是十分必要的。世界上的科技发达国家都非常重视木材防护技术的研究与开发。美国每年木材防腐处理量为1800万~2000万m³，相当于每年减伐林木逾4000万m³；新西兰每年处理量约为270万m³；英国约为230万m³；美国、英国和新西兰年处理量分别占木材消耗量的15.6%、20%和43%。我国年防腐处理木材约为300万m³，但仅占木材消耗量的0.5%，说明我国的木材防护能力很低。而且，我国每年约有60%的商品木材没有立即得到加工利用，要经过夏季储存，其中又有40%的木材会遭受真菌的腐蚀和虫蛀，严重影响木材品质和使用寿命。木材的阻燃处理量与木材消耗量相比，更是微乎其微。木材燃烧不仅消耗资源，危害安全，更重要的是木材燃烧时会将储存的碳素又以二氧化碳等气体的形式排放到大气中，加剧破坏自然界的生态平衡。因此，必须提高木材防护意识，加强木材阻燃和防腐处理能力，优化木材防腐、阻燃等防护处理技术。

（2）创新发展木质复合材料

我国每年的废旧家具、木制品、包装物、房屋更新、城市园林和经济林木修枝等造成的废旧木材约 6000 万 t，利用潜力很大，采取科学的方法实现循环利用，亦是固碳的有效途径。

我们可以将上述木质原料与聚合物复合、与金属复合、与无机物复合……以不同形态、不同组合方式和加工工艺制成具有不同功能的木质复合材料。例如，木材/塑料复合材料可提高原本木材的尺寸稳定性，木材/金属复合材料可赋予木材电磁屏蔽功能，木材/无机物复合材料可提高木材的阻燃性和抗生物危害性等。木质复合材料不但可以使低质木材、小径材、废旧木材及其他加工剩余物得以高效利用，而且具有鲜为人知的生态效应。因此，木材经复合加工后，能使碳素进行再次固定和封存，并且在整个加工过程中减少二氧化碳排放，这是对人类生存环境的贡献。

1.3 我国木材资源及加工利用现状

1.3.1 我国木材资源概况

森林中一切对人类产生效益的物质都属于森林资源的范畴，其中，人类最先注意到也最早开始利用的物质之一便是木材资源。人类的生存依靠森林所提供的各种财富，而木材便是其中最重要的财富之一。

根据第九次全国森林资源清查(2014—2018)结果报告，全国森林面积 22 044.62 万 hm²，森林覆盖率 22.96%，活立木蓄积 190.07 亿 m³，森林蓄积 175.60 亿 m³。全国森林植被总生物量 188.02 亿 t，总碳储量 91.86 亿 t。中国森林面积占世界的 5.51%，居俄罗斯、巴西、加拿大、美国之后，列第 5 位；森林蓄积占世界的 3.34%，居巴西、俄罗斯、美国、刚果(金)、加拿大之后，列第 6 位。全国天然林面积 14 041.52 万 hm²，天然林蓄积 141.08 亿 m³；人工林面积 8003.10 万 hm²，人工林蓄积 34.52 亿 m³；人工林面积继续居世界首位。我国人均森林面积 0.16 hm²，不足世界人均森林面积的 1/3；人均森林蓄积 12.35 m³，仅约为世界人均森林蓄积的 1/6。总之，我国森林资源总量位居世界前列，但人均占有量少。

天然林资源主要分布在东北、西南各省(自治区)。天然林面积前 5 位的省(自治区)分别是内蒙古、黑龙江、云南、西藏、四川，天然林面积占全国的 58.99%。按林种分，全国天然林面积中，防护林 7635.59 万 hm²，占 55.06%；特用林 2077.63 万 hm²，占 14.98%；用材林 3977.10 万 hm²，占 28.68%；薪炭林 105.07 万 hm²，占 0.76%，经济林 72.38 万 hm²，占 0.52%。全国天然林中，公益林与商品林的面积之比为 70∶30。全国天然乔木林中，防护林比率较大，面积 6918.62 万 hm²，占 56.36%；蓄积 765 487.64 万 m³，占 55.99%。按优势树种(组)归类，全国天然乔木林面积中，针叶林 3556.62 万 hm²，占 28.97%；针阔混交林 1033.23 万 hm²，占 8.42%；阔叶林 7686.33 万 hm²，占 62.61%。全国天然乔木林蓄积中，针叶林 535 775.95 万 m³，占 39.19%；

针阔混交林 99 579.71 万 m^3，占 7.29%；阔叶林 731 703.97 万 m^3，占 53.52%。全国分优势树种(组)的天然乔木林面积，排名居前 10 位的为栎树林、桦木林、落叶松林、马尾松林、云杉林、云南松林、冷杉林、柏木林、高山松林、杉木林，面积合计 5430.12 万 hm^2，占全国天然乔木林面积的 44.23%；蓄积合计 690 419.96 万 m^3，占全国天然乔木林蓄积的 50.50%。

人工林资源主要分布在南方集体林区。人工林面积前 6 位的省(自治区)分别是广西、广东、内蒙古、云南、四川、湖南。6 省(自治区)人工林面积占全国的 43.50%。按林种分，全国人工林面积中，防护林 2446.33 万 hm^2，占 30.75%；特用林 202.77 万 hm^2，占 2.55%；用材林 3265.25 万 hm^2，占 41.05%；薪炭林 18.07 万 hm^2，占 0.23%；经济林 2021.86 万 hm^2，占 25.42%。全国人工林中，公益林与商品林的面积之比为 33∶67。全国人工乔木林中，用材林面积 3084.03 万 hm^2，占 53.99%；蓄积 194 075.95 万 m^3，占 57.29%。按优势树种(组)归类，全国人工乔木林面积中，针叶林 2626.73 万 hm^2，占 45.98%；针阔混交林 387.36 万 hm^2，占 6.78%；阔叶林 2698.58 万 hm^2，占 47.24%。全国人工乔木林蓄积中，针叶林 186 628.05 万 m^3，占 55.09%；针阔混交林 24 568.56 万 m^3，占 7.25%；阔叶林 127 563.35 万 m^3，占 37.66%。全国分优势树种(组)的人工乔木林面积，排名居前 10 位的为杉木林、杨树林、桉树林、落叶松林、马尾松林、刺槐林、油松林、柏木林、橡胶林和湿地松林，面积合计 3635.88 万 hm^2，占全国人工乔木林面积的 63.65%；蓄积合计 231 954.73 万 m^3，占全国人工乔木林蓄积的 68.47%。红松、水杉、红豆杉、水曲柳、胡桃楸、黄波罗、樟木、楠木、檫木等珍贵树种面积 76.14 万 hm^2。

我国的灌木林分布范围广泛，在乔木树种难以适应的高山、湿地、干旱、荒漠地区常能形成稳定的群落，灌木林的生态防护效益非常显著，尤其在我国目前生态脆弱的西部地区，保护和发展灌木林资源对改善生态环境具有极其重要的意义。全国灌木林面积 7384.96 万 hm^2，主要分布在内蒙古、四川、西藏、新疆、云南、青海和甘肃 7 省(自治区)，其面积合计 4459.32 万 hm^2，占全国灌木林面积的 60.38%。

我国是世界上森林树种特别是珍贵稀有树种最多的国家。据我国植物学家统计，我国有种子植物 2 万余种，其中属于森林树种的有 8000 余种。在这些树种中，仅乔木就有 2000 多种，而材质优良、树干高大通直、经济价值高、用途广泛的乔木树种约有千余种。针叶类的松、杉树种是北半球的主要树种，全球约有 30 属，而我国就占有 20 属、近 200 种，其中，有 8 个属为我国特有，分别为水杉属、银杉属、金钱松属、水松属、台湾杉属、油杉属、福建杉属和杉木属。阔叶树种更为丰富，达 200 属之多，其中有大量特有树种，如珙桐属、杜仲属、旱莲属、山荔枝属、香果树属和银鹊树属等。根据《国家珍贵树种名录第一批(1992 年)》和《中国主要栽培珍贵树种参考名录(2017 年)》，第九次全国森林资源清查调查识别出列入名录的珍贵树种 101 种。全国珍贵树种林木株数 330.54 亿株，占全国乔木林株数的 17.47%；蓄积 259 622.35 万 m^3，占全国乔木林蓄积的 15.22%。全国珍贵树种按重要值排名，位居前 20 位的为蒙古栎、青冈、辽东栎、紫椴、麻栎、丝栗梅、白栎、栓皮栎、胡桃楸、槲栎、红松、水曲柳、枫桦、苦槠、红锥、黄檀、光皮桦、水青冈、花曲柳、檫木，其林木株数合计 276.67 亿株，占全国乔木林株数的 14.62%；蓄积合计 210 181.56 万 m^3，占全国乔木林蓄积的 12.32%。

中华人民共和国成立后，特别是改革开放 40 多年来，中国政府高度重视森林资源培育和保护工作，实现了林业以木材生产为主向生态建设为主的历史性转变，森林资源发展取得了举世瞩目的成就。第九次全国森林资源清查结果表明：中国森林面积、蓄积量持续增长，森林覆盖率稳步提升；森林结构构有所改善，森林质量不断提高；天然林持续恢复，人工林稳步发展；生态状况趋向好转，生态服务能力增强。中国森林资源总体上呈现数量持续增长、质量稳步提升、功能不断增强的发展态势。

1.3.2 我国木材加工利用现状

木材具有质量轻、强度大、易加工、不锈蚀以及色感、触感、嗅感好等特点，是大自然赋予人类宝贵的天然财富，在交通、机械、采矿、建筑、轻工、装修等领域应用十分广泛，是国民经济发展中一种不可缺少的重要材料。但是，木材是天然生长的有机体，其直径受树龄的限制，生长过程中不可避免地有尖削度、弯曲度、节子等生长缺陷，同时还具有吸湿膨胀、排湿干缩和各向异性等特点。这些缺陷极大地影响了木材优良特性的发挥，限制了它的应用领域。为了能科学、合理地利用木材，需对木材进行多种方式的改性与重组，使大材能优用、小材能大用，废材也能综合利用，并且改善性能，极大地提高木材的利用率和附加值，从而形成和发展了木材科学与工程专业，并相应地建立和发展了木材工业。

木材工业是以木材和木质材料为原材料，经机械或(和)化学加工成产品的产业，产品以锯材、人造板和木制品为主。随着我国天然林保护工程的实施，锯材产量逐渐减少，而人造板产量持续快速增长。目前，中国成为世界人造板生产、消费和贸易第一大国。据统计，2019 年中国人造板产量为 3.0859 亿 m^3，同比增长 3.2%，创历史新高。过去 10 年，中国人造板产量年均增速接近 10.3%。2019 年，中国人造板产品消费量约 2.9379 亿 m^3，比上年小幅增长 1.2%，创出历史新高；全国人造板消费量年均增速接近 10.6%，消费平均增速仍然高于产量增速。2019 年，国际贸易摩擦的不确定性对中国人造板产品的进出口产生了显著的不利影响，进出口量和金额均有所下滑：中国共出口人造板产品 1272 万 m^3(折算)，出口额 55.25 亿美元；共进口各类人造板产品约 142 万 m^3，进口额近 4.92 亿美元。

人造板产品主要包括胶合板类、刨花板类和纤维板类三大品种。2019 年，我国胶合板类产品(包括家具制作及装饰装修用胶合板、混凝土模板用胶合板、包装用胶合板、实木复合地板基材用胶合板、集装箱底板用胶合板、单板层积材、特种胶合板以及细木工板等)产量达 1.977 亿 m^3，同比增长 1.2%，占全部人造板产量的 64.1%。此前 10 年间，中国胶合板类产品产量年均增速达到 12.8%，是人造板中增幅最快的板种。纤维板类产品(包括家具制作及装饰装修用纤维板、地板基材用纤维板、复合门制作用纤维板、包装用纤维板、特种纤维板、湿法硬质纤维板以及轻质纤维板)产量达 6199 万 m^3，同比小幅增长 0.5%，占全部人造板产量的 20.1%。此前 10 年间，中国纤维板类产品产量年均增速为 5.92%。刨花板类产品(包括家具制作用刨花板、定向刨花板、挤压法空心刨花板、非木质刨花板、水泥刨花板以及功能型刨花板等)产量达 2980 万 m^3，同比增长 9%，占全部人造板产量的 9.7%，同比小幅增长 0.6%。此前 10 年间，中国刨花板产量年均增速达到 7.6%。

2019 年，除北京、天津、上海、青海、西藏外，其余省（直辖市、自治区）均有人造板生产，其中 8 省（直辖市、自治区）生产量超千万立方米。产量前 10 省（直辖市、自治区）分别是：山东人造板产量继续稳居第一，为 7773 万 m^3，占全国总量的 25.2%；江苏人造板产量与 2018 年基本持平，为 5734 万 m^3，占全国总量的 18.6%，排位保持第二；广西人造板产量大幅增长 11.2%，达到 4956 万 m^3，占全国总量的 16.1%，稳坐第三排位，与江苏的差距进一步缩小，胶合板类产品产量大幅增长是其人造板产品大幅增长的主要因素；安徽人造板产量增长 6.0%，达到 2663 万 m^3，占全国总量的 8.6%，排位保持第四，其他人造板产品产量大幅增长是其人造板产品增长的主要因素；河南人造板产量为 1676 万 m^3，占全国总量的 5.4%，排位保持第五；河北人造板产量为 1628 万 m^3，占全国总量的 5.3%，排位保持第六；福建人造板产量为 1114 万 m^3，排位由 2018 年的第八跃为第七；广东人造板产量与 2018 年持平，为 1016 万 m^3，排位由 2018 年的第七降为第八；湖北人造板产量增长 1.3%，为 841 万 m^3，连续两年增长，排位保持第九；四川人造板产量达到 605 万 m^3，排位第十。

2019 年，全国共有人造板企业 7860 余家。伴随着中国人造板产业的快速发展，一批大型人造板骨干企业或企业集团不断涌现。从规模上看，通过新建生产线、跨行业并购、行业内并购重组，骨干企业生产规模迅速扩大，百万立方米级企业不断涌现，山东佰世达木业有限公司、宁丰集团股份有限公司、大亚圣象家居股份有限公司分别以 170 万 m^3/年、152 万 m^3/年和 135 万 m^3/年的总生产能力位居中国人造板生产能力前三位。大型人造板骨干企业或企业集团数量不断增加，在行业内的影响力越发提升，引领行业的创新发展方向，树立了行业良好社会责任形象，推动了行业的发展和进步。

1.4 木材科学与工程专业概述

木材科学与工程专业属林业工程类专业。林业工程类专业是实现森林资源抚育与收获，对林产品及其衍生制品实现可持续高效开发、加工、生产与应用，并提供相关支撑理论与技术的综合性应用专业，属工学门类。

林业工程是伴随人类发展进程、具有悠久历史渊源的工程技术之一，是我国国民经济发展和生态环境建设的基础产业工程，具有与其他行业不同的特点和功能。林业工程通过森林抚育经营与生态采伐、林业机械与装备自动化、林产品开发与利用、木材保护与功能性改良、木制品加工、人造板制造与应用、农林生物质复合材料的研制与生产、家具制造、生物质化工材料与化学品、生物质能源及林源活性物质的开发与利用等，产生重要的直接和间接经济效益，在我国生态建设、生态安全与生态文明中发挥着重要作用。

林业工程类专业具有基础性强、涉及面宽、知识更新快等特点。培养的学生除了需要掌握较系统扎实的专业基础知识、基本理论和基本技能，还应掌握数学、物理学、计算机科学等基础学科知识，并具有较高的人文素质以及较强的辩证思想、生态环境保护意识、创新创业意识和实践能力，具有学科和行业适用面宽、工作能力强等突出特点。

1.4.1　木材科学与工程专业知识和课程体系

1.4.1.1　知识体系

木材科学与工程专业知识可分为通识类知识、基础知识和专业知识(表 1-1)。

表 1-1　木材科学与工程专业的知识体系和知识领域

知识体系	知识领域
通识类知识	外语、计算机及信息技术基础、政治、历史、法律、伦理学、心理学、管理学、体育、艺术
基础知识	工程数学、物理学、化学、环境学、生态学、工程图学、工程力学
专业知识	机械学、机械设计、电工及电子技术、热工理论、木材学、木材干燥、木材保护、木材胶黏剂与涂料、制材学、人造板工艺学、木材切削原理与刀具、木材加工机械、建筑木制品结构、木制品生产工艺、智能制造等专业技术相关基础

1.4.1.2　课程体系

木材科学与工程专业的课程体系可分为理论教学课程和实践教学课程(表 1-2)。

表 1-2　木材科学与工程专业的课程体系

课程体系	课程类型	主要课程
理论教学课程	通识类课程	政治课、外语、体育、计算机及信息技术基础
	基础课程	①自然科学基础：数学、物理学、化学、林学、环境学等 ②人文社会科学基础：法学、历史学、哲学等 ③工程技术基础：工程制图、工程力学、工程材料等 ④管理科学基础：技术经济学、工程管理学、工程运筹学等
	专业课程	机械设计、电工及电子技术、热工理论、木材学、木材化学、木材干燥、木材保护与改性、胶黏剂与涂料、人造板工艺学、木制品生产工艺、木材切削原理与刀具、木材加工装备、智能制造技术与装备等
实践教学课程	课程实验	物理、电工电子、力学、材料、机械、化学、木材学、胶黏剂与涂料、人造板工艺学、木材加工装备等课程
	课程设计	机械设计基础、木材加工工艺学、人造板工艺学、木材切削原理与刀具、木材加工机械等
	教学实习	专业认识实习、生产实习、金工实习等
	毕业设计(论文)	

1.4.2　木材科学与工程专业学习和职业方向

1.4.2.1　木材科学与工程专业学习方法

大学的专业教育有别于普通中学的教学内容和教学模式，因而应转换学习方式和方法。每个学期或学年前，按照学校制定的专业人才培养方案(也称教学计划)，校方安排教师承担具体的课堂教学、实验指导或集中性实践教学的任务，学生可以在一定范围内选择选修课。学生应通过课程简介、教师咨询等导学渠道自主制订课程选修计划，选择自己的专业兴趣和发展路径。

(1) 理论课程的学习

教师开设的理论教学课程，一般在第一节课简要介绍本门课程的教学目的和要求、主要教学内容、学分、学时安排、考核方式、教材和教学参考书籍等。课内的教学方法和手段多种多样，包括讲授、板书、阐述、推导、举例、提问、讨论、测验、多媒体演示、解题、答疑等，目的是让学生快速、高效、扎实地理解和掌握相应的理论知识。

在信息技术快速发展的今天，加快推进教育信息化势在必行。教学方法和手段更加丰富多样，如线上线下混合式教学等。为了提高课堂学习效率，学生应事先预习课程内容，在课堂上紧跟教师的讲解进度，理解教师讲授的思路、重点、难点和主要结论，参与课堂讨论。课后及时复习，完成相应的文献阅读、习题练习、各种作业、思考质疑、交流总结、知识扩展等学习任务，为下一次课做好准备。

每门课程的内容都是一个有机的整体，课程之间还有着紧密的联系。应注重课内的知识概括和综合，注意课程之间的比较、交叉和联系，从知识点、知识单元到知识链，构建自己完整的专业知识结构。还要通过批判性思维反思所学内容，自觉提出和分析新问题，将逻辑思维、形象思维、发散思维相结合，激发创新意识，培养创新能力。提倡主动式、探索性学习，扩大知识面，锻炼思维能力；避免传统的被动式接受、死记硬背和思维定式。

(2) 实践环节的学习

课堂教学适合于理论知识的传授和构建，如工程科学和数学等内容；而专业实践经验知识需要在实验、实习等环节中通过现场参观、考察、实际操作、工程实践等方式掌握。通过实验室实物演示和亲自动手操作实验，还能使学生具体形象地了解和掌握所学理论知识。实践教学环节也需要事先预习和事后复习，以充分发挥有限的实验室实验或现场参观考察的空间和时间效益。一般来说，在每次实验、实习之前，要很好地复习相应的课程内容，预习实验、实习指导书，做到事先心中有数；在实验过程中，了解具体的实验方法，正确使用实验仪器设备，初步掌握实验技能；每次实验、实习后，应认真回顾实验实习过程，总结分析实验实习内容，完成相应的实验、实习报告或实验、实习习题。实验、实习报告要阐述实验、实习的目的、方法、具体内容和结果，反映实验、实习的全过程。

在专业的课程设计(如机械设计、木材加工工艺、人造板工艺、木制品工艺等)环节，也要按照设计指导书的要求，在一定期限内独立完成具体的设计任务，从而培养工程设计的能力。

毕业设计(论文)是工科学生的最后一个专业学习环节，一般安排在最后一个学期进行，期限为一个学期，旨在培养学生的工程能力和创新能力。毕业设计(论文)要求学生综合应用所学的理论、知识和技能，分析和解决工程实际问题，并通过学习、研究和实践，使理论深化、知识拓宽、专业技能延伸。在毕业设计中，针对具体设计任务，调研和整理设计资料，采用有关工程设计程序、方法和技术规范，进行工程设计计算、理论分析、图表绘制、技术文件编写等，完成设计成果。在毕业论文工作中，针对具体工程问题开展研究，运用实验、测试、数据分析、理论推导等研究技能，分析和解决工程问题，提出具体见解，得出研究成果，撰写毕业论文。毕业设计（论文）通过答辩后，最终使学生形成从事科学研究工作或承担专门技术工作的初步能力，具备正确的设计思想和科研意识、严肃认真的科学态度、严谨的工作作风以及团队合作和与人交流的能力。

1.4.2.2　木材科学与工程专业职业方向

木材科学与工程专业属于工科专业，毕业生主要面向木材工业、生物质复合材料、木材保护与功能性改良、家具与木制品制造业、木结构设计及制造、建筑装饰装修、产品营销、产品质量控制与检验等领域的企业、设计院和科研院所。学生除了应该系统地掌握木材及木质复合材料的生产技术与性能、家具及相关木制品加工等方面的基础理论与专业知识，还应了解木材科学与工程相关领域的现代信息，具有较强的专业综合实践能力、设计能力、工程应用能力和一定的创新创业能力，能够从事木材加工和生物质复合材料制造、材料设计、家具设计制造、工程设计、工艺与设备控制、新产品开发、企业经营管理、木制品检验、经营与贸易等工作。

本章小结

在钢材、水泥、木材、塑料四大基础材料中，木材是唯一可再生、循环利用和自然降解的绿色资源，是应用最广泛的材料之一。人类对木材的研究和利用，开启了人类文明之窗。木材是林木生物量中储存碳素量最大的生物质，保护和利用木材、减少二氧化碳排放具有十分重要的生态意义。为了能科学、合理地利用木材，需对木材进行多种方式的改性与重组，使大材能优用、小材能大用，废材也能综合利用，并能改善性能，极大地提高木材的利用率和附加值。由此，木材科学与工程专业应运而生，其目标是培养能够从事木材及其制品的产品设计与开发、生产管理与控制、经营与贸易等工作的高层次专门人才。

思考题

1. 木材在人类文明和社会发展的过程发挥了哪些作用？
2. 木材的科学合理利用对生态文明建设具有哪些重要意义？
3. 简述我国木材工业的现状和发展趋势。
4. 如何向其他专业的同学描述木材科学与工程专业？
5. 从木材科学与工程专业的学习内容出发，如何规划自己的职业生涯发展？

第2章
木材基本特性

本章介绍了森林类型与木材类别、树木生长与木材形成、木材的生物学特性、木材的环境学特性等。木材的这些基本特性是其加工利用的基础，也是决定木材及其制品物理力学性质的根源。

木材是森林提供给人类生产生活最主要的林产品。客观来说，所有自然物质或材料的性质均具有相对性，木材也不例外。鉴于木材源自森林，它的性质必然受到森林质量的影响。木材的形成是一个复杂的、系统的生命活动，因此它的性质也受遗传和环境的影响：从遗传的角度来说，木材性质存在个体内（间）、种内（间）、属间等差异；从环境的角度来说，木材性质与温度、降水、光照强度、土壤特征等均有密切关系。

2.1 森林类型与木材类别

2.1.1 森林类型

联合国粮食及农业组织（FAO）对"森林"的定义是：被不低于 5 m 高度的树木和不低于 10% 的林木郁闭度覆盖的大于 0.5 hm² 的土地。森林不包括以农业和城市用地为主的土地。森林是陆地上最大的可再生资源库、生物质能源库、生物基因库、种质资源库，也是陆地上最大的"储碳库"和最经济的"吸碳器"。森林被认为是保障地球环境、维持人类生存的重要基础。众所周知，森林不仅具有涵养水源、防风固沙、保护物种、固碳释氧、净化环境等绿色生态功能，还能为人类生产生活提供木材、药材、食品和能源等超过 5000 种物质产品。森林中一切对人类产生效益的物质都可纳入"森林资源"的范畴。换言之，森林资源是林地及其所生长的森林有机体的总称，也是林地、宜林地（包括采伐迹地、火烧迹地、林中空地及其他宜林地）和树种资源、木材蓄积量等的总称，它表示一个国家或地区发展林业生产的条件和拥有量情况。人们通常采用林地、有林地面积、森林覆盖率、木材蓄积量、森林生长量等指标来反映森林资源的数量。

森林储存了陆地生态系统中 50%~60% 的碳，年碳吸收总量大致相当于化石燃料碳排放的 1/2。森林丰富的碳储量和强大的碳汇作用将对全球碳循环产生重要的影响，为降低温室气体浓度、应对气候变化提供了可能。世界森林总面积约 40.6 亿 hm²，森林面积约占陆地总面积的 31.0%。世界人均森林面积约 0.52 hm²，但在地理位置上存在不均衡。在世界森林植被中，分布在高纬度区和低纬度区的植被带比较单一，具有环大陆分布形式，明显地表现出纬向地带性特点；而中纬度区的植被带比较复杂，它们在大陆东西岸之间不连续，在气候干旱的大陆内部出现了经向地带性的分布。此外，南北两半球的森林植被呈现出不对称的现象。

1990 年以来，全球已经失去了 1.78 亿 hm² 森林，相当于利比亚的国土面积。1990—2020 年，森林一直在损失，但速度有所放缓，特别是近 10 年。这期间，非洲是森林损失最严重的地区，其次是南美洲，而亚洲是森林净增加最高的地区。全球森林中，93%是自然更新林，7%是人工更新林。据估计，全球有 7.26 亿 hm² 森林属于受合法保护的林地。

按照地理位置和木材资源来源，世界森林分为热带森林(tropical forest)、亚热带森林(sub-tropical forest)、温带森林(temperate forest)以及北寒带森林(boreal forest)。其中，热带森林所占比例最大(约 45%)，其次是北寒带森林(27%)，温带森林和亚热带森林分别占 16%和 11%(图 2-1)。

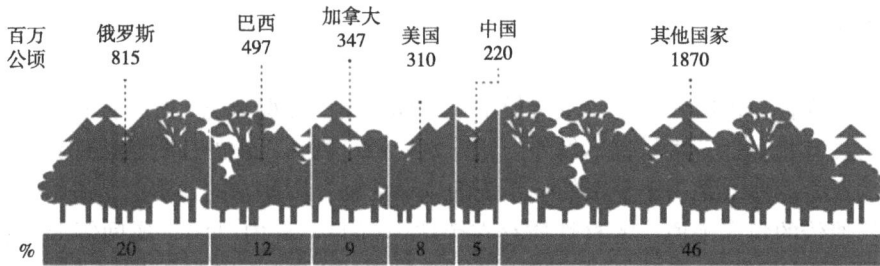

图 2-1 2020 年森林面积最多的 5 个国家(Global Forest Resources Assessment，FAO 2020)

（1）热带森林

在地理位置上以赤道为中线，其两侧(南/北纬 5°~10°)的南美洲、非洲和亚洲地区为主，北端延伸到中国南部和墨西哥，南端可至智利和阿根廷北部、马达加斯加和澳大利亚北部。南美洲的亚马孙流域是世界上最广阔的热带雨林区，此外还有非洲腹地的刚果盆地、几内亚湾、马达加斯加群岛，亚洲的马来群岛、马来半岛、菲律宾岛南部、印度半岛西南部、斯里兰卡等地。热带雨林自然环境高温多雨，林层众多，终年常绿，森林资源丰富。在潮湿的热带地区分布着树种组成繁多、层次结构复杂的热带雨林；在干湿季分明的地区则分布着热带季雨林和热带稀树林。

（2）亚热带常绿阔叶林

分布在南/北纬 25°~35°亚热带地区的大陆东岸及东部地区，我国秦岭—淮河以南的广大地区是世界上最大的分布地区，日本和朝鲜南部、美国的佛罗里达半岛、墨西哥北部和巴西东南部、澳大利亚东南部也有分布。亚热带常绿阔叶林主要是由常绿的双子叶植物所构成的森林群落。分布区气候四季分明，年平均温度 15℃ 以上，年降水量大于 1000 mm，雨热同期，特别有利于植被的发育和生长。森林终年常绿，一般呈暗绿色，林相整齐，林冠呈微波状起伏。群落结构较为复杂，层次化明显，藤本植物丰富。

（3）温带混交林和温带落叶阔叶林

温带混交林广泛分布于北纬 40°~60°的欧洲西缘、北美洲东缘和亚洲东缘，呈不连续的三大片。阔叶林有明显的季节更替：夏季湿暖，冬季能耐低温。落叶阔叶林冬季落叶、夏季葱绿，又称夏绿林，几乎全部分布在北半球受海洋性气候影响的温暖地区。在南半球南回归线以南，森林面积不大，主要分布于沿海和山地。气候四季分明，夏季炎热多雨，冬季寒冷干燥。群落层次结构清晰，主要分为乔木层、灌木层、草本层和苔藓地衣层。藤本和附生植物稀少。各层植物冬枯夏荣，季相变化十分明显。

（4）北寒带针叶林

在北半球高纬度地区分布着辽阔的北方针叶林带，针叶林是寒温带的地带性植被，是分布最靠北的森林。集中分布在北半球中高纬度地区，区域气候冬季长而严寒，暖季短促，气温年较差大；降水量少，集中于夏季，蒸发较弱。森林组成树种单调，地面覆盖较厚的苔藓、地衣，灌木和草本植物稀少。

2.1.2　木材分类与名称

树木是组成森林的主要部分，而狭义的木材是指树木的主干。随着人们对资源获取和利用的发展，木材的内涵也随之拓展，泛指包含乔木、灌木和木质藤本等木质化的生物材料。木材及其制品与人类生活、生产有着十分密切的关系。据不完全统计，由木材制备或衍生出的产品超过 5000 种。全球树种资源十分丰富，有 8000 余种，其中可作为木材使用者 1000 余种。为了实现木材利用中普遍性或统一性规律及其内在联系，依据植物分类方式，可建立木材分类系统。现有基于裸子植物和被子植物的针叶材和阔叶材：针叶材主要来自松杉纲、银杏纲、苏铁纲、红豆杉纲和买麻藤纲的裸子植物树木；阔叶材主要来自木兰目、樟目、胡桃目、壳斗目、杨柳目、昆栏树目、荨麻目和杜仲目的被子植物树木。由于针叶材材质一般较轻软，生产中也叫作软材，但也不能一概而论，如落叶松等材质就比较坚硬。来自阔叶树的木材一般材质硬重，称为硬材。阔叶材种类众多，生产中也将一些非常用的木材称为杂木。

木材的类别与森林类型有关，如上一节所提到的，根据地域差异，全球范围内森林的树种也明显不同：热带森林以硬阔叶木材为主，如蝶形花科、苏木科、龙脑香科、山榄科等；亚热带常绿阔叶林的林木资源主要有壳斗科、樟科、山茶科、木兰科等；温带混交林和温带落叶阔叶林的林木资源主要有壳斗科、槭树科、桦木科、椴木科、榆科、松科、杉科、柏科等。在亚热带冬雨型地中海气候地区分布着以多种常绿栎类等树种形成的硬叶常绿阔叶林。分布着由橡树、槭树、千金榆等树种组成的落叶阔叶林。北寒带针叶林的代表树种则有耐寒的云杉、冷杉、落叶松等。

木材名称不仅与树木种类和植物进化有关，也影响了木材的加工和商品流通。世界各国都应遵循《国际植物命名法规》所规定的命名法，也就是植物（树木）分类系统的名称，即拉丁学名。这种名称是规范化的名称，不仅科学，不会产生木材种类的混淆，而且利于国际、国内学术交流和木材贸易。木材的拉丁学名由属名、种名和变种名组成，均由拉丁文或拉丁化的其他外文组成，有时可以简化为"属名+种名"，即"双名法"[如马尾松（*Pinus massoniana*），*Pinus* 是属名，*massoniana* 是种名]。木材的学名可以具体到树种。但是在生产实践中，劳动人民也会根据经验与习惯给木材起名字，而且具有地域差异性，这便是俗称[如麻栎（*Quercus acutissima*），产自辽宁、华北、华东等地，俗称有橡树、青冈、细皮栎等]，这就很容易造成同物异名的现象。另外，使用俗名也存在词义欠明确、欠严谨之虞。特别是在木材国际贸易中，还有不同国家、民族、文化的影响]。木材作为一种市场流通中的商品，在生产实际中可能无法快速准确到树种，加之同科同属的树种的外观特征和材质十分相似，难于区分。若套用树木分类上的属名或种名来统一归类、命名，确有不合理之处，因为有些同属树种的材质相差甚远，归为一类后，不能体现按质论价、合理利用的原则。而对于同科不同属的少数树种，其外观和材质十分相似，此时则不必考虑树木分类学上种的界限，可将其归为一类。这就催生出了木材的商品名——同一个商品名的木材，可能来自不同树种。木材商品名是以属为基础，将材质相近树种进行归类，以属名为商品材标准名(例如，杨木包括杨柳科杨属的所有树种)。此外，还要考虑生产中约定俗成的、产量大、分布广的主要树种。现行的木材名称已经标准化了，如 GB/T 16734—1997《中国主要木材名称》、GB/T 18513—2022《中国主要进口木材名称》、GB/T 18107—2017《红木》。

2.2 木材的生成

2.2.1 树木的生长

树木自上而下依次是树冠、树干和树根(图 2-2)。树冠与树干可以统称为地上部分，树根即为地下部分。从物质代谢与转化的角度来说，三者都是树木同化外界物质的结果。但在这个过程中，三者又各自履行不同的功能。树冠上的树叶是光合作用的主体，将大气中的碳吸收固定为有机碳，进而输送到树木的各个部位，此外还承担呼吸和蒸腾的作用。树干主要起到机械支撑与输导的作用，这就要求其具有一定的强度。树根则要从土壤中获取水分和无机质离子，借助蒸腾作用传输到树叶，供其进行生物活动。由此可见，三者之间是相互配合、互相依赖的。

树木是多年生植物，可以存活几十年至几千年。树木的一生要经历幼年期、青年期、成年期，直至衰老死亡。树木是有生命的有机体，由种子(或萌条、插条)萌发，经过幼苗期，最终长成枝叶繁茂，根系发达的高大乔木。树木的生长是高生长(顶端生长，初生长)与直径生长(次生长)共同作用的结果。

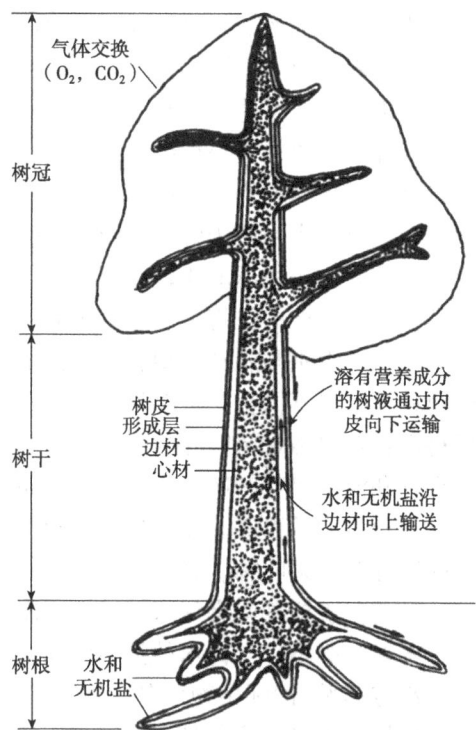

图 2-2 树木的组成部分

高生长受顶端分生组织控制，具有强裂的分生能力。生长点在生成新的细胞后，树茎就产生高度伸展，树木长高。树木因生长点的分生作用而引起的高生长，称为初生长。由生长点所形成的组织，称为初生组织。

直径生长是形成层(侧向分生组织)分生活动的结果。形成层原始细胞向内形成次生木质部，向外形成次生韧皮部，于是树木的直径便不断增加。树木因形成层的分生作用而引起的直径增粗生长，称为次生长。它与顶端生长点的生长不同，为侧向加粗的分生组织，所形成的组织称为次生组织。次生组织主要提升树干应对外力的能力。

从树干横断面的最外侧到内侧，依次是树皮、形成层、木质部和髓。树皮分为内皮和外皮：内皮具有活性，起养分运输和贮藏的功能；外皮为非活性组织，保护内皮和树干免受外界湿度、机械损伤及微生物腐朽等的影响。树皮中的细胞也是逐年产生的，累积到一定厚度，会出现破裂脱落。形成层位于树皮和木质部之间，由具有细胞分裂机能的细胞组成。严格意义上，一切次生组织都源自形成层的分生。如前所述，形成层原始细胞向外产生次生韧皮部，向内产生次生木质部，而从狭义上来讲，次生木质部即是木材。髓位于树干中心，由薄壁细胞组成，常与初生木质部统称为髓心。注意：质量要求较高的用材中不允许有髓心的出现。

2.2.2　木材的形成

木材是多年生木本植物维管形成层分化产生的次生木质部不断沉积、累加的结果。因此，木材的形成可以看作木质部的发育过程（图 2-3），这是一个既复杂又有序的生命过程。在一个生长季内，主要有细胞分裂、细胞伸长与径向增大、细胞壁加厚（纤维素、半纤维素、细胞壁蛋白及木质素的生物合成与沉积）、细胞程序性凋亡和心材形成 5 个连续的步骤。每一个步骤都是遗传因素、环境因素和树木生理过程共同协调作用的结果，这也使得种间、种内，甚至是同一棵树的不同部位的木材性质展现出极强的变异性（例如，寒温带树木一个生长季内的早材和晚材，因树龄不同产生的幼龄材和成熟材，受外力刺激产生的应力木等）。

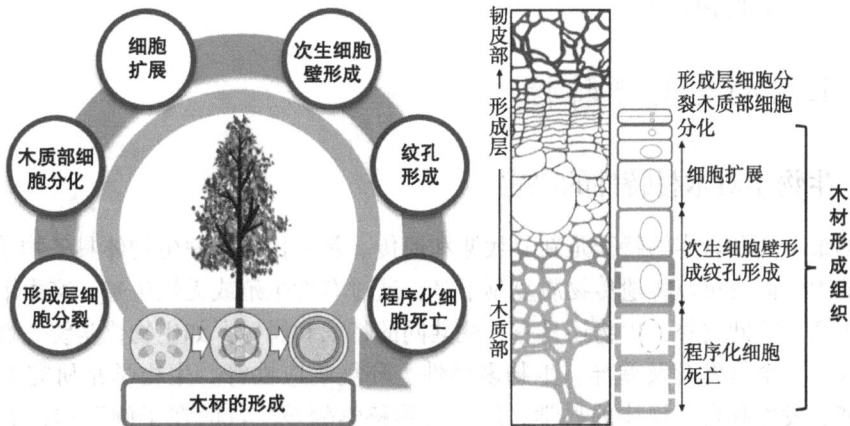

图 2-3　木材形成区域及发育过程简图

木材的实质是各种形状和结构的细胞壁。从这个角度理解，木材的形成可认为是细胞壁沉积的过程。细胞壁来源于细胞分裂时两个子细胞之间的细胞板。细胞板由高尔基体产生的各种纤丝组成。木质部发生起始于维管束形成层。维管束形成层由径向具有分生能力的细胞组成，分化产生次生木质部和次生韧皮部。一般认为，形成层原始细胞是一层细胞，如果发育成韧皮部，即被称为韧皮部母细胞；如果发育成木质部，即被称为木质部母细胞。然而，在严格意义上将原始细胞和母细胞分开，并没有生物学的实验依据。大多数的研究结果并没有严格界定形成层中的原始细胞和母细胞。因此，通常认为，形成层细胞就是原始细胞和母细胞的多层细胞带。形成层细胞由轴向细长的纺锤形原始细胞（fusiform cambial cells）和射线原始细胞（ray cambial cells）这两种形态完全不同的细胞组成。这两种细胞分化产生轴向和径向木质部和韧皮部组织系统。纺锤形原始细胞的长度比宽度大很多倍，在弦面是尖纺锤形状，可以产生导管分子、管胞、木纤维、轴向薄壁细胞、筛管、韧皮纤维等。射线原始细胞产生接触细胞、木质部射线细胞和韧皮部射线细胞。形成层细胞的鉴定取决于其存在的位置，这主要是因为纺锤形细胞和射线细胞的互换现象是很正常的。大多数纺锤形细胞主要进行平周分裂，这时的木质部细胞含有细胞质和细胞器，这时的木质部细胞含有细胞质和细胞器，具有生理活性。随着细胞逐渐远离形成层，细胞壁沉积，细胞质降解，木质素合成，出现了孔隙结构的细胞腔。这也是细胞增强抵抗外力或水分输到膨胀压的生理需要。不论是木质部还是韧皮部，新细胞总是添加在径向区域。这意味着纺锤形原始细胞主要通过平周分裂产生新的细胞。像这种状态，快速发育的形成层组织中细胞板、胞间层、质膜和初生壁的形成速率应该很高。所以，该组织具有很高的生物活性，富含参与木材细胞壁生物合成的各种分子和蛋白质。

在一株树干内，形成层的年龄也因形成层存在的位置不同而异：从树梢到树根逐渐增大，而树根和树干交界处的形成层年龄正好和该树木的年龄一致。树干中部横断面上的年轮数就相当于该横切面位置上形成层的年龄。形成层是具有最强生命力的组织，即使有时停止分生，只要有了良好营养，就会重新开始分裂。一般认为，形成层带细胞重新活动要求气温均值在 4.4℃ 以上且持续约一周才开始。除了气温升高的影响外，形成层活动的恢复显然要依靠激素的刺激。刺激首先在膨胀芽中产生，稍后也会在生长点和新叶内产生。

2.3　木材的生物学特性

2.3.1　生物学对木材特性的决定

生物最重要和基本的特征是新陈代谢和遗传。新陈代谢说明生物体具备物质的合成与分解能力，而且可以将遗传物质复制下来，通过有性生殖或无性生殖，交由下一代持续繁衍生活。除此之外，生物还具有一些共同的特征和属性，如生物化学统一性、多层次结构模式、个体发育及差异、生物多样性、环境响应性等。生物学是研究生物的结构、功能、发生和发展规律的科学，属于自然科学领域，目的在于阐明和控制生命活动，服务于人类适应和改造自然的生产实践。

从直径生长来看，木材是由形成层向髓心方向逐年分生出来的细胞组成的集合体。每一种木材都是由千千万万个木质部细胞组成的。单个的木质部细胞经历分裂分化、伸长增大、细胞壁沉积与木质化、程序性死亡等过程，最终实现了木质部在组织上的生命演化。每一个木质部细胞都是或曾经是一个单独的活的个体，包含生命的全部特征，具有完整的细胞活动规律，符合生物学的研究目标。这正是基于细胞理论的早期生物学的基础。而且分子水平、细胞水平、组织水平是内在联系、协调统一的，因此需要以系统生物学的视角，研究木材生成过程中所有组成的变化规律及其在特定遗传或环境条件下的相互关系，通过图画或数学方式建立能描述结构和性质关系的模型。

木材是树木产生的一种重要的可再生自然资源。作为树木生长中的一项生命活动，木材的形成是遗传因子和环境因子共同作用的结果，而且该过程是动态的、变化的、系统的。以生物学的观点，在遗传因素和环境因素共同作用下，木材形成过程会表现在基因水平、蛋白质水平和代谢物水平，最终才能体现在木材细胞组分和壁层结构，甚至是宏观特征（图 2-4）。揭示木材形成的机理不仅是选择优质林木品系的依据，还是木材功能化、木材仿生以及木材超精细结构解译等领域的基础。由于树木生长过程是对环境变化的适应，必会将相关环境变化的信息记录在木材上。这也形成了木材株内不同位置、生长季节的材性差异。通过研究木材形成过程在分子水平、细胞水平以及组织水平上对环境因子的响应机制，可为探明木材形成的分子机制提供重要的理论依据。

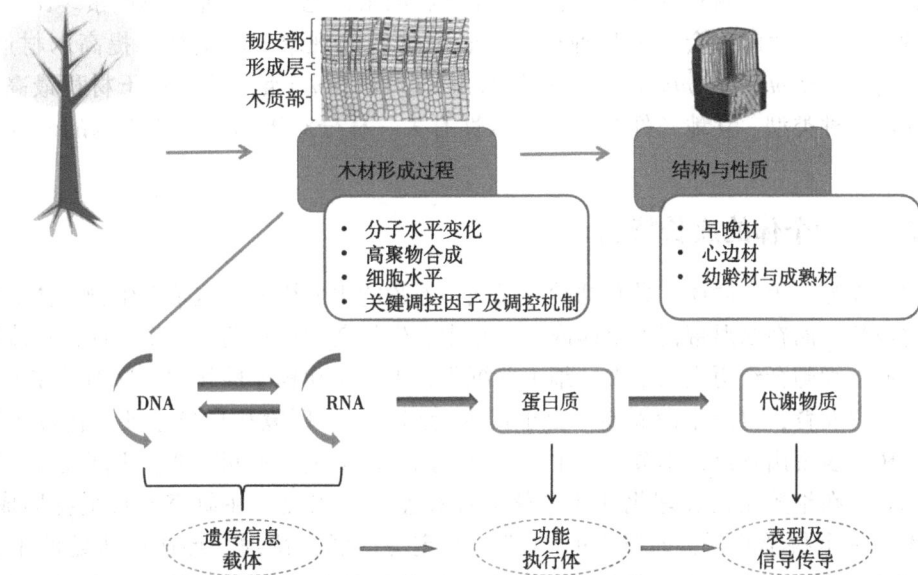

图 2-4　木材形成及其调控过程

　　木材性质受遗传因素的控制。根据狭义的理解，木材是由形成层向内逐年分生而产生的。形成层细胞分生出纺锤形母细胞和射线母细胞，然后不断指数分裂，产生木材细胞。这个过程中，细胞核中的遗传物质被复制表达传递，保持了细胞物质和结构的稳定。这也保证了生命的连续性。每年产生的木材围绕髓呈同心圆，即年轮/生长轮。尽管木材细胞和结构可能受到生长季环境的影响，但细胞壁物质和细胞结构基本保持统一性，特别是成熟材部分。另外，相同树种在种源之间的木材性质会有差异，但多数情况下具有相似的木材性质。这就说明，木材细胞具有遗传性，木材的性质也具有遗传控制性。目前研究认为，木材性质都属于复杂性状，受多种因子共同调控。木材密度、三大素含量、细胞壁厚度、微纤丝倾角、弹性模量等木材性质有较高的遗传控制力。

　　高生长同样会影响木材性质。树木的高生长是顶端分生组织分化的结果。幼龄材便是受顶端分生组织影响而形成的木质部。顶端分生组织和侧生分生组织（形成层）像一个鞘状结构，包裹在木质部和韧皮部之间。但是，对于顶端分生组织与侧生分生组织之间的相互关系，当前并不是很清楚，比如，顶端分生组织是如何影响侧生分生组织而产生木质部的？两者之间是否存在起源关系？

　　木材产量也受生物多样性的影响。生物多样性是一个较宽泛的概念，指一定区域里所有生命形式及其在生态环境中的作用。所以，森林生物多样性不仅包括树木，还包括其他植物、动物和微生物的生存环境与遗传多样性。森林生物多样性可以在生态系统、陆地环境、种属之间、数量和遗传等不同水平进行理解。这些水平内部或水平之间具有复杂的交互模式。森林生态多样性是自然界亿万年来系统进化的结果，这也是生态因子驱动的，如气候、火灾、竞争和扰动。森林不仅是由树木组成的，还有数以万计的植物和动物种类。比如，热带雨林被认为是全球生物多样性最丰富的储存库：来自热带雨林的一棵树上，就有超过 1200 种鞘翅目甲虫，1 hm² 样地就有 365 种树木，0.1 hm² 样地中有 365 种植物，据估计热带雨林 6%~7% 的面积内就有全世界超过半数的生物种类。因此，生物多样性对木材性质的影响可以是生物因素，也可以是非生物因素。比如，混栽树种间发生竞争时，会产生某种树种生长受抑制的现象。混交林会提高木材产量。50% 蓝桉（*Eucalyptus globulus*）和 50% 黑荆（*Acacia mearnsii*）混栽后，树干材积最高。当然，这与树种类型、立地条件及资源有效性有关。林分对于木材性质影响的研究未见报道。

2.3.2　生命个体的成长特点

树木作为一个生命体，具有幼龄—成熟—老龄的生命周期。这是在生物个体的角度来理解成长。而在寒温带树木个体内，一年中有生长期和休眠期，在生长期，形成层分生的木质部细胞会经历生长增大、细胞壁沉积、木质化和程序性死亡。这则是在细胞水平上的木材发育，也是生命周期。由于树木受到遗传、环境和自身生理生化过程的调节，使树木表现出昼夜、季节和一生的生长周期性。那么，不同时期、不同发育阶段形成的木材，在细胞结构和理化性质上就会存在差异。因此，在研究木材生物形成中，需要考虑一个科学问题，即树木的"龄"的确定与内涵，特别是形成层所处的生长节点。对于树木来说，就是要将其高度方向的生长时间与半径方向的生长时间相联系。因为木材的差别最终是在连续的时间中生成的，是木质部细胞生命过程的实证表现。这也可能会留有环境因子的印记，促进树木年轮年代学、木材气候学、木材信息学等相关研究。

形成层是有年龄的。在初生长点的下部由原形成层分化成形成层时，纺锤形原始细胞是短小的细胞，但是，一般正常生长的树木，在最初 10~15 年明显地变大，特别是其平均长度明显增大，而成为细长的细胞。随后，其伸长速度迅速衰减，其平均长度、宽度和形状大体上稳定下来。但经过更长的年月后，相反的，纺锤形原始细胞的平均长度似乎会逐年略为变短。就这样原始细胞生长很快，特别是初始 10~15 年，纺锤形原始细胞年平均长度增加明显，我们将这个阶段称为形成层的未成熟期或幼年期，把此后平均长度大体恒定的时期称为形成层的成熟期或成年期，又把经过更多年之后年平均长度开始缩短的时期称为形成层的过熟期或老年期。

木材材质与发育阶段关系密切。以树木个体生长发育中的幼龄—成熟—老龄为例：幼龄期林木的材质较低劣，随着年龄增长，其材质趋于稳定，最后又有所下降。树木幼龄期形成的、受顶端分生组织影响的木材称为幼龄材，这是次生人工林快速生长树株中严重影响木材品质的部分。关于幼龄材，有两种错误的认识：①把幼龄材只看成是小树的木材，误认为在成熟树干中就谈不上存在幼龄材；②把树株生长在最初生长年份里形成的木材看作幼龄材，误认为幼龄材为高度一定的圆锥体，只限于成熟树干下方的中心部位。实际上，幼龄材的产生，与树种、立地条件甚至单株个体都有关。幼龄材的解剖特征、物理力学性质、化学组成比例等与成熟材有较大区别。相较成熟材，幼龄材性质一般较为低劣（表 2-1）。

表 2-1　幼龄材与成熟材某些木材性质的比较

木材性质	幼龄材	成熟材	备　注
相对密度（生材）（g/cm）	0.42	0.48	火炬松幼龄材 11 年生，成熟材 30 年生
气干密度（kg/m³）	427.0	489.2	火炬松幼龄材 11 年生，成熟材 30 年生
纤维长度（mm）	2.98	4.28	火炬松幼龄材 11 年生，成熟材 30 年生
细胞壁厚度（μm）	3.88	8.04	火炬松幼龄材 11 年生，成熟材 30 年生
细胞直径（μm）	50.01	48.86	火炬松幼龄材 11 年生，成熟材 30 年生
次生壁中层纤丝角（°）	55	20	针叶材
	28	10	阔叶材
纵向收缩（由生材至含水率12%）（%）	0.57	<0.10	火炬松
	0.9	<0.10	加勒比松
破坏强度（MPa）	199	113	人工林针叶材
顺纹压缩强度（MPa）	100	124	人工林针叶材
刚性指数	100	116	人工林针叶材

　　为了更好地采伐和利用木材，常常需要确定树木幼龄材和成熟材的界限。一些树种，特别是针叶材，在至成熟条件之间有一个过渡期，成熟材和幼龄材间无明显的界限，这就使得只通过粗略的观察难以区分出幼龄材和成熟材。最初生成的年轮，密度最低，纤维最短，纤维角最大。而后，自树心向外，密度增加，纤维增长。对大多数性质，在最初的几个年轮中变化率较大，之后逐渐接近成熟材的性质。这种木材结构和性质的逐渐变化，使得人们难于在树干横截面上判别幼龄材在何处结束以及成熟材在何处开始。因此，这一区界的位置就应取决于用来定义这个区域的个别性质或一些性质。但运用这项原则时，要注意尚有一些复杂情况，如细胞长度可在其他性质（如细胞厚度）之前到达成熟。目前研究的共同结论是：幼龄材持续期在树种间有很大变化，一般为5~20 年，即短者约 5 年，而长者可达 20 年，主要取决于树种。一些研究者认为，在幼龄材形成期间，通过生长刺激（如施肥、灌溉或造林措施）将会延长幼龄材的时限。

　　幼龄材形成以后的生长加速不会导致幼龄材形成的重新开始，但这种生长加速对材质的影响如何则是另一个问题。应注意：定义幼龄材的主要依据是木材的细胞结构和木材性质。人工林树木中的幼龄材与髓附近的快速生长有关，导致生长图轮较宽，但是木材中所有的较宽生长轮并非一定与幼龄材有关。例如，幼茎生长在不利的竞争条件下时近髓处有窄生长轮，而一旦生长条件改善，就会形成宽生长轮。关于幼龄材与成熟材的界定，渡边治人认为：不管树木生长快慢，在树干任何横切面上未成熟的范围总是与髓心距离有关，针叶树大概在 5~7 cm 的半径范围内。Pashin 等则认为：幼龄期的长短在各树种之间变化很大，通常在 5~20 年间，且围绕髓心呈圆柱体。Haygreen. J. G. 等认为，尤其是在针叶材中，成熟材和幼龄材间的过渡期，使得幼龄材与成熟材的界限划分变得困难。幼龄期生长的终止，有些树种是陡变（如某些阔叶材），有些则具有明显的过渡期。

　　鉴于上述情况，对于幼龄材与成熟材的界定，国内外学者有很多不同学术观点。由于出发点不同，界定的标准与结果存在着一定的差异。从实验分析结果可以看出，不同指标所界定的成熟期年龄不同。综合不同研究所得结论，本书认为，可以以反映木材最基本特征的几种指标作为界定幼龄材与成熟材的标准，包括管胞长度、微纤丝角、生长轮宽度、晚材率、胞壁率和基本密度等指标。这不仅是因为它们测定方便，更主要的是每项指标可以从不同侧面综合反映出木材的物理力学性能，而且它们之间有着紧密的联系。

　　木材性质也会受树木衰老的影响。树木的衰老表现在代谢降低、营养和生殖组织的生长逐渐减少、顶端优势消失、枯枝增多、心材形成、环境抵御能力下降等。这些树木衰老的指标也表明形成层的分生能力和细胞生活能力开始下降：木质部细胞数量减小，如芬兰南部的树木的木质部年轮每年变窄4%~5%；有些甚至不产生晚材，并含有较高的木质素和较低的纤维素。

2.3.3　木材形成中的物质代谢

　　通常认为，木材形成源于树木维管形成层的细胞分裂活动，依次经历细胞分化、细胞伸长和径向增大、细胞壁加厚(纤维素、半纤维素和木质素的生物合成与沉积)、细胞程序性凋亡和心材形成。其中，细胞壁层的构建是关键步骤。从能量和物质转化角度来看，木材是树木通过光合作用同化二氧化碳将光能转化成化学能，并经过复杂和高效的生物合成与沉积过程而产生的。该过程中所有物质的生物、化学变化总称为代谢，也是木材形成这项生命活动的本质特征和物质基础。

　　木材的实质物质是细胞壁。由于细胞壁是由纤维素、半纤维和木质素及少量其他物质交织而成的天然高分子材料，所以，木材形成过程可以认为是细胞壁各化学组分的生物合成及空间结构的自我组装。这些有机物种类复杂，有糖类、蛋白质、核酸等，是初生代谢的产物，称为初生代谢物；有酚类、萜类、生物碱等，是由糖类等有机物次生代谢衍生出来的，称为次生代谢物。归根结底，它们是从光合产物衍生出来的。因此，树木体内一定有复杂的生化变化，有机物在其中协调并有方向地转化(分解和合成)，从而表现出不同的代谢类型(图2-5)。

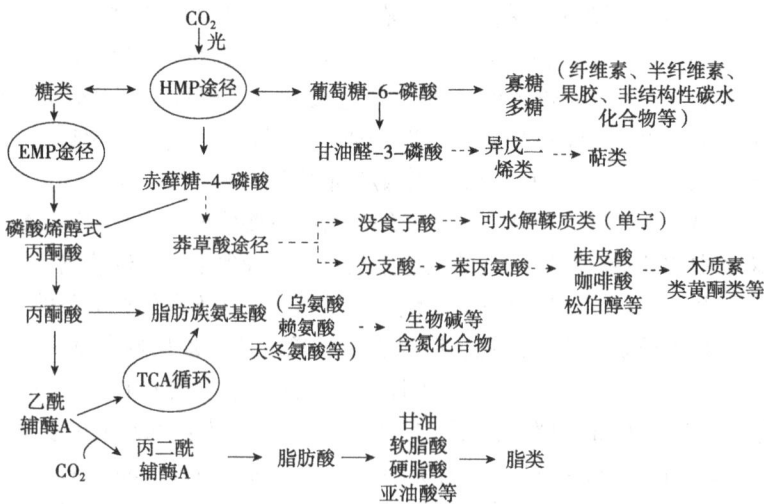

图 2-5　木材形成中部分物质的转化与代谢途径
HMP：戊糖磷酸途径；EMP：糖酵解途径；TCA：三羧酸循环；
实线箭头表示初生代谢，虚线箭头表示次生代谢。

木材细胞壁生物合成的过程包括细胞壁聚合物前驱物的形成、聚合物的合成以及聚合物的聚集。纤维素生物合成模型有多种说法。一般认为，二磷酸尿苷葡萄糖（UDPG）是纤维素生物合成的前驱物。UDP-葡萄糖可以通过两种代谢途径形成：一是从葡萄糖残基生成葡萄糖-6-磷酸和葡萄糖-1-磷酸，最后在焦磷酸化酶作用下形成；二是蔗糖合酶催化蔗糖转化生成果糖和 UDP-葡萄糖。UDP-葡萄糖在纤维素合酶、纤维素酶等体系作用下聚合成为葡聚糖链。葡聚糖链逐步聚集成微纤丝。

木质素主要源于糖类的戊糖磷酸途径，该过程的中间产物赤藓糖-4-磷酸与糖酵解中的磷酸烯醇式丙酮酸合成莽草酸，进一步反应生成苯基丙氨酸，即木质素生物合成的起点。首先，苯丙氨酸转变为桂皮酸，桂皮酸又转变为 4-香豆酸、咖啡酸、阿魏酸、5-羟基阿魏酸和芥子酸，它们分别与乙酰辅酶 A 结合，在相关酶的作用下被还原为相应的醛，再被脱氢酶还原为相应的醇，即 4-香豆醇、松柏醇和芥子醇。这 3 种醇被看作形成木质素的单体，可能在过氧化物酶和漆酶作用下，再氧化聚合作用生成木质素，分别形成对羟基苯丙烷型、愈创木基型和紫丁香型。另外，p-羟基苯甲酰芥子醇、羟基肉桂醛、5-羟基松柏醇、阿魏酸、阿魏酸酯、水杨酸等均被推测为木质素聚合单体的前驱物。木质素通过单体与单体、单体与低聚体、低聚体与低聚体之间以不同的连接方式偶联在一起。

由于针叶木与阔叶木中半纤维素多糖组分的差异，其合成过程也有不同。针叶木的主要半纤维素是聚葡萄糖甘露糖，推测认为其以 GDP-D-葡萄糖和 GDP-D-甘露糖为前驱物。阔叶木的主要半纤维素是聚木糖类。D-葡萄糖经过一系列反应形成葡萄糖醛酸，葡萄糖醛酸在脱羧酶作用下转变为戊糖，然后代谢成二磷酸尿苷-D-木糖，经合成酶作用合成聚木糖。

还有一些木材中的抽提物也是经过系列代谢产生的。在木材横切面上，心边材的区别是比较明显的宏观特征。与边材相比，心材具有较深的颜色、更高的木质素和抽提物含量，使得心材具有更好的天然耐久性、尺寸稳定性、表面装饰性等。因此，提升心材的产量和品质成为林木培育的重要课题。多年研究认为，心材是由边材逐步转化产生的，是已分化木质部的二次变化。该转变过程涉及细胞形态、物质转化与代谢、信号传导等生理生化活动，不仅受到遗传因素的控制，还与气候条件、立地环境等外部因素有关。半个世纪前，Hillis 报道了心材形成中抽提物的变化规律。心材中木质素、阿拉伯葡萄糖醛酸木聚糖、果胶质含量均高于边材，而纤维素含量要低于边材。但是，过渡区木质素和脂类物质含量均低于心材和边材。也有研究认为，心材抽提物主要是特定时间内产生于边材向心材转化的过渡区域。心材抽提物合成的前驱体是轴向薄壁细胞或射线薄壁细胞中存贮的非结构性多糖，如淀粉、蔗糖等。同时，这些物质的含量具有明显的季节变化规律。虽然我们可以检测到不同区域木材中的多糖含量，但还要揭示多糖的转化形式与途径。心材中几乎不含有淀粉。蔗糖也主要存贮在最外层的边材中。在心材形成过程中，淀粉和蔗糖主要水解为葡萄糖和果糖，而且边材到过渡区较高含量的葡萄糖和果糖也能说明心材的快速形成。过渡区苯丙氨酸解氨酶和查尔酮合酶具有较高的活性，表明多酚类物质的大量合成。多酚类物质的大量积累离不开高浓度蔗糖的支持。台湾杉（*Taiwania cryptomerioides* Hayata）边心材转化的过渡区内，射线薄壁细胞腔内的淀粉含量快速降低，沉积有颜色物质，HPLC 确定有色物质主要是台湾脂素 A、柳杉酚、桧醇等具有生物活性的物质。心材形成中，酚类物质的分布有两种类型：①刺槐型，其多酚类物质起始于过渡区，边材中未发现，如欧洲赤松（*Pinus sylvestris*）、刺槐（*Robinia pseudoacacia*）、土蜜树（*Bridelia retusa*）等；②胡桃型，其酚类前驱体在边心材转化中逐步累积，像黄杉（*Pseudotsuga*）、胡桃（*Juglans*）、蓝桉（*Eucalyptus globulus*）等。最近，有人提出酚类物质分布的第 3 种类型，即檀香型，特别是富含萜烯类物质的心材，存在一些特化细胞合成倍半萜烯，如檀香（*Santalum album*）、黄扁柏（*Callitropsis nootkatensis*）。

总体来说，木材形成是系统的代谢反应过程，并且有大量的前驱物、中间体、酶类共同参与。因此，明确木材形成中的代谢物种类和分布规律，并阐述清楚物质代谢途径，将有助于揭示木材细胞壁的构建机制。

2.3.4　气候环境变化与木材形成

树木生长离不开环境变化。寒温带树木在一个生长季节内，会因温度、降水等气候因子而影响树木生长和形成层活动，产生性质不同的木材。如生长季早期，气温上升、雨水增加，形成木材细胞速率较高，细胞尺寸较大，细胞壁较薄，称为春材或早材；生长季晚期，气温下降、雨水减少，形成木材细胞速率较低，细胞尺寸较小，细胞壁较厚，称为秋材或晚材。而热带树木四季中几乎不间断生长，但因降雨量的原因，在一年内可能形成多个生长轮。而树木作为森林的重要组成部分，也有调节温度、降水、物质循环等作用（前文已叙述）。由此可见，树木与环境是相互依存、相互影响的。当然，树木生长的环境因子不仅是温度和降水，还有土壤条件、海拔、风力、地形因子、林分等。对于与木材形成相关的形成层活动来说，同化无机碳的过程需要温度，必要的碳水化合物和含氮物质供应、无机养分、充足的水分等是前提条件，而温度和水分作用于树木生长的全过程。本部分主要讨论温度和降水变化对木材性质的影响。

温度是影响树木生长发育的主要环境因子之一。树木的形成层恢复活动的迟早和当时的气温有关。形成层细胞分裂需要一定的温度，通常在春季，平均气温在 4.4℃ 以上一周才开始。这受到地理分布位置、海拔等影响。温度对木材形成的影响较为复杂。在生长季开始时，较低温度有利于延长生长季，故与年轮宽度成正相关；在生长旺盛期，温度往往不再是限制因子，这时温度的升高会导致树木整体作用加剧，使得水分出现亏缺，年轮宽度与温度负相关。最大晚材密度与夏季温度显著正相关。像红皮云杉（*Picea koraiensis*）、北美红杉（*Sequoia sempervirens*）、欧洲云杉（*Picae abies*）、兴安落叶松（*Larix gmelinii*）、樟子松（*Pinus sylvestris*）等树种的最大晚材密度均与 8~9 月温度正相关。通过人为增加树干局部温度，可使形成层活动恢复提前，细胞分类速率增加；但是在生长季后期，温度升高未能延长形成层终止活动时间。系统研究木材结构对于温度的响应机制，不仅可以为林木培育提供帮助，还有助于了解历史气候变化，成为"树木年轮气候学"的重要支撑。

降水多少会导致湿涝或干旱，密切影响木材形成。首先，水分供应直接决定树木生长速度。当水分成为树木生长的限制因子时，年轮宽度往往与降水正相关；而当水分充足或过多时，年轮宽度与降水无关或成负相关。在干旱胁迫下，树木的光合作用、呼吸作用、酶活性、激素平衡等都受到调控，而且这是一个复杂的生物化学和生理学过程，各因子之间的协效作用目前尚不完全清楚。其次，水分供应影响了形成层活动。降水量不足会导致形成层细胞分裂速度降低，产生的管胞直径变小。多个生长年内的试验表明，降雨对木质部细胞体积的增大、细胞壁加厚都有影响。在春季，形成层细胞开始分裂和顶芽开始膨胀基本一致。在较凉的气候中，顶芽萌发的同时，降水量与年轮宽度呈负相关。内蒙古油松早材密度和最小密度与全年降水量均是负相关，晚材密度和最大密度与全年降水量均是正相关。木材细胞结构中的年轮缺失、伪年轮、霜轮和浅轮等，都与干旱或水分限制的极端环境有关。

木材形成和性质与气候因子的关系是复杂的。各种气候因子之间相互制衡，又因树种而异，绝不是一两个条件和因子就能够起作用的。在木材气候学的研究中，需要采用多学科交叉、多因子的研究思维，建立林木生长和木材形成响应气候变化的系统方法，为林木精准培育和应对气候变化政策调整提供理论指导。

2.3.5　生物统计意义

虽然树木个体或种源存在差异，但为了提高木材利用的效率，需要掌握和分析木材性质的本质和统一规律。因此，通过研究随机样本，并以此为据，对总体特征进行推断和解释，就是统计学的核心，即"由部分推及全体"的思想。理论上来说，调查的样本量越大，统计的结果就越客观，推断的结论就越接近真实。实践中，全面调查不但资源耗费极大，而且易受客观因素限制，特别是树木都生长在自然环境中。采用统计学的原理和方法，在保证抽样调查的有效性和统计分析的科学性基础上，便能获得有价值的结论和推断。

1866 年，孟德尔所做的豌豆遗传试验便是统计学方法在生物实验中的成功应用。从抽样方法来说，木材试样采集时需要在林区设置具有代表性的林分，胸径不小于 14 cm 的林木 100 株以上。将采集的林木划分为 5 个以上组别，从每个组别中抽取一株平均木作为样木，所采样木的总数不少于 5 株。国际木材解剖学家协会规定，针叶材管胞尺寸测量时，最少要测量 25 个管胞的长度和宽度，并计算平均值和标准偏差。在数据分析中，需要建立实际测量值与理论预期值之间的关系，出现了各种检验方法、方差、标准差等。这些数据分析方法实际上最终挖掘和展示的数据背后的生物学本质，即遗传与变异：若数据分布于规律范围内，并符合预期的设计，则主要体现了遗传性；若数据离散或个别数据区别度极大，则表明个体间出现变异。木材性质受树种、种源、立地环境等多方面影响，木材性质受树种、种源、立地环境等多方面影响，在树种间、个体间及株内存在差异和变化，因此在研究其遗传变异规律时常用到生物统计学基础理论和方法。在研究木材性质遗传变异试验中就常常用到。什么样的环境下生长、温度或降雨量的变化、土壤盐碱程度、材质预测等，都需要事先用生物统计学进行分析研究。

生物统计是量化树木生长和木材性质形成的重要方法。在因变量或自变量中包含非数量化因子时，可以通过建立两者之间的综合数学模型，从而解决预测问题。树高和胸径的模型就有线性模型（$y=b_0+b_1x$）、对数模型（$y=b_0+b_1\ln x$）、二元多项式模型（$y=b_0+b_1x+b_2x^2$）、幂函数模型（$y=b_0+x^{b_1}$）、S 模型 [$y=1/(a+be^{-x})$] 等。而对于木材形成中细胞数量、细胞壁厚、微纤丝角等特征，与形成层分生之间或与直径生长等相关的数学模型，报道较少。

2.4　木材的多孔性

2.4.1　木材的细胞结构

木材由树木生长产生的细胞所构成。它与树木中活细胞的主要区别在于：它已成为木质化的死细胞。死细胞由细胞壁和细胞腔组成，细胞壁又是由纤维素、半纤维素和木质素组装而成。这些细胞空腔、细胞壁间隙、聚合物之间孔隙、细胞壁上特征等形成了木材的孔隙结构，而且是具有多尺度的。我们一般将细胞腔、细胞壁间隙、纹孔腔等直径大于 0.2 μm 的孔隙统称为大毛细管系统；将微纤丝、基本纤丝间隙、木质素内部孔隙、纹孔膜上小孔等直径小于 0.2 μm 的孔隙称为微毛细管系统。这些不同尺度的孔隙结构使木材具有较高的比表面积，也使液体和物质在木材中运输成为可能。研究认为，1 cm³密度为 0.4 g/cm³的木材，其微晶、微纤丝和纤丝的表面积为 123.482 m²。此外，木材因细胞的天然中空结构，使得木材具有较高强重比、刚性和吸收冲击载荷等优良的力学性质，特别适用于对自重有要求的交通、建筑、结构用材。

木材的细胞类型和数量的差别也导致孔隙结构不同：环孔材的导管直径 20~400 μm，管状孔隙；而针叶材的管胞直径只有 15~40 μm，也呈管状孔隙。阔叶材中，木纤维的直径为 10~25 μm（图 2-6）。随着木材孔隙率增大，木材胞壁率和木材密度减小。44 科 124 种阔叶材孔隙率的种间变异大于科间差异。木材的多孔性，使木材密度较低，多数木材密度小于 1 g/cm³。木材细胞腔中存有空气，而空气是热、电的不良导体，所以木材是隔热和电绝缘的材料（当然，这里指的是干燥的木材）。与其他材料相比，木材导热性仅为普通砖的 1/6，混凝土的 1/15，钢材的 1/390。多孔的管状结构使木材具有优良的扩音和共振特性，云杉、泡桐等木材为许多乐器的音板用材，中国传统民族乐器古筝、扬琴等，选材时就有"桐天梓地"的说法。木材多孔性使木材有特殊的表面性能，如对光线有表层反射和内层反射，这使得木材具有一定光泽，而又较为柔和。木材的多孔性还使其成为载体的可能，如近些年以木材空隙结构制造吸附材料、导电材料、储能材料，等等。

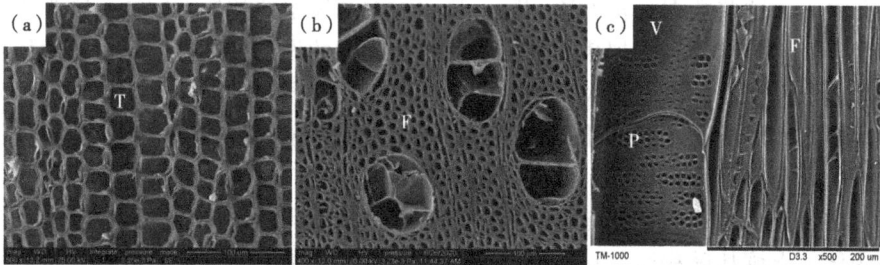

图 2-6　樟子松（*Pinus sylvestris*）和杨木（*Populus* spp.）的细胞类型及孔隙
T：管胞；V：导管；F：木纤维；P：纹孔。

2.4.2　木材中的多尺度层级结构

木材是由形态各异、排列方式不同的细胞组成的。在不同的视角下，木材细胞组织会呈现出不同的信息及特征。通常情况下，木材构造可以从横切面、径切面和弦切面三个角度去观察，主要表现为髓、生长轮、早材与晚材、木射线、管孔、轴向薄壁细胞以及木材的颜色、纹理、结构和花纹（宏观观察）。借助显微镜，便可以观察到木材细胞壁结构及特征（微观观察）。如果继续放大，利用透射电镜，甚至可以看到木材细胞壁壁层结构（超微观观察）。还可将细胞壁继续解析，直至获得纤维素、半纤维素和木质素的聚合物。

如果将以上提到的宏观、微观和超微观观察结果以单位来度量，则有厘米到毫米级的年轮等组织结构，微米级的细胞直径与细胞壁厚度，纳米级的聚合物组分以及微毛细管孔隙等，这表明木材的孔隙结构具有微米至纳米的多尺度分布。木材孔隙分布会因测定方法、水分和样品制备技术等的不同而不同。常用的方法有压汞法、气体吸附法、扫描电镜法和小角度 X 射线散射法。压汞法适合测定的孔隙特征参数较全面，孔径范围从 50~5000 nm。气体吸附法操作简单，可测得孔径与孔径分布、孔隙形貌和比表面积，但试验速度较慢。木材中的水分也会影响孔隙的测定。干燥过程中，原有直径为 3.5 nm 的孔隙闭合了，导致细胞壁中的孔隙直径呈下降趋势，比表面积亦会减小。而在润湿过程中，这些闭合的孔隙又会部分打开，但会表现出与木材吸湿滞后相似的规律。测试样品制备技术是影响孔隙测定的另一因素，特别是与水分同步产生的影响。使用 CO_2 超临界干燥、冷冻干燥和常规干燥 3 种方法处理杨木应拉木后，采用氮气吸附法测定其孔隙结构，结果发现，超临界干燥方法可以较好地保留木材的介观孔隙，而在冷冻干燥或常规干燥后，介观孔隙均会消失。

纤维素的最小单元是基本纤丝。基本纤丝是由长短不一的数十条纤维素分子链平行排列，规则地聚集在一起形成的。基本纤丝由聚集的基本纤丝联同其周围的半纤维素和木质素一起组成了木材细胞壁的丝状胶团物质——微纤丝。然后由微纤丝组成纤丝，纤丝组成粗纤丝，粗纤丝组成薄层，由薄层形成了细胞壁的初生壁、次生壁（S1、S2 和 S3 层），进而形成了木材的管胞、导管和纤维等各种解剖分子（图 2-7）。目前认为，基本纤丝宽度为 3.5~5.0 nm，断面约含 40 根纤维素分子链；微纤丝宽 10~30 nm。X 射线衍射图显示，在基本纤丝内，纤维素分子链排列高度有序的区域呈现晶体结构，称为结晶区；随着排列结合的致密程度降低，分子链彼此之间结合力减弱，不再呈现晶体图谱，称为无定形区。在基本纤丝方向，结晶区与无定形区相互连接，但并没有绝对的界限。因此，在结晶区和无定形区之间应该存在类结晶区排列状态，即过渡区，其相对于结晶区缺乏高度次序，但相对于无定形区又具有高度次序。

木材细胞壁由于分化产生时间、化学组分、结构和微纤丝排列不同而分为胞间层、初生壁和次生壁。细胞分裂产生的第一层是胞间层，厚 0.5~1.5 μm，由果胶质基质和木质素附着物构成，将相邻细胞紧密粘贴在一起。紧贴着胞间层内侧，细胞分化产生了初生壁，该壁层具有高度弹性，厚度大约只有 0.1 μm，由几层微纤丝薄层无序排列组成。初生壁外表面无序排列，内表面与细胞轴大致呈垂直排列，含有果胶质基质、木质素和纤维素。由于胞间层和初生壁都很薄，又紧密结合在一起，常被统一称为复合胞间层。待细胞增大到固定大小，在质膜和初生壁之间继续形成了次生壁，是细胞壁最重要的壁层，占细胞壁厚度的 95% 以上，也是体现细胞壁、木质部及木材整体性质和功能的主体单位。次生壁因微纤丝排列差异而被分为 3 个壁层：次生壁外层（S1），次生壁中层（S2）和次生壁内层（S3），每个壁层内的微纤丝几乎平行有序排列，并且与细胞长轴呈不同角度（图 2-7）。各个壁层中依然含有半纤维和木质素。次生壁的 3 个壁层会在木材细胞产生到成熟过程中发生改性，像树干倾斜会使次生壁中木质素和纤维素及其胶质的沉积量发生改变，同时也会影响木质素的化学结构与组成。

次生细胞壁中 S1 层最薄，约 0.1~0.35 μm，占细胞总厚度的 5%~10%，被视为初生壁与 S2 层和 S3 层之间的中介层。S1 层中微纤丝排列与细胞长轴呈 60°~80°。S2 层在次生壁中最厚、最重要，厚度从 1~10 μm 不等，占细胞壁总厚度的 75%~85%；该

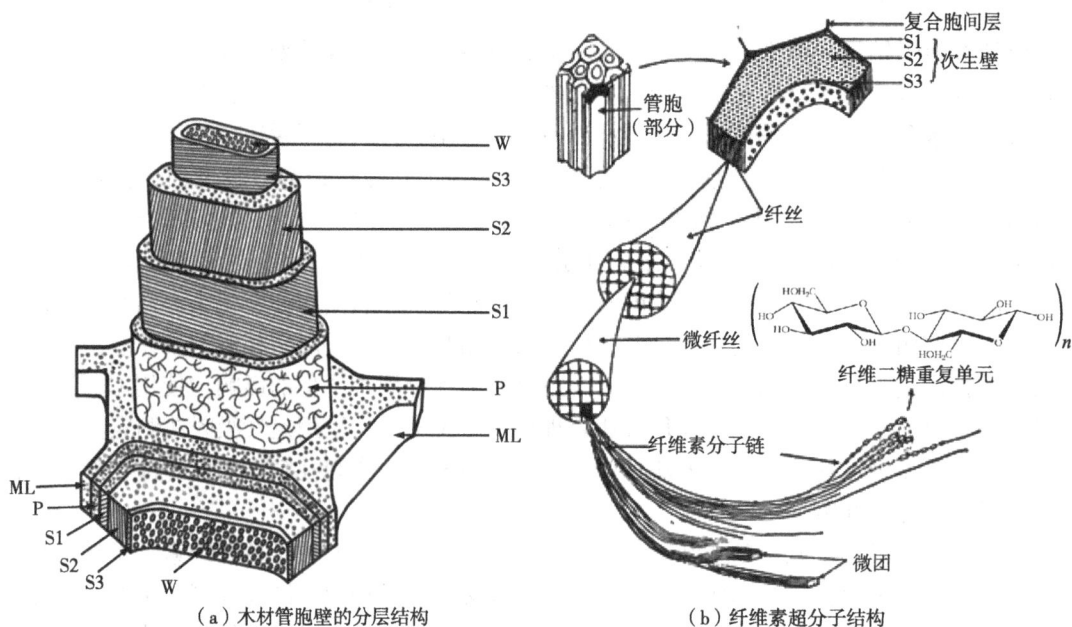

（a）木材管胞壁的分层结构　　　　　（b）纤维素超分子结构

图 2-7　木材管胞壁的分层结构及纤维素超分子结构模式图

ML：胞间层；P：初生壁；S1：次生壁外层；S2：次生壁中层；S3：次生壁内层；W：瘤层。

壁层微纤丝排列与细胞长轴呈 5°~30°，会随生长应力不同而异。S2 层纤维素微纤丝倾角极大地影响细胞甚至是木材整体的物理力学性质。一般来讲，随着微纤丝倾角的增大，木材的硬度降低、纵向弹性模量减小。次生壁最内层是 S3 层，相对较薄，0.5~1.1 μm，微纤丝排列有序，但没有 S2 层规则，与细胞长轴呈 60°~90°。初生壁和次生壁的纤维素组成方式的不同使得两者具有不同的性质。木质部细胞因生长需要在细胞壁上产生的一些结构特征，如纹孔、螺纹加厚、侵填体等会直接影响木材的加工和利用。

木材的多细胞层次结构也是其具有各向异性的原因。木材性质在树干高生长的轴向、直径生长的半径方向（径向和弦向）表现出的差异称为各向异性。木材是一种各向异性材料，这区别于其他的均质材料。

2.5　木材与水分

2.5.1　木材中的水分

树木生长从根部吸收水分，通过边材输送到树木各部，树叶通过光合作用所制造的养分由韧皮部输送到各部分。每生长 1 m³ 木材，大约要从土壤中吸收 300~400 m³ 的水分。立木中水分是树木生长中必不可少的物质，又是树干输送各种物质的载体。立木中的水分通常与有机物或无机物混合，以输液的形式传输。边材中输液是各种糖类的水溶液，心材中输液包含了单宁、色素、无机质等的混合液。树木中水分随树种、季节和树干中的位置不同而变化。此外，由于木材的多孔结构，在木材处理和利用中，水分可以渗透到木材内部，干木材还能从空气中吸收蒸汽状态的水分。

木材生长中的水环境决定了木材细胞结构与细胞壁物质的化学组成。从形成层分裂细胞的生长，到细胞壁沉积中的三大素合成等，均与水的性质有关。细胞壁的三大素都有羟基，表示具有亲水性。纤维素和半纤维素是碳水化合物，官能团只有羟基，而且两者形成于初生壁和次生壁的合成中，它们在细胞壁中的功能主要是骨架支撑和基质填充。当细胞停止生长后，木质素才开始沉积，它不仅有羟基，还有甲氧基、羰基等，使得木质素在与碳水化合物交联的同时具有可能的疏水性，这决定了木质素在细胞壁中的功能是硬化和结壳物质。由木材形成的水环境决定的木材兼具亲水和疏水的性质，会直接影响木材的性质改良、组分分离、新材料制备等。

木材中存在的水分可以分为自由水和结合水（或吸着水）两类。自由水存在于木材的细胞腔中，与液态水的性质接近。结合水存在于细胞壁中，与细胞壁无定形区（由纤维素非结晶区、半纤维素和木质素组成）中的羟基形成氢键结合。在纤维素的结晶区中，相邻的纤维素分子上的羟基相互形成氢键结合，或者形成交联结合。因此，水分不能进入纤维素的结晶区。

对于生材来说，细胞腔和细胞壁中都含有水分，其中自由水的水分量随着季节变化，而结合水的量基本保持不变。假设把生材放在相对湿度为100%的环境中，细胞腔中的自由水慢慢蒸发，当细胞腔中没有自由水，而细胞壁中结合水的量处于饱和状态，这时的状态称为纤维饱和点（木材含水率大约是30%）。当把生材放在大气环境中自然干燥，最终达到的水分平衡态称为气干状态。气干状态的木材的细胞腔中不含自由水，细胞壁中含有的结合水的量与大气环境处于平衡状态。当木材的细胞腔和细胞壁中的水分被完全除去时，木材的状态称为绝干状态。木材的不同状态与木材中水分的存在状态与存在位置的对应关系可归纳为图 2-8。如图 2-8 所示，只要细胞腔中含有水分，说明

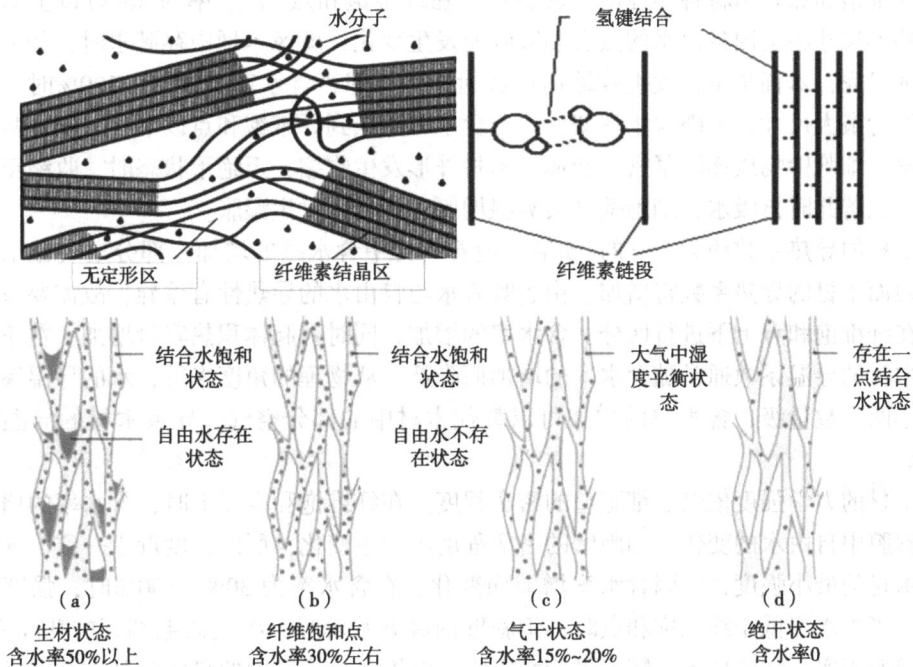

图 2-8 水分子在纤维中的分布和不同含水量状态下木材的分类

细胞壁中的水分处于饱和状态。纤维饱和点是一个临界状态，因为一般来说，自由水的量对木材的物理性质(除质量以外)的影响不大，而结合水含量的多少则对木材的各项物理力学性质都有极大的影响。

2.5.2　水分对木材性质的影响

水分对木材性质的影响是各方面的。在树木生长中，木材形成过程一直处于含水介质和环境下，在木材及制品的采集、储存、使用等过程中，环境中也存在湿度(水分)变化。这就存在水分在木材中与环境中的交换。湿的木材存放在空气中会逐渐变干，干的木材在潮湿空气中会吸收水分，而且干湿状态是可以变化的。湿的木材能导电，而干燥的木材则可以认为是绝缘体。木材燃烧时，干的木材容易点燃，且烟气排放较少，而湿的木材则不易点燃，同时产生大量烟气。古老的木材软化或弯曲技术，就是利用了高温条件下，水分存在使得无定形高聚物玻璃化转变温度的降低实现的。这些生产生活中的现象，本质皆源于木材中水分分布和含量的变化。如上一节所述，木材中的水分有不同的存在形式，对于含量则用含水率来表示。木材含水率有绝对含水率和相对含水率之分。木材加工中常用绝对含水率，即水的质量占绝干木材的比例。这部分主要介绍水分对木材物理力学性质的影响。

木材密度随含水率的增减而增减，它们之间的关系可按照下式表达。

$$\rho_M = \rho_0 \left(\frac{100+M}{100+Y_0-Y_M} \right)$$

式中：ρ_M 是含水率为 M 时的木材密度；ρ_0 是绝干密度；M 是木材含水率；Y_0 是生材到绝干时的体积干缩率；Y_M 是生材到 M 含水率时的体积干缩率。

纤维饱和点是木材各类性质的转折点。在纤维饱和点(含水率约30%)以上时，木材的外形尺寸不会因自由水的蒸发和吸收而发生变化，就像木桶中存满水时，如果桶中的水蒸发完，木桶是不会发生收缩而造成泄露的。即当含水率为30%～100%时，木材外形保持最大尺寸，不随含水率变化。当含水率降低到纤维饱和点以下时，随着吸着水的蒸发，细胞壁物质逐渐紧密、变薄，木材外形发生收缩；至绝干状态时，收缩至最小尺寸。倘若此时再吸水，细胞壁又会吸湿增厚，木材则发生湿胀。

木材的导热系数约为空气的25倍，随着木材中含水率的增加，部分空气被水分替代，因而木材的导热系数将增加。由于吸着水与自由水的导热性有差异，故需要考虑含水率在纤维饱和点上下进行区分。含水率的增加，同时引起体积热容量增加。在正温度下，木材的导温系数通常随含水率的增加而降低。从物理的角度来看，水的导温系数比空气小两个数量级，含水率的增加可以替代木材中的部分空气，导致木材的导温系数降低。

木材的力学强度依赖于细胞壁的密实程度。在纤维饱和点以上时，含水率的增减只是细胞腔中自由水的变化，细胞壁的密实程度不发生变化，所以强度近于一致。这时表现出木材的最小强度，不因含水率增减而变化，在含水率为30%～100%时，强度基本相同。当含水率低于纤维饱和点时，细胞壁内吸着水解吸，各类微毛细管的孔隙变小，细胞壁变密实，强度增大。随着吸着水去除，纤维素分子链中的自由羟基重新靠拢，相互间形成新的氢键连接，结晶区增加，非结晶区减少，导致木材强度随着含水率的减少而增加。含水率对部分木材强度的影响见表2-2。

表 2-2　含水率对部分木材强度的影响(引自 Wood Handbook, 1955)

强度种类		54 种针叶材强度比 σ_{12}/σ_g	113 种阔叶材强度比 σ_{12}/σ_g	含水率增减 1% 对应强度的增减率(%)
静曲强度	比例极限应力	1.80	1.81	5
	抗弯强度	1.59	1.61	4
	弹性模量	1.31	1.28	2
顺纹抗压强度	比例极限应力	1.74	1.86	5
	最大抗压强度	1.95	1.97	6
	横纹抗压强度	1.84	1.96	5.5
硬度	端面	1.55	1.67	4
	侧面	1.33	1.40	2.5
顺纹抗剪		1.43	1.37	3
垂直纹理抗拉强度		1.20	1.23	1.5

　　由于木材的细胞结构和细胞壁的聚合物组成决定了木材具有润湿性,并且在一定条件下具有吸湿性、吸水性和导湿、导水的功能,这统称为木材的可湿性。木材细胞壁由纤维素、半纤维素和木质素组成,三大素均含有极性官能团。在木材内部,这些极性基团会因互相吸引而达到平衡状态。但位于木材表面的分子尚有极性,具有一定的表面自由能,当与极性胶黏剂、涂料或其他处理溶液相接触时,就能够彼此吸引,相互结合。另外,木材的细胞结构及多尺度孔隙决定了木材具有极大的比表面积。如前文的木材多孔性中的描述,这些孔隙结构便于各种液体在木材中的吸附与传导。木材的润湿性会对木质单元的重组、木材表面涂饰、木材改性等产生重要影响。

　　以上简要介绍了水分对于木材部分性质的影响。当然,水分也会与其他因素协同影响木材的性质,如水分与温度的耦合(图 2-9)、水分与载荷等。

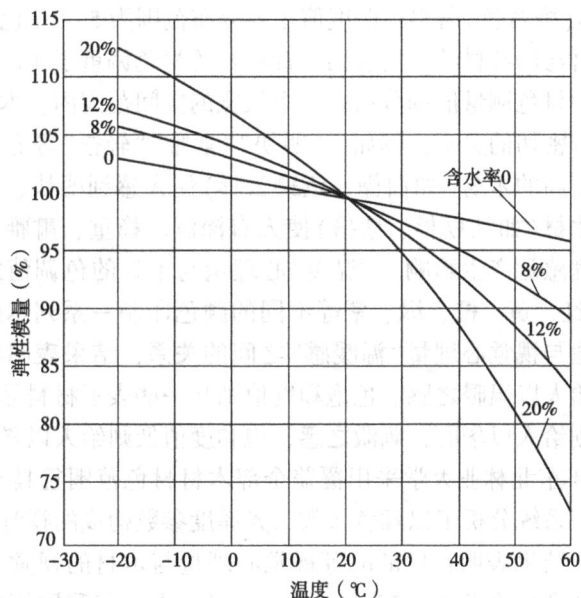

图 2-9　温度-含水率对木材力学强度的影响(引自 Sulzberger, 1953)

2.6　木材的环境学特性

由于木材具有大自然赋予它的独特美感以及优越的材料特性，人类自古以来就喜欢用木材来装点室内环境，制作室内用家具，由此来提高居住环境的舒适性。人们由经验可熟知，有木材(或木材制品)存在的空间会使人们的工作、学习和生活感到舒适和温馨，从而提高学习兴趣和工作效率，改善生活质量。

随着木材科学研究的不断深入和发展，有关木质材料作为室内环境用材的研究应运而生，并随人类生活水平的提高而与时俱进，木质材料与人类生活的关系也越来越密切。20 世纪 70 年代中期，日本学者首先开始了有关木材—人类—环境相互关系的研究，至 80 年代末期、90 年代初期，日本、中国、美国研究人员相继深入开展有关研究工作，使这方面研究逐渐被认可并发展壮大起来，最终形成木质环境学研究领域。木质环境学的研究定位于探索木材、木质材料作为居住和装饰用材给予居住者的感觉特性、心理作用以及健康影响，运用一些客观的物理量因子和主观的评价量表来反映这种影响的好坏和程度，评价木材、木质材料所营造环境空间的可居住性及对人类生活舒适性的贡献。

2.6.1　木材的视觉特性

人们习惯于用木材装点室内环境、制作室内用具，这与木材的视觉特性有着密切关系。木材的视觉特性可以由木材表面的视觉物理量与视觉心理量来描述，它们主要由木材的材色、光泽度、图案纹理等物理量参数以及与人类视觉相关并可定量表征的心理量组成。

木材颜色是反映木材表面视觉特性最为重要的物理量，人们习惯于用颜色的三属性(即明度、色调和色饱和度)来描述木材的材色。应用色度学方法，可以对木材材色进行定量测量(图 2-10)。其中，木材的色调值主要分布范围为 2.5Y~9.0R(浅橙黄~灰褐色)，以 5YR~10YR(橙黄色)居多；明度值主要分布范围为 5~8；色饱和度值主要分布范围为 3~5。针叶材与阔叶材的对比表明，针叶材的材色偏重于明度较高的橙黄色和浅黄白色，而阔叶材的材色测量值则分布在一个较宽的空间范围内。木材的视觉心理量与木材材色物理量有着密切的关系，例如，"明快""素雅""轻松"等心理感觉随着明度值的升高而增大，明度高的木材(如白桦、鱼鳞云杉)使人感到明快、华丽、整洁、高雅和舒畅；明度低的木材(如红豆杉、紫檀)使人有深沉、稳重、肃雅之感，说明材色明度值的改变会对心理感觉产生影响。"温暖"心理量与木材的色调值之间具有较强的正相关，图 2-11 采用红、黄、橙、绿、紫等不同的颜色印制一系列木纹，用主观评价的方法测得木纹颜色值与视觉心理量"温暖感"之间的关系，结果表明材色中属暖色调的红、黄、橙黄系能给人以温暖之感。色饱和度值则与一些表示材料品质特性的词联系在一起，饱和度值高则给人以华丽、刺激之感，饱和度值低则给人以素雅、质朴和沉静的感觉。1991—1993 年东北林业大学采用覆盖全部木材材色范围且具有代表性的我国 61 种商品木材为试件，系统分析了以颜色参数、光泽度参数构成的视觉物理量与人们视觉心理量之间的关系，结果表明：$L^*a^*b^*$ 等视觉心理量与木材的视觉物理量参数之间具有比较密切的相关性和内在联系，$L^*a^*b^*$ 这一研究结果还与我国历史文化赋予人们的心理习惯有关。

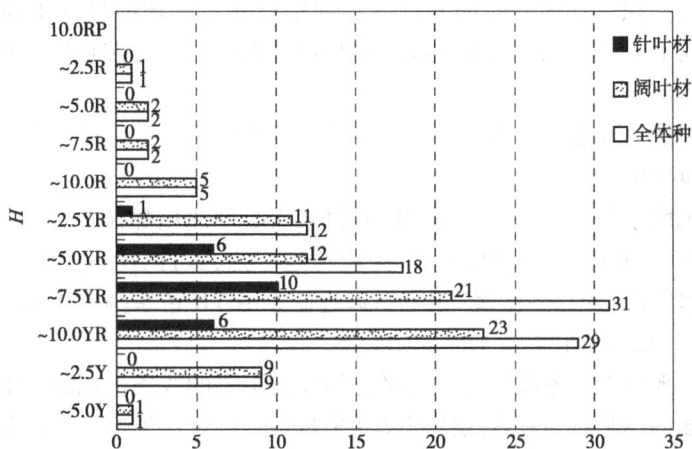

（a）木材的色调标号分布范围

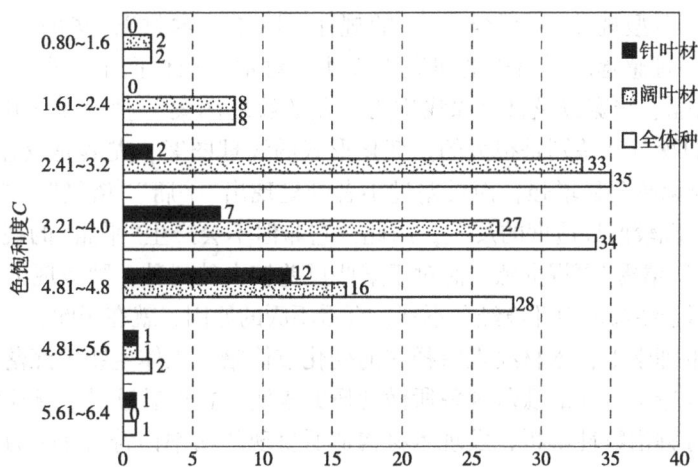

（b）木材的色饱和度分布范围

图 2-10　木材的孟塞尔色调标号(H) 与色饱和度(C)测量值的统计分布图(引自刘一星，1998)

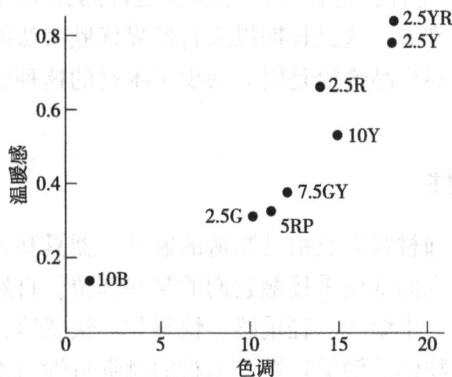

图 2-11　温暖感与色调(引自山田正，1986)

　　木材表面纹理(木纹)是天然生成的图案,它是由生长轮、木射线、轴向薄壁组织等解剖分子相互交织,且因其各向异性而在切削后在不同切面呈现不同图案。通常而言,木材的横切面上呈现同心圆状花纹,径切面上呈现平行的带状条形花纹,弦切面上呈现抛物线状花纹。

　　木质环境学的研究表明,木纹之所以能给人以良好感觉,原因是多方面的,但其中有三点是非常重要的。

　　第一,在色度学上,绝大多数树种的木材表面纹理颜色都在 YR(橙)色系内,呈暖色,是产生“温暖”视觉感的重要原因。为验证这一点,可以用 B(蓝)、G(绿)色系的颜色印刷制成木纹纸,但其“温暖”视觉感远远低于用 YR 色系颜色印刷的木纹纸,并且其他视觉心理量(如“亲切感”等)均大为降低。

　　第二,在图形学上,木纹是由一些平行但间距不等的线条构成的,给人以流畅、井然、轻松、自如的感觉;而且木纹图案又受生长量、年代、气候、立地条件等因素的影响,木材的生长轮宽度和颜色深浅呈现出涨落起伏的变化形式,这种周期中蕴藏变化的图案充分体现了造型规律中变化与统一的规律,赋予了木材以“华丽”“优美”“自然”“亲切”等视觉心理感觉。增田稔的研究也表明:对木材径切面上并列竖条状的纹理图面来说,“线间隔、线宽以及材色深浅均为变化的纹理图案”与“完全规则的纹理图案”相比较,其间的视觉感差别是很大的。变化形式的纹理图案,尤其是反差大者,其“华丽”“豪华”的视觉感明显增强;而反差过小者则呈现出“平庸”“俗气”的视觉感。通常,木材纹理图案呈现较低且适度的反差,因此,它非但不会产生“平庸”的视觉感,而且能够呈现出“文雅”“清秀”等视觉感。而对于某些反差较大的树种,则呈现出“华丽”的视觉感。木纹图案用于装饰室内环境经久不衰、百看不厌的原因,就在于此。

　　第三,在生理学上,木材纹理沿径向的变化节律暗合人体生物钟涨落节律。武者利光对木材纹理构造中存在的涨落现象所做的研究表明:$1/f^2$通过对木材径向纹理图案的线变化模式进行频谱特性解析,发现木材构造所呈现的功率谱符合 $1/f$ 的分布方式,而 $1/f$ 涨落分布方式是介于完全无秩序的白色涨落 $1/\sqrt{f}$ 和趋于单调的 $1/f^2$ 涨落之间的,恰如其分地避免了 $1/\sqrt{f}$ 涨落所带来的变化激烈和 $1/f^2$ 涨落所引起的贫乏这两种极端情况,所以给人以“运动的”“生命的”等韵律感及“和谐的”“流畅的”等自然感。木材色调、纹理、年轮间隔的这种 $1/f$ 谱分布形式与人的生理指标(如 Q 脑波的涨落、心动周期的变化)的 $1/f$ 谱分布形式均相吻合,这种节律的吻合是自然界中所有生物体都具有的共同内在特性。从朴素的观点来看,这是长期以来自然界优胜劣汰的结果,工业化时代、后工业化时代的某些人工材料产品恰恰是因为缺少了木材的这种特性,而一直无法得到人们的信任和喜爱。

2.6.2　木材的触觉特性

　　以木材作为建筑内装饰材料以及由其制造的家具、器具和日常用具等,长期置于人类居住和生活环境之中,人们常用手接触它们的某些部位,自然会产生某种感觉,包括冷暖感、粗滑感、软硬感、干湿感、轻重感、快感与不快感等,一般常以冷暖感、粗滑感、软硬感综合评价某种物体的触觉特性。木材的触觉特性与木材的组织构造,特别是与表面组织构造的表现方式密切相关,不同树种的木材,其触觉特性也不相同。因此,木材的触觉特性反映了木材表面的非常重要的物理性质。

木材表面的冷暖感是用手触摸材料表面时，界面间温度的变化会刺激人的感觉器官，使人感到温暖或寒冷。冷暖感是由皮肤与材料间的温度变化以及垂直于该界面的热流量对人体感觉器官的刺激结果决定的。

实验发现，木材的导热系数能够影响热量在木材中的热流量密度、热流量速度，影响皮肤-木材界面间的温度、温度的变化，最终影响木材的接触冷暖感(图 2-12)。木材(包括其他材料)的冷暖感心理量与热流方向的导热系数的对数基本呈直线关系，导热系数小的材料(如聚苯乙烯泡沫和轻木等)的触觉特性呈温暖感，导热系数大的材料(如混凝土构件等)则呈凉冷感觉。由于木材顺纹方向的导热系数一般为横纹方向的 2~2.5 倍，所以木材的纵切面比横断面的温暖感略强一些。用手接触试件后，手指温度迅速下降(图 2-13)，界面温度在手温以下迅速增加；达到手温后，温度仍以不同方式变化，并因所用的材料不同而异：对于聚苯乙烯泡沫和轻木，其温度会极为缓慢地增加；对于混凝土和密度高的木材(如栎木)，其温度会缓慢地降低；对于中等密度的木材(如落叶松)，其温度则保持相对稳定。穿过皮肤-木材界面间的热流速度会随时间而变化，起初的热流速度非常快，之后则呈指数规律下降。粗糙感是指粗糙度和摩擦对人们触觉的刺激，一般说来，材料的粗滑程度是由其表面上微小的凹凸程度所决定的，因为木材细胞组织的构造与排列赋予了木材表面以粗糙度，尽管木材经过表面加工后看起来已经十分光滑，但是由于木材细胞仍裸露在切面上，使得木材表面不是完全光滑的。刨削、研磨、涂饰等表面加工效果的好坏，也会在很大程度上影响木材表面的粗滑感。生理实验也表明：人在与木材及其他材料接触时，生理指标是有一定变化的，如脉搏的增加、血压的升高、呼吸的节奏变化、肢体的温度变化、心率变异程度以及脑电 α、β、θ 波的功率谱变化等。在这些方面，木材表现得要好于其他材料。与木材接触时，人体血压略有升高，但幅度不大，且很快恢复到原位；心跳间隔略微减小，交感神经活动略微增强，但副交感神经的活动并未有多大减弱，甚至有增强趋势；脑电的 α 波减少、β 波增加，显示兴奋性增强；此外，肢体的温度变化、痛觉等均不明显。而与其他材料(如金属、石材、塑料等)接触时，以上生理指标的变化幅度较大，有些指标的变化趋势甚至不利于人的身体健康。以上研究结果都说明，木材能给人以适度的刺激感，这种适度的刺激感使木材有别于其他材料：既能给人以美好感觉，同时刺激又不会很强，不会影响人的注意力，危及人的健康。

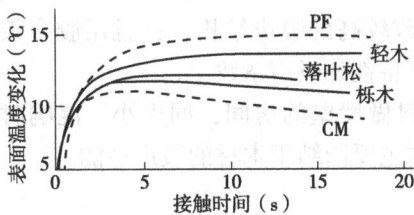

图 2-12 皮肤-木材界面的温度随时间的变化

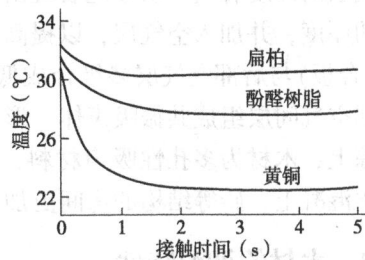

图 2-13 手指和材料接触时指尖温度的变化过程

木材的触觉特性还表现在木材表面的粗糙度、软硬感等，这些都可以通过仪器设备测试后进行量化。研究基于触觉特性的具体指标，建立其与人体心理生理变化量的关系，有助于优化和提升木质材料在智能家居中的设计理念和利用品质。

2.6.3　木材的声学特性

室内的声环境也是构成室内环境的重要因素，对于室内的声环境，一是要求避免听到本室以外空间传来的令人讨厌的声音，即隔声性能要好；二是要求能够听到赏心悦耳的音响，即室内的音响特性要好，回音时间等要合适；三是要求吸音性好，能够消除一些杂音。理想的声学环境应使每一个人能在最愉快、最有效的空间中工作、学习、研究、消遣和休息。

木材的空间声学特性，是指木材（或木质材料）作为建筑内装材料或特殊用途材料时，对室内空间声学效果（建筑声学、音乐声学）以及对房屋之间隔音效果的影响、调整作用。它与木材的吸音、反射、透射特性和声阻抗等物理参数有关。木材的声阻抗居于空气和其他固体材料之间，较空气高而比金属等其他建筑材料低。因此，在对室内声学特性有一定要求的建筑物中（如影院、礼堂、广播的技术用房等），木材及其制品作为吸声、反射（扩散）和隔声材料，得到了广泛的应用。

在厅堂等室内空间，如果混响过强，就会因余音过长而出现讲话声音混淆不清的情况。任何材料都具有一定的吸声能力，只是声音能力大小不同而已。通常而言，坚硬、光滑、结构紧密的材料吸声能力差；粗糙、松软、具有相互贯穿内外微孔的多孔材料吸声能力强。厅堂设计中，常考虑用木材或木质材料构成具有吸声作用的内装材料，在这种情况下，需要了解和研究木材的声吸收特性。

当空气中的声波作用于木表面时，一部分被反射回来，一部分被木材本身的振动所吸收，还有一部分被透射。木材的声吸收用吸声系数 α 来表示。声波的吸声系数为吸收能量、透射能量之和与入射总能量之比。入射总能量与材料吸收、投射能量之差即为反射能量。反射能量的大小，取决于反射界面两侧介质声阻抗的差异程度，差异越大，则反射越强。由于木材的声阻抗比空气大 4 个数量级，所以作用在木材表面的声波大部分能量被反射。在整个频率范围，平均吸声系数约为 0.1，这说明有 90% 的能量被反射回声源室。木材的吸声系数除声阻抗之外，还与其表面的平整程度以及涂饰有关。经涂漆后的木材吸声系数可降至原来的 1/2 左右。这说明，表面粗糙、未修饰的材面能吸收更多的声能，并使之转换为热能。

从上述情况来看，普通的木板吸声系数较小，直接用作吸声材料似不太适宜。实际上，木材的吸声系数不仅与上述声阻抗、表面平整程度等因子有关，还与固定方式、后部空气层的深度有关，明显地表现出吸声的频率特性。利用这种关系，可以适当地降低木板的厚度，并加入空气层，以提高吸声系数。例如，在厅堂音质设计中，往往用薄板（如胶合板）与后部空气层多级合成低频吸声系数较高的吸声结构，并且用胶合板穿孔与后部空气间层组成共振吸声体，形成特殊频率特性的吸声系数。

综上，木材为多孔性吸声材料，用木质材料做墙壁的房间，回声小，混响时间适当，比混凝土、砖等结构的房间更加安静，而这主要归结于木材的吸声性能。

2.6.4　木材的调湿特性

当室内环境的相对湿度发生变化时，具有吸/放湿特性的室内装饰材料或家具等可以相应地从环境中吸收水分或向环境释放水分，从而起到缓和湿度变化的作用，这就是材料的湿度调节功能。与混凝土、塑料等材料相比较，木材具有优良的吸/放湿特性，因而具有明显的湿度调节功能。

木材的湿度调节能力一般可以用 B 值来衡量，具体方法是将木材的侧边用石蜡密封，把木材铺装在一个密闭的箱体内，并将箱体放在一个温控箱内。箱体用导热性良好的材料制成，因此通过改变温控箱的温度可以使箱内的温度发生变化，并测定箱内相对湿度随着温度变化的变化幅度。研究发现，相对湿度的对数与温度之间呈近似的线性关系，直线的斜率定义为 B 值。如果材料的吸/放湿特性可以使相对湿度在任意温度下保持恒定值，那么 $\lg H(T)$ 和 T 之间的关系曲线的斜率为 0，即 B 值为 $0℃^{-1}$。相反，如果材料完全没有湿度调节功能，斜率(B 值)达到最小值，该值约为 $-0.0245℃^{-1}$。

用 B 值作为衡量指标的依据是材料对由温度变化引起的相对湿度的变化作出的反应不同。前面已经讨论过，水蒸气的流入或流出是另一个引起相对湿度变化的原因。因此，衡量材料的湿度调节能力的另一个方法是改变一个恒温空间内的水蒸气绝对量(绝对湿度)，并观察该空间内饰有不同材料时相对湿度的变化。衡量木炭的湿度调节能力通常使用简易的方法，即通过直接测量不同相对湿度环境中试材质量的变化，从而得到有关试材的吸/放湿能力方面的信息。例如，Abe 定义 25℃时的湿度调节容量为试材在相对蒸汽压为 0.90 和 0.55 的环境中达到平衡时的质量之差，这种方法也可以应用于木材，通过吸放湿能力与湿度调节能力之间的相关关系，间接地衡量木材的湿度调节能力。影响木材的湿度调节能力的因素主要包括气积比(A/V)、树种、木材厚度和木材的表面处理等。

表面来看，木材环境学特性是对室内环境的调节，最终会体现在对人的身体和活动的影响。这方面的研究已经通过动物试验得到证实。中外研究者比较研究了不同材料制造的饲育箱对小白鼠的生长、发育、生殖和行为表现的影响，得出的结论是木质材料对生物体的生理形状具有良好的调节作用。而木结构住宅与人体的心理、生理特性和舒适性等健康指标也有密切关系。室内环境中舒畅感的下限随着木材使用率上升而提高，说明木质结构有助于缓解人的心理压力。宫崎良文认为，无论是在精神层面还是在生理层面上，木质环境均能营造出对人有利的自然舒适感。中尾哲也曾以"居住在木造住宅能长寿吗？如会长寿其原因何在？"为题，比较木造住宅与混凝土住宅的差异，利用受益分析法和网络分析法，取对居住舒适性有影响的温度、湿度、房间布置等 21 个居住性因子，从满足度、影响度、认识度这 3 个方面分 5 级进行问卷调查。调查结果表明，木造住宅比混凝土住宅具有较佳的居住性，其中温度、湿度等各种居住性因子的评价均很高。Thomas C. Marcin 和 Henry Spelter 也调查研究了美国现在的建筑材料用材，结果为：过去的塑料、金属、水泥材料在新住宅中使用较少，逐渐被胶合板与其他木质材料所替代，传统的木结构比较流行，约占 90%。

本章小结

木材的基本性质是其加工利用的基础。作为一种天然的细胞结构材料，木材表现出的高强重比、生物特性、环境学特性等，使其具有成为功能材料、木结构、先进纳米材料和化学品等各种各样的制造可能和利用途径。木材性质受木材形成过程的影响，这也是决定木材加工利用的本源。只有揭示木材性质形成的生物学机制，才能真正突破木材基础理论，实现创新。木材的生物学特性、多层次结构、木材与水分的关系等方面还需要不停地探索，并试图建立与其他学科的交叉融合。通过技术进步，跳出传统思维，从材料、能源、环境、可持续发展等视角，重新解析和挖掘木材的基础性质，便会拓展出新的学科增长点。

思考题

1. 木材形成过程与木材性质之间存在什么样的关系？
2. 简述木材的多孔性及其对利用的影响。
3. 如何理解木材的多层次结构？
4. 水分对木材利用有何影响？
5. 木材环境学特性的内涵是什么？

第3章
木材绿色改性技术

本章介绍了木材绿色改性方法。为了改良和提高木材的一些固有缺陷或特性，如木材的干缩湿胀、人工速生林木材的力学强度低、木材的易腐朽性、木材的易燃烧性等，可以采用生物、化学和物理的相应技术手段，通过改变木材的细胞结构或化学组成来实现这些目的。本章主要围绕木材的遗传改良、热处理、增强处理、防腐处理和阻燃处理展开，对各种技术的理论基础、工艺方法及处理对材性的影响等进行了介绍。

3.1 木材性质遗传改良

木材性质的遗传改良不仅从木材形成的源头上避免或克服了木材天然缺陷的产生，而且对减少或降低因改进木材天然缺陷而带来的各种能源消耗、环境压力等方面均有重要意义。木材源自森林树木的生长。传统意义上，树木生长的研究归属于植物学范畴。而对于人类社会来说，森林中树木生长主要用以获取木材。虽然不同种类的树木会生产出具有不同性质的木材，但同一树种的木材性质则是相同或相似的。这其实就是生物学上遗传性的反映。生物物种的遗传性状相对稳定，像植物种的花、果实、叶子等。木材作为树木生长的产物，其解剖结构和理化性质在种内世代繁殖中是相对稳定的，这也是采用遗传育种技术改良木材性质的基础。优良的个体或品种是遗传育种的基础，因此在实践中出现了林木良种的选育和繁殖技术研究，在林学学科中称作林木育种学，它是以遗传和进化理论为指导的。

进化是生物界的基本特征。19世纪，英国博物学家达尔文在《物种起源》中系统阐述了进化论学说，主要包含变异、遗传和自然选择3个阶段。其中自然选择是进化的动力，也是达尔文进化论的核心。遗传和变异是自然选择的基础：遗传保证了物种相对的稳定性和连续性，变异则是物种对于环境变化适应性的动态响应。在自然选择过程中，优势变异得到保存而逐渐变得繁荣和强大，劣势变异则往往被淘汰出局。加之环境变化导致的变异类型差别，造就了生物多样性。

随着人类认知的发展，开始认为变异是选择的基础，遗传是选择的保证，而选择本身则确定了遗传变异的方向。20世纪初，奥地利植物学家孟德尔（G. J. Mendel）通过豌豆杂交实验，建立了遗传规律。随后，美国遗传学家摩尔根（T. H. Morgan）等人根据果蝇杂交实验，在证实了遗传规律的同时进一步创立了染色体遗传理论。荷兰植物学家德弗里斯（H. de Vries）根据月见草属新类型突然产生的事实，提出"突变论"，认为突变是不经过中间过渡而突然出现的，一旦突变产生，便可能世代遗传下去。丹麦植物学家约翰森(Johannsen)依据菜豆实验提出纯系学说，认为环境引起的变异是不可遗传的。这些经典的理论学说在研究物种进化、性状变异、环境适应等方面具有重要意义。但是，根据事物之间具有因果关系、量变与质变等唯物主义自然辩证法观点，植物生长与环境之间存在适应与被适应的关系。突变的产生存在必然的诱导因子，是外因与内因共同作用的结果。这里的内因就是遗传因素，而外因则是气候、生物、生态等外界因子，可以认为是变异的诱导因子。

树木生长在自然环境中，会因外界因子的变化而发生自然变异，但其概率很低，通常在十万分之几到万分之几。由于树木生长周期较长，木材形成过程比较复杂，依靠自然环境中的树木自我进化升级，不仅在时间上很难满足实际需求，在质量上更难以得到控制。因此，可以通过开展植物育种研究，人工选育和创造新的林木品种，完成树木的人工进化。现有的技术主要有杂交育种、染色体加倍技术、转基因技术、基因编辑技术等。从遗传学的角度，林木良种人工选育是在诱导产生变异的基础上，通过人工选择，对符合预期需求目标的林木树种进行扩大繁殖与栽培。在以木材利用为前提下，基于材性的选择便成为重点，这就是俗称的木材性质定向改良。木材性质定向改良主要是针对树种内的遗传和变异规律而言的。根据以上表述，木材性质可能因为遗传或环境因子的变化而产生差异。这种差异(变异)主要存在于树种内不同种源之间、同一种源不同林分、同一林分不同个体以及个体内不同组织间(图3-1)。

图3-1　基因型与环境共同造成树木间差异

3.1.1　木材性质的可遗传性

木材质量受木质部发育过程的影响，这里既有树木遗传的因素，也有树木生长的外界环境因素。树木生长由物质合成与代谢、细胞发育、组织器官形成等生物学过程组成。这些生物学过程无不受到基因、转录、蛋白质及代谢的控制与调节。木材作为树木生长的一种最终表现形式，它的性质也与这些生物学过程密切相关。了解和掌握木材性质的可遗传性及其控制力的大小是遗传改良的前提。而人们对木材性质的认知主要表现在解剖结构、化学组成以及物理力学等方面。多年的研究结果表明，木材性质都属于复杂性状，受多种因子共同调控。对于产出木材的树木来说，其源自种群生长，群体的遗传变异特别容易受环境因子影响。因此，通常采用遗传参数评价性状遗传变异的规律和特点。遗传参数多建立在数理统计的方法之上，像遗传力(heritability)、配合力(combining ability)、遗传增益(genetic gain)、遗传/表型相关(genetic/phenotypic correlation)和基因-环境互作效应。迄今为止，可遗传的材性指标主要有木材密度、三大素含量、弹性模量等，此外还涉及木材的生长量、树干干形等。

　　遗传力反映遗传变量占表型变量的比率。遗传力是选择育种中确定选种方法、估算遗传增益的重要参数。遗传力有广义和狭义之分，取值均 0~1，常与特定的性状有关。比如，在多数树种中，木材密度的狭义遗传力较高(0.3~0.6)，说明木材密度受遗传控制可能更高。火炬松木材密度的遗传力最高可达 0.87。浙江产湿地松木材管胞长度、管胞宽度、管胞壁厚和胞壁率的广义遗传力分别为 0.5466、0.3910、0.7173、0.1598，说明湿地松家系木材管胞性状(胞壁率除外)受中度或中下度遗传控制，通过一定强度的选择能获得较高的遗传增益。基本材性结果也已验证，家系间管胞长度、管胞宽度、气干密度、抗弯强度、抗弯弹性模量、顺纹抗压强度差异极为显著，家系内管胞长度、管胞宽度、管胞壁厚差异均显著且高于家系间的差异，表明在家系水平上进行木材气干密度、力学强度和管胞形态的家系选择可取得良好的效果。利用无损检测技术测定 2000 棵湿地松活立木的基本密度和弹性模量，通过 ASReml-R 软件混合线性模型的限制性极大似然估计法发现，木材基本密度和弹性模量受中等程度的遗传控制，而且遗传力高于生长性状。在木材品质遗传改良计划中，密度是最受关注的。这主要源于其株间变异大、遗传力较高、基因型与环境交互作用小。此外，木材密度在树干高度方向和半径方向呈现不同的变化规律，这与形成层的年龄有关。李光友等(2005 年)研究 32 个尾叶桉家系的木材性状后，发现木材基本密度、纤维长度、宽度均达到中等水平的遗传控制。Einspaher(1967 年)研究发现，响叶杨木质素含量的遗传力达到 0.58。Khurana(1983 年)研究认为，缘毛杨(*Populus ciliate* Wall ex. Royle)木质素含量与生长量呈显著正相关，并受性别的影响。大花序桉树种源幼林木材在种源间，顺纹抗压强度、抗弯强度、抗弯弹性模量和抗剪切强度的广义遗传力分别为 0.72、0.79、0.72 和 0.47。研究发现，广西 5 个种源地的 32 个红锥家系木材的基本密度、气干密度和全干密度都具有较大的遗传力。但在对马尾松家系和单株木材基本密度研究中，发现其遗传力均较低。7 年生鹅掌楸(*Liriodendron chinense*)木材基本密度的广义遗传力 0.65，有较高选择效率。22 年生湿地松(*Pinus elliottii*)自由授粉家系木材的基本密度的遗传力 0.31，但也有研究发现，10 年生湿地松家系的木材基本密度遗传力 0.48。9 年生马尾松(*Pinus massoniana*)自由授粉家系的木材基本密度遗传力较低(0.24)。因此，部分木材性质受遗传控制，但不同树种各种材性的遗传力也会因受年龄和林分等因素的影响而存在差异。

　　配合力是指在杂交育种过程中选择具有更好特定性状的亲本，包括一般配合力和特殊配合力。遗传学上，一般配合力反映亲本的加性基因效应，这在群体交配中可以遗传给子代。特殊配合力反映的是基因的非加性效应，它是不能固定遗传的。对浙江省淳安县马尾松交配设计的 12~14 年生遗传测定林结果显示，木材基本密度主要受母本效应影响，而且在杂交组间、父本间等存在极显著差异。父本和母本的一般配合力效应均大于特殊配合力。

　　遗传/表型相关。同时测量林木的两个性状时，其度量值之间可能有关联或存在相关性。其中，因遗传原因表现出的相关称为遗传相关，与表型间存在相关性则称为表型相关。由于树木是多年生植物，木材形成与形成层的年龄密切相关，木材性质也存在典型的性状-树龄的相关。不同性质在树木成熟过程中达到稳定的时间不同，这也说明仅仅靠单一性状进行良种选择是不适合的，由此也衍生出了近年来兼顾树木生长量和材性的联合选择方式。一直以来，揭示树木生长与木材密度的关系是人们讨论的热点。对于两者之间的关系，至今也没有统一定论。有的研究认为，它们之间存在负相关或较微弱的负相关(杉木、美洲黑杨)，但也有研究表明其相关性不显著。如果树木生长与木材密度之间存在负相关性，说明较快的生长速度会导致木材材质下降。这也表明两者之间是不太可能同时获得最大增益的。在实践中，人们期望可以找到一个平衡点。但是，木材密度与细胞壁实质物质、力学指标等关系密切。对落叶松的研究表明，木材密度与晚材率、细胞壁厚度呈正相关。胡慕任对 59 种针叶材和 29 种阔叶材进行研究表明，木材气干密度与顺纹抗压强度、抗弯强度、抗弯弹性模量、顺纹抗剪切强度均呈正相关。除此之外，木材各种性质之间的相关性研究也是重要的，它是多性状选择的基础。Ivkovich 研究认为，杨木导管长度与纤维长度之间存在显著的遗传正相关。潘惠新等认为，杂交杨无性系的年轮密度与早材宽度、晚材宽度间呈密切正相关，而与晚材率的遗传相关很弱。这就表示，在育种中，这些性状可以联合选择，容易获得较高遗传增益。

3.1.2 木材性质的变异性

遗传和变异是物种选择的基础。变异性是指树种的某种性状在种植的地理位置、林分之间、个体之间及个体内等存在的差异。对于木材性质的变异性研究，主要集中在木材密度、细胞尺寸、微纤丝角以及力学指标等在种源、个体之间及个体内的差异。开展研究的树种有杨属、杉木、马尾松、湿地松、花旗松、落叶松、桉属、鹅掌楸等。

(1)材性在种源上的变异

对地理分布较广的树种而言，其生长和适应性等方面会因气候环境而出现较大程度的差异，从而产生具有地域特点的种群与个体。其实，这也是自然选择的结果。将这些地理起源不同的种子或其他繁殖材料，通过种质资源收集、遗传与变异关系解析、苗圃试验及造林试验等环节，最终实现优良种源选育及林木改良。多数树种研究结果认为，相同树种不同种源部分的木材性质差异性显著，以此可以作为种源优选的依据。管宁等对 22 个种源的火炬松和 8 个种源的湿地松木材密度和管胞长度进行测定分析，结果表明两个树种的木材密度和管胞长度在种源间和种源内单株间均表现出显著差异，但株间差异较种源间差异显著得多。姜笑梅等研究认为，湿地松木材气干密度、抗弯强度、抗弯弹性模量和顺纹抗压强度在种源间的差异达到极显著水平，管胞长度和宽度、冲击韧性差异达到显著水平。杨树木材纤维长度、纤维宽度和基本密度在不同种源间差异显著。王传贵等研究发现，杉木木材性质在 33 个种源间存在差异，同一种源不同生长点的材性也存在差异。颜耀等比较了不同种源杉木人工林木材的性质差异，发现木材性质在 9 个种源间存在显著差异(0.05 水平)，并且木材干缩湿胀性呈地理变异趋势；根据测定的 18 项材性指标，综合评价认为安徽休宁和四川庐山种源的杉木材性总体较优。

(2)材性在家系间的变异

家系是由同一植株上产生的种子繁殖的子代。对于木材性质在家系间的遗传变异，国内外有比较一致的结论：木材性状在家系间存在差异，但与种源间和家系内个体间比较，家系间的差异较小。因此，家系选择适用于遗传力低的性状。即便如此，家系间材性的变异也与树种有关。郑仁华等研究了马尾松的 73 个家系、656 个单株，发现木材基本密度大致呈正态分布，在家系水平上的变异仅达到 0.10 水平的显著差异。而尾叶桉家系、红锥家系的木材基本密度、木材含水率等却在家系水平上达到了显著或极显著差异。

（3）材性在无性系间的变异

无性系是指从同一植株上采集枝条，通过无性繁殖方式产生的群体。无性系选择充分利用了植株的加性效应、显性效应和上位效应，遗传增益大，方法简单。杨树纤维长度、宽度及木材基本密度在无性系间差异为显著至极显著，木材密度及纤维长度多受中至强度的遗传控制。毛白杨纤维和射线组织比量在无性系之间差异达到显著水平。骆秀琴等报道了 32 个杉木无性系木材密度与抗弯强度、顺纹抗压强度间呈极显著正相关，说明木材密度与强度之间关系密切。三倍体毛白杨新无性系木材密度和力学指标在无性系之间存在显著或极显著遗传差异。马顺兴等研究认为，10 个日本落叶松无性系之间的木材基本密度、早材管胞尺寸差异为极显著或显著。严艳兵等研究了 11 个美洲黑杨无性系，发现木材基本密度、抗弯强度和抗压强度等材性指标间呈显著或极显著正相关，但生长性状与材性性状之间的相关性不显著。

（4）材性在个体间或个体内的差异

相同生长立地条件下，同一树种不同个体间的木材性质存在差异。如果是相同年龄，这种差异主要受遗传控制。个体内差异是木材性状最主要的变异来源。单株个体内木材性质差异主要表现在树干半径方向（水平变动）和高度方向（垂直变动）。从遗传角度来看，这与形成层的年龄有关。此外，这种差异也与环境因子影响有关。普遍认为，木材纤维长度由髓心向树皮方向，随年龄增加而增加，待达到成熟界限后趋于稳定。事实上，木材纤维长度在树木生长过程一直处于不断变化中，且有一定的波动性。针叶材管胞长度在近髓部位最短，从髓起向外侧移动呈急剧增长，在第 10~15 生长轮时增长变小，超过 20 生长轮后大致稳定。这种管胞长度规律性的水平变动模式常被称为 K. Sanio 法则。管胞长度也受高生长的影响。对于垂直变动，可以视为木材性质在树干不同地上高度的变化规律。当然，这其中也有树龄的影响。树干胸高处（距离地面约 1.25 m）至树冠基部为止区段内的成熟材，管胞长度稳定，材质优良。翠柏的管胞长度和宽度从树干基部到梢部，呈下降趋势。

3.1.3　基于材性遗传规律的林木育种技术

木材在利用中是以属为基础，以材质是否相似而归类。也可以认为，需要重视各类别木材性质的统一性规律，这是指导木材加工利用的基础。虽然林木的长世代、长育种周期会对其材性遗传改良造成一定困难，但是在多年的研究实践基础上，利用林木丰富的优良种质资源，结合短期育种与长期改良策略，可以实现一些树种的材性遗传改良。目前主要采用的是传统育种（常规）和分子生物学育种技术。

（1）传统育种

传统育种方法建立在优质种质资源、构建种子园、世代繁育及子代测定基础上，通过种源选择或优树选择，开展杂交、倍性育种、无性繁殖等。林木传统育种是一项长期的、系统的工作。早在1892年，国际林业研究组织联盟第一次会议就讨论确定了主要造林树种国际种源试验计划。1908年，开展了欧洲赤松和欧洲云杉的国际种源试验。第二次世界大战后，种源试验又拓展到落叶松、松、橡木等树种。德国植物学家Klotzch于1845年最早开展了欧洲赤松和欧洲黑松间的杂交，随后在爱尔兰、美国、意大利和德国实现了杨属杂交培育，取得较大成效。像欧美杨、小黑杨、意杨等，被作为速生林树种广泛栽植于世界各地。随着研究人员对于同一林分内单株间材性差异的认知，建立了从优树选择到嫁接获取种子，进而繁殖子代的方式。到目前为止，全球范围内约有50个国家对90余树种开展种子园研究。以上方式还是以有性繁殖为基础的，而杨、柳、桉等树种存在无性繁殖的可能。20世纪80年代以来，无性繁殖在辐射松、马尾松、落叶松、杉木、柳杉等针叶树种中也取得了实质性进展。有文献记载，我国林木遗传育种工作起步于20世纪50年代，但早在1945年，南京林学院叶培忠教授就在甘肃天水做了杨树杂交试验。经过近70余年的研究与实践，我国针对杉木、桉树、马尾松、红松、白榆、相思、刺槐等常用木材树种开展了优树选择、种子园、子代测定等工作，初步建成全国林木良种基地网。到今天，林木遗传育种已逐渐从早期的单一性状筛选拓展到兼顾生长和木材性质的"大径级优质建筑结构用材"培育模式。

（2）分子生物学育种技术

分子生物学在林木遗传育种的应用主要包括分子标记、基因工程和基因编辑等。物种内个体之间的遗传差异最终归因于遗传物质碱基序列的不同，通过检测生物个体在基因或基因型上产生的变异来反映生物个体间差异，这就是分子标记技术。与形态学、细胞学等相比，分子标记具有可用于任何组织的任何发育阶段、不受环境影响、遗传信息完整，简单快速等特点。常用于林木材性遗传分析的分子标记有随机扩增多态性DNA标记（RAPD）、简单重复序列多态性（simple sequence repeat polymorphism，SSR）、单核苷酸多态性标记（SNP）。目前的研究主要集中在利用各种分子标记对木材重要性质进行关联性分析。在建立与目标基因紧密联系的分子标记基础上，鉴别子代间个体差异，再通过表型确认，便是分子标记辅助选择育种技术。

日本落叶松材性相关基因关联遗传分析（SNP标记）发现，在10个木材性状相关基因中，共检测到12个SNP位点与12个表型性状显著关联，对表型性状的解释率为1.09%~4.75%。在转录及调控因子中，*miR397a*有1个位点与早材微纤丝角和4个晚材性状（晚材壁腔比、晚材纤维长、晚材纤维宽和晚材率）显著关联；MYB转录因子中有2个位点（MYB1-337和MYB1-392）与密度显著关联。谈静等研究发现了与西南桦（*Betula alnoides* Buch. -Ham. ex D. Don）木材基本密度显著关联的18个SSR标记，结合生长、形质和材性数据开展分子辅助选择，选出20株优良单株，与通过表型优选的结果比较发现，分子标记辅助选择的准确率为65%，各性状的现实增益范围为13.37%~126.74%。李昌荣等筛选出了多个大花序桉木材基本密度、抗压强度、弹性模量和抗弯强度显著关联的SSR标记。

基因工程技术是通过DNA拼接技术，将生物的某个基因通过基因载体转运到另一种生物活性细胞内，并使之进行无性繁殖和行使正常功能，从而创新品种。这里涉及目的基因的分离鉴定、表达载体构建、遗传转化、转化细胞筛选，转基因植物鉴定和外源基因表达检测。林木基因工程始于20世纪80年代中期，1986年，Parson等首次证实杨树可以进行遗传转化和外源基因在树木细胞中表达。目前，已有杨树、榿木、核桃、刺槐、花旗松、欧洲赤松、桉树、火炬松等 10 科 22 属、近百余树种进行了遗传转化研究，获得转目的基因的植株有杨树、松树、柳树、核桃和桉树等。关于材性转基因技术主要针对木材三大素的含量、木材细胞壁形成、木材密度等。要获得与木材材性相关的功能基因信息，必须深入揭示木材形成的生物学过程与分子机制。2006 年，法兰德斯大学校际生物科技研究所学者首次破译杨树基因组，成为木本植物转基因利用的里程碑。杨树基因组相对较小，毛果杨(*Populus trichocarpa*)在 19 条染色体上只有 4.85×10^9 个碱基对，45 000 个基因。由于木质素在制浆造纸中被认为是障碍或污染源，科研工作者克隆了与木质素合成相关的基因，通过转基因技术培育出了低木质素含量或木质素组成发生改变的杨树品种。木质素是由 *p*-羟基肉桂醇单体氧化的耦合形成的，称为木质素单体，与其他相关化合物的差别在于芳香环形成中有大量的甲氧基化。木质素单体合成后，被转运到质外体，在胞间层和细胞角隅处发生聚合反应。参与木质素单体生物合成途径的基因主要有苯丙氨酸基水解酶(phenylalanine ammonialyase，PAL)，S 腺苷甲硫胺酸合酶(s-adenosylmethionine synthetase，SAMS)，漆酶(laccase)，咖啡酸辅酶 A-3-甲基转移酶(caffeoyl-CoA-3-*O*-methyltransferase，CCoAOMT)，肉桂酸 4-羟化酶(cinamate 4-hydroxylase，C4H)，4-香豆酸辅酶 A 连接酶(4-coumarate CoA ligase，4CL)，甲硫胺酸合酶，过氧化物酶，肉桂醇脱氢酶(cinnamyl alcohol dehydrogenase，CAD)，*p*-香豆酸 3-羟基化酶(*p*-coumarate 3-hydroxylation，C3H)，5-*O*-甲基转移酶(5-*O*-methyltransferase，COMT)和细胞色素氧化酶(cytochrome c oxidase)。在白杉中，已鉴定出 7 个 SAMS 基因。持家蛋白被认为可以是为木质素聚合作用提供模板。

纤维素在细胞壁中的沉积与排列对于木材性质至关重要。纤维素合酶基因是家族基因，包含多个成员基因，是调控纤维素生物合成的重要基因。纤维素合酶基因 cDNAs 已从杨树、火炬松和桉树中克隆得到。木材形成的各阶段有不同的 CesA 基因成员表达，并且表达模式也存在差异。CesA1，CesA2，CesA3 在木质部特异表达，与次生壁的形成有关；而 CesA4，CesA5，CesA7 可能与初生壁的形成相关。辐射松中的 CesA10 在次生木质部形成中表达水平较高。但是，木材形成中纤维素合酶基因操纵纤维素合成的机理还不清楚。除了 CesA 外，还有其他一些蛋白质基因参与纤维素合成，像纤维素酶、KORRIGAN 内切葡聚糖酶、次生壁半胱氨酸区域蛋白 1，以及蔗糖合酶和 UDP-葡萄糖脱氢酶。

半纤维素合成的分子的相关研究较少，主要是因为其由多种单糖组成并具有复杂的交联结构。林木中鉴定出的参与半纤维素合成的基因主要有 UDP-葡萄糖脱氢酶和木葡聚糖内源糖基转移酶(xyloglucan endotransglycosylases，XETs)。转录因子家族包括许多调节基因，而一些转录因子也参与木材形成，如 MYBs、NAC、LIM domain、同源盒亮氨酸拉链Ⅲ(HD-ZIP Ⅲ)、MAD-box、锌指蛋白和 AUX/IAA。我们认为，三大素中鉴定出的相关基因彼此之间也是有联系的，况且木材形成是多基因协作表达的结果，不能独立地将某性状的改变以单个基因联系起来。

纤维素微纤丝倾角是决定细胞壁和木材物理力学性质的重要参数。在次生壁形成中，纤维素微纤丝的定向是多基因控制的复杂性状。大量研究结果认为，微管蛋白影响纤维素微纤丝的排列与沉积。*β-tubulin* 基因被发现可以影响桉树木材细胞壁纤维素微纤丝定向。桉树和拟南芥中的 2 个阿拉伯半乳聚糖成束蛋白(fasciclin-like arabinogalactan，FLA11 和 FLA12)通过改变纤维素沉积和整合整体细胞壁基质影响了微纤丝倾角的大小。火炬松（α-tubulin，COMT2，CCR1）、辐射松（RAC13，SuSy）、白杉（糖基水解酶，glycosyl hydrolase10）和亮果桉［Eucalyptus nitens（CCR）］中细胞壁相关基因的单核苷酸多态性研究显示，它们会影响纤维素微纤丝的角度。

树木生长由物质合成与代谢、细胞发育、组织器官形成等生物学过程组成。这些生物学过程无不受到基因、转录、蛋白质及代谢的控制与调节。木材作为树木生长的一种最终表现形式，它的性质也与这些生物学过程密切相关。常规育种与分子育种技术联合，有助于缩短育种周期，提高选育效率。

3.2 木材热处理

木材热处理是在160℃以上低氧环境下进行的木材改性技术，可以改善木材的尺寸稳定性、生物耐久性，具有环保、低成本、操作简便等优点，已获得较为广泛的产业化应用。

3.2.1 热处理工艺

热处理工艺是在热的作用下，使木材中的化学成分发生变化，从而降低木材平衡含水率、提高木材尺寸稳定性，并具有一定防腐效果，符合环境与发展的主题，因此被广泛研究并产生了一系列工业化生产工艺。

3.2.1.1 芬兰 Thermowood 工艺

木材热处理在芬兰的商业化始于20世纪90年代早期，随后迅速发展。热处理过程相当于高温干燥，是在水蒸气的环境下进行的，氧气含量低于5%，防止木材在高温下燃烧，空气流动速度大于10m/s。Thermowood 工艺主要有3个阶段：第一阶段是增温和窑干，用热蒸汽使窑温迅速升至100℃，进入高温干燥期后稳步增温到130℃，使木材达到绝干；第二阶段是强热处理，窑内温度在185~230℃之间保持2~3 h；第三阶段是冷却和含水率调整，用喷水系统使窑温降至80~90℃（图3-2）。不具有耐久性的针叶材通过热处理后其耐久性可以获得1~3级，干缩湿涨率可以降低50%~90%。

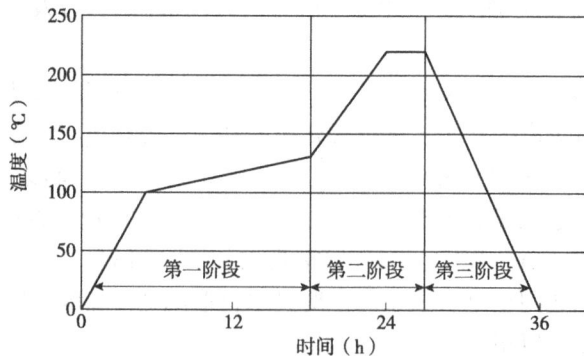

图 3-2 Thermowood 工艺曲线

3.2.1.2 法国 Rectification 工艺

法国 Retification 工艺是氮气作为保护气体，在含氧量低于2%条件下，将含水率在

12%左右的木材缓慢加热至210~260℃高温并进行热处理。在如此高的温度下，木材会有轻微的热解，但由于氧气含量较低，热氧化反应几乎不会发生。

3.2.1.3　荷兰 Plato 工艺

Plato 处理工艺于 20 世纪 80 年代由荷兰皇家壳牌石油公司(Royal Dutch Shell)发明，现在由荷兰的 Plato 公司进行生产，整个过程包括 4 个阶段：一是湿热处理阶段，在 0.6~1 MPa 的加压环境下，在 150~190℃条件下处理生材或气干材 4~5 h，半纤维素和木质素中的乙醛和酚类物质被分解并逸出；二是干燥阶段，木材在干燥窑中干燥至含水率为 8%~10%，一般需要 3~5 天；三是热处理阶段，将处理材在 150~190℃和 0.1MPa 条件下处理 12~16 h，该阶段结束时，含水率不到 1%；四是调湿处理阶段，将处理材在干燥窑中调至含水率为 4%~6%，一般需 3 天。

3.2.1.4　德国油处理工艺

大多数热处理在 180~260℃的温度和低氧环境下进行，而德国的处理工艺是用导热油作为热传导介质处理木材。导热油可用菜籽油、亚麻籽油和葵花籽油，处理过程共分 3 步。首先，将热油导入放有木材的密封罐中，并保持循环流动；其次，将温度升高至 180~220℃，保持 2~4 h；最后，降温调整。

3.2.2　热处理材性能

热处理木材的性能取决于处理温度和时间等参数，处理温度对材性的影响更大。

3.2.2.1　质量、密度与孔隙结构

木材经热处理后质量会减轻，是判断木材热处理程度的一个重要指标。质量损失率与树种、传热介质、处理温度、处理时间等因素相关。一般而言，针叶材的质量损失率较阔叶材低。

热处理会使木材密度降低。木材孔隙结构影响木材的吸湿性、渗透性和导热等性能。木材经热处理后，细胞壁成分发生降解或转化成低分子量物质，同时会有降解产物和抽提物蒸发，使得细胞壁的厚度和密度下降，导致木材的孔隙和孔径发生变化。但是，处理温度和工艺对不同树种孔径变化的影响不同。

3.2.2.2　吸湿性与尺寸稳定性

吸湿性与尺寸稳定性的提高是热处理木材性能提升最基本和最重要的方面。

3.2.2.3　耐生物劣化性

热处理可以提高木材的耐腐性。随着热处理温度的提高和时间的延长，热处理材的耐腐性能会更好。热处理材的半纤维素降解、平衡含水率降低是热处理材防腐性能提高的主要原因。热处理材对白腐菌、褐腐菌和蓝变菌有较好的抵御能力，但防霉效果和抗白蚁效果不佳。

3.2.2.4　力学性能

热处理温度越高，力学强度下降程度越大。热处理材对木材抗弯强度和抗拉强度影

响较大，一般会下降10%~30%。热处理材的 MOR 平均下降幅度为5%~18%。而且木材的冲击强度下降明显。在快速升温处理过程中，由于水分传导等原因，造成木材内部应力非常大，经常在处理前期(此时木质素和半纤维素的塑化、降解作用均未发生)就发生开裂现象。另外，在此过程中，一些死节和活节也会造成局部应力过大而出现开裂，并且经常发生节子脱落等现象。而热处理对木材抗压强度、表面硬度等性能影响不大。由于阔叶材的半纤维素含量较高，因此热处理阔叶材的强度下降幅度大于针叶材。

3.2.2.5 材色

热处理会使木材的材色变深，热处理材表面的颜色会在低温下变成棕色。随着温度增加，表面颜色也随着加深，部分热处理材呈现出接近热带材的外观特征。有些针叶材的树脂在热处理过程中会外流到木材表面，影响材色。

3.2.3 热处理产业化现状

木材热处理的起源是第一次世界大战后美国军方有关干燥温度对航空用木材强度的影响研究。由于热处理显著降低了木材的力学强度，热处理木材在当时并未获得产业化推广。20世纪90年代，欧洲开始了热处理技术的产业化应用，其中热处理工艺推广最为成功的是芬兰的 Thermowood 工艺，年产量达到19.4万 m^3。目前，我国木材热处理年产能估计在10万 m^3 以上。

3.3 木材增强处理

木材增强处理可有效提高木材的密度、硬度、强度等性能，是扩大木材应用领域、提高材质等级、缓解我国木材资源供需矛盾、提高木材利用率的有效途径。本节将从压缩增强、浸渍增强、重组增强和复合增强4个方面介绍木材的增强处理方法。

3.3.1 压缩增强

压缩增强又称压缩密实化，是将木材软化处理后进行压缩、定型，从而实现减少木材内部空隙、增加木材密度、提高木材力学强度的目的。压缩增强后的木材为压缩木。

3.3.1.1 木材软化

木材软化处理是制备压缩木的关键，软化是为了增加木材的塑性。根据是否使用化学药剂，软化处理分为物理软化法和化学软化法。

（1）物理软化法

物理软化法主要分为水热软化法、高频介质加热软化法和微波加热软化法。该方法处理木材的工艺简单、不使用化学药剂，在实际生产中应用广泛。

水热软化法又称蒸煮法，主要是利用木材主要成分纤维素的非结晶区、半纤维素和木质素的吸湿润胀性能，在由外向内逐渐加热加湿的作用下，木材内的分子获得足够的能量，产生剧烈运动，从而软化木材。水热软化法可将木材在一定温度的煮水池中加热浸泡，软化木材，也可利用水蒸气软化木材。蒸煮法操作的可控性较高，在工厂中最为常见，软化处理时间、温度和蒸汽压力等参数取决于树种、材料尺寸等因素。

高频介质加热软化法是利用高频电压对木材进行加热软化，具有加热速度快、软化周期短、加热均匀、应力集中少、产品质量高的特点。

微波加热软化法是指用电磁波辐射加热软化木材，升温速率快，控温容易。

（2）化学软化法

化学软化法是采用化学药剂，如液氨、氨水、氨气、尿素、碱液等，对木材进行软化处理的方法。氨类化学药剂是一种良好的木材膨胀剂，能与木材细胞壁的 3 种主要成分发生作用。氨不仅能进入木材细胞壁微纤丝的非结晶区，还能进入结晶区，破坏纤维素分子间的氢键，与纤维素上的羟基发生反应。氨还能重新定向细胞壁上的半纤维素分子，塑化木质素分子，使其扭曲，软化木质素。氨处理能有效地软化木材，处理时间短，产品回复率小，且对木材的破坏小，是一种较为理想的木材软化方法，但在处理过程中会有刺激性气体释放，处理容器需有良好的密闭性。

3.3.1.2　整体压缩

整体压缩增强是将木材软化处理后，在一定压缩率下对木材进行整体压缩密实，使其压缩变形固定。压缩后，木材的物理力学性质得以改善，但会造成木材体积损失，增加压缩成本。

3.3.1.3　表层压缩

表层压缩只对木材表层进行软化，然后通过压缩增加木材表面密度和硬度，实现表面增强效果。该方法形成的压缩层厚度有限，木材密度梯度大。

3.3.1.4　脱成分压缩

马里兰大学的胡良兵团队利用两步法实现了木材高度密实化压缩增强。他们利用氢氧化钠和亚硫酸钠溶液处理木材，脱出木材中部分木质素和半纤维素，再进行热压，使微纤丝高度取向排列，得到高强度木材。压缩木的比强度高于金属和合金材料，良好的机械性能使其可以作为结构材料。

3.3.2　浸渍增强

浸渍增强是利用木材的多孔特性，使用有机或无机化合物的预聚体，通过物理或化学方法进入木材细胞腔或细胞壁中的一种填充增强方法。

树脂浸渍强化处理是采用脲醛树脂、酚醛树脂、三聚氰胺甲醛树脂等热固性树脂的预聚体处理木材，树脂溶液通过扩散作用进入木材内部。无机物增强主要有含硅化合物、矿化增强等。

3.3.3　重组增强

重组增强是指将木材加工成不同形态的单元，如木条、单板、单板条、刨花等，将不同形态的木材单元根据复合材料理论进行组坯、胶拼、热压，制成具有高强度、尺寸稳定性好的材料。重组增强可以提高人工林树种的使用价值，实现小材大用、劣材优用。

重组木是指在保持木材纤维排列方向和基本性能的基础上，将小径木软化碾搓、干燥、施胶、组坯以及热压，制成一种新型的结构人造板。重组木具有材质均匀、材质轻、方向性强、便于加工等优点，广泛应用于屋顶桁架、室内梁柱和墙柱装饰等领域。

正交胶合木是实木板材由多层纹理纵横交错叠放的实木板材胶合而成的新型结构材料，具有较高的强度、均匀的干缩湿胀性以及良好的尺寸稳定性，广泛应用于民用住宅、桥梁以及高层建筑的框架结构等领域。

单板层积材又称平行胶合板，是旋切单板经干燥、施胶、顺纹组坯、热压制得的一种新型木质材料。单板层积材具有强重比高、结构均匀、力学性能稳定、加工性能好等特性，既可用于家具、建筑装饰与室内装修等非结构承载领域，又能用于大跨度梁柱及木结构建筑等结构承载领域。

集成材又称胶合木或板材层级材，是将板材或方材按木材纤维平行方向组坯，在长度、宽度或厚度方向上使用胶黏剂层积胶合而成的板材、方材等成型材料。

平行单板条层积材是一类由窄单板条沿木材纤维长度方向定向成型的一种新型木质复合材料。

3.3.4　复合增强

复合增强是指将速生木材加工成不同形态单元，与其他高强度材料（如碳纤维、玻璃纤维等）复合加工成具有多种性能、多种用途以及多种结构的新型多相材料。

3.4　木材防腐（生物危害防治）处理

木材是一种天然生物材料，木材细胞壁的主要成分纤维素、半纤维素和木质素可以为危害木材的生物提供营养。因此，木材易腐朽、蓝变、虫蛀。做好木材防腐处理，可提高木材的抗菌抗虫等性能，扩大木材使用范围、延长木材使用寿命。

3.4.1　木材防腐剂

按防腐剂载体的性质，木材防腐剂可分为油类防腐剂、油载型防腐剂和水载型防腐剂，目前使用最为广泛的是水载型防腐剂。

3.4.1.1　油类防腐剂

油类防腐剂通常是煤杂酚油、煤焦油和石油混合液等。煤杂酚油又称克里苏油，是从煤焦油中提炼出来的防腐效果最优良的馏分。

3.4.1.2　油载型防腐剂

油载型防腐剂主要包括五氯酚、环烷酸铜等。五氯酚是氯和苯酚的反应产物，是一种结晶化合物。1928年开始，五氯酚作为木材防腐剂使用，是一种使用比较广泛的油载型防腐剂，主要用于处理电线杆和桩材。但是，由于它对人畜毒性较大，对环境也有较大影响，因此在许多国家（如新西兰）已经被禁止使用。这种防腐剂对腐朽菌及大部分虫类有效，但是对海底钻孔的虫类无效。从1889年开始环烷酸铜就用于木材防腐，但是一直没有得到广泛使用，直到20世纪80年代，才开始用于处理电线杆、桥梁、篱笆等用材。油载型防腐剂的高效性除了来自防腐成分本身，还在很大程度上来源于其所采用的载体——油。

3.4.1.3　水载型防腐剂

水载型防腐剂是以水为载体或溶剂的防腐剂，是目前世界上应用最广泛的一类木材防腐剂。与油类或油载型防腐剂相比，具有价格便宜、渗透性好、处理材后处理加工性好等优点，缺点是处理材在户外使用时易发生流失、对金属腐蚀性高等。水载型防腐剂可分为两类：含金属元素的水载型防腐剂和不含金属元素的水载型防腐剂。

(1) 含金属元素的水载型防腐剂

木材防腐的金属包括砷、铬、铜、锌、铁、铝等。含铬或(和)砷的水载型防腐剂主要包括铬酸铜砷(CCA，又称铜铬砷)、酸性铬酸铜(ACC)、氨溶砷酸铜(ACA)和氨溶砷锌铜(ACZA)等。其中，CCA 是国内市场上最为常见的水载型木材防腐剂，有效成分为铜、铬、砷的氧化物或盐类。ACC 的有效成分是铜和铬的氧化物或盐类，处理后木材为褐色。ACA 和 ACZA 的有效成分中均含有砷，处理后木材颜色鲜艳。由于砷和铬对人体健康及环境质量存在潜在威胁，随着人们安全和环保意识的提高，美国等有些国家禁止 CCA 在民用市场的使用，目前，该类防腐剂在使用上逐渐减少。

目前市场上推广的环保型水载型防腐剂均不含砷和铬，应用最广的是以铜化物为主要有效成分的水载型防腐剂。铜化物单独使用时易流失，且对耐铜腐朽菌的抑制效果不好，因此常与不同的有机杀虫剂复配使用。目前在工业上应用的主要是氨/胺溶季铵铜(ACQ)和铜唑(CA)、微化季铵铜(CQ)和微化铜唑(MCA)、柠檬酸铜(CC)等。

(2) 不含金属元素的水载型防腐剂

未来的木材防腐剂应该是不含金属成分的水载型防腐剂，主要包括无机硼类化合物和有机类杀菌剂。

无机硼类防腐剂包括硼酸、四硼酸钠、五硼酸钠、八硼酸钠及其混合物，原料来源广、价格便宜、使用方便。硼类木材防腐剂对细菌、真菌及虫蚁具有优异的防治功效，无刺激性气味，对哺乳动物的毒性特别低，对环境质量无影响，使用安全。处理材表面干净，但硼类防腐剂不能在木材中固定，抗流失性差，难以用于户外场所。

有机类防腐剂主要是烷基铵化合物(AAC)和微乳液型有机防腐剂。常用的 AAC 类防腐剂包括二癸基二甲基氯化铵(DDAC)和十二烷基二甲基苄基氯化铵(洁尔灭，BAC)等。微乳液型有机防腐剂是将有杀菌剂与水混合，在表面活性剂存在的条件下，制备成微乳液，如 Arch 公司推出的 PTI 防腐剂(主要成分为丙环唑、戊唑醇和吡虫啉)和北京林业大学研制的异噻唑啉酮微乳液等。

3.4.2　木材防腐处理方法

木材防腐处理是利用处理设备和适当处理方法将木材防腐剂浸注到木材内部，使防腐剂固定在木材内，形成不溶于水、对菌虫有一定程度毒性或抗性的保护层，起到防菌抗虫的作用。木材防腐处理工艺包括常压处理和加压处理。工业上，大部分木材防腐处理采用加压处理法。

常压处理方法主要包括浸泡法、扩散法、热冷槽处理法、熏蒸法等。①浸泡法是指在常温常压下，将木材浸泡在盛有防腐剂溶液的槽或池中，适用于单板和补救性防腐处理，具有简单易行的特点；②扩散法是通过扩散作用，使防腐剂有效成分进入木材内部；③热冷槽处理法是将木材放在盛有热防腐剂的热槽中加热，待木材中的气体排出后，迅速转入盛有冷防腐剂的冷槽中，利用气体热胀冷缩产生的压力差，把防腐剂吸入木材中。该方法是常压法中最有效的处理方法之一；④熏蒸法是利用低沸点的药剂挥发产生的蒸汽扩散到木材中，达到毒杀木材菌虫的目的。

加压处理法常用的有满细胞法、空细胞法（吕宾法或定量法）、半空细胞法等。①满细胞法是最常用的一种木材加压处理方法，是指使木材细胞中充满防腐剂溶液，使木材保留有最大量的防腐剂。工艺过程分 5 个阶段：前真空阶段、加防腐剂阶段、加压阶段、排液阶段和后真空阶段。该方法适用于使用水载型防腐剂处理木材，也适用于使用油类防腐剂处理海港桩木、枕木等；②空细胞法的目的是用较少量的防腐剂达到一定的透入度，木材细胞腔中基本没有防腐剂溶液，细胞壁得到充分的处理。工艺过程包括前空压、加防腐剂、加压、卸压排除防腐剂和后真空 5 个阶段；③半空细胞法不需要前真空或前空压，直接用泵或防腐剂溶液的自重作用把防腐剂引入浸注罐内，再通过加压、卸压排除防腐剂和后真空工艺处理木材。该方法属于半定量浸注法，与空细胞法相同，适用于有机溶剂型防腐剂和防腐油。另外，在这 3 种方法的基础上，还衍生出了循环浸注法（双空细胞法）、真空-加压交替浸注法、频压浸注法、双真空浸注法等。这些方法常用于处理潮湿木材和难浸注木材。

3.4.3　防腐处理材的性能

国内防腐木材所用防腐剂主要是 CCA 和 ACQ 等水载型防腐剂，国内木材防腐行业制定了相关标准，如 GB/T 27654—2023《木材防腐剂》、GB/T 27651—2011《防腐木材的使用分类和要求》、GB/T 27652—2011《防腐木材化学分析前的预处理方法》和 GB/T 23229—2023《水载型木材防腐剂分析方法》等，这些标准规定了防腐剂中各组分的含量、防腐处理材在不同场合应用时需要的载药量、防腐剂中各组分含量及载药量检测方法。

防腐处理木材或未处理木材的耐久（腐）性主要是在参照标准规定的实验环境条件下，根据致病真菌（如褐腐菌、白腐菌和软腐菌等）和昆虫（如白蚁、留粉甲虫等）降解防腐处理木材或未处理木材后引起的木材质量损失来评定木材的耐久（腐）性。

3.5　木材阻燃处理

木材是一种可再生的环保材料，因其具有质量轻、强重比高、纹理色调丰富美观和易于加工等优点被广泛应用于室内外建筑和装饰装修行业。然而，与其他建筑材料相比，木材易燃，且燃烧的火势容易蔓延，木材燃烧过程中产生的有害烟气也给人员疏散带来了潜在的压力。因此，世界上许多国家对公共建筑、高层建筑、工业建筑等都有防火等级的要求及规定。

3.5.1　木材阻燃剂

木材阻燃剂是能赋予可燃的木材以难燃性质的化学药剂。理想的木材阻燃剂应具有阻燃性能好、毒性低、抑烟性好、渗透性好、阻燃性能持久、吸湿性低、不影响木材的力学性能和工艺性能、成本低廉、原料来源丰富、易于使用等优点。根据阻燃剂中阻燃元素的不同，阻燃剂可以分为卤系阻燃剂、磷系阻燃剂、硼系阻燃剂等。

3.5.1.1　卤系阻燃剂

卤系阻燃剂是以氟、氯、溴、碘等卤族元素起阻燃作用的一类阻燃剂。卤系阻燃剂的最大优点是用量少、成本相对较低和阻燃效率高。在起火以及燃烧过程中，卤系阻燃剂受热分解产生卤化氢，以气相形式捕捉自由基，起到限制燃烧的作用，使火焰熄灭。但是，卤系阻燃剂处理材燃烧时会对环境造成污染，并且对人体呼吸道和其他器官产生危害，会导致窒息，从而威胁人们的生命安全。

3.5.1.2　氮系阻燃剂

氮系阻燃剂由于具有低毒、低烟、环保等特点，在木质材料的阻燃研究领域获得了广泛的应用。双氰胺、肌类化合物、三聚氰胺及其盐类等都是一些在木材阻燃中研究较广泛深入的氮系阻燃剂。氮系阻燃剂在吸热后分解产生氮气、氨气等不燃性气体，一方面冲淡了空气中的氧气和聚合物受热分解产生的可燃物的浓度；另一方面阻燃剂分解后还可以产生能够捕捉自由基的氮的氧化物，当自由基被捕捉后，高聚物的链锁反应将被抑制甚至被终止，从而达到抑制材料燃烧的目的。

3.5.1.3　磷系阻燃剂

磷系阻燃剂主要包括无机磷系阻燃剂和有机磷系阻燃剂，具有低烟、无毒、无卤等特点。常用的无机磷系阻燃剂有磷酸氢二铵、磷酸二氢铵和聚磷酸铵，常用的有机磷系阻燃剂主要有磷酸酯、亚磷酸酯、次磷酸酯、焦磷酸酯和膦酸酯等。该类阻燃剂受热分解生成磷酸或聚偏磷酸，有强酸性，能促进木材细胞壁主成分纤维素在较低温度下脱水碳化，有利于形成致密的碳化层；还可在木材表面形成一层黏稠的玻璃态覆盖层，包裹在木材表面，起到隔离层的作用。

不过，由于氮系、磷系阻燃剂单独使用时阻燃效果欠佳，通过调整氮系、磷系阻燃的配比，利用氮磷的协同效应，可以制备出性能更加优良的阻燃剂。

3.5.1.4　硼系阻燃剂

硼系阻燃剂是以硼元素起阻燃作用的一类阻燃剂，主要有硼酸、硼砂和硼酸锌。硼系阻燃剂的优点是阻燃效果好、低毒性和抑烟性。在受热时，硼系阻燃剂膨胀产生熔融状物质，在木材表面起到覆盖作用，从而起到隔热隔氧的作用。但是，无机硼系阻燃剂的稳定性较差，且容易流失；有机硼系阻燃剂水解时稳定性极差，且价格比较昂贵。这使得硼系阻燃剂的应用受到了一定的限制。

3.5.1.5　金属系阻燃剂

金属系阻燃剂主要是金属氧化物及其氢氧化物，包括氢氧化铝、氢氧化镁、氧化铝、氧化酶、氧化锑、氧化钛等。受热时，金属系阻燃剂可分解出水分子，吸热，从而延缓材料的热降解速度；同时，释放的水汽可以稀释可燃气体的浓度，有助于抑制燃烧，减少发烟量。该阻燃剂无毒，抑烟性能好，价格低廉，但添加量大，常与其他阻燃剂复合使用。

3.5.1.6　复合型阻燃剂

复合型阻燃剂是将两种或以上具有阻燃作用的化合物同时使用，实现加和效应或协同效应。复合体系兼具阻燃和抑烟作用。

磷类化合物与氮类、硼类化合物并用。李坚院士团队攻克了高纯度脒基脲磷酸盐（GUP）的关键性技术难题，合成出了基于高纯度 GUP、硼酸与助剂的新型复合阻燃剂 FRW。其具有优异的阻燃、抑烟、防腐、防虫、防潮等性能，还不影响木材力学性能、色泽纹理，具有无毒无害、使用安全等优势。团队技术成果"新型磷氮硼复合木材阻燃剂的合成方法"获 2002 年国家技术发明二等奖。

另外，吴义强院士团队基于硅-镁-硼阻燃体系，研发了多相复合、高效缓释型阻燃剂，创制了多相立体屏障阻燃抑烟新技术。该复合阻燃剂能实时"感应"火场温度，通过温度感应有序释放和激活不同阻燃抑烟功能组分，解决了木质阻燃材料阻燃抑烟协同性差、防火周期短的技术难题。

3.5.2　木材和木质材料阻燃处理方法

3.5.2.1　木材阻燃处理方法

木材阻燃处理方法可分为物理和化学两类。

物理阻燃法是不用化学药剂，采用大断面木构件、与其他不燃材料复合或贴面法提高木材阻燃性能的方法。大断面木构件遇火不易被点着，发生燃烧时，表面迅速碳化，生成碳化层，可限制热传播速度，抑制木构件内部燃烧，保持一定的原始强度。

化学阻燃法与防腐剂处理木材方法类似，即将具有阻燃功能的化学药剂以不同方式注入木材表面或细胞腔、细胞壁中，或与木材发生化学反应，提高木材的阻燃性能。

3.5.2.2　木质材料阻燃处理方法

木质材料的阻燃处理包括成品板的阻燃处理和生产过程中的阻燃处理。

成品板的处理有浸渍处理、板面涂敷处理和贴面处理。将人造板成品置于盛有阻燃剂溶液的容器中进行浸泡。浸渍处理方法有常压浸渍、加压浸渍、真空加压浸渍。常压浸渍时间较长，设备投资小，操作方便，浸渍后，板材需要二次干燥。涂敷处理是指将配置好的阻燃剂溶液或防火涂料采用涂刷或喷涂的方法涂敷到板材表面，可根据需要多次涂敷。贴面处理是在人造板表面覆贴具有阻燃性能的材料。

生产过程中的阻燃处理包括对人造板单元（单板、刨花或纤维等）进行阻燃处理、使用阻燃胶黏剂或阻燃剂与胶黏剂混合处理等。

3.5.3　阻燃处理材的性能检测

木材及木质材料用作建筑、装饰及家具材料时，其阻燃性能必须满足建筑部件及材料的耐火性实验。测试方法可分为两类：实验室规模试验，使用小试样研究材料阻燃性能；实用规模试验，评价实际火灾情况下材料的阻燃性能。

实验室规模试验常用的检测方法有热分析法和锥形量热仪法。

木材及木质材料用作建筑材料及制品时，需满足 GB 8624—2012《建筑材料及制品燃烧性能分级》中不同等级的要求。木材及木质材料燃烧性能的评价，根据木材及木质材料的着火性、火焰传播性、燃烧时热量释放及发烟情况，可依据相关标准进行检测。

本章小结

　　木材作为一种天然高分子生物质复合材料，具有许多优良性能，但也存在尺寸稳定性低、强度低、易腐易燃等问题。通过物理、化学或生物手段改变木材细胞组织结构或组分，提升其耐腐、阻燃、力学强度与尺寸稳定等性能，对木材资源高效利用具有重要意义。本章介绍了热处理、压缩增强、木材防腐与阻燃的改性技术。

思考题

1. 如何理解木材性质形成过程对加工利用的影响？
2. 什么是热处理？热处理对木材性能的影响有哪些？
3. 什么是木材强化？木材强化的方法有哪些？
4. 木材防腐剂有哪几类？木材防腐常用处理方法有哪些？
5. 木材常用阻燃剂是什么？木材及木质材料的阻燃处理方法有哪些？

第4章
木材胶接与涂饰

本章阐述了木质原料结构的变化促使木质材料由实体木材向胶接木质材料方向发展，而胶接木质材料的发展极大地依托于木材胶黏剂和涂料的发展和技术进步。本章从胶接木质材料的发展角度简述了我国木材胶黏剂、木材表面涂饰的开发研究和生产应用状况，以及目前存在的技术问题和今后的发展趋势。

为满足对木材制品不断增长的需求，人工速生材及小径级材种必将成为木材加工工业的主要原料，这种木质原料结构的变化促使木质材料由实体木材向胶接木质材料方向发展，即利用采伐剩余物、加工剩余物和低劣木材通过各种加工工序制备成单体单元，再通过胶黏剂的胶接作用，制造成各种不同型号的人造板和木材胶接制品，以满足人们对木制品的种种需求。然而，除少部分人造板直接加工成产品后再进行油漆外，大多数人造板材在加工成各类下游产品（如家具、地板、木门等）之前均需先进行二次加工，即对人造板表面进行装饰，由此可提高胶接木制品的表面装饰性，防止水分渗入板内引起变形，防止紫外线造成的老化，使表面具有耐磨、耐热、耐烫、耐划、耐污染等理化性能，防止板内甲醛等有害气体释放等。目前，人造板表面的覆面材料主要包括纸基材料、装饰单板、膜饰面材料、涂料、油墨和其他软木、金属箔、热转印箔等。其中，纸基材料又包括热固性树脂高压装饰层积板（HPL）、浸渍胶膜纸、预浸渍纸等；装饰单板又包括天然单板、重组装饰单板等；而膜饰面材料主要是热塑性装饰材料，如聚氯乙烯（PVC）膜、聚丙烯（PP）膜和聚对苯二甲酸乙二醇酯（PET）膜等。不论是这些覆面材料的制造还是将其与基材复合，均可体现出对胶黏剂的依赖性。由此可见，胶接木质材料是一种高效利用木质资源的产品，这类材料的生产和开发利用离不开胶黏剂和涂料，离不开胶接技术与涂饰。

4.1　木材胶黏剂

随着木材原料结构的变化，我国木质材料供应由传统的以实体木材为主转向以胶接木质材料为主。现在的木制品多数是由人造板制作而成的，其中包括集成材、复合和模压胶接木质材料等，饰面材料则主要为浸渍装饰纸和人造薄木产品。据国家林业和草原局统计，2019 年我国的人造板产量达到 3.09 亿 m³，产量占世界人造板产量的 60%以上，体积产量超过钢铁和塑料，在国民经济建设与人民生活中发挥着不可替代的作用。人造板及其制品显著提高了木材综合利用率和附加值，践行了"绿水青山就是金山银山"的发展理念。随着木材工业快速发展，木材工业用胶黏剂消耗量持续增大，胶黏剂制造水平已成为衡量一个国家或地区木材工业发展水平的重要标志。

4.1.1　木材胶黏剂的基本概况

胶黏剂是一种能够把两种同类或不同类材料紧密地结合在一起的物质，又称黏合剂（binder）、黏接剂（adhesive）、胶水（glue），简称胶。另外，胶泥（mastics）、嵌缝胶（caulk）、密封胶（sealant）、糊（paste）等也是广义上的胶。采用胶黏剂将各种材料或部件连接起来的技术，称为胶接技术。根据胶黏剂的基本概念，可以认为木材胶黏剂是在一定条件下通过黏附作用能将木质材料与木质材料、木质材料与其他材料牢固结合在一起的物质。木材胶黏剂在木材加工行业的应用主要体现在人造板制造和木制品生产两大领域。其中木制品生产过程中所用的涂料中所用的胶黏剂则称为"主要成膜物质"，其作用是连接功能颜料等次要成膜物质。另外，木材胶黏剂也应用于浸渍贴面，即将各种装饰原纸制备成浸渍胶膜纸，以及在人造板表面进行二次加工时将各种装饰材料与木质基材进行黏接。

随着木材加工业的发展，胶黏剂消耗量持续增长，胶黏剂品种不断丰富。各种不同的胶黏剂的性能及使用条件要求均不同，如何根据需要选择合适的胶黏剂，是木材胶接技术的关键和难点。一般而言，胶黏剂的性能由其结构所决定，而其结构则由相应的技术配方、合成及使用工艺所决定。因此，要理解和学习胶黏剂产品及使用，必须先了解胶黏剂的组成及分类。大多数木材胶黏剂是由基本聚合物（也称基料、黏料或主剂等）、固化剂和填料等组成的混合物，其他助剂（如稀释剂、增塑剂、促进剂等）可根据不同的需求选择性地加入。

木材加工主要包括各种木质板材制备以及木制品与其他材质物体的胶合。尽管可用于木质材料胶接的胶黏剂品种有很多，但我国木材工业用胶黏剂主要用于人造板工业。目前，我国木材工业用胶黏剂仍然以"三醛类"（脲醛树脂、酚醛树脂、三聚氰胺甲醛树脂）胶黏剂为主导。从图4-1可以看出2018年，我国脲醛树脂胶（含改性）消耗量约为1492万t；酚醛树脂胶消耗量约为149万t，其他品种类胶黏剂占比很小。对比图4-1与图4-2，可以看出木材胶黏剂的用量超过其他所有行业用胶黏剂的2倍，在国民经济建设与人们的日常生活中发挥着重要作用。

木材胶黏剂的分类方式有很多种，常见的分类方式包括：按原料来源分、按主要组成成分、按耐水性分、按主要应用场所分、按受热以后的行为分、按固化方式分和按物理形态分等。由于胶黏剂的组成和胶接工艺决定了木材胶黏剂的最终性能特点及应用场合、表面处理要求、胶接成本等，因此最常见的分类方式是按化学组成成分分类（表4-1）。

表4-1　常用木材胶黏剂按化学成分分类

类别			典型代表
有机胶黏剂	天然	植物胶	淀粉胶、大豆蛋白胶、木质素基胶、单宁胶
		动物胶	蛋白类的皮骨胶
	合成	醛类胶	脲醛树脂类、酚醛类、三聚氰胺甲醛树脂类
		非醛基胶	聚醋酸乙烯酯乳液、乙烯-醋酸乙烯共聚树脂、聚氨酯（含异氰酸酯）类、环氧树脂类
无机胶黏剂			硅酸盐水泥、石膏、氯氧镁水泥

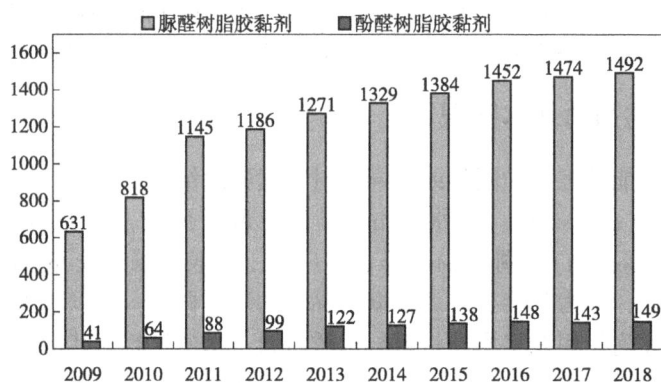

图 4-1　2009—2018 年我国脲醛树脂与酚醛树脂胶黏剂的用量(万 t)
（主要数据来自《中国人造板产业报告 2019 年》）

图 4-2　2011—2020 年中国胶黏剂产量及年增长率
（主要数据来自 2021 年《中国胶粘剂与胶粘带工业协会年度报告》）

　　木材加工用胶黏剂的另一个非常重要的分类方式是按其耐水性能分，一般可分为三大类：Ⅰ类胶黏剂是耐水级结构材用胶黏剂，如间苯二酚-苯酚树脂胶（RPF）、酚醛树脂胶（PF）、三聚氰胺树脂胶（MF）、异氰酸酯胶（MDI）和水性高分子异氰酸酯胶（API）、三聚氰胺-尿素共缩合树脂胶（MUF）等，这类胶一般具有较好的耐沸水性；Ⅱ类胶黏剂是具有一定耐水性且主要用于室内环境条件下的胶黏剂，如脲醛树脂（UF）胶、三聚氰胺改性脲醛树脂（MUF）胶、大豆蛋白胶等；Ⅲ类胶黏剂是用于室内环境的不耐水的胶、聚醋酸乙烯酯乳液胶（PVAc）、热熔胶（EVA 类）、淀粉改性乳液胶等。由于我国胶接木质材料主要用于家具制造、室内装修及一般木制品，不同于国外主要用于建筑结构，因此目前国内木材加工业使用Ⅱ类胶黏剂较多，Ⅰ类胶黏剂的用量远低于发达国家。

　　在Ⅱ类胶黏剂中，UF 胶主要应用于纤维板、刨花板、胶合板和细木工板，MUF 胶（三聚氰胺用量占尿素用量的 1%~15%）主要应用于纤维板和刨花板。Ⅰ类胶黏剂中的 PF 应用于胶合板、集装箱底板、竹材人造板生产中；水性高分子异氰酸酯胶主要应用于集成材制造；异氰酸酯胶在刨花板生产中的应用比例逐步增加；三聚氰胺-尿素共缩合树脂胶应用于地板基材和水泥模板类的多层胶合板生产中，三聚氰胺树脂胶主要用于浸渍纸。Ⅲ类胶黏剂中的聚醋酸乙烯酯乳液胶主要应用于复合门、家具等木制品制造，淀粉改性乳液胶、热熔胶应用于家具制造过程等。

一种比较理想的木材用胶黏剂必须尽可能满足在黏接性能、黏接操作、成本等方面的要求。胶黏剂主要应具有：①合适的黏度、良好的湿性与流动性、方便操作；②胶接强度高，固化后胶层有一定弹性；③耐水、耐热、耐老化性能好；④能够在较温和的条件下短时间内固化，没有毒性及强烈的刺激性；⑤价格便宜，原料来源丰富。

此外，木材胶黏剂还应满足如下基本特点：①胶黏剂的酸碱度对胶合强度有很大影响，所以木材胶黏剂应有适当的酸碱度。强酸性和强碱性胶黏剂都会降低木材的力学性能，尤以强酸影响大。因酸对木材有水解作用，木材胶黏剂的 pH 值不应小于 3.5；②胶黏剂的分子量与胶黏剂的黏度、润湿性、流动性、渗透性等工艺性能有关，所以木材胶黏剂应有适当的分子量，以满足其各方面性能的要求。

4.1.2　木材胶黏剂的发展历程

木材胶黏剂的发展与技术进步是胶接木质材料发展与技术进步的重要依据。本小节简单介绍几种常用木材胶黏剂的发展历程。

脲醛树脂问世至今已有 100 多年，在人造板工业中的应用也已有很长的历史，其作为木材胶黏剂具有胶接性能优良、工艺操作性能好、无色等特点，是室内用胶接材料制品的主要胶种。20 世纪 50 年代以前（1928—1949 年），脲醛树脂中的甲醛与尿素的摩尔比（F/U）在 2.5 左右，这种脲醛树脂胶合强度高，水溶性好，贮存期长，缺点是游离甲醛释放量高。20 世纪 50 年代后，摩尔比由 2.5 降至 1.6，为了保证胶合强度不下降，采用两次加尿素工艺。60 年代，人们开始研究解决刨花板用脲醛树脂胶制造板材的游离甲醛释放问题，摩尔比降到 1.5 被认为是个界限，后来采取措施使其降至 1.3。我国于 80 年代中期开发出日本 F2 级特种无臭胶合板用脲醛树脂胶（摩尔比为 1.288）并推广应用，90 年代后期推出 E1 级胶合板用脲醛树脂胶（摩尔比为 1.15~1.0），以期在胶黏剂的使用中减少游离醛逸出。

近十年，环保型的低甲醛释放脲醛树脂胶黏剂在国内大型人造板企业得到广泛的开发与应用，由于开发的深度和不同企业自身技术的局限，低甲醛释放脲醛树脂胶黏剂在实际应用中暴露出因固化速度慢而影响生产效率，因初始强度低而导致制板工艺波动大，从而影响成品率、产品尺寸稳定性及胶合强度等问题。对此，需要开发固化速度快、初始强度高、低甲醛释放的脲醛树脂胶黏剂，以满足我国人造板企业技术进步的需求。国内很多高校、科研院所和企业均陆续开展了三聚氰胺-尿素共缩合（MUF）树脂胶黏剂的开发和应用研究，并通过掺加大量果壳粉、淀粉类、废渣屑、树皮粉等增充剂、添加剂、甲醛消除剂（消纳剂）控制游离醛的逸出，降低胶黏剂成本，同时在木制品胶压生产中提高热压时温度、增加热压时间等，并在胶合后期产品的全封闭、产品胶压后烘焙干燥等多个方面全方位进行控制与研究。目前，这类 MUF 树脂胶黏剂已经用于防潮刨花板、模压托盘、多层实木复合地板基材、水泥模板、实木拼接与同质薄木贴面生产以及防水防潮的纤维板生产，由此克服了脲醛树脂耐水性和耐湿热老化性能差的问题。虽然胶接耐老化性能不及酚醛树脂，但其成本比酚醛树脂低很多，非常适合制造耐水的人造板材。

我国早期生产航空用桦木胶合板使用酚醛树脂胶，还在干法硬质纤维板和湿法纤维板生产中使用少量酚醛树脂胶。酚醛树脂胶黏剂中的游离酚、游离醛和碱含量高，固化温度高，对被胶接材料含水率敏感。为了解决这些问题，在20世纪80年代开始，逐渐开发出一些低游离酚、低游离醛、可中温快速固化的酚醛树脂胶。目前使用酚醛树脂胶的材料主要是集装箱底板和竹质胶接材料。

异氰酸酯类胶黏剂属于非甲醛类的一类结构型胶黏剂，除了环保性能好以外，还具有优异的胶接性能，特别是对甲醛类胶黏剂难以胶接的富含生物蜡和二氧化硅的麦秸、芦苇、稻草等以及异种材料的复合胶接具有优良胶接性能。国内外一度利用异氰酸酯胶生产秸秆碎料板，但因价格和产品二次贴面加工性能不好等问题，其使用受到一定的限制；一些纤维板和刨花板企业尝试在室内环境使用的板材生产中使用非甲醛类高性能异氰酸酯胶，虽然解决了环保性能问题，但在价格上不具有竞争力。目前，这种胶在木材加工业主要用于结构材和高附加值产品的胶接，如集成材生产、高档刨切薄木用湿木段和板材胶接。

日本光洋公司为解决木材胶接制品中的甲醛释放问题，于20世纪60年代末开发出水性高分子异氰酸酯胶黏剂，用于集成材生产。我国在"九五"期间立项对木材加工用异氰酸酯树脂胶黏剂开展研究，90年代末，黎明化工研究院和上海木材工业研究所及东北林业大学等单位开发研制出API胶黏剂，这种胶黏剂在集成材生产中得到广泛应用。21世纪初，又开发出了以改性淀粉为主剂的API，这类胶黏剂近年来在环保型细木工板生产企业得到应用。具有市场应用前景的还有湿固化热熔胶黏剂，除了用于特殊场合板材封边之外，其还可用于高档板材覆面胶接。

自20世纪80年代起，为应对石油危机对合成高分子胶黏剂的影响，并同时着眼于木材胶黏剂可持续发展问题，日本等国开始了将木质纤维原料直接转化为胶黏剂的研究工作，美国重新开始开发利用大豆蛋白制造木材胶黏剂，以及开发淀粉改性脲醛树脂胶黏剂。2015年，原环保部将刨花板和纤维板认定为高污染高能耗产品，如果产品的游离甲醛释放量达不到环保要求，即停止退税。由于国内绝大部分人造板企业的利润来源于销售产品的退税，这一措施极大地促进了国内人造板企业使用胶黏剂的环保化，并掀起了又一轮推广使用非甲醛类胶黏剂的热潮。其中，大豆蛋白胶的开发最为集中，主要有采用传统的碱改性、与酚醛树脂共混改性以及化学改性等几种方法，存在的主要问题有：固体含量低，仅为30%左右，致使热压周期长而影响生产效率；热压温度高，影响板材出材率；黏度大，不适合刨花板和纤维板施胶使用，仅适用于胶合板。为从根源上解决人造板及其制品甲醛释放问题及传统胶黏剂原料的化石资源依赖问题，北京林业大学、东北林业大学、南京林业大学等高校及中国林业科学研究院、中国科学院等科研院所协同企业联合攻关，以豆粕、棉粕、菜粕等为主要原料，开发出多个人造板用低成本高性能无醛植物蛋白胶黏剂技术与产品，并在单板类人造板生产上实现了规模化工业应用。

淀粉胶黏剂处于潮湿环境中时，空气中的水分子会导致胶层中淀粉分子链之间的距离增大，从而使淀粉分子间的氢键断裂，产生游离羟基。这些游离羟基可以成为水分子的吸着点，导致胶黏剂与更多的水分子结合。为了改善淀粉胶黏剂的耐水性，可以将醚键、缩醛键、聚氨酯键等强化学键引入到淀粉分子链中，这些化学键的引入可在淀粉分子间产生结合力，阻止水分子对胶层的进一步破坏。在淀粉胶黏剂成型后，若能够形成结构紧凑的网状结构，则可以阻止水分子的侵入，从而对氢键造成破坏。具体的做法是将淀粉与酚醛树脂、脲醛树脂等共缩聚或用甲醛与淀粉进行交联形成网状结构。用来替代常规的"三醛"树脂胶黏剂具有广阔的应用前景，但是，原淀粉胶黏剂在使用过程中会出现一些问题，比如胶接强度低、防水性差和干燥速率慢等，其应用受到了很大限制。因此，在制备淀粉胶黏剂的过程中，应根据淀粉分子的结构特点，从化学、物理、生物等方面对淀粉进行改性，从而获得高黏度、耐水性好和快速干燥的淀粉胶黏剂。淀粉类胶黏剂在木材加工领域推广应用的主要是淀粉改性脲醛树脂胶黏剂和以改性淀粉作主剂的水性高分子异氰酸酯类胶黏剂（API）。

　　利用森林资源制造的其他木材胶黏剂主要是单宁和木质素。单宁是植物的皮、树叶和果实中的抽提物，是一类结构复杂的多酚类天然高分子材料，其结构示意如图 4-3 所示。以单宁为主要原料，添加合适的固化剂制备得到的一类类似于酚醛树脂的胶黏剂可用于木材的胶接，其主要特点为反应活性高、固化速度快。南京林化所用国产黑荆栲胶作胶合板胶黏剂，完全可取代苯酚。福建农林大学用马尾松树皮制胶黏剂，不需对树皮进行抽提，可百分之百加以利用，只要加入少量增强树脂即可压制成室外用 I 类胶合板。南京林业大学等已成功用 60% 落叶松栲胶代替苯酚制成单宁酚醛树脂胶，已经用于生产胶合板、建筑水泥模板、集装箱底板等。

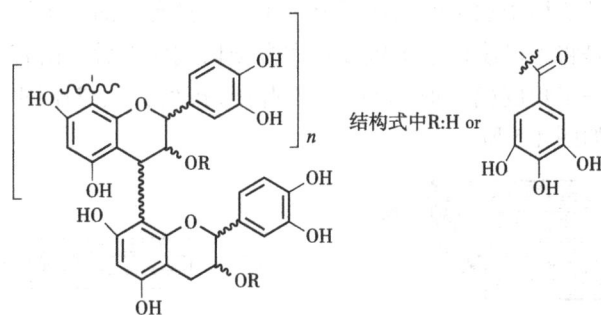

图 4-3　单宁的结构示意图

　　木质素是一种由苯基丙烷结构单元通过醚键和碳-碳键联接而成，具有三维结构的芳香族高分子化合物（图 4-4），作为一种填充和黏结物质，其在木材细胞壁中能以物理或化学的方式使纤维素之间黏结和加固，增加木材的机械强度和抵抗微生物侵蚀的能力，使树木直立挺拔，不易腐朽。理论上，木质素本身可以作为胶黏剂使用，但由于木质素芳环上的取代基较多，羟基和可发生交联反应的游离空位较少，使得木质素本身反应活性低，用其作为人造板胶黏剂使用

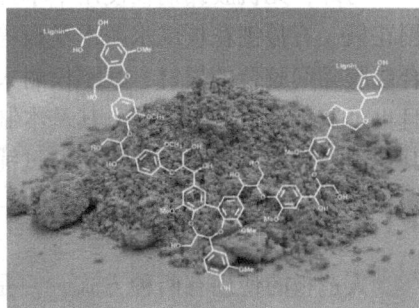

图 4-4　木质素及其结构示意图

时，存在胶合强度低、耐水性差且生产能耗大等问题。因此，目前工业化利用的主要是从制浆造纸的废液中提取的碱木质素，经过改性后代替部分苯酚制备木质素改性酚醛树脂胶黏剂（LPF）。

4.1.3　木材胶黏剂的应用

木材胶黏剂主要应用于人造板生产、人造板二次加工(如表面加工用浸渍树脂)、木材加工(如家具制造)等木制品生产领域。胶黏剂用量的多少是衡量木材工业技术水平的标志之一，这里所指的木材除指实体木材及其加工单元(如单板、刨花、纤维等)，还包含非木材原料(如竹材、甘蔗渣、棉秆等及其碎料)。

4.1.3.1　人造板生产用胶

胶黏剂在人造板行业的应用主要体现在用来制造胶合板、刨花板、纤维板、细木工板、装饰板和地板等。根据产品用途的不同，选择的胶种各不相同，对胶黏剂胶接性能、耐水性、涂布性能以及环保性能的要求也不一样，但通常对胶黏剂本身的强度和耐久性的要求要高，至少等于木材的强度。比如，一般室内装修及家具制造用人造板，一般使用脲醛树脂类胶黏剂；防潮刨花板、强化木地板、高密度纤维板，一般使用三聚氰胺改性脲醛树脂胶黏剂；人造板表面装饰，主用使用三聚氰胺甲醛树脂胶黏剂；集装箱底板、混凝土模板用人造板，一般使用酚醛树脂或水性高分子-异氰酸酯胶黏剂；人造板表面覆面，使用聚醋酸乙烯酯乳液、脲醛树脂、氯丁橡胶胶黏剂；人造板板材封边，通常使用热熔胶。酚醛树脂加工的人造板材及木制品具有高的耐水性，可用于室外。

如普通胶合板是将木段旋切成单板或将木方刨切成薄木后，由若干奇数的单板按相邻层纤维纹理互成一定角度(普通胶合板互相垂直)排列，经热压固化而粘接成型的板材，其主要用胶点如图4-5所示。

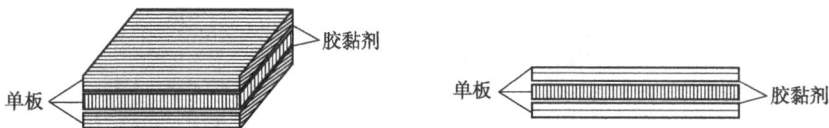

图4-5　胶合板主要用胶点示意图

另外，无机胶黏剂在使用中不挥发任何有机物，价格相对低廉，将其用于生产水泥刨花板、石膏刨花板或水泥木丝板等的生产，符合可持续发展的需求，相比于使用有机合成胶黏剂胶合的板材，其不仅耐火、隔热、吸音、隔音、防虫、尺寸稳定性较好，而且也可避免释放有害气体。其基本制作过程基本都是将一定比例的刨花或木丝与水泥及其他添加剂加水混合搅拌后，经过铺装、热压、干燥和养护等工序制成。

4.1.3.2　人造板表面装饰用胶

人造板的使用有两种方式，一是先进行二次加工后再加工成各种下游产品，如家具、地板、木门等；二是人造板直接加工成产品后，再进行油漆等二次加工。不论哪种方式，实际上都是对人造板的表面进行装饰以提高品质、美观及功能性。各类饰面板的结构如图4-6所示。

人造板表面装饰的方法主要可归纳为3种：一是贴面法，贴面材料主要有装饰单板(薄木)、高压三聚氰胺树脂装饰层积板(防火板)、低压三聚氰胺浸渍胶膜纸、预油漆纸、薄页纸、PVC薄膜、金属箔、纺织品等；二是涂饰法，包括有涂饰、直接印刷、转移印刷等；三是机械加工法。其中，贴面法与胶黏剂的使用密切相关，本节做重点介

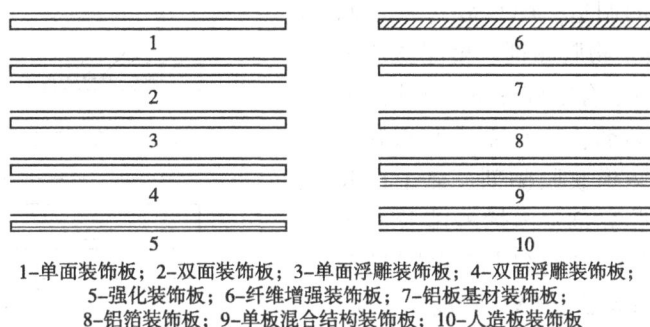

1–单面装饰板；2–双面装饰板；3–单面浮雕装饰板；4–双面浮雕装饰板；
5–强化装饰板；6–纤维增强装饰板；7–铝板基材装饰板；
8–铝箔装饰板；9–单板混合结构装饰板；10–人造板装饰板

图 4-6　各类装饰板的结构示意图

绍；而涂饰法与涂料的使用密切相关，将在后序章节中加以介绍。

　　常见的贴面工艺有两类。第一类贴面工艺是用胶黏剂先将贴面材料（如特种原纸）进行浸渍制备成浸渍胶膜纸，使用时再覆贴于人造板等基材上。比如，生产热固性树脂装饰层压板（HPL，又称高压装饰板），就是先将特种纸在三聚氰胺甲醛树脂或酚醛树脂中浸渍、干燥后经组坯热压而成的（图 4-7）。三聚氰胺树脂是浸渍纸生产中最常用的胶黏剂，但纯 MF 树脂因其固化后脆性较大，须经过改性，如在树脂调制时加入溶剂、添加剂等物质，使其原有的性能得到改善，并具有某些新的性能。

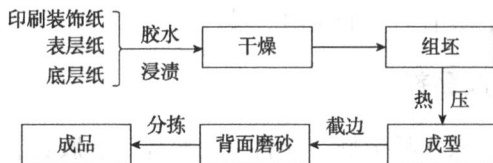

图 4-7　高压装饰板的生产工艺流程

　　另外，目前市售装饰纸还有宝丽纸、华丽纸和 PU 纸等。其中，宝丽纸是装饰纸面涂不饱和聚酯树脂，华丽纸是装饰纸面涂丙烯酸酯类树脂，而 PU 纸是装饰面涂聚氨酯类树脂。它们共同的优点是无醛添加、不会产生裂纹、光泽柔感好，然而也存在涂布树脂量较低、耐磨性较差、厚度较薄、若基材不平整会导致贴面后产生缺陷等缺点。比如，俗称宝丽板的产品就是将印有花纹的薄页纸（纸定量 30 g/m² 左右），用 UF 和乳白胶的混合胶贴于人造板表面上，再在纸正面涂以不饱和聚酯，涂胶量 100 g/m²，其中 UF 为 50 g/m²（按干胶量大概为 25 g/m²）。

　　值得注意的是，贴面装饰板中比较特殊的一类是金属贴面装饰板，由于金属（铁、铝等）与木材的热膨胀系数及吸水率都不同，所以不能用传统的木材胶黏剂一次胶接在一起，否则就会翘曲变形。为此需分两步胶接：首先，对金属进行表面处理；然后，涂上一层金属结构胶黏剂作底胶，底胶固化后，再用间苯二酚甲醛树脂胶黏剂、水基聚合物–异氰酸酯胶黏剂、脲醛树脂胶黏剂和酚醛树脂胶黏剂等与各种板材进行胶接。

　　第二类贴面工艺是将贴面材料（如装饰单板）通过胶黏剂直接覆贴于各类人造板表面的加工过程。其中最简单的一种是在普通人造板表面贴合一层由珍贵木材旋切而成的装饰薄木（厚度 0.15~0.8 mm），最常用的胶黏剂为脲醛树脂胶、乳白胶以及二者的复配胶，涂胶量约 150 g/m²。另一种是聚氯乙烯（PVC）薄膜贴面，由于 PVC 色泽鲜艳、花纹漂亮、价廉易得，且耐燃，故也被视为一种良好的人造板贴面材料，主要用于模压门及模压橱柜门的制造。PVC 膜可采用醋酸乙烯-丙烯酸共聚物胶黏剂、聚醋酸乙烯酯与丙烯酸酯树脂混合物胶黏剂、乙烯-醋酸乙烯共聚物胶黏剂、氯乙烯醋酸乙烯共聚物胶黏剂、丁腈橡胶胶黏剂、氯丁橡胶胶黏剂、聚氨酯胶黏剂、丙烯酸酯胶黏剂等胶黏剂进行胶接。胶接时的涂胶量为 $120 \sim 170 \ g/m^2$，涂胶后把 PVC 膜铺在上面，辊压赶走气泡，用加压装置常温加压 4 ~ 12 h。

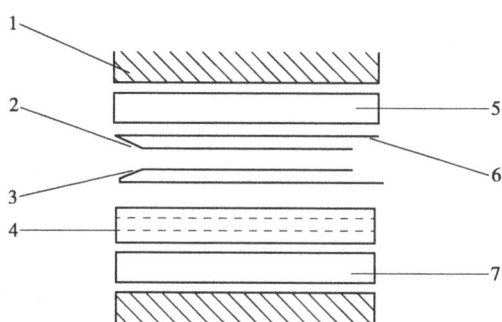

1-热压板；2-装饰薄木层；3-塑料薄膜层；
4-工业毛毡；5-衬板；6-防黏板（膜）；7-垫板

图 4-8　塑膜增强柔性装饰薄木热压组坯示意图

　　然而，装饰薄木贴面存在柔韧性差、横向抗拉强度低，易开裂、变形等问题；聚氯乙烯薄膜贴面存在软化温度低、耐热性差、表面硬度不够等缺点。因此，由各类装饰薄木与不同柔性增强材料复合而成的柔性装饰薄木应运而生，可用于木制品平面、异形面或浅浮雕面贴面。新型塑膜增强柔性装饰薄木（图 4-8）的塑膜即为柔性增强材料，又为胶黏材料，其制备和饰面过程均无需施胶，避免了生产过程中装饰薄木透胶的问题，节约了生产成本，简化了生产工艺、提高了生产效率，且无游离甲醛释放，是一种绿色环保表面装饰材料，具有广阔的应用前景。

4.1.3.3　家具行业用胶黏剂

　　家具生产过程主要涉及木材干燥、配料、毛料加工、胶合、净料加工、部件装配、总装配和涂饰等工艺，其中胶合、装配和涂饰等工序需要将不同种类胶黏剂配合使用。常用的主要胶种见表 4-2。

表 4-2　家具制造过程常用胶黏剂

加工工序	常用胶黏剂种类
实木拼板/指接	水性高分子-异氰酸酯胶胶黏剂、聚醋酸乙烯酯乳液胶、醋酸乙烯-乙烯共聚乳液、热熔胶、粉状脲醛树脂胶、丙烯酸酯乳液、苯丙乳液、醋丙乳液、脲醛树脂胶、酚醛树脂胶
榫接加固	水性高分子-异氰酸酯胶胶黏剂、聚醋酸乙烯酯乳液胶、醋酸乙烯-乙烯共聚乳液、热熔胶
封边、贴面	聚醋酸乙烯酯乳液胶、醋酸乙烯-乙烯共聚乳液、热熔胶、三聚氰胺甲醛树脂胶、脲醛树脂胶
海绵复合/皮革包覆	醋酸乙烯-乙烯共聚乳液、氯丁胶
覆膜	脲醛树脂胶、聚醋酸乙烯酯乳液胶、丙烯酸酯乳液、蛋白质胶
真空吸塑	聚氨酯树脂胶、醋酸乙烯-乙烯共聚树脂胶
弯曲木	水性高分子-异氰酸酯胶黏剂、氯丁胶、酚醛树脂胶、聚醋酸乙烯酯乳液胶、醋酸乙烯-乙烯共聚乳液
模压	脲醛树脂胶、酚醛树脂胶、三聚氰胺甲醛树脂胶
雕刻拼贴/压贴	压敏胶带、热熔胶、醋酸乙烯-乙烯共聚乳液

从表 4-2 可以看出，家具制造中广泛使用聚醋酸乙烯酯乳液胶（即乳白胶，又称白胶）、热熔胶。图 4-9 为典型的储柜和圈椅的结构及其主要用胶点。

总体而言，在家具生产过程中，根据生产工艺选择合适的胶黏剂是提升产品质量和降低生产成本的必要条件。一般说来，家具行业对胶黏剂有以下要求：

①家具生产工艺可能无法实现升温处理，则需要选用可室温固化的胶黏剂。此外，操作工艺的简便性也是合理选择胶黏剂种类的重要依据。

②家具的使用环境条件，如温度、湿度和光照等不断变化，所以选择胶黏剂时，应注意胶黏剂的耐久性和稳定性。例如，家具表面装饰用胶应选择在光照条件下颜色外观稳定、不易发生老化黄变的胶黏剂。此外，家具的使用周期比较长，所以胶黏剂需要具有良好的耐久性和稳定性。

（a）储柜

（b）圈椅

图 4-9　储柜和圈椅结构及用胶点示意图

③家具和人们的生活有着非常紧密的联系，家具中的主要污染源即来自胶黏剂和涂料的使用，所以家具对胶黏剂的环保性要求十分严格。

④因家具的生产工艺、用途和使用环境不同，对胶黏剂的形态、黏度、适用期、固化条件、固化收缩率、抗菌防霉等也有着不同的要求。此外，随着高层建筑的日益增多，高层建筑的防火功能要求越来越高，阻燃性能逐渐成为家具和室内装饰行业的基本要求。

另外，在木地板生产中常用的胶黏剂有脲醛树脂胶、聚醋酸乙烯酯乳液胶黏剂、酚醛树脂胶黏剂、异氰酸酯胶黏剂、聚氨酯胶黏剂、三聚氰胺-甲醛树脂胶黏剂、尿素-三聚氰胺-甲醛树脂胶黏剂、豆粕胶黏剂和淀粉胶黏剂等。其中，脲醛树脂使用最广、用量最大，约占木地板生产用胶量的 90%。

4.1.4　木材胶黏剂的发展趋势

随着人们环保意识的增强和环保法规的完善和实施，非环保类胶黏剂胶接木质材料的市场会越来越小，绿色环保化是胶黏剂的必由之路。尽管木质家具制造行业已明确要求全面使用水性胶黏剂，即到 2020 年底前替代比例达到 100%，然而，普通木材制品和胶接木质材料是大众消费品，这类产品的价格有一定限度，而木材加工所用胶黏剂的价格是直接影响这类产品价格的重要因素，因此高价格的胶黏剂如果不能带来高附加值的利益，很难在木材加工行业推广应用。

脲醛树脂胶黏剂在一定时期内仍是木材胶黏剂的主流胶种，这是由其价值和价格因素所决定的。但是，脲醛树脂合成存在的关键问题是合成工艺变异性大，其合成反应原理其实尚不明了。不同于酚醛树脂和三聚氰胺树脂，当合成工艺条件变动时，其化学构

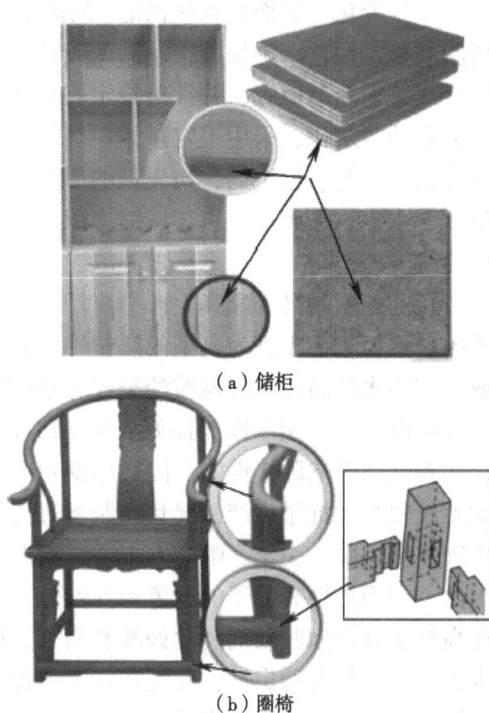

造即发生变化，进而其胶接性能(包括甲醛释放量)也会发生变化。为了提高合成脲醛树脂的稳定性，以确保胶接制品的胶接性能稳定，应首先从基础研究着眼，同时开展精准合成工艺控制研究，并针对特定胶接对象开发适宜的胶黏剂品种。通过合理降低甲醛与尿素的摩尔比，采用一定量的三聚氰胺、聚乙烯醇，在制胶过程中以适合的方式添加高效复合助剂、稳定剂，与先进的甲醛捕捉剂配合使用，并系统考虑生产厂家的单板质量、含水率、涂胶量、板坯压缩率以及合理的热压工艺，可以生产出质量较稳定的 E0/E1 级胶合板。

目前，木制品和家具生产中广泛使用聚醋酸乙烯酯乳液胶，并且基本取代了传统的骨胶。然而，由于其为典型的热塑性胶黏剂，其耐水等级及耐热性严重制约了其应用领域。使用水性高分子异氰酸酯类胶黏剂(API)，虽然制得的板材的甲醛释放量低，胶合强度也能达标，预压性能尚好，但 API 属于双组分胶黏剂，在使用过程中存在因调配比例不准而影响胶接性能、因适用期短而影响使用性能的问题，再加上其昂贵的成本，此种胶很难大批量生产，况且在制板过程中产生的苯类有机物毒性大，有时个别工人会出现皮肤过敏、头晕、呕吐等不适，涂胶、组坯、热压生产现场尚不能达到环保要求。因此，利用水性高分子的绿色环保性能，使其与功能性交联剂复合，即可派生出系列水性高分子复合型胶黏剂。此处涉及两大关键技术：一是功能性交联剂的开发，要求其在水性体系中具有稳定性，并且在特定条件下产生交联固化作用；二是水性高分子的化学修饰与改性。由于水性高分子复合型胶黏剂具有环保性好、配方的可设计性、对被胶接材料的胶接适应性强、成本相对低廉等特点(如新开发的聚酰胺功能交联改性大豆蛋白胶即属于这种类型的胶黏剂)，因此，水性高分子复合型胶黏剂和可乳化异氰酸酯胶黏剂具有潜在应用前景。一些复合改性和多元共聚醋酸乙烯酯基乳液胶黏剂已开始研究，最新进展是单组分室温固化型醋酸乙烯酯/苯乙烯反向核壳乳液胶黏剂的研发，该胶胶接的木材可耐受 3h 沸水煮沸，可用于集成板材生产。

除此之外，发展环保型、节能型胶黏剂以及开发高技术含量、高附加值、高性能的胶黏剂新产品，也是一个重点研究和发展的方向。水性聚氨酯胶黏剂和水性氯丁橡胶型胶黏剂属于环保型产品，近年来在欧美、日本等工业发达国家发展速度很快，并已被广泛应用于建筑、家具等行业。我国也在加大这两类胶黏剂的研究开发力度，而且还计划引进国外先进的生产技术与工艺，以解决国内市场的部分需求。另外，为确保木材胶黏剂的可持续发展，未来来源于可再生生物质资源的木材胶黏剂具有潜在的开发应用前景。近年来，以生物质原料代替"三醛"树脂制备木材胶黏剂的研究已在全球展开，且利用率逐年上升。

4.2　木材胶接技术

胶黏剂必须要通过适当的胶接(也称黏接)过程才能发挥它的功能。所谓胶接，是指两个表面靠化学力、物理力或两者兼有的力使之结合在一起的状态。胶接时，胶黏剂首先必须在被黏物表面黏附，这是由于两相之间产生了黏合力，该力来源于次价键力或主价键力。每一种胶黏剂并不是万能的，不同品种、不同品牌的胶黏剂都有其特殊的适用对象和施工方法，不同材料在不同场合使用时，对所用胶黏剂的要求也不尽相同。可以说，为了提高材料的胶接强度，充分发挥胶黏剂的功能，先进合理的胶接技术与胶黏剂有同等重要的作用。

　　胶接技术一般包括表面处理、胶接接头的设计、胶黏剂的选择以及施胶、固化和后处理工艺等技术。由于木材是大自然的产物，一般都存在结疤、油眼、虫洞等自然缺陷，会导致木材的物理性能降低，而且木材是轻质、高强度的一种纤维材料，具有多孔性、各向异性和黏弹性，如何使胶黏剂和木质材料间形成必要的、具有稳定机械强度的体系，是胶接的终极目标。一般来说，木材的胶接过程包括木材的表面处理、胶黏剂的液化、流动、润湿、扩散、胶接、固化、后处理、变形、破坏等多种复杂的物理化学过程，每个过程都会对胶接强度有一定的影响，仅就每一个过程来理解胶接是不可能的。所以，在此仅对部分重要环节加以说明。

4.2.1　木材表面处理

　　木材加工与木材的表面紧密相关。在木材应用中，70%以上的工艺都与木材的胶接有关，而木材的胶接又集中体现在木材表面。木质材料表面的粗糙度、表面能、表面润湿性、pH 值都与胶接性能直接相关，关系到胶黏剂的固化程度和胶接耐久性。因此，表面处理是提高木材胶接效果的有效途径之一。同时，通过表面处理或表面改性，可以显著提高木材使用价值、提高其使用范围或赋予其新的性能。在进行木材胶接之前，首先要对被胶接的木材表面进行适当的物理或化学处理，然后将准备好的胶黏剂均匀地涂覆在被黏物表面上，接着便是在胶黏剂湿润、流变、扩散、渗透、叠合之后，使之紧密接触。当胶黏剂的大分子与被黏物表面的距离小于 0.5 nm 时，则会相互吸引，产生范德华力，或形成氢键、配位键、共价键、离子键、金属键等，加上渗入孔隙中的胶黏剂，固化后生成无数的小"胶钩子"，从而完成胶接过程。当胶黏剂能够自发地在木材表面扩散、增大界面接触、减小与其他相进行接触时，就可获得紧密接触。从胶接接头被破坏的情况来分析胶黏剂与被黏表面间形成的薄弱表面层对胶接强度影响很大，必须尽可能除去。表面处理要确保胶接的薄弱部分出现在胶层，而不是出现在胶与基材的界面上。表面处理工序包括预清理、脱脂、打磨和化学处理等。化学处理是将木材放在水、弱酸酸或弱碱等溶液中进行处理，使表面活化或钝化。此外，还可采用等离子体处理等方法来改善木材表面的胶接性能。

4.2.2　界面润湿

　　胶接是综合性强、影响因素复杂的一类技术，是不同材料界面间接触后相互作用的结果。因此，界面层的作用是胶接技术中研究的基本问题。如被黏物与胶黏剂的界面张力、表面自由能、官能基团性质、界面间反应等都影响胶接。

　　润湿又称湿润，是一种界面现象，是液体在固体表面分子间力作用下的均匀铺展现象，也就是液体对固体的亲和性。胶接的作用是发生在相互接触的界面间，首先是胶黏剂对被黏表面充分的湿润，但良好的湿润只是必要条件，实现胶接还必须具备满足充分条件，这就是胶黏剂和被黏物之间形成足够的黏合力。概括而言，胶接作用的形成，一是要有湿润性，二是要有黏合力，两者必须同时兼备。胶黏剂的湿润主要由表面张力所引起(液体和固体皆有表面张力，对液体来说称为表面张力，而对固体来说则称为表面能)，湿润性反映的是液体对固体的亲和性。当液体胶滴到固体表面上时，所形成的形状用接触角(θ)来描述。接触角的大小可间接地反映胶对固体表面的亲和性；一般情况下，两者间的接触角越小，固体越容易被液体湿润，其胶接强度就越高（图 4-10）。对同一种胶黏剂来说，则其在表面自由能大的木质材料表面接触角小，润湿性好；对同一种木质材料来说，表面张力小的胶黏剂在其表面的接触角小，润湿性好。

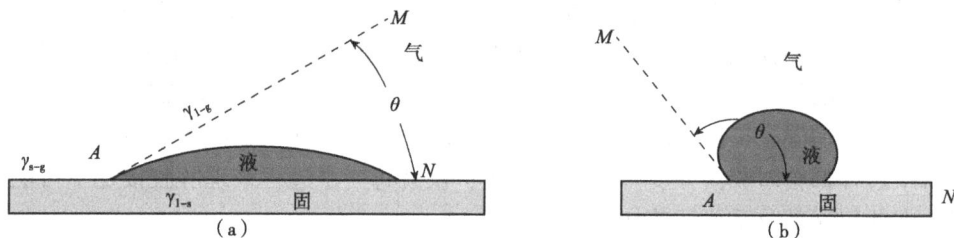

图 4-10　接触角

胶黏剂的湿润性是吸附和扩散的前提条件，也是达到良好胶接的必要条件。湿润性主要由胶黏剂和被黏物的表面张力所决定，另外还与胶黏剂的性质、被胶接材料表面的结构与状态及胶接过程中的工作条件等环境因素有关。在生产实际中，还必须注意胶黏剂的 pH 值与被胶接材料 pH 值之间的配合，因为 pH 与胶黏剂的固化时间、适用期以及胶层的 pH 值等密切相关，最终也会影响胶接强度和耐久性。一般来说，随着胶黏剂极性的增强（或极性基团的增多），胶接强度在开始时会增加，但到了一定程度后，增加极性基团，胶黏剂的内聚强度增大，胶黏剂不易流动，从而对被胶接材料湿润不良，胶接强度下降。

胶黏剂对被黏物的湿润只是胶接的前提，还必须能够形成黏接力，才能达到黏接的目的。黏接力是指胶黏剂与被黏物之间的连接力，它的产生不仅取决于胶黏剂和被黏物表面的结构和状态，而且还与黏接过程的工艺条件密切相关。黏接力是胶黏剂被黏物在界面上的作用力或结合力，包括机械嵌合力、分子间力和化学键力。三种力各自对黏接力的贡献大小尚难确定，但可以认为，黏接力是机械嵌合力、分子间力和化学键力综合作用的结果。机械嵌合力和分子间力是普遍存在的。若能形成化学键，尽管数目可能不多，却会使黏接力大增。

总之，胶接作用的形成，湿润是先决条件，流变是第一阶段，扩散是重要过程，渗透是有益作用，成键是决定因素。

4.2.3　胶接接头设计

胶接接头具有应力分布均匀工艺温度低的特点，接头方式对胶接强度影响大。一般常用的胶接接头包括搭接接头、槽接接头、对接接头等 6 种（图 4-11）。但是，原则上尽量少用对接，而用搭接或槽接，以增大有效胶合面积，提高接对的承载能力。老化、腐蚀等因素会对木质胶接接头使用寿命产生重要影响；胶接接头的强度和使用寿命与胶接长度和胶层厚度等接头几何形状和尺寸、被黏物材料和胶黏剂的性质、接头连接形式等因素有关。另外，在胶接结构的设计中，要注意：避免过多的应力集中，减少剥离力、弯曲力的产生；合理增大胶接面积，提高胶接接头的承载能力；对层压制品的胶接，要防止层间剥离。还应尽可能地利用胶黏剂的剪切性能，以实现接头结构形式的优化设计。胶接接头的强度和使用寿命还与被黏物表面处理和接头制作固化工艺等密切相关。由于木质接头胶黏剂大多属于高聚物，其性能在一定程度上存在不稳定性，且受外界环境影响严重，胶黏剂存在明显的环境老化以及自身的物理和化学老化特征，大多数胶黏剂在服役温度内存在严重的蠕变特性，因此胶接接头的长时力学性能显得尤为重要，对胶接接头的设计应考虑蠕变变形导致的失效情况。

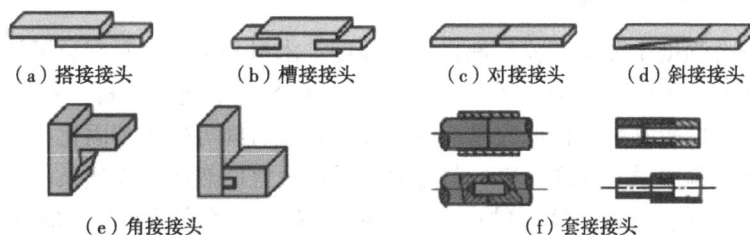

（a）搭接接头　（b）槽接接头　（c）对接接头　（d）斜接接头

（e）角接接头　　　　　（f）套接接头

图 4-11　胶接接头的基本形式

胶接接头的受力可以是拉伸、剪切、剥离和扯离等（图 4-12）。所以，胶接接头作为木材胶接结构中相对比较薄弱的环节，其性能的好坏会直接影响整体结构的性能。为此，对胶接接头胶层应力的分布，特别是胶接接头处应力分布规律和特性的研究，还有对接头力学性能的检测研究以及长期使用接头强度和寿命的预测分析，要求对木质接头的力学性能、无损检测技术和长期蠕变分析进行深入细致的研究。

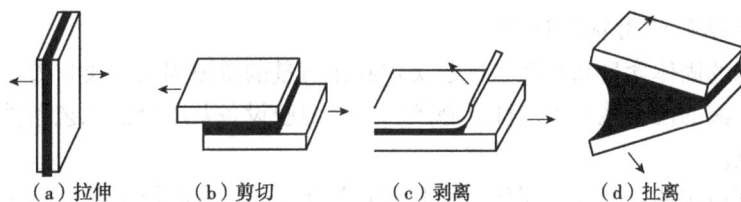

（a）拉伸　　（b）剪切　　（c）剥离　　（d）扯离

图 4-12　胶接接头的典型受力情况

4.2.4　胶黏剂的固化与调配

胶黏剂的使用不仅仅是一个树脂合成问题，还必须考虑对被胶接对象的适应性问题以及胶黏剂固化工艺问题。所以，在胶黏剂使用过程中，固化剂的选用和胶黏剂的调配非常重要。通过胶黏剂的调配，可以调整胶黏剂对胶接工艺的适应性和胶接性能以及解决功能化问题。因此，胶黏剂的固化是胶接的重要工艺之一，根据固化方式，木材胶黏剂可分为化学反应型、溶剂挥发型和熔融冷却型，其典型代表见表 4-3。

表 4-3　常用木材胶黏剂按硬化方式分类

硬化方式		典型代表
溶剂挥发型	溶剂型	淀粉胶
	乳液型	聚醋酸乙烯酯乳液
化学反应型	双组分	脲醛树脂、三聚氰胺树脂、环氧树脂、水性高分子异氰酸酯类
	单组分	加热固化型酚醛树脂、三聚氰胺树脂、单组分聚氨酯树脂
熔融冷却型		皮骨胶、热熔胶

不同的木材胶黏剂在使用时应根据需要进行固化剂、填料及各种助剂的选择与调配。调配胶是进行胶接的重要工序，通过调配胶，可以调节胶黏剂的工艺性能，如固体

含量、适用期、凝胶时间、固化速度、固化程度、涂胶量、黏度、pH 值，从而满足不同胶接目的的要求。对于双组分胶黏剂，必须保证固化剂的均匀混合。

4.2.5　木材胶黏剂的选用

木制品胶合强度主要受到胶黏剂自身的强度、木材分子与胶黏剂分子间作用力以及材料极性的影响，不同的胶黏剂性质、适宜对象和场合不同。木材工业在使用胶黏剂时，要选择合适的胶黏剂，根据胶黏剂的黏度、固化时间等确定其固化条件，依据树脂的固体含量确定施胶量。这样一来，就可以在后续适宜的热压和固化条件下获得甲醛或游离酚释放含量低、胶接强度好的产品。一般来说，选择胶黏剂时，应从两方面进行考虑。

（1）按胶接制品的要求选择

①胶接强度　胶接制品的使用环境和使用目的不同，对胶黏剂的强度和胶接强度也有不同的要求。一般要求胶接强度稍高于被胶接物的强度和胶黏剂的强度。

②耐水性　胶接件经水分或湿气作用后，能保持其胶接性能的能力。

③胶接耐久性　胶黏剂和胶接制品的耐久性决定了制品的使用寿命。

④胶接制品的毒性　室内使用的胶黏剂更为重要，应为低毒或无毒产品。

（2）按胶黏剂使用特性选择

①胶黏剂的固体含量和黏度　这是决定胶接质量的重要因素，决定着施胶量、施胶的均匀性、胶液的流动性和渗透性、施胶方法、施胶设备及胶接的工艺条件等，最终决定胶接的质量。

②胶黏剂适用期　与胶的固化时间和 pH 值相关。在人造板生产中，一般要求胶黏剂的固化时间尽可能短，而适用期尽可能长。此外，还与其形态（粉状或液状）有关。

③固化条件和固化时间　随胶种或配方和制造工艺的不同而不同。固化条件主要有固化温度、压力、材料含水率、材料性质及材料尺寸等（如 UF、PF）。

综上所述，通过胶接可以使木材更加有效地发挥自身特点，实现劣材优用、小材大用，如利用森林抚育间伐材和速生小径材制造胶接木材，利用优质小径材经湿材胶拼后制造优质刨切薄木。胶接有效地提高了木材的综合利用率，如纤维板和刨花板的生产使大量的木材加工剩余物得到充分利用。胶接改善了木材的性能，如细木工、胶合板等木质复合材料改善了原有木材的各向异性；指接材、层积材、集成材及重组木等克服了木材自身的自然缺陷和变异等，结构材的可靠性得到了提高。利用胶接技术，可以赋予木质材料特殊性能，如表面装饰、家具制造、木质基复合材、异种复合材料等。

4.3　木材表面涂饰

现代木材表面装饰方法主要有涂饰、覆贴和机械加工 3 种，涂饰涉及木材的涂饰性，覆贴涉及木材的胶合性质（见木材胶合），而机械加工则涉及木材的切削性质（见木材切削）。木材加工涉及许多学科，而木制品涂饰工艺是其中一个重要学科，在学习和研究上不亚于其他专业课程的难度。

在木材加工行业，涂饰的对象主要是木制品和木质复合材料（主要指人造板材）。对大多数木制品来说，涂饰是在制成最终产品后进行的；而对人造板加工来说，涂饰则在使用之前或在制成木制品后进行的。木材是多孔性及天然高分子的复合材料，其性质具有高度的变异性；木材干缩湿胀，尺寸不稳定，容易变形、开裂、翘曲；木材容易腐朽和被虫蛀；小尺寸木材易于燃烧；此外，木材还存在对涂饰不利的天然缺陷（节疤、树脂、开裂、虫眼、变色等）以及木材加工缺陷（木毛、刨痕和波纹、凹伤、离缝等）等，而人造板是由木质单元和胶黏剂组成的，在生产过程中也会产生一些不利于涂饰的缺陷（由胶黏剂产生的变色、材面胶黏剂污染、胶黏剂渗出、被贴物剥离或鼓泡、板材中的甲醛释放等）。

4.3.1　木器涂料简介

涂料是一种可以在物件表面形成黏附牢固度、具有一定强度且连续的固态薄膜的材料。涂料的施工工艺可以通过刷涂、淋涂、浸涂、喷涂等不同的方法，所形成的薄膜又叫涂膜，又称漆膜或涂层。涂料涂覆在木制品表面，其作用是使其美观或防蚀。油漆（paint）是涂料的旧名（以植物油为主要原料的涂料），现泛指油类和漆类。涂料产品在具体的涂料品种命名时常用"漆"字表示"涂料"，如调和漆、底漆、面漆等。涂料属于有机化工高分子材料，所形成的涂膜属于高分子化合物类型。按照现代通行的化工产品的分类，涂料属于精细化工产品。涂料的组成成分一般包括主要成膜物质、次要成膜物质、颜填料、溶剂和各种助剂等。能够把其中细微的颜填料、功能填料黏接成膜，并能黏接在被涂装物体表面的物质，一般称为黏料或成膜物质。对于涂料，黏接的是被涂装材料的一面，对其流变学行为和外观还有一些特殊要求。每种涂料的性能特点不同。现代的涂料正在逐步成为一类多功能性的工程材料，是化学工业中的一个重要行业。

市场上涂料的品种很多，但无论是哪一种涂料，按其成膜的原理和作用，都可分为三个组成部分，即主要成膜物质、次要成膜物质和辅助成膜物质。主要成膜物质又称固着剂，分为油料和树脂两大类。它是涂料的基础，依靠它才能把其他成膜物质黏附在一起；其在干燥后形成漆膜，牢固地附着在物体表面。次要成膜物质又叫着色物质，包括着色颜料和体质颜料。次要成膜物质能给漆膜一定的遮盖力和色调，增加漆膜的厚度，可改善漆膜的性能，但不能离开主要成膜物质而单独构成漆膜。辅助成膜物质就是涂料中的溶剂和催干剂等辅助材料，它们不能构成漆膜，但有助于油漆的研磨、涂饰和改变漆膜的性能。其中，常用的稀释剂的作用是调稠、调节挥发速度、影响干燥成膜速度；着色剂的作用是修色、微调色差；助剂主要用来解决各种漆病；固化剂则主要用于双组分漆中的交联反应等。

木器涂料产品有很多种，分类方法亦很多。按其有否颜料可分为清漆、色漆，按其形态可分为溶剂型涂料、水性涂料和粉末涂料、高固体分涂料（含不挥发分70%以上）、无溶剂型涂料（光固化、酸固化）等，按其施工方法可分为喷漆、手扫漆、烘漆、电泳漆，按其使用效果可分为防污漆、防锈漆、防腐蚀漆、绝缘漆等，按其施工工序可分为底漆（封闭底材）、腻子（填孔、填充作用）、二道底漆（填平、底材与面漆之间的过渡）、面漆（装饰性）、罩光漆，等等。这些分类方法都是从不同的角度强调某一个方面而各自分类命名的，有其片面性。国家标准（GB/T 2705—2003）中规定，我国涂料的命名原则是：涂料名称=颜色名称+成膜物质名称+基本名称。例如，某涂料为磁漆，成膜物质为醇酸树脂，颜色为白色，根据涂料的命名原则，此涂料的名称为白醇酸磁漆。

与木器涂料有关的基本名称有：清油、清漆、厚漆、调合漆、磁漆、烘漆、底漆、腻子、大漆、锤纹漆、木器漆、绝缘漆、水浴性漆、乳胶漆、电泳漆、粉末涂料、地板漆等。

4.3.2 木器涂料的发展与应用

木器漆在我国的运用历史悠久，早在汉代，大漆已运用于木家具的外表涂饰，现在的红木家具大多仍运用大漆作为外表涂层，以确保红木本身的纹路。20 世纪 40 年代后，酚醛树脂涂料开始在一些国家被采用，之后合成树脂涂料逐渐占主要地位。当前，木器涂料在涂料行业中占比约为 6.2%，木质家居表面常用涂料的种类如图 4-13 所示，其中最为常见的是聚氨酯(PU)涂料，其次为硝基(NC)涂料，聚酯(PE)涂料发展较快，环保性能比较优越的则是紫外光固化(UV)涂料、水性涂料(WB)等。

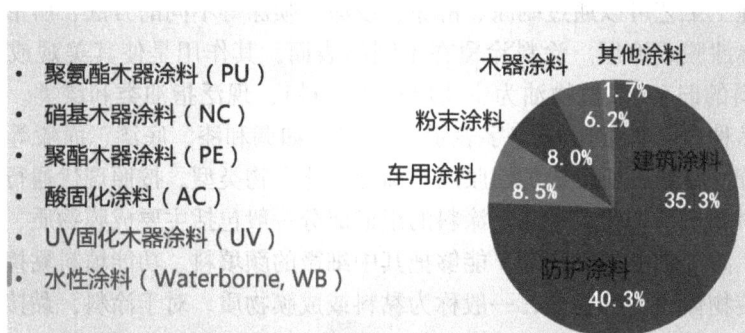

图 4-13　2018 年常用木器涂料的种类及占比

双组分 PU 涂料是木用涂料的主力，在中国，由于对 PU 双组分涂料的需求较高，其应用起码还能保持 20 年以上，只有水性涂料发展起来之后才有可能代替它。双组分 PU 涂料在配方和应用上的另一个大问题是干燥速度。涂料生产厂家迫于用户要求，不断地采用各种手段去提高 PU 漆的干燥速度，由此带来涂装过程中的很多问题，例如发白、离层、暗泡、渗陷、开裂等。如果被动地去解决这些问题，难度很大，效果不佳。统一干燥条件、控制干燥速度，是双组分 PU 涂料发展中要遵循的一个方向。

虽然 NC 涂料固含量低，溶剂挥发量大，不太符合环保要求，耐候性不太好，不能在户外使用，但其优良的综合性能、优异的性价比、便捷的施工性能使这个品种也能保持生机。未来一段时间，NC 涂料不会被淘汰，仍将在家具、美式涂装、家装领域中发挥重要作用。如能在减少苯类溶剂使用、提高固体含量方面取得进步则更好。世界本器涂料中 NC 漆的现状及发展大体也是如此，其在美式家具、家装方面前景不错。

2016 年 1 月 1 日起实行的《中华人民共和国大气污染防治法》第十三条要求，在制定涂料质量标准时，应该明确大气环境保护要求（比如挥发性有机物限值）；第四十六条则明确了对工业涂装企业的要求，就是要使用"低挥发性有机物含量的涂料"。2016 年 7 月，工信部和财政部联合发布《重点行业挥发性有机物削减行动计划》，该计划第三部分"主要任务"的第一条"实施原料替代工程"对涂料行业提出的要求是：重点推广水性涂料、粉末涂料、高固体分涂料、无溶剂涂料、辐射固化涂料(UV 涂料)等绿色涂料产品。该计划为涂装企业行业根据行业的具体情况采用适合的绿色涂料产品提供了保障，而不是"一刀切"的要求采用某一涂料品种。在达到环保排放标准要求的前提下，宜溶剂型则溶剂型，宜水则水，宜粉则粉，因地制宜。对于已经具有成熟产品和工艺的木质家具行业，则鼓励采用水性涂料。木质家具制造行业大力推广使用水性、紫外光固化涂料，到 2020 年底前，替代比例达到 60% 以上；在平面板式木质家具制造领域，推广使用自动喷涂或辊涂等先进工艺技术。

实施低 VOC 产品指标标准的第一个国内城市是深圳市，其 SZJG 54—2017《低挥发性有机物含量涂料技术规范》中规定了木家具及木制品制造涂料中低挥发性有机物含量涂料的 VOCs 要求：紫外光固化涂料不高于 100 g/kg、非紫外光固化涂料不高于 300 g/kg、腻子(粉状、膏状)不高于 60 g/kg。该指标的要求非常高，必须是高固体分溶剂型产品或水性涂料、粉末涂料才能符合要求。而京、津、冀和长三角地区要求自 2019 年 1 月 1 日起，木器涂料即用状态下的 VOCs 含量限值不高于 600 g/L。从国家法律到各省市政策，都在大力推广使用低 VOCs 含量的涂料产品。涂料行业的生产者应提高意识，自觉担当起环保和节能减排的责任。在这个大环境下，水性涂料越来越受到消费者的重视与青睐。木质家具制造企业应推广应用 VOCs 含量低的水性涂料，鼓励溶剂型改水性工艺和设备改造。相对于粉末涂料和紫外光固化涂料，水性涂料在配制过程中对操作人员的身体危害更小，施工设备也和传统的溶剂型相近。因此，目前家具表面装饰用的涂料正在由溶剂型向环保型涂料转变。

水性涂料的品种较多，主要有醇酸类、聚酯类、聚氨酯类、聚丙烯酸酯和环氧类。但由于干燥条件的限制，薄木用涂料只能在常温下干燥，单组分的水性涂料性能存在不足，而选择常温固化的水性双组分涂料既能缩短所需的干燥时间，又能改善涂膜的性能。水性涂料的主要成膜物质是分子量比较大的聚合物，属于非牛顿流体。它的表面张力高，在配制涂料易产生泡沫，故在水性涂料中一般需添加消泡剂、流平剂等助剂，使形成的涂膜具有良好的流动性能。聚氨酯型木器涂料具有优异的化学性能和机械性能，如具有优异的耐候性、耐化学品性、耐溶剂性、抗划伤性、耐紫外性、耐磨性、耐温变性、快干性、施工性等，且适性好、装饰性高。因此，水性涂料主流产品从初期的单组分水性木器涂料发展到现在的水性双组分聚氨酯涂料、水性 UV 涂料。聚氨酯树脂已成为木器涂料用树脂市场的主力军。

亚光趋势也越来越深入到了木制品制造行业，比如，BushBoard 和 Formica 等品牌的产品中都采用了超亚光表面。不过，新开发的一种最令人兴奋的产品是 Fenix NTM 材料，它是一种不会显示指纹的超亚光表面，非常卫生，对溶剂有很强的抵抗力，可以通过用海绵摩擦或轻轻加热来修复微划痕。这一切都可以通过先进的技术实现，该技术使用丙烯酸树脂与纳米粒子和彩色颜料混合，使电子束高速固化，来创造其密封、光滑、无光泽的表面和热修复能力。它将能够应对中厨房可能掉落的任何东西，同时看起来仍然很棒。另外，预油漆纸的使用简化了家具生产的涂装工艺，涂料可在高温下烘烤，在提高性能的同时还能缩短生产时间。

4.3.3　木材涂饰技术

木材或用木材砍伐或者生产加工的剩余物经过处理制得的人造板，一般会表面粗糙、花纹杂乱，缺乏视觉美感。木制品表面涂饰的主要目的是装饰和保护。按产品的材料和加工工艺不同，可将涂饰分为普级、中级、高级三级。普级，即涂膜表面为原光(即不磨水砂、不抛光)。中级，即正视面涂膜表面须磨水砂、抛光或为亚光，制品侧面涂膜为原光。高级，则是涂膜表面为全抛光或填孔亚光。普级产品使用的涂料有酚醛、醇酸树脂胶等质地较差的树脂涂料。中级产品正视面使用的涂料同高级产品，侧视面同普级产品。高级产品使用的涂料有聚氨酯、聚酯、丙烯酸、硝基、光敏、天然漆等性能较好的涂料。

木材涂饰是表面处理、着色、涂底漆、中涂及面漆涂饰的一整套工序。

①缺陷处理　木材表面不可避免地会有各种缺陷，如表面干燥、气孔、毛刺、虫洞、节疤、斑驳的松蜡和松节油等。如果不提前进行表面处理，会严重影响涂层质量，降低装饰性效果。因此，根据不同的缺陷，涂装前必须采用不同的表面处理方法。

②干燥处理　木材多孔，易吸水排水，具有干缩湿胀的特点，容易导致涂层背面起泡、开裂、粘连。因此，新木材在涂饰前需要干燥至含水量为8%～12%，干燥方法可采用自然干燥或低温干燥。

③木材整理　加工厂的木制品表面虽然经过打磨或抛光，但总有一些木质纤维的残留表面没有完全分离，影响表面着色的均匀性。因此，涂层前必须去除毛刺。去毛刺方法包括水溶胀法、虫胶法和灼烧法。

④木材脱色　许多木材含有天然色素，有时需要保存，可以起到天然的装饰作用；但有时木材产品的表面也需要脱色，因为木材产品的颜色是不均匀的、斑驳的或浅色的，或者是任何与原材颜色无关的颜色。

涂饰方法的针对性强，如不同的工序、不同的漆种、不同的工件形状等均有所不同。涂饰的方法有手工涂饰法和机械涂饰法。手工涂饰是使用手工工具(如刷子、棉球、刮刀等)，将涂饰材料涂饰到木制品或木制零件表面上的涂饰方法，包括刷涂、擦涂和刮涂等；机械涂饰法可以采用空气喷涂、高压无气喷涂、静电喷涂、淋涂和辊涂等。木用涂装方式已从传统的手工涂饰向现代化的自动涂饰(图4-14)演变。在此，简单介绍几种相对较新的木制品表面涂饰技术。

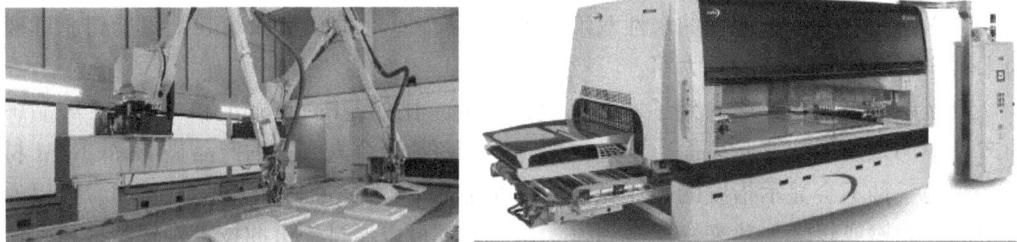

图4-14　自动化涂装设备
(左：机械手臂配合喷枪，实现异形工件自动化涂装；右：往复式自动喷涂机，大大提升板式家具涂装效率)

4.3.3.1　聚丙烯(PP)膜表面电子射线(EB)辐射固化及水性涂装技术

通过电子射线(electron beam，EB)照射树脂涂料(液体)，利用电子加速器产生的低能电子束引发树脂聚合或交联固化，使物体表面瞬间形成强韧的涂膜树脂层。EB辐射的电能利用率高；固化速度快，可达到固化速率<1 s；电子束能量大，穿透能力强，不需引发剂，涂料的储存稳定性好，光引发剂分解产生的副产物带来的颜色和气味相对较低；EB辐射固化产品的表面触觉相对细腻真实。但EB射线固化PP饰面膜，存在技术门槛较高、设备投入资金多、较强技术壁垒等问题，还需大量技术研发和积极推广。目前，国内已有企业采用无机纳米材料分散液、无机纳米紫外吸收剂分散液、多官能团

单体与丙烯酸酯预聚体等制备电子束固化涂料,从而使涂层具有较好的硬度、耐水性、耐磨性与耐候性。EB 辐射固化 PP 膜可广泛推广应用于护墙板、室内门、橱柜、衣柜等各类柜体、地板等的平贴或包覆表面饰面。而 PP 膜饰面木门门套线及柜体单板表面时,易产生木门门套线、橱柜面板等木制品部件与门扇及其他部件间的产品整体配套性差、色差明显、立体效果差等问题,因此,有研究采用 PP 装饰膜进行木制品饰面时,对其表面进行水性漆修色处理,以提高产品的整体外观协调性和配套性,增加产品附加值。

4.3.3.2　木制品表面低温粉末静电喷涂技术

粉末涂料是不含液体溶剂的 100%固体粉末状涂料,属新型绿色环保涂料,在白色家电、金属家具、建筑门窗等领域应用较多。低温粉末静电喷涂容易操作、环保性好,无VOC 排放,成品对消费者、工人等身体均无伤害;加工周期不到传统油漆周期的 20%,单位面积和人工产能可提高 4~5 倍,生产效率高;成本比传统油漆低 10%~30%;材料利用率高达 85% 以上。影响粉末涂料涂装质量的因素主要包括固化设备、板材、涂料电阻率和介电常数等参数、涂装工艺及家具产品要求等。人造板、板式家具、橱柜衣柜等木质家具在应用粉末静电涂装技术时,需进行多个领域和技术的"跨领域"组合创新。粉末涂装设备投入较大,且对异形面的喷涂存在技术壁垒,目前正在大力开发中(图 4-15)。

图 4-15　静电粉末涂装设备

4.3.3.3　木制品表面旋杯式静电喷涂技术

涂料微粒经旋杯式雾化装置处理后带负电,高速离心雾化的涂料漆雾在电场力作用下均匀涂覆在木门表面,可形成均匀、光滑、平整的漆膜。静电旋杯喷枪(图 4-16),可搭配上下式往复喷涂机或机械臂施工。木制品表面旋杯式静电喷涂环保性好,无VOC 释放;生产效率高,可实现连续化生产;油漆利用率高达 85% 以上;漆膜均匀性可达到 10%,甚至更优。

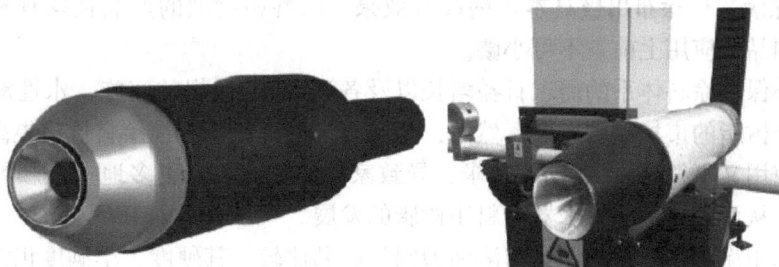

图 4-16　静电旋杯喷枪

旋杯式静电喷涂设备的参数优化主要考虑以下因素：喷涂底漆后的木门表面电阻测量与控制；湿膜、干膜下木门表面电阻的影响因子与影响规律；喷枪垂直移动速度、木门进料速度、喷枪在水平方向和垂直方向的移动行程、喷枪间距对漆膜厚度及均匀性的影响等。建议大力推广旋杯式静电喷涂技术，用于木制品饰面板、人造板等平板的表面装饰。

4.3.3.4　木制品直接印刷装饰技术

人造板直接印刷是指将刨花板、纤维板、细木工板等人造板表面直接印刷仿真木纹或其他图案，在人造板表面装饰领域有较久的发展历史，技术相对成熟，现阶段仍占据一定市场。在直接印刷人造板的过程中，可先将人造板表面进行砂光、除尘等精细处理，然后通过彩色印刷机对其表面进行 UV 油墨印刷，再在其表面涂饰紫外光固化涂料，从而制作出外观效果良好的人造板材。该类产品可广泛用于局部板式、柜类家具、木门、木地板、木墙板、背景墙等室内家具与环境设计中。

4.3.4　木器涂料的发展趋势

木器涂料主要应用于家具、地板和室内装饰装修，直接与人接触，其中含 VOC 高低、有毒有害成分多少，均关乎居家生活人们健康，受到国内外重视，提高了政府和社会对木器涂料的重视程度。用于薄木贴面涂饰的水性涂料大多是常温固化的单组分涂料，涂膜干燥时间长，涂膜性能存在不足。即使用多种乳液混拼以相互改善性能上的不足，但对涂膜性能的改善也收效甚微。

预油漆纸是经过加工处理、表面有木纹的纸质材料，原纸需要经水性树脂浸渍，然后在浸过树脂的原纸表面刷涂涂料。这种表面美观、成本低廉、性能良好的装饰纸将在家具表面装饰行业得到比较广泛的应用。预油漆纸在生产过程中就进行面漆涂饰，然后贴覆在人造板表面，不用进行基材砂光、填孔、染色以及底漆封闭、中涂等工序，大大简化了家具的生产工艺，并且能够代替比较稀缺的天然薄木。预油漆纸用的涂料为烘烤型涂料，可以实现涂料快速固化成膜。选择合适的涂料，可以使预油漆纸具有良好的表面性能，扩大预油漆纸的应用范围。通过对丙烯酸乳液进行择优选择，调整涂料配方，可使烘烤温度进一步降低，并对氨基/丙烯酸涂膜的热稳定性进行研究。

植物油改性产品在木用涂料中是以新军姿态出现的，它符合保护环境、贴近自然、追求淡雅效果的要求。用各种方法改性的植物油，多制成单组分的木用产品，这些产品易被木质材吸收，渗透性好，干膜较薄而又光泽柔和，表现油润但不臃肿。用简易方法（如擦涂）涂装，可涂布出极具本色的高雅效果。改性植物油的产品在家具家装、室内户外等木制品的应用上前景不可小觑。

随着环保型涂料体系的需求日益增长以及各项 VOC 法规的实施，水性涂料用树脂及无溶剂型树脂的市场得到发展。然而，相比溶剂型涂料，水性涂料价格更高，而溶剂型涂料的使用又不符合 VOC 法规要求，导致家具制造商只能更多地选用颗粒板和其他金属材料，从而间接影响了木器涂料用树脂的发展。

水性木用涂料仍存在问题：与溶剂型同类产品比较，其硬度、丰满度仍需提高；高光产品前景不错，但难度不低；反而溶剂型产品的高固体分方向仍然有其生命力；对水性木用涂料、涂装中封闭的重要性认识不足，并没能真正解决封闭问题；水性木用涂料的涂装过程(特别是干燥成膜过程)仍有很多问题，制约着它的市场表现。在涂料行业的未来发展中，环保始终会是第一主题，涂料水性化、低 VOC 化必定是市场的主流趋势，但由于水性木器涂料材料具有特殊性，在降低 VOC 的同时，也会使得性能有所牺牲。在降低 VOC 排放、部分溶剂型涂料向水性涂料过渡，同时发展高固体分、无溶剂涂料等环保问题上，其迫切性、复杂性、难度居于所有涂料门类之首。在行业发展的助推下，相信在不久的将来，相关领域会有革命性的突破。

本章小结

　　胶接木制品的生产与发展显著提高了木材的综合利用率和附加值，践行了"绿水青山就是金山银山"的发展理念。随着木材工业快速发展，木材工业用胶黏剂与涂料及其上下游相关产品的消耗量持续增大，胶黏剂与涂料的制造水平已成为衡量一个国家或地区木材工业发展水平的重要标志。从将各种木质原料用胶黏剂加工制成人造板，到用胶黏剂将薄木和人造板胶合在一起，再用涂料进行涂饰，以保证涂饰后的板面具有珍稀木种所有的漂亮纹理和优良的表面性能，整个过程从原材料、木工、胶黏剂、胶接、涂料、涂装、市场、法规，多种因素缺一不可。这是一个整体，只有把其中的每个环节都做好，木材胶黏剂、木用涂料和木材工业才能携手提升到新的高度。尽管目前我国已经是一个木材胶黏剂与涂料的生产大国，但暂时还谈不上生产强国，传统"三醛类"胶黏剂仍是我国木材工业用胶黏剂生产和使用的主体。随着人们环保意识的增强和石化资源的枯竭，木质产品最终要向"艺术化、实木化、高档化、个性化"方向发展，要能够把"人本性、安全性、环保性、智能性"充分体现在产品中。因此，研究开发与推广应用高性能、可再生、环境友好的木材工业用胶黏剂和涂料将成为我国木材工业前进的重要方向。

思考题

1. 木材胶黏剂的定义和常见的分类方式是什么？
2. 举例说明木材胶黏剂的三大应用领域。
3. 木材胶黏剂的选用原则是什么？
4. 简述涂料的定义、组成及主要分类方式。
5. 常用木器涂料的种类有哪些？

第5章
木基复合材料

本章介绍了以木材为基本单元，通过与合成树脂、无机胶凝材料、塑料、金属等异质复合而成的木基复合材料及其制备方法、性能特点以及应用领域，概述了我国木基复合材料产业的现状及发展趋势。

复合材料是由两种或多种性质不同的材料组成的多相材料。它具有比各组分材料更好的或原来不具备的性能，组分之间有明确的界面。人类历史上最早的复合材料就是以木材等天然植物纤维作增强体而制成的，如用稻草增强黏土制坯等。随着科学技术的发展，人们开始以高性能纤维(如玻璃纤维和芳纶纤维等)制备复合材料。相比其他材料，天然植物纤维具有资源丰富、成本低廉、可再生、可循环利用等特点，已成为制备复合材料的基本原料。

5.1 概述

5.1.1 木基复合材料的定义与种类

木基复合材料是指以木材、竹材、秸秆等植物纤维原料的不同形态单元与树脂、塑料、金属等异质单元复合而成的材料。

按照使用性能，木基复合材料可分为结构材料与功能材料。结构材料的使用性能主要是力学性能和耐老化性。功能材料的使用性能主要是装饰性、阻燃性、防水性、防霉性、抗虫性、抗腐性，以及在电、光、磁、热、声等方面的性能。

按照木质单元的形态，木基复合材料可分为以单板为主的产品、以刨花为主的产品以及以纤维为主的产品。

5.1.2 木基复合材料的异质单元

5.1.2.1 合成树脂胶黏剂

合成树脂胶黏剂是有机物通过加工合成的方法形成的高分子化合物。其原料来源丰富、品种繁多，可根据不同需要选择原料的配比和适当的加工工艺，制成满足性能要求的胶黏剂。在木基复合材料制备过程中，可根据产品性能要求和使用场合选用不同的胶黏剂。比如，按照耐水性，可将胶黏剂分为 3 种：①高度耐水性胶，即以沸水作用一定时间，强度不显著降低者，如酚醛树脂；②耐水性胶，即经室温水作用一定时间，强度不显著降低者，如脲醛树脂、血胶等；③非耐水性胶，即经水的作用，强度显著降低者，如豆粉胶等。目前，生产中使用范围最广、用量最大的是脲醛树脂和酚醛树脂，占总用胶量的 90% 以上。

在木基复合材料中，常用的合成树脂胶黏剂有以下几种。

(1) 脲醛树脂

以尿素和甲醛作原料，进行缩聚反应制得。由于其原料资源丰富，生产工艺简单，胶合性能好，具有较高的胶合强度，较好的耐温、耐水、耐腐性能，树脂色泽浅，成本低廉，因而得到广泛的应用。根据胶接制品的不同，脲醛树脂可分成胶合板用胶、刨花板用胶、纤维板用胶、细木工板用胶等。脲醛树脂易老化，但可通过苯酚、间苯二酚、三聚氰胺等共聚进行改性。此外，也可用醋酸乙烯树脂与其混合，制成改性脲醛树脂。使用固化剂，是为提高脲醛树脂的固化速度和固化程度。应用最普遍的固化剂是氯化铵，此外还有磷酸铵、醋酸铵、硫酸铵等。高温条件下的固化抑制剂可以用氨、六次甲基四胺、尿素、三聚氰胺等，加热固化时使用的潜伏性固化剂有对甲苯磺酰胺、亚胺磺酸铵等。

(2) 酚醛树脂

酚类(苯酚、甲酚或间苯二酚等)与醛类(甲醛、糠醛等)在碱性或酸性介质中，加热缩聚形成的液体树脂。酚醛树脂胶具有胶合强度高、耐水性强、耐热性好、化学稳定性高及不受菌虫侵蚀等优点，但其不足是颜色较深和胶层较脆。优良的性能使其适用于制造可在室内外使用的各种木基复合材料。水溶性酚醛树脂使用方便，游离酚含量也较低，常用于胶合板制造，一般水溶性酚醛树脂渗透性大，因此必须加填充剂。通常不需加固化剂，但可加固化促进剂。醇溶性酚醛树脂游离酚含量高，污染性大，适用于浸渍纸生产。酚醛树脂虽然有极好的耐候性，但对板坯含水率控制要求严格，同时也存在热压温度要求高、时间比较长等许多对胶合制造不利的因素。为了改善这方面的缺陷，往往采用间苯二酚或三聚氰胺进行共缩聚改性。

(3) 三聚氰胺树脂和三聚氰胺脲醛树脂

三聚氰胺树脂是以三聚氰胺和甲醛作原料，在一定条件下缩聚而成。这种树脂的耐热和耐水性能均优于酚醛树脂和脲醛树脂。由于三聚氰胺原料价格昂贵，目前国内主要用于制造装饰贴面用浸渍纸。三聚氰胺脲醛树脂是由三聚氰胺、尿素与甲醛等原料，在一定条件下缩聚而成。它的性能取决于尿素和三聚氰胺的摩尔比。三聚氰胺作为脲醛树脂的改性剂，加入量为尿素质量的 5% ~ 20%，加量大，成本高。若尿素用量多，成本虽会降低，但浸渍胶膜透明度会降低，吸湿性增大，且胶膜发黏，故常用于隔离层纸的浸渍。近年来，三聚氰胺脲醛树脂越来越多地用于木基复合材料的生产。

(4) 聚乙酸乙烯酯乳液胶黏剂

俗称白乳胶，是由乙酸乙烯酯单体在引发剂作用下，经乳液聚合而得到的高分子乳液。这种胶黏剂能够室温固化，干燥速度快；胶层无色透明，不污染被黏物；单组分，使用方便，清洗容易，贮存期较长，可达 1 年以上；对环境无污染，安全无害，被认为是一种绿色环保型胶黏剂。但是，这类胶黏剂也存在耐水性和耐湿性差的缺点，其耐热性也有待提高。通过共聚、共混、添加保护胶体等方法，可在一定程度上改善其使用性能，扩大应用范围。

(5)异氰酸酯胶黏剂

通常所说的异氰酸酯胶黏剂(MDI),有纯 MDI 和聚合 MDI 之分。目前的 MDI 合成工艺为光气化法,是由苯胺和甲醛在催化剂盐酸作用下进行复杂的缩合反应,形成亚甲基二苯基二胺(MDA)和多亚甲基多苯基多胺的混合物,然后在氯苯溶液中与光气发生复杂反应,在脱除溶剂后获得粗 MDI,再经过分离过程得到纯 MDI 和聚合 MDI。木基复合材料中多使用聚合 MDI 和改性 MDI 作胶黏剂。由于异氰胺酸基具有很强的反应活性,尤其适用于低自由能表面的胶合,如麦秸秆片的外表面、竹青的外表面、聚氯乙烯(PVC)薄膜(饰面)等,而且胶合后耐沸水煮、耐老化性能优良。正因为如此,理论上来说,MDI 只要形成单分子层即能完成胶合作用。所以,与脲醛树脂胶相比,MDI 的施胶量可以大幅度降低,但施胶一定要均匀。

(6)大豆蛋白胶黏剂

大豆蛋白胶黏剂的基本组成单位是氨基酸,因分子结构中含有氨基和羧基等极性基团,因而对木材、玻璃、金属等材料具有良好的胶接能力。它是一种来源丰富、价格低廉、可生物降解、能够再生、环境友好的天然高分子胶黏剂。但由于普通大豆蛋白胶黏剂的胶接力来源于蛋白分子的力学结合及蛋白表面极性基团形成的氢键,因此耐水性能差;蛋白分子侧链活性基团相互作用会使分子间摩擦力增大,从而可导致制备的胶黏剂黏度大,固体含量低;其防霉、防腐性能较差等缺点也制约了其在木材工业的大规模应用。目前,通过加入蛋白变性剂、交联剂、合成树脂等方法对大豆蛋白胶黏剂,提高其耐水性能,已取得了一定的效果,但仍然没有解决其固体含量低的问题。目前还仅限于在胶合板和细木工板生产上应用,也有尝试在刨花板生产上应用。

5.1.2.2 无机胶凝材料

无机胶凝材料是指一类具有黏接性能的无机材料,当其与刨花、纤维等植物纤维原料混合,并与水或水溶液拌和后,再经过一系列的物理、化学作用,能够逐渐硬化并形成具有一定强度的木基复合材料。其原料来源丰富,生产成本低,耐久性好,适应性强,可用于潮湿、炎热、寒冷的环境,且多为不燃材料,用其制成的木基复合材料产品阻燃性好。

木基复合材料常用的无机胶凝材料有石膏、水泥、镁质凝胶材料等。

(1)石膏

我国的石膏资源极其丰富,分布很广。有自然界存在的天然二水石膏($CaSO_4 \cdot 2H_2O$,又称软石膏或生石膏)、天然无水石膏($CaSO_4$,又称硬石膏)和各种工业副产品或废料——化学石膏。石膏胶凝材料的生产通常是用天然二水石膏经低温煅烧、脱水、磨细而成半水石膏,半水石膏遇水后将重新水化生成二水石膏,随着浆体中自由水分因水化和蒸发而逐渐减少,浆体也逐渐变稠,这个过程称为凝结过程。其后,二水石膏晶体继续大量形成、长大,晶体之间互相交错连生,形成结晶结构网,使浆体变硬,并形成具有强度的石膏制品。这个过程称为硬化过程。将半水石膏与一定比例的刨花或纤维混合,由于水化作用、硬化作用再生成二水石膏晶体的硬化体,将刨花或纤维结合在一起,则可制成石膏木基复合材料。

(2)水泥

在胶凝材料中,水泥占有突出的地位。在水泥的诸多品种中,按国家标准,凡以适当成分的生料烧至部分熔融，得到以硅酸钙为主要成分的硅酸盐水泥熟料，加入适量的石膏，磨细制成的水硬性胶凝材料，称为硅酸盐水泥。国家标准还规定，由硅酸盐水泥熟料掺入不大于 15% 的活性混合料（或不大于 10% 非活性混合料）以及适量石膏经磨细制成的水硬性胶凝材料，称为普通水泥。水泥胶凝材料的形成过程是水泥加水拌和后，会逐渐失去其流动性，成为可塑性浆体；随后，水泥浆逐渐变稠而失去塑性但尚不具有强度的过程，称为水泥的凝结。凝结过后，水泥浆产生明显的强度，并逐渐发展成为坚硬的固体，这一过程称为水泥的硬化。水泥的强度是其最重要的技术性能之一，这主要与其矿物组成有关，另与细度、硬化环境温度、湿度、水灰比、外加剂（如刨花、纤维）的化学组成与数量以及其他工艺因素有关。

（3）镁质胶凝材料

镁质胶凝材料一般是指苛性苦土和苛性白云石。苛性苦土的原料是天然菱镁矿，其主要成分是碳酸镁。苛性白云石的原料是天然白云石，其主要成分是碳酸镁与碳酸钙的复合盐。镁质的胶凝材料一般是将菱镁矿或天然白云石经煅烧再磨细而成。细度要求为采用 4900 孔/cm^2 筛的筛余量不大于 25%。上述两种原料配制成优质的镁质胶凝剂，主要利用其中活性的 MgO 与 $MgCl_2$、$MgSO_4$ 的水溶液拌合硬化而成的镁质胶凝材料。镁质胶凝剂的抗水性差，可以采用加入改性剂，如加入少量的磷酸或磷酸盐可在一定程度上提高其抗水性。

5.1.2.3　塑料

木塑复合材料是采用木、竹、草等木质纤维材料作为填充、增强相，与热塑性塑料基体进行熔融复合，采用热压、挤出、注射等成型加工方式而制成的一种复合材料。受木材热稳定性的限制，木塑复合材料生产只能使用熔点在 200℃ 以下或在 200℃ 以下可被加工的塑料，生产中常用的塑料是原生和回收的聚乙烯（PE）、聚丙烯（PP）、聚氯乙烯（PVC）。

（1）聚乙烯（PE）

聚乙烯是世界上产量最大的塑料，其外观为白色蜡状固体，微显角质状，无臭、无味、无毒。聚乙烯制品具有较高的结晶度，除薄膜外，其他制品皆不透明。按密度，可将聚乙烯分为低密度聚乙烯（LDPE，0.91~0.925 g/cm^3）、中密度聚乙烯（MDPE，0.926~0.94 g/cm^3）和高密度聚乙烯（HDPE，0.941~0.97 g/cm^3）。其具有相对较低的熔融温度（通常为 106~130℃，取决于聚乙烯的密度或支化度），能够在非常宽的熔体黏度范围内进行加工。熔体与填料可以充分混合，并且这种低熔点使纤维素纤维作为填料时不会发生显著的热降解。聚乙烯是半结晶性聚合物，这意味着在室温下聚合物由结晶相和无定形相组成。聚乙烯的无定形部分在室温下是一种橡胶态，达到某一转变温度（即玻璃化转变点）则变成玻璃态。对聚乙烯来说，玻璃化转变点是从非常低的温度变化到较低的温度（−130~20℃），因而在常温下具有较好的柔韧性。聚乙烯具有近于零吸湿（通常在水下浸泡 24 h 后含水率低于 0.02%）和特别好的耐化学试剂性，包括强酸（如硫酸、盐酸和硝酸）。与其他聚烯烃相比，聚乙烯具有相对较高的抗氧化性，因此在加工过程和户外使用时需要的抗氧化剂量较少。作为最常见的热塑性聚烯烃，聚乙烯一直是木塑复合材料制造中最主要的塑料原料，并仍将保持最大用量。

（2）聚丙烯（PP）

聚丙烯外观上是白色蜡状体，密度为 $0.9\sim0.91\ g/cm^3$。由于聚丙烯的晶相与无定形相的密度差别较小，聚丙烯比聚乙烯略显透明。聚丙烯的许多性能都优于聚乙烯，它更轻、更强、更硬，表现出好的抗蠕变性、更小的磨损和打滑性。然而，它比聚乙烯更脆（特别是在低温下），而且由于它比较硬，所以很难用钉子或螺丝固定。这也是聚丙烯基WPC铺板安装时需使用制造商推荐的专用固定连接件的原因。相反，聚乙烯基WPC铺板用普通的钉子和螺丝就可以很容易地进行安装。同样，与聚乙烯基WPC铺板相比，聚丙烯基WPC铺板很难在施工现场进行锯和切割。与聚乙烯相比，聚丙烯更易氧化，因此，在加工过程和户外使用时需要更多的抗氧化剂和紫外稳定剂。

（3）聚氯乙烯（PVC）

聚氯乙烯是白色或淡黄色的坚硬粉末，密度约为 $1.40\ g/cm^3$。按照产量，聚氯乙烯在世界范围内占据五大通用塑料中的第二位。纯聚合物吸湿性不大于 0.05%，增塑后，其吸湿性增大，可达到 0.5%，而其透气性和透湿率都较低。聚氯乙烯一般都加有多种助剂。不含增塑剂或含增塑剂不超过5%的聚氯乙烯称为硬聚氯乙烯，含增塑剂的聚氯乙烯中增塑剂的加入量一般都很大，可使材料变软，故称为软聚氯乙烯。与聚丙烯相同，PVC可以是间规立构的（碳原子链上的氯原子在碳原子平面的同一侧）、全同立构的（氯原子交替排列在碳原子平面两侧）和无规立构的（相对于碳原子链所在平面的无规则排列）。PVC主要是无规立构的，但某些部分是间规立构的，使得PVC在某些区域结晶（通常结晶度低至5%）。未改性的硬质PVC比聚乙烯和聚丙烯更强、更硬。增塑改性后的PVC所具有的橡胶弹性更适合应用于管子和浴室帘子，不适用于复合材料铺板的制造。为了降低PVC基WPC的成本和避免PVC基WPC铺板板材的安装（锯、钉和螺纹连接）困难，目前大部分PVC基WPC是发泡的。与聚乙烯和聚丙烯相比，PVC存在一些固有的缺点，包括热稳定性低和脆性大（如与HDPE相比）。PVC在室温下具有较大的脆性，这源于其相对较高的玻璃化转变温度（通常为 $70\sim90℃$）。PVC对光及机械作用都比较敏感，在热、光、机械作用下（如加工时的摩擦剪切作用）易分解脱出氯化氢。为克服这些缺点，除加入稳定剂，还常常采用改性方法。

5.1.2.4　金属

对于木材-金属复合材料，采用的金属原材料主要包括金属网、金属纤维、金属箔和金属粉等。

（1）金属网

利用金属网与某些材料复合，使金属网中的经纬线紧密结合，制成具有一定刚度的金属网复合屏蔽材料，是有效利用金属网屏蔽效能，解决单纯的金属网在使用过程中屏蔽效能降低的有效手段。

一般常用的金属网有铜丝网、铁丝网和不锈钢丝网等，均为编制网，网目数一般为20目、30目、40目、50目、60目、80目和100目等。对于金属网的目数，一般而言，网材目数越大，其屏蔽效能越好。但对于中短波的屏蔽，对材料的目数大小要求不严格，对于微波的屏蔽，则要求网孔要小，即目数要大。木材-金属复合材料的主要用途是电磁屏蔽，一般选用目数较大的金属网，但由于在木材或植物纤维表面施加的脲醛树脂胶对金属材料没有胶合能力，金属网目数过大时，将会影响网两侧木材纤维之间的有效胶接，影响木材-金属复合材料的胶合强度，所以需要对金属网表面进行必要的处理。

对于金属网材质的选择，在不同频段上，各种金属有不同的屏效。低频需要大的吸收损失，高频需要大的反射损失，所以低频屏蔽材料一般选用磁导率高的材料，如铁、软钢、铁合金之类。用作高频的屏蔽材料，如铜、铝、镍等以获得较大的反射损失。对于不同屏蔽对象，应选择不同的屏蔽材料，就高频感应加热设备而言，对高频变压器、馈线、感应幕等的屏蔽多采用铝板、铝合金板、铜板、铜网等。对屏蔽室，多选用钢网、铁网和铁板。

（2）金属纤维

金属纤维是一种新型工程材料，具有广泛的应用前景。与有机和无机纤维比较，金属纤维具有良好的导电性、导热性、耐磨性以及强度高、弹性模量高等优点。而且它还具有良好的烧结性以及制造简单、成本低等特点。当前，金属纤维制成的各种复合材料已用于国防、汽车、建筑和家电等各个行业。

利用金属纤维良好的导电性制造具有电磁屏蔽效能的复合材料，是目前电磁屏蔽材料研究领域的一个主要发展方向，而这方面的研究又集中体现在金属纤维混纺纱电磁屏蔽织物和金属纤维填充高分子导电复合材料等方面。

金属纤维一般采用不锈钢纤维、铁纤维、铝纤维和铜纤维等，通常为长纤维，所以在使用前要将金属纤维加工成与木材纤维长度近似的短纤维，一般为 3~8 mm。由于金属纤维一般为拉制的，所以其直径与材料本身的拉伸强度有关，不锈钢纤维直径一般为 0.05~0.07 mm，铜纤维直径为 0.04~0.06 mm，铁纤维直径为 0.1~0.2 mm，由于铝的拉伸强度较低，所以铝纤维直径一般为 0.15~0.30 mm。

（3）金属箔

金属箔与木材的复合，目前主要包括铝箔覆面刨花板，采用环氧树脂胶可以将铝箔很好地与砂光平整的刨花板胶合在一起，覆面后的铝箔刨花板兼具刨花板和铝合金各自的优点，尤其是静曲强度显著增大。另外，将木质刨花板与铁箔复合后，可以改善刨花板的力学性能，还可以提高刨花板的电学性能，使复合刨花板具有良好的电磁屏蔽效能。常用的金属箔包括铝箔、铜箔、不锈钢箔、铁箔等，厚度一般为 0.02~0.10 mm。

（4）金属粉

利用金属粉末的导电性赋予材料电磁屏蔽效能的方法，目前多集中在导电胶和导电涂料两个方面。常用的金属粉为铜粉、镍粉和铝粉，常用的金属粉粒度一般为 200~400 目。对于将导电粉体引入木质材料中制成具有导电性质和电磁屏蔽效能的木质复合材料，目前的资料报道较少。有关资料报道过国外已研究出导电刨花板，但其电阻率仍然很高，只可做抗静电产品。

5.2　木材/合成树脂复合材料

5.2.1　产品种类及产业概况

木材/合成树脂复合材料（又称人造板）是以木材或其他植物纤维为原料，通过专门的工艺加工成不同形态的单元，与合成树脂胶黏剂混合在一定的条件下压制而成的板材或型材。根据木质单元的形态，可将其分为单板类(如胶合板、单板层积材等)、刨花类(如普通刨花板、定向刨花板等)和纤维类(如中密度纤维板等)木基复合材料。

我国的人造板工业起步于 20 世纪 50 年代。1951 年，我国仅能生产少量胶合板和湿法纤维板。2000 年起，我国人造板产业进入高速发展期。2003 年，我国人造板产量跃居世界第一位，2009 年年产量首次突破 1 亿 m^3，2016 年达到 3 亿 m^3。近年来，人造板产量趋于稳定。我国人造板人均消费量已经跻身发达国家水平。因此，中国已经成为世界最大的人造板生产国和消费国。从消费结构看，我国人造板产品的应用主要集中在家居领域(如家具、地板、室内装修)，而美国、加拿大、日本等发达国家应用于建筑领域的人造板比重相对较高。虽然我国是世界人造板生产大国，但还不是强国，整个行业还存在产品结构不合理、同质化严重、产品附加值不高等问题，亟须淘汰落后产能，调整产品结构，整体转型升级。

5.2.2　单板类木基复合材料

单板类木基复合材料是由一定长度的木段旋切成单板，通过在其表面涂布胶黏剂，按一定组坯方式层积后，在温度和压力的作用下胶合而成板材。相对于锯材而言，其具有以下特点：①继承了天然木材的优点，弥补了天然木材的缺点。单板类木基复合材料表面仍然保持了天然木材的纹理和质地。在加工过程中，还可以剔除木材中的天然缺陷，通过合理的结构设计获得性能优良的复合材料；②提高了木材利用率。单板类木基复合材料的最大经济效益之一是可以合理利用木材。用木段旋切(或刨切)成单板之后生产的产品代替原木直接锯成的板材使用，可以提高木材利用率。每 2.2~2.5 m^3 原木可以生产 1 m^3 胶合板，可代替约 4.3 m^3 原木锯成板材使用，而每生产 1 m^3 胶合板产品，还可产生剩余物 1.2~1.5 m^3，这是生产中密度纤维板和刨花板比较好的原料。单板类木基复合材料产品主要包括胶合板、单板层积材、平行单板条层积材等。

5.2.2.1　胶合板

胶合板是由 3 层或多层旋切(或刨切)单板按相邻层单板木材纹理方向互相垂直组坯胶合而成的一种人造板材。单板层数一般为奇数。胶合板的最外层单板称为表板，其中用作胶合板正面的表板称为面板，用作胶合板背面的表板称为背板，胶合板的内层单板统称为芯板，其中，木材纹理方向和长度与表板相同的称为长芯板或中板(图 5-1)。

胶合板产品的种类繁多，分类方法也很多，主要可按构成、耐久性和使用性能进行分类。

按构成，可分为单板胶合板、木芯胶合板和复合胶合板。单板胶合板是以旋切(或刨切)单板为基本单元制成的。木芯胶合板包括细木工板和层积板(或集成材)，是以木块为基本单元制成的。复合胶合板是以刨花板和纤维板为芯板，以单板为表板复合而成的。

按耐久性，可分为室外条件下使用(Ⅰ类胶合板)、潮湿条件下使用(Ⅱ类胶合板)和干燥条件下使用(Ⅲ类胶合板)(表 5-1)。

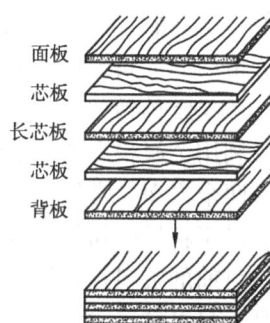

面板
芯板
长芯板
芯板
背板

图 5-1　胶合板结构示意图

表 5-1　胶合板种类(按耐久性分类)

类　别	使用胶种及产品性能	用　途
Ⅰ类胶合板 (耐气候胶合板)	具有耐久、耐煮沸或蒸汽处理和抗菌性能,用酚醛类树脂胶或其他性能相当的优质合成树脂胶制成	供室外条件下使用,主要用于航空、船舶、车厢、混凝土模板等要求耐水性、耐气候性好的地方
Ⅱ类胶合板 (耐水胶合板)	能在冷水中浸泡,能经受短时间热水浸泡,用脲醛树脂胶或其他性能相当的胶黏剂制成	供潮湿条件下使用,主要用于车厢、船舶、家具及室内装修等场合
Ⅲ类胶合板 (不耐潮胶合板)	在室内常态下使用,具有一定的胶合强度,用豆胶或其他性能相当的胶黏剂制成	供干燥条件下使用,主要用于包装(茶叶等食品包装箱即用豆胶胶合板制成)

　　按使用性能,可分为结构胶合板和功能胶合板。结构胶合板的使用性能主要是力学性能和耐老化性能,包括单板层积材、平行单板条层积材等。功能胶合板的使用性能主要是装饰性、阻燃性、抗虫性及防腐性,包括装饰胶合板、阻燃胶合板、防腐胶合板和防虫胶合板等。

　　胶合板生产工艺流程是指从原木进厂到成品出厂所经过的一道道加工工序。由于胶合板的生产方法不同,因而经历的工序也不同,生产工艺流程就略有区别。

　　胶合板的制造方法可分为冷压法和热压法。冷压法是用干燥后的单板经涂胶、组坯,用冷压的方法制造胶合板。热压法是用干燥后的单板通过热压生产胶合板。这两种方法中因热压法生产效率高、产品质量好而得到广泛应用。两种制造方法的工艺流程分别如图 5-2 和图 5-3 所示。

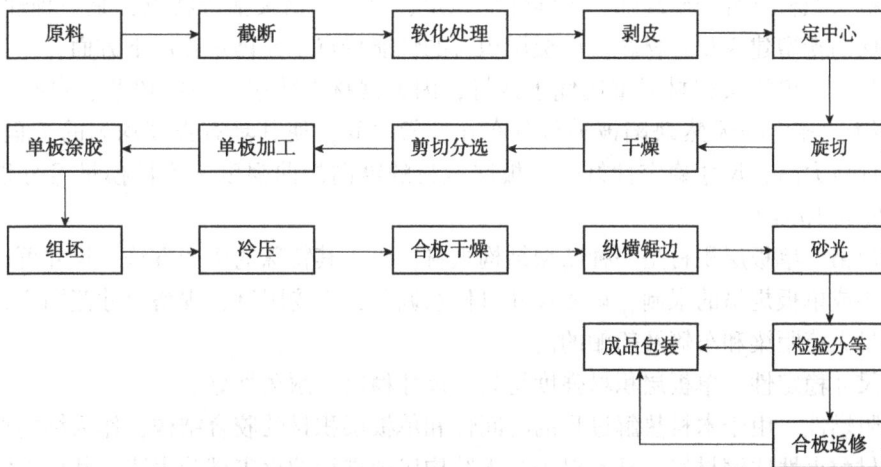

图 5-2　冷压法胶合板生产工艺流程

　　以上工艺流程不是一成不变的。各生产单位可根据设备、原材料和地区的气候条件而有所增减,有的工序也可前后调换。在南方地区,如果原木是软材且是水运材或新伐材,则可不必水热处理;水热处理与剥皮也可前后调换,或先剥皮后处理;还可根据所用单板干燥设备的不同,来决定工艺流程是先干后剪还是先剪后干。

5.2.2.2　单板层积材

　　单板层积材(laminated veneer lumber, LVL),是指多层整幅(或经拼接的)厚单板按

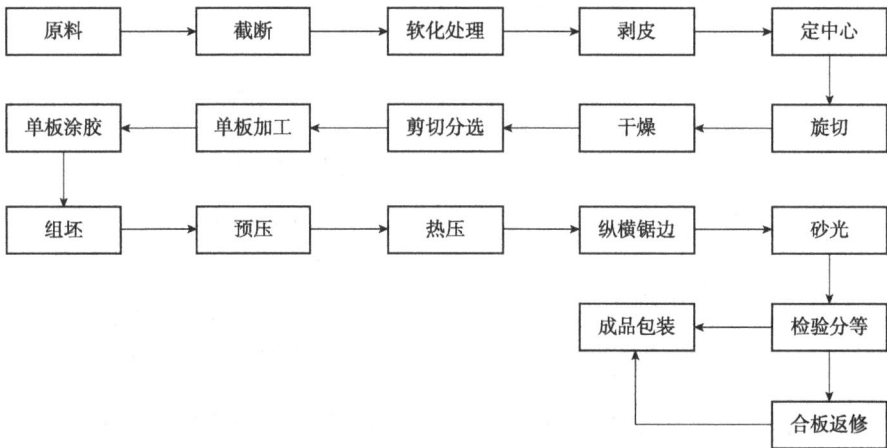

图 5-3　热压法胶合板生产工艺流程

顺纹方向为主组坯胶合而成的板方材。由于基本为顺纹组坯，故又称平行胶合板。因为近似胶合木的性能，故也称为单板胶合木。现多称为单板层积材。

　　随着人造板消费需求的逐年扩大，基于优质大径材的单板型产品(如胶合板)的资源缺口也逐渐扩大。单板层积材可以利用小径木、弯曲木、短原木生产，出材率可达60%~70%，真正实现劣材优用、小材大用。因此，单板层积材的开发和利用对于提高中小径级和材质较次木材的利用率及其使用价值具有突出的意义。单板层积材作为一种重要的木质工程材料，在北美、日本等地发展较为迅速。

　　单板层积材具有轻质高强、力学性能稳定、尺寸规格灵活等特点，是一种性能优、生态环保的新型建筑复合材料。单板层积材的性能特点主要体现在以下方面：

　　①强度　单板层积材强重比优于钢材，因为锯材中普遍存在的树节、虫孔、交叉孔、裂缝、斜纹等天然缺陷被随机分布在单板之间，使其具有强度均匀的工程特性，许用设计应力高，尺寸稳定性好。单板层积材的纵向静曲强度和弹性模量可分别达到100 MPa 和 10 GPa。

　　②规格　单板层积材是一种新型结构板材，由于其特殊的生产方法，尺寸可以不受原木大小或单板规格的限制，幅面尺寸可任意调节，不受限制，规格尺寸范围广，因此可以满足大跨距梁和车辆及船舶的需求。

　　③尺寸稳定性　单板层积材强度均匀，尺寸稳定，耐久性好。

　　④阻燃性　由于木材热解过程的时间性和单板层积材的胶合结构，作为结构材的单板层积材耐火性比钢材好。日本对美式木结构房屋进行的火灾试验表明，其抗火灾能力不低于 2 h，而重量较轻的钢结构会在遇火后 1 h 内丧失支撑能力。

　　⑤经济性　单板层积材的经济性集中地表现在小材大用、劣材优用的增值效应，它可以利用小径木、弯曲木、短原木生产，出材率可达到60%~70%。

　　单板层积材由于其在规格、强度、性能等方面的独到优势，具有非常广泛的应用范围，按其用途可分为非结构用和结构用两种。其中，结构用单板层积材又分为小规格结构材和大规格结构材。非结构用单板层积材主要用于家具制造，做高档家具台面的芯材或框架；小规格结构材主要用作门窗构架、内部墙壁支柱和门窗框、楼梯等建筑部件；大规格结构材可广泛用于建筑托梁、屋顶桁架、工字梁等构件、家庭住宅的屋顶、结构框架和地板系统中，也可作车船材、枕木等。

单板层积材的制造方法和胶合板非常相似。这两种工艺中的单板制备过程几乎完全相同，最大的差别在于组坯、热压和产品的后期处理等。单板层积材的生产工艺流程如图 5-4 所示。

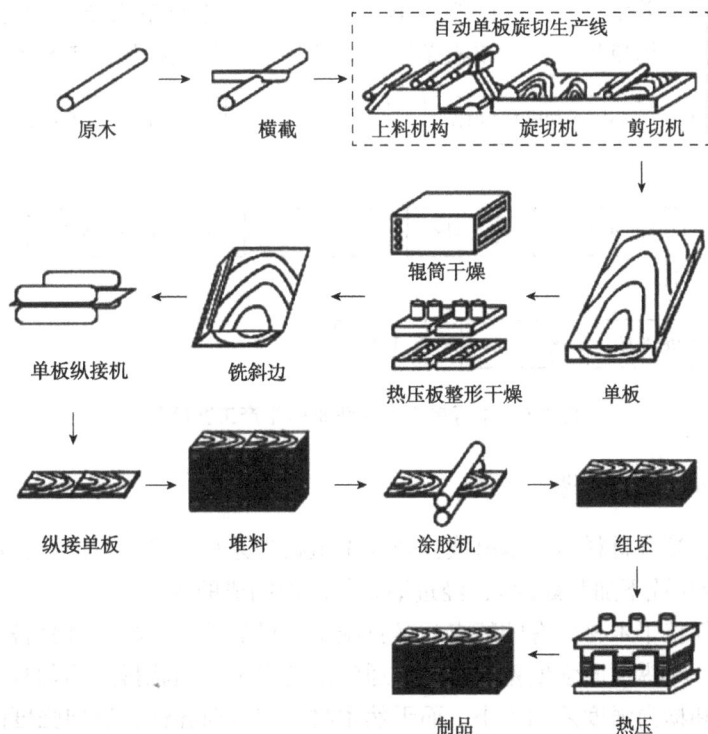

图 5-4　单板层积材的生产工艺流程

5.2.2.3　平行单板条层积材

平行单板条层积材(parallel strands lumber，PSL)，是旋切单板经干燥后剪切成单板条，再经浸胶、干燥、组坯、热压而成的一种木质板方材。平行单板条层积材用小径级原木以及生产单板层积材或胶合板的剩余窄小单板等作原料，将单板条涂布胶黏剂后，按轴向排列方式连续送入成型槽进行规格铺装，铺装成型的板坯再持续送入具有微波处理功能的压机，经四面挤压制成大幅面板，最后锯解成符合要求的规格尺寸的木质板方材。平行单板条层积材的研制开发为有效利用低质小径木、生产高质量人造材、替代实体木材开辟了一条途径。

平行单板条层积材在生产过程中剔除了节子等天然缺陷，并采用纵向单板条平行铺装的方法，可预控单板条含水率，使之保持稳定。因此，其产品具有质量均匀、尺寸稳定性好、产品纹理一致，无钝棱、翘曲、扭曲和开裂现象，不产生边角废料，其强度和耐久性均比天然木材好，强度均匀性介于单板层积材和平行大片刨花层积材之间。

由于单板条的随机铺装，单板条中的天然缺陷(如节子、斜纹和幼龄材等)分散在板坯中，使其力学性能更加均匀、稳定。平行单板条层积材可生产大规格尺寸的产品，长度可达 20m，断面最大可达 20cm×40cm(或 45cm)，可以进行任何形式的机械加工，而且可以像天然木材一样进行染色。平行单板条层积材板面美观，纹理类似木材，加工性能好，可作为装饰及结构用材。使用平行单板条层积材可替代实木用作梁、柱和过梁等。

平行单板条层积材的制造工艺(如涂胶、组坯、热压和产品的后期处理等)和单板层积材非常相似，差别在于原料的制备单元形态不同，平行单板条层积材采用单板条，而单板层积材则采用单板。平行单板条层积材的生产工艺流程如图5-5所示。

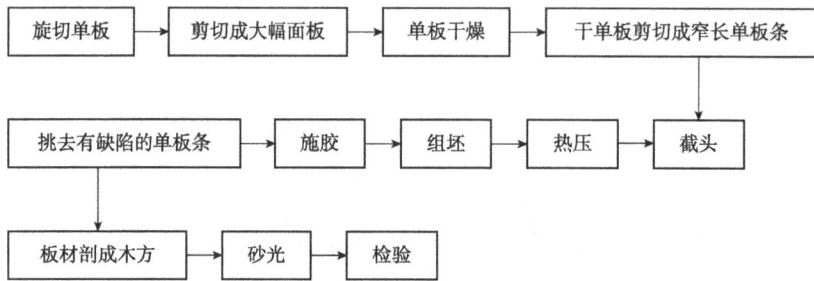

旋切单板 → 剪切成大幅面板 → 单板干燥 → 干单板剪切成窄长单板条

挑去有缺陷的单板条 → 施胶 → 组坯 → 热压 → 截头

板材剖成木方 → 砂光 → 检验

图 5-5　平行单板条层积材的生产工艺流程

5.2.3　刨花类复合材料

刨花类木基复合材料是以木材或其他纤维植物为原料，经过专门设备加工成刨花或碎料施加胶黏剂(或不加胶黏剂)，经过铺装热压而制成的板材。

刨花板既保持了木材原有的特点，又克服了木材的部分缺陷，且具备天然木材不具有的某些特性：①纵横向强度差异小。普通的刨花板由于刨花排列均匀且纵横交错，因此产品的纵向和横向强度差别很小。而天然木材具有各向异性，纵向强度高，横向强度低；②无天然缺陷。刨花板与天然木材相比，没有节、疤等天然缺陷，而且表面平整；③幅面大，厚度和密度可控。天然木材由于受其径级的限制而不可能直接加工成大幅面的板材，但刨花板可以制成幅面很大的板材，如采用连续压机生产，则长度可以不受限制。同时，其厚度和密度都可以根据产品用途进行人为调控；④尺寸稳定性好。刨花板在纵、横方向上的膨胀、干缩率小且均匀，因此，在外界环境温度和湿度变化时，表现出具有良好的尺寸稳定性；⑤加工性能良。刨花板具有良好的加工性能，可进行钻孔、开榫、钉着、镂刨、模压造型等机械加工，并可进行胶接、涂饰以及各种贴面装饰；⑥可具备特种性能。在刨花板制造过程中，添加不同功能改性剂，可使产品在保持原有性能的基础上具有一些特种性能，如耐水、防潮、防腐防霉、阻燃、抗静电等。

刨花类木基复合材料产品主要有普通刨花板、定向刨花板、华夫板、大片刨花层积材等。

5.2.3.1　普通刨花板

按制造方法，普通刨花板可分为平压法刨花板、辊压法刨花板和挤压法刨花板。平压法刨花板是将施胶刨花平铺于垫板或钢带(或尼龙网带)上，加压时压力垂直于板材平面而制成的刨花板。这是目前最常见的刨花板生产方法。辊压法刨花板是采用一组带有加热装置的压辊连续地加压，将铺装好的刨花坯料加工成连续的刨花板带。这种方法的优点是可连续地生产薄型刨花板，缺点是板材较容易发生翘曲变形，一般不宜单独使用，多用以替代单板做胶合板芯板或细木工板的面板。挤压法刨花板是采用加压方向与板材平面平行的方式制造刨花板。挤压法刨花板的抗弯强度很低，仅有平压法普通刨花板的 1/10 左右。虽然厚度方向吸水膨胀很小，但板材长度和宽度方向的膨胀率很大，而且表面比较粗糙，一般只能采用单板贴面或塑料贴面板贴面的装饰方法，产品主要用作门芯以及吸音隔热材料。

按产品结构，普通刨花板可分为单层结构刨花板、三层（或多层）结构刨花板、渐变结构刨花板。单层结构刨花板的刨花分大小，施胶后均匀地铺装成板坯，热压成板，厚度方向上粗细刨花均匀分布，板面相对粗糙，强度较低。三层（或多层）结构刨花板的表层是细小刨花，芯层是粗大刨花，厚度方向上有明显的层次感。这种刨花板强度高、尺寸稳定性好，表面细致平滑，适用于各种表面装饰。它的芯层可以用较次的原料和较少的施胶量，需用 3 个（或多个）铺装头铺装。渐变结构刨花板的表层到中心层的刨花粗细、大小是逐渐变化的，表层最细小，芯层最粗大，但厚度方向上看不出明显的层次。这种刨花板表面比较细致平滑，强度较高、尺寸稳定性较好，一般用两个铺装头铺装。

刨花板生产工艺流程主要工序有原料准备、刨花制备、刨花干燥、刨花分选、施胶、板坯铺装、热压、后期处理等（图 5-6）。不同生产方法、不同产品结构的刨花板，其生产工艺流程各有不同。

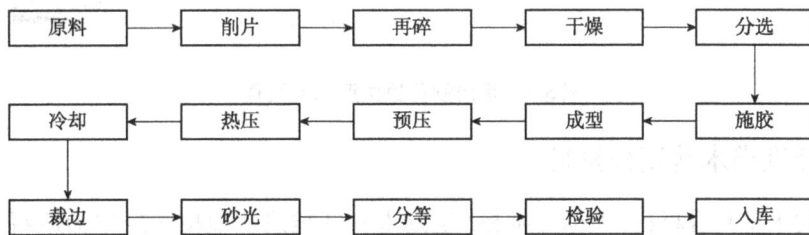

图 5-6　刨花板生产工艺流程

5.2.3.2　定向刨花板

定向刨花板（oriented strand board，OSB）是一种以窄长薄平刨花（strand）为基本单元，拌胶后通过专用设备将表芯层刨花分别定向铺装、热压制成的一种结构板材。定向刨花板是在 20 世纪 70 年代末 80 年代初逐渐发展起来的一种新型结构木质人造板材。其技术发明源于欧洲，工业化生产始于美国。1979 年，美国建成了世界上第一家定向刨花板厂，产品主要替代胶合板用作建筑盖板。此后，定向刨花板在美国和加拿大得到了迅速的发展，并在建筑及其他领域被大量使用。

定向刨花板可分为单层定向刨花板和多层定向刨花板。单层定向刨花板的刨花呈纵向排列（刨花的长度与板材长度方向一致），在板材的静曲强度上，纵向远高于横向。多层定向刨花板各层刨花的排列方向则互成一定的角度。这种板材的性能具有明显的方向性，调整各层刨花的尺寸、比例和排列角度，可以得到不同性能的板材。

定向刨花板的生产工艺流程主要包括原木剥皮、刨片、干燥、施胶、定向铺装、热压、裁边、锯割等工序（图 5-7）。其与普通刨花板生产工艺的显著区别主要在于：①刨花的形态不同。生产普通刨花板的刨花多为棒状或针状，而制造定向刨花板需要长条状刨花，要求刨花的长宽比不小于 3。一般定向刨花的规格为长 40 ~ 70 mm、宽 5 ~

20 mm、厚 0.3~0.7 mm；②铺装方法不同。通常的普通刨花板板坯中的刨花没有确定的方向性，而定向刨花板在板坯成型时需要专门的定向装置对刨花进行定向。对于三层结构的定向刨花板，一般需要两个纵向铺装头完成上表层和下表层的刨花定向，一个横向铺装头完成芯层刨花的定向。

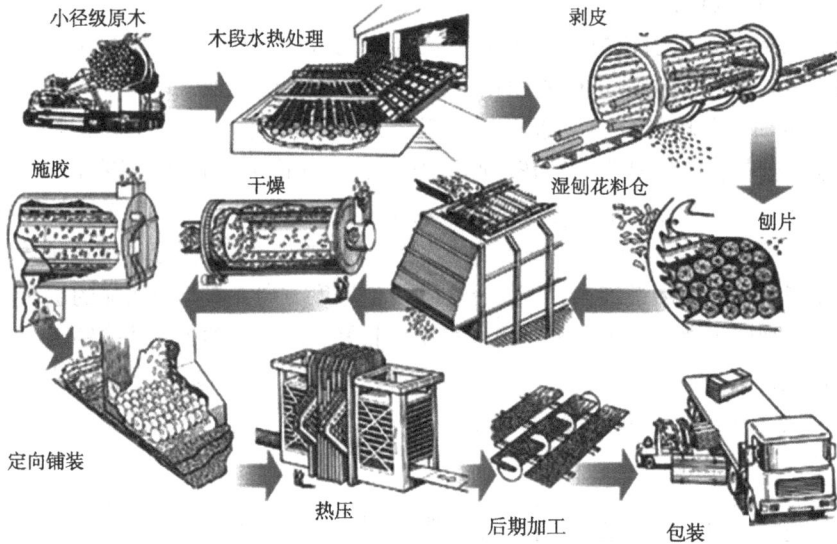

图 5-7　定向刨花板生产工艺流程

5.2.4　纤维类木基复合材料

纤维类木基复合材料(简称纤维板)是以木材纤维或其他植物纤维为原料，施加胶黏剂或不加胶黏剂，经过铺装热压而制成的板材。

纤维板内部结构均匀细密，纵横向强度差异小；无节、疤等木材的天然缺陷；表面光滑平整，具有良好的加工性能，可进行钻孔、开榫、钉着、镂刨、模压造型等机械加工，并可进行胶接、涂饰以及各种贴面装饰。在纤维板制造过程中，添加不同功能改性剂，可使产品在保持原有性能的基础上具有耐水、防潮、防腐、防霉、阻燃等特殊性能。

纤维板种类繁多，可按生产工艺、产品密度和使用条件分类。

按生产工艺，可分为湿法生产工艺和干法生产工艺。湿法生产是以水作为纤维运输的载体，通过纤维制备、湿法成型、脱水、干燥或热压等工序制成纤维板。干法生产是以空气为纤维运输载体，通过纤维制备、施胶、干燥、铺装、预压、热压等工序制成纤维板。由于湿法生产过程中会产生大量废水，易对环境产生污染，目前多采用干法生产工艺。

按产品密度，可分为：高密度纤维板，其名义密度大于或等于 800 kg/m^3；中密度纤维板，其名义密度大于或等于 450 kg/m^3，小于 880 kg/m^3；低密度纤维板，其名义密度小于 450 kg/m^3。

按使用条件，可分为：室内型纤维板，即不具有短期经受水浸渍或高湿度作用性能的纤维板；防潮型纤维板，即具有短期经受冷水浸渍或高湿度作用性能的纤维板，适合室内厨房、卫生间等环境使用；室外型纤维板，即具有经受气候条件的老化作用、水浸泡或在通风场所经受水蒸气湿热作用性能的纤维板。

目前常见的干法生产纤维板是以木质纤维或其他植物纤维为原料，经木片制备及筛选、纤维制备、调供胶、干燥、成型及热压、后处理等加工制成(图 5-8)。

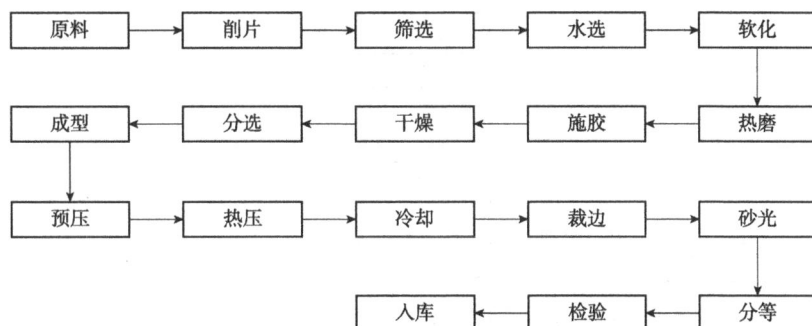

图 5-8　干法生产纤维板工艺流程

5.3　木材/无机胶凝复合材料

5.3.1　概述

　　木材/无机胶凝复合材料是以无机材料为胶黏剂,采用较简单的生产工艺而制造的产品。根据所用无机胶黏剂和木质材料单元的形态,产品可分为水泥刨花板、水泥纤维板、石膏刨花板、石膏纤维板等。

　　与传统的木基复合材料相比,木材/无机胶凝复合材料具有下列特点:

　　第一,无机胶黏剂原料来源广泛。水泥、石膏等资源丰富,价格低廉,高标号水泥在我国大多数水泥厂均可生产,我国不少地方贮存有高品位的石膏矿。

　　第二,生产工艺过程相对简单。木材/无机胶凝复合材料生产过程与木质刨花板相似,一般不需要干燥工序,生产分冷压和热压两种工艺。冷压法可省去压机加热系统,能源消耗低少。当然,木材/无机胶凝复合材料生产一般需配备养护系统。

　　第三,对木材原料有专门要求。木材由纤维素、半纤维素和木质素组成,而无机胶黏剂浆料多为碱性。碱能使半纤维素发生水解形成糖,而糖的存在对无机胶黏材料的凝固硬化会产生不良影响。因此,要选用阻凝影响小的树种,也可以通过对木材原料进行热水抽提和化学抽提来消除阻凝影响。

　　此外,木材/无机胶凝复合材料具有许多木基复合材料所不具有的优点,如不燃、抗冻、耐腐和无游离甲醛散发等。通常被用作建筑墙体材料,其结构样式可以是多种多样的,常见的类型有:木材/无机胶凝复合材料作内外墙板,中间填以保温材料做成复合墙体;或者以黏土砖为外墙体,木材/无机胶凝复合材料为内墙板,中间填以保温材料做成复合墙体;也可以以木材/无机胶凝复合材料为外墙板,木基复合材料为内墙板,中间填以保温材料做成复合墙体。为适应我国居民对传统外墙的审美习惯,可以把外墙板模压成砖墙式样,室内分隔墙体则可以用龙骨作支撑,两侧覆以木材/无机胶凝复合材料。

5.3.2　水泥刨花板

　　水泥刨花板一般采用冷压法,但采用此法所需的加压时间长,可通过二氧化碳注入法,缩短加压时间。也有用热压法生产水泥刨花板的试验报道,但在工业生产上仍主要采用冷压法。水泥刨花板生产工艺流程如图 5-9 所示。

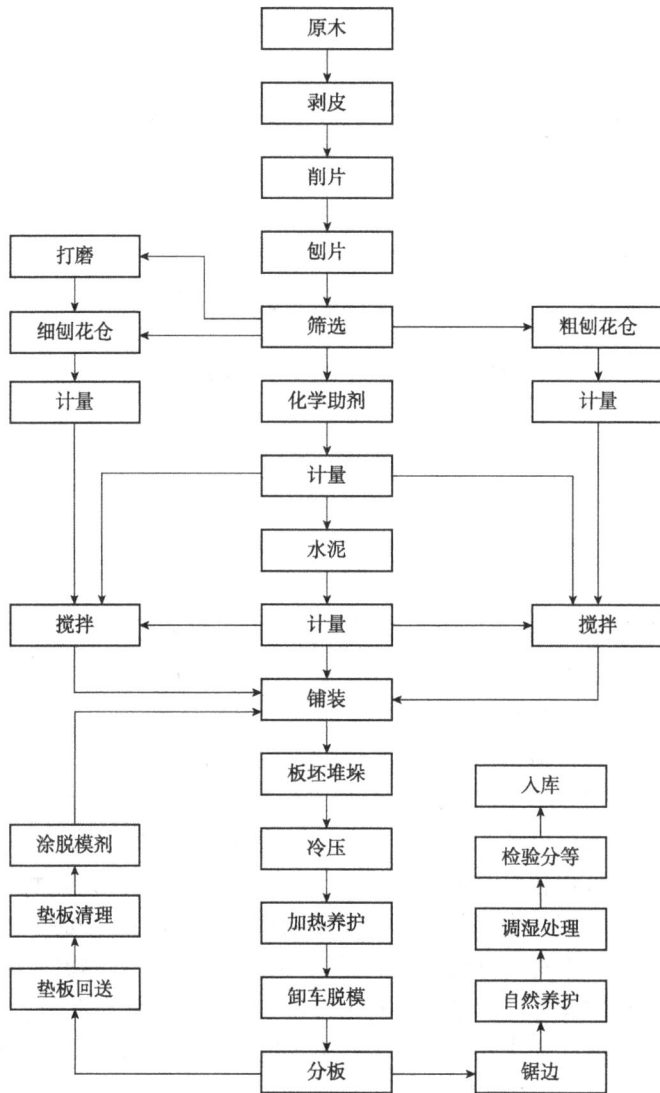

图 5-9 水泥刨花板生产工艺流程

5.3.2.1 备料

备料分两个步骤，第一步为原料树种选择，应挑选与水泥相容性好的树种，如杨木、落叶松等。原料需经剥皮。第二步为刨花制备，视原料的类型不同，制备工艺各不相同：对于小径级原木，采用先刨片再打磨的工艺；对于枝丫材或加工剩余物，采用先削片再环式刨片的工艺。若是工艺刨花，采用锤式再碎工艺。制备的刨花经过筛选后使用，又可分成表层用的细刨花和芯层用的粗刨花。制备好的刨花被送入料仓备用。在生产水泥刨花板时，刨花不需要干燥。

5.3.2.2 搅拌

照一定的比例加入，将合格刨花、填料、水泥、化学助剂和水混合搅拌均匀。一般来说，在水泥刨花板生产中，水泥占 60%~70%，刨花(含填料)占 20%~30%，另含适量的化学助剂。将搅拌后的浆料输入计量料仓，再送入铺装机。

5.3.2.3　铺装

水泥刨花板的铺装与普通木质刨花板基本相同，有气流式和机械式两种。小规模生产用个铺装头，较大规模生产厂用 3 个铺装头。两台气流式铺装机铺装表层，一台机械式铺装机铺装芯层，得到表层细、中间粗的三层结构板坯。刨花被直接铺在钢垫板上，钢垫板两端彼此相搭。为避免黏板，钢垫板表面涂有脱模剂。水泥刨花板采用成垛加压，加压之前，用堆板机将板坯和垫板逐张整齐地堆放在横悬车上，一次堆垛 20~60 张。然后，将堆满板坯的横悬车推入压机内。

5.3.2.4　加压

板坯在特制的压机中加压，成堆的板坯连同垫板被拖入压机，压机启动下落，压机上部是横悬车的上横板，板坯被压缩到一定厚度后，上横板与压机脱开并与横悬车的下横板锁紧，然后卸压，将横悬车拉出压机。此时板坯上的压力为 2.5~3.5 MPa，加压时间为 15 min。

5.3.2.5　加热养护

将装有板坯的横悬车推入养护室进行养护。养护温度为 70~90℃，时间 8~14 h。一般来说，加热养护后，板坯强度可达到最终强度的 50%。

5.3.2.6　后期加工

完成加热养护的板坯连同横悬车被推入压机，卸下保压杠杆，用真空吸盘装置将毛板与垫板分离，完成纵横锯边，再在室温下堆垛自然养护 14 天，达到最终强度的 80%。如果对板材作调湿处理，将其含水率调至当地平衡含水率，借此可提高强度和尺寸稳定性。最后，根据有关标准对板材进行检验、分等、包装及入库。

5.3.3　石膏刨花板

石膏刨花板是以石膏作为胶黏剂，以木质刨花作为增强材料制成的一种板材，在世界上已有较长的生产历史。石膏刨花板作为一种轻质建筑材料得到广泛的应用，被列为新型墙体材料。

早期的石膏刨花板采用湿法工艺生产，即需掺和大量的水，使石膏和木刨花呈絮状，该方法生产周期长，消耗热量多。德国的科学家获得了用半干法生产石膏刨花板的专利，并在工业生产上得到推广，把石膏刨花板的生产技术水平推进了一大步(图 5-10)。

5.3.3.1　原料制备

根据工艺要求选用合适的木材原料。如果原料为小径级的原木，应尽可能剥皮。如果原料为枝丫材，无法剥皮，应在削片或刨片后将树皮筛除。木材原料含水率应保持在 50%左右。进厂原料应按树种分开堆放，排水通风无碍，防止腐烂霉变。刨花制备设备

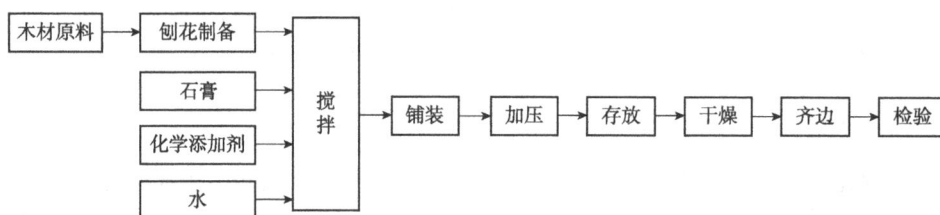

图 5-10　石膏刨花板生产工艺流程

与普通刨花板生产相同：如果原料为小径级原木，宜采用刨片机；如果原料为枝丫材或加工剩余物，宜采用削片机和环式刨片机。为了清除木材中可能影响石膏水化的抽提物，常用浸渍法对木材进行抽提处理。

5.3.3.2　搅拌

按照一定的木膏比、水膏比和化学添加剂与石膏粉的质量比，将刨花、石膏、水和化学添加剂混合后进行搅拌。搅拌时，首先将刨花、水和化学添加剂放入搅拌机，使之搅拌均匀，再放入石膏粉，并继续搅拌。

5.3.3.3　铺装

石膏刨花板的铺装原理与所用设备基本上类同于普通刨花板。板坯的组成结构分单层、多层、渐变和定向等。其中，单层或多层结构一般采用机械式铺装头，渐变结构一般采用机械式铺装头或气流式铺装头，定向结构一般采用圆盘式或插片式定向铺装头。工业化生产中多采用连续式铺装，板坯被铺在由头层相搭接的垫板组成的运输带上，借助加速段，使连续板坯带分开，并进行承重。合格者由堆板机堆垛，每垛 20~80 张，不合格的板坯由专门装置送回铺装工段回用。垫板涂刷脱模剂，以防止黏板。

5.3.3.4　加压

石膏凝固的反应过程是放热反应，故石膏刨花板坯加压采用冷压方式。堆好的板垛用辊筒运输机运入压机，在精确定位后加压，压力为 2.0~2.5 MPa。在加压到规定厚度时，用液压机构将板的夹紧装置锁紧，然后松开压机，用辊筒运输机运出压机。石膏刨花板中的石膏在夹紧装置中开始水化。

5.3.3.5　堆垛

在压机外保压的板坯持续 2~3 h 后，达到了石膏水化终点，需进行拆垛。拆垛需在压机上进行。首先，将板垛再次推入压机，通过加压打开框架。夹紧装置松开后，将板垛拖出压机，用分板器把垫板和石膏刨花板分开。

5.3.3.6　干燥

加压时石膏刨花板的初含水率为 30% 左右，完成水化过程后，石膏刨花板含水率为 15% 左右，但石膏刨花板的天然平衡含水率为 1%~3%，因此，拆垛后的石膏刨花板必须进行干燥。一般采用类似于单板干燥机的连续式干燥装置对其进行干燥。

5.3.3.7　裁边与砂光

干燥后的石膏刨花板需进行裁边，使其幅面尺寸符合有关标准规定的要求。而后进行砂光，以提高板材的表面质量，有利于后续的二次加工。砂光时多采用定厚砂光机。

5.4　木材/塑料复合材料

5.4.1　概述

木材/塑料复合材料简称木塑复合材料。自 20 世纪 90 年代从北美洲兴起以来，该材料得到迅速发展。从生产原料来看，木塑复合材料的制备可采用各种废旧塑料、废木料、木材加工剩余物及农作物秸秆等，因此有助于减少这些废旧物资的污染。木塑复合材料与传统木质材料相比，具有吸水率低、不易变形开裂、防虫蛀霉变、防潮、耐酸碱、耐腐朽、便于清洗、无甲醛释放等优点，可以在很多领域替代原木、塑料和铝合金等使用。基于我国森林资源匮乏的现实情况，木塑复合材料的出现为减少木材资源消耗提供了极大可能性，因此在国内得到极大发展。目前，中国木塑复合材料的年产量约200 万 t，位居世界第一。

5.4.2　成型加工方法

5.4.2.1　挤出成型加工

木塑复合材料的制备工艺包括挤出、注射、模压、热压等多种成型方式，其中挤出成型的发展最为迅速、应用最为广泛。木塑复合材料挤出成型加工是指原料在挤出机中经过一定的温度、剪切和挤压作用，使受热熔融的热塑性塑料和其他组分混合、塑化，最后连续通过模具成型的方法。它具有生产周期短、效率高、易实现连续化生产、产品质量稳定、成本较低、投资较少等特点，是一种低能耗、高产出的生产工艺。木塑复合材料挤出成型加工所采用的主要设备是螺杆挤出机，包括单螺杆挤出机和双螺杆挤出机。其中，双螺杆挤出机包括平行双螺杆挤出机和锥形双螺杆挤出机，按旋转方式的不同，双螺杆挤出机又可分为同向旋转和异向旋转两种。

木塑复合材料的挤出成型生产工艺一般分为一步法和两步法。一步法是指原料的配混、挥发性成分的脱除及木塑材料挤出成型在一个设备或同一组设备内连续完成，而两步法通常分为木塑复合材料的混合造粒和挤出成型两个阶段。此外，采用两台或多台挤出机共同挤出加工具有核壳结构的木塑复合型材(简称共挤)在近几年得到了迅速发展。

（1）木质纤维材料的预处理

木质纤维材料在木塑复合材料组分中占据了较高的比例，可达70%以上，其自身的性质和形态对复合材料的加工工艺和木塑制品的性能有着重要的影响。

①粉碎　木质原料首先要经过粉碎方能满足要求。对于大块的木质纤维材料，经初步粉碎，可得到 10~30 mm 的碎料，再经进一步的细粉，可得到不同长径比和不同目数的物料。即使是木材工业加工后的剩余物，适当的再粉碎处理也有利于提高物料的流动性，减少木质纤维间的缠结，促进在聚合物基体中的分散，增强木塑复合材料的力学性能和外观

质量。用于挤出成型的木质纤维原料一般粒径为20~200目，而长径比为15∶1~2∶1。

②干燥　在挤出加工过程中，含有水分的木质纤维原料表面会产生一定量的水蒸气，不仅会降低木质纤维材料和塑料界面的黏接作用，还会在木塑内部产生孔隙缺陷，导致木塑制品的力学性能降低。过多水分的存在还会影响制品离模后的成型。此外，水分会促进半纤维素的分解，特别是在压力突变的情况下，其分解更为严重，且分解后产生的乙酸严重腐蚀设备。通常来说，木质纤维原料在挤出复合之前含水率（绝对含水率）应低于1%，对于配有干燥段的挤出机，可以直接选用含水率为3%~8%的木质纤维原料。

③表面处理　组成木质纤维材料的纤维素、半纤维素、木质素等主要成分中含有大量的羟基等极性基团，使纤维表面具有很强的极性。这些木质纤维材料在与非极性的热塑性塑料复合时，由于表面能和极性的差异，界面相容性较差。可以利用物理或化学的方法对木质纤维的表面进行预处理，改变木质纤维表面的状态，从而改善纤维与塑料之间的相容性。

（2）塑料原料预处理

如果选用的塑料原料是合成树脂原料，主要是粒料和粉料两种形态，一般不需要进一步加工处理。回收的废旧塑料则需要进行适当的加工处理才能满足生产需要。

①粉碎　首先要对塑料进行粉研处理。粉碎分为破碎和磨碎（研磨）两类。选择粉碎机时，除考虑被碎物的特性之外，还要求：动力消耗小，处理能力强，粉碎产品颗粒尺寸和均匀度，噪声小、粉尘少、安全耐用，粉碎过程中不发生熔融和物料变质。

②造粒　在塑料工业中，造粒是树脂及各种添加剂经过计量、混合和塑炼制成便于成型的粒状物的总称。这些粒状物包括粒料和颗粒料：粒料是指在规定批次内具有较均匀尺寸、作模型和挤出操作用原料的预制模塑料小粒；颗粒料是指采用切割、研磨、粉碎、沉淀和聚合等操作制得尺寸和形状各异的较小粒状物。用作造粒的设备主要有方粒切粒机、线料切粒机、制粒机和模面切粒机等4种。前3种属于冷法造粒，而模面切粒机则属于热法造粒。

③干燥　塑料原料中的水分相对木质纤维材料来说要少得多，往往不需要单独进行干燥，而是在预混合阶段或通过二步法的混炼造粒即可除去塑料中的部分水分。当塑料的含水率较高且采用一步法挤出成型制备木塑复合材料时，需要考虑对塑料原料进行预先干燥。

④塑料改性　为了改善混合塑料中不同成分之间的相容性，以及塑料与木质纤维之间的相容性，通常采用接枝、交联和共混改性的方法进行改性，有时为了提高木塑复合材的抗冲击性，也可对热塑性塑料基体进行增韧改性。

（3）木塑复合材料的挤出成型

木塑复合材料挤出成型制备工艺分为两步法和一步法。两步法挤出成型加工工艺是将木塑产品整个挤出过程分为造粒和挤出成型两步，即先将原料制备成木塑复合颗粒料，再利用木塑颗粒料挤出制成木塑型材产品。该工艺具有操作简单、灵活性大的特点，也是现今业内最为常用的成型工艺方法。

一步法挤出成型工艺是对两步法挤出成型工艺的集成，将混炼和挤出两步在一组设备上连续完成。经过混合的物料从喂料口进入一步法挤出机组，在机组中相继经过混炼和挤出成型两个过程，并最终从机组的末端得到木塑复合材料型材产品。一步法挤出成型工艺实现了全过程的连续化、自动化，大幅缩短、简化了工艺流程，减少了厂房占用面积与用工数量，大大降低了能耗与生产成本，同时减少了高聚物热历程，有利于提高产品的综合性能。但是，一步法成型工艺对设备、工艺的要求较高，生产过程控制的难度较大。

5.4.2.2　热压成型加工

热压成型所能采用的原料形态比较多样，粉料、粒料、长纤维、连续纤维都可以通过多种混料方式加工成半成品，再经过热压和冷压成型，与挤出成型工艺相比，具有原材料来源广泛的优势。木塑复合材料的热压成型工艺过程在很大程度上是基于传统木质人造板生产工艺改进而来的，但由于热塑性塑料在高温下不具有强度并且易变形，木塑复合材料热压成型后必须先冷却降温，使板材定型并具有适当强度后才可卸压，转入下道工序。热压成型工艺主要加工步骤为：将木质原料、塑料原料及添加剂混合，铺装成平整的板坯，通过加热使塑料基质熔化，并在垂直于板面方向施加压力，之后冷却定型。热压成型工艺适合制备大幅面板材。针对产品的不同用途，可对木塑复合板材进行表面砂光、雕刻、贴面、模压等后处理。

5.4.2.3　模压成型加工

模压成型需要把混合后的物料填充到模具里，在压力作用下使上下模具闭合，通过加热熔化、冷却定型等步骤制得板材或异形产品，也可将热压成型得到的板材进行加热软化，二次模压或冲压制成所需形状。加工出的板材或异形材可用于家居、装饰、地板基材、建筑模板、汽车内饰等领域。采用此工艺制造的热塑性复合材料具有孔隙含量小、尺寸精度高等特点，适合大批量的工业化生产。在模压成型过程中，熔体流动和成型压力对增强纤维的损伤非常小，纤维长度保持不变。模压成型时，熔体的缓慢流动基本上不能引起纤维的取向，因此可以获得质量和性能均匀的复合材料部件。

5.4.2.4　注射成型加工

注射成型是一种注射兼模塑的成型方法，又称注塑成型。木塑复合材料的注射成型是利用物料中塑料的可挤压性和可模塑性，将木质增强材料与塑料、助剂等混炼制备的粒料从注射机料斗送入高温的料筒内加热熔融，使其塑化均匀，成为黏流态熔体。然后在螺杆（或柱塞）快速而又连续的高压下，以很大的流速通过料筒前端的喷嘴注入温度较低的闭合模具中，经过一段时间的保压冷却定型后，脱模即得到与模具型腔形状对应的制品。注射成型在加工外形复杂、尺寸精度高甚至带有各种嵌件的制品时具有独特优势，且无需后加工和后装配。此外，注射成型还具有成型周期短、产品质量稳定、生产效率较高的优点，其制品可广泛用于建筑、家居、汽车和民用生活制品等领域。但是，注射成型技术在木质材料的含水率、纤维长度、添加量、混料均匀度及物料的熔体流动性等方面相比挤出成型技术有更高要求。

相比挤出成型，木塑复合材料热压、模压和注射成型产品的总量要小得多，但它们各具特色，形成了覆盖面广、形式多样的环保制品。

5.4.3　产品性能特点

传统木塑复合材料外形粗犷，主要用于步道板、扶手、栏杆、景观材料、外墙挂板、装饰材料等，衡量其物理力学性能的主要指标有弯曲性能、拉伸性能、冲击性能、吸水性能和颜色变化等。依据使用要求，有时也需要对其剪切性能、防滑性、耐摩擦性、线性热膨胀系数、抗冻融性能等进行检测。

5.4.3.1　静态力学性能

木质纤维具有刚性，在一定范围内增加木质纤维含量可以提高木塑复合材料的弯曲性能，但过多添加纤维反而可能使抗弯和其他性能下降，主要原因是混料不均匀、塑料对木质纤维的包覆不完整及熔体流动性差，易形成缺陷。与纯塑料相比，木质纤维的添加降低了木塑的韧性，使木塑的冲击强度减小。

木质原料被加工成纤维或粉末的形态添加到塑料基质中，可起到提高塑料刚度、减小热伸展性等作用。从长径比来说，木质纤维粉末颗粒一般为 $1:1 \sim 4:1$，而木质纤维为 $5:1 \sim 20:1$。在确保木质纤维具有较好的流动性与分散性的前提下，其长径比越大，所制得木塑材料的模量越高，抗弯强度往往升高，抗冲击性能也可能得到改善。

通常来说，低分子质量聚合物基体比高分子质量聚合物基体对木塑熔体黏度的贡献幅度更大，这主要是因为低分子质量的短分子链聚合物易于渗透到木材的多孔性结构中，通过机械互锁作用，加大了木质纤维与聚合物基体之间的界面结合。在塑料基体中，高分子量聚合物对于复合材料的力学性能贡献较大，而低分子质量聚合物则有利于改善基体与木质纤维的界面结合。

5.4.3.2　蠕变性能

木塑复合材料作为一种黏弹性材料，在长期使用过程中（尤其是当环境温度较高时）易产生蠕变，对于应用在建筑或其他需要承重的场合，其抗蠕变特性就显得尤为重要。木塑复合材料的蠕变行为主要取决于聚合物基体的性质，木质纤维材料的种类、含量及形态尺寸，木质纤维材料与聚合物基体的界面结合作用，润滑剂、其他添加剂等多种因素，因此，木塑复合材料的蠕变行为十分复杂。在一定范围内提高木质纤维用量、使用偶联剂提高木质纤维与塑料基体的相容性、改善木质纤维分布均匀性等都是提高木塑抗蠕变能力的有效手段，但润滑剂则有不利影响。

5.4.3.3　吸水和吸湿性

由于塑料对木质组分的包覆作用，木塑复合材料具有比木材小得多的吸水和吸湿性。因此，木塑复合材料的体积稳定性、耐用性，特别是抗微生物降解能力都优于木材。但是，木质纤维的吸水和吸湿性仍然不可避免地会影响木塑的性能，特别是当木塑中含有过量木质纤维、因纤维分散不均匀而形成局部的纤维团聚以及由于工艺设备等原因造成塑料不足以完全包覆木质纤维时，都为水分的渗入提供了通道。吸水会引起木塑复合材料产生隆起、翘曲、微生物滋生及降解等问题，因此，在应用木塑复合材料时，应针对其吸水和吸湿性特点进行施工。比如，铺设木塑户外地板时，板材之间要留有一定缝隙，以利于排水，减少变形。

5.4.3.4　耐光老化性

与木、竹、秸秆等天然材料相比，木塑复合材料具有良好的耐老化性能，但长期在室外使用时仍存在老化问题。暴露在阳光和空气中的木塑复合材料会褪色、碎片化、开裂、霉变，力学性能下降。

在到达地面的光波中，紫外光（UV）占比不足 6%，但它对材料的破坏作用却相当大，并与雨水、热、氧等因素产生综合作用。木材中的木质素含有较多的羰基、双键、苯环以及游离和缔合的羟基，是引起光降解的主要结构。聚烯烃的紫外老化往往与光氧老化和热氧老化交织在一起，主要遵循 Norrish Ⅰ 型和 Norrish Ⅱ 型自由基反应发生降解，反应导致聚烯烃高分子链的断裂，产生羰基和乙烯基，断链后的短链发生交联。断链和交联同时发生，在某一特定阶段以某类反应为主。

WPC 力学性能的下降被归结为表面氧化、材质结晶度改变、因吸湿导致界面分离等因素的综合作用。紫外辐射使复合材料表面发生化学变化，从而引起制品表面褪色和机械性能下降。表面的木质成分越多，复合材料在老化初期产生的性能损失占总损失的比例越大，而表面聚合物增多则可减少性能损失。紫外光照射和喷水对材料的颜色褪变具有交互作用，三者同时作用对 WPC 造成的损害比单独紫外光照射或浸水要大得多，褪色、弯曲强度和弹性模量的损失更严重。

在加工过程中添加偶联剂、光稳定剂、防霉剂等添加剂，对提高木塑复合材料的耐候性能具有不同程度的作用。紫外线吸收剂能够有效吸收紫外光，改善材料褪色现象，可在一定时间内降低聚烯烃木塑复合材料的降解速度，延缓光老化。

5.4.3.5　耐生物降解性

尽管木塑复合材料的耐腐朽性比木材好得多，但其表面也会生长真菌。WPC 制品中的木粉含量直接影响其对真菌的抵抗能力：木粉含量越高，复合材料质量损失越大；木粉含量低的木塑制品则能有效地阻止真菌的腐蚀。若木粉自身耐久性好，也会提高 WPC 的耐用性。在众多防腐剂中，硼酸锌具有抗微生物功效好、对哺乳动物毒性低、抗流失强等特性，可提高木塑复合材料的耐生物降解性能。

5.4.4　应用领域

木塑复合材料在建筑、家具、汽车配件等领域得到了广泛应用。

大幅面的木塑复合材料可用作建筑模板，循环使用次数可达 20~30 次，而且废弃的木塑模板可以全部回收再利用。但其也有不够完善之处，如冲击强度不高、密度偏大。减轻质量的主要方法是发泡或者制成空芯模板。通过采用增韧剂，提高聚合物基体的韧性；使用偶联剂等，改善填料与聚合物之间的界面相容性，优化填料性能与用量等，提高木塑复合材料的冲击强度。

木塑复合材料表面平整、规格可控且具有优美的外观特征，因此可以将木塑板材与实木框架、金属框架或木塑框架进行结合，能够在已有的框式家具基础上创新出能大量利用木塑板材的框式家具产品。木塑复合材料在生产和使用过程中不存在甲醛污染问题，因此有望替代一些传统木质人造板，成为板式家具市场的新秀。但在木塑板材的强度设计、木塑板材之间的专用连接件等方面，还需要进一步开发。利用塑性加工的方式制得木塑板材，在曲木家具和异形家具等制造领域具有成型容易、材料利用率高等优势。将木塑板材与其他木塑配件结合使用，不仅可以制造出曲木家具，还可以开发出造型更加别致的木塑家具。

木塑复合材料具有防水、防潮、耐菌、耐腐等特点，是良好的建筑装饰材料，在外墙装饰板、内墙护壁板、地板、踢脚板和装饰线、吊顶板、门板等方面都具有很大的市场需求。

近年来，木塑复合材料以其合理的价位、合适的性能，在汽车内装饰材料方面应用增多，如汽车的门板、后隔物箱、行李箱侧围、高架箱、顶篷、支柱、座椅靠板等。

此外，木塑复合材料还可应用于托盘、花盆、工具手柄、浴缸、办公用品、高速公路路牌、吸声板及音箱、海洋码头工程组件等。

5.5　木材/金属复合材料

5.5.1　概述

将木材制得的单元与不同形态的金属单元(网、粉、纤维、箔以及合金)通过复合界面特性处理技术，采用叠层复合、混杂复合、化学镀、表面喷镀、注入复合等工艺制造出的具有抗静电性能或电磁屏蔽效能的复合材料，称为木材/金属复合材料。

对于木材/金属复合材料，常用的木质单元形态包括单板、碎料、纤维和实体木材。对于以木质废弃物为主要材料的木材/金属复合材料来讲，由于其原料来源的不规范性和形状尺寸的不确定性，难以获得尺寸规范的木质单板，所以一般多制成形态较小的碎料和纤维，也可加工成一些小规格尺寸的实体木材，或通过胶合的方式制成大规格尺寸的集成材，然后再采取特定的方式与金属材料复合制造木材/金属复合材料。

5.5.2　复合方法

5.5.2.1　层叠复合

将金属板覆贴于木材或木质片状材料表面，可以提高木质材料的强度，增强木质材料的防水、防腐等性能，可用作建筑结构材料以及一些特殊场合的家具或装饰材料。

将铝箔、铜箔或铁箔等与木材薄片、薄板先用胶黏剂胶接在一起，然后用层压法压制成型。金属箔可贴在表面，也可夹在两层木质薄层材料之间。如选用拉伸强度高的金属箔和塑料，则可制造加工厚度更大的电磁屏蔽材料，其优点是胶接强度高、导电性好，屏蔽效果可达60~70 dB，但它不能制成形状复杂的壳体材料。

5.5.2.2　混杂复合

将金属纤维与木质废弃物碎料或纤维混杂复合，是制造木材/金属复合材料的一种简便实用的方法。常用的金属纤维有黄铜纤维、铁纤维和不锈钢纤维。铜是优良的导电材料，由铜纤维填充的导电复合材料具有良好的屏蔽效果。采用不锈钢纤维填充制成的导电复合材料也有很好的屏蔽效果。不锈钢纤维的抗氧化性能好，因此能长期保持屏蔽功能。

在混杂复合时，除上述几种金属纤维可作为导电材料外，镀金属纤维(如镀镍碳纤维和镀镍石墨纤维等)也有很好的导电性能，将这些纤维与木质碎料或纤维复合，也可以制得屏蔽效果很好的复合材料，而且具有优良的耐老化性能，其缺点是成本较高，并且对复合材料的增强效果不明显。

5.5.2.3　化学镀金属复合

化学镀金属是目前材料表面金属化用得最多、效果最好的方法之一。它采用非电解法在工程塑料及其他材料表面镀上一层具有电磁屏蔽特性的金属导电层，其优点是镀层均匀，且与基体黏附力强，可双面镀以提高屏蔽效果的可靠性，还可大批量生产。采用的木质材料可以是从木质废弃物中得到的单板，也可以是实体木材以及由木质废弃物碎料制得的刨花板及中密度纤维板。对于屏蔽要求一般的，可以采用化学镀镍；对于屏蔽效果要求较高的，则采用化学镀铜作底层、化学镀镍作面层的复合镀层。但由于铜在大气中容易氧化，抗蚀性差，故不能单独使用。化学镀金属法是目前唯一不受材料形状及大小限制而在所有平面上都能获得均匀电镀层的方法，其主要缺点是镀层与木材之间的黏合性较差，镀层易脱落，且工艺复杂，镀后的复合材料失去了木材自身的特点。通过共混改性技术或采用表面接枝、表面化学处理等方法，可提高木材与镀层金属之间的黏合力，提高镀层的耐久性。

5.5.2.4　真空喷镀复合

真空喷镀法一般是在 $10^{-9} \sim 10^{-8}$ MPa 的真空条件下加热，使 Al、Cr、Ca 等金属粒子蒸发到木质材料表面而形成均匀的金属膜导电层。它具有导电性好、镀层沉积速度快、黏附力强等优点，尤其对大面积的平整表面具有明显的快速处理效果，但对复杂形状的处理则比较困难，且真空容器较大，使木质材料制品的尺寸受到限制。

镀层与基体的黏附力是一个界面科学问题，因此需要木质材料表面保持高度清洁，不受污染。通常预先将木质材料表面进行清理，去除杂质，尤其木质废弃物材料表面一般含有油污、油漆、水泥等物质，这些物质都会降低镀层与基体之间的黏附力，所以在喷镀之前一定要对表面进行洁净处理，同时要使处理后的表面变得粗糙，从而提高金属镀层的黏附性。还可以在喷镀前对木质材料进行电晕处理，以提高表面极性和氧化基团的含量。

5.5.2.5　注入复合

将低熔点合金在熔融的状态下通过浸注的方式加入木质材料中制成金属化木材，是木材/金属复合材制造领域的一个主要方向。使用不同的浸注方法和工艺可制造出性能不同的金属化木材，得到硬度、密度、导热性、导电性都明显提高的木材/金属复合材料。另外，含有铅等金属物质的木材/金属复合材料还具有吸收 X 射线的功能。

5.5.2.6　金属导电涂料涂刷复合

将金属胶体溶液和含石墨导电填料的易挥发的溶液涂覆物体的表面，使它具有导电性，也是制造木材/金属复合材料的一种常用方法。随着醇酸树脂、丙烯酸树脂、聚氯乙烯、聚苯乙烯等合成树脂的出现，以合成树脂为主要成膜物质的导电复合材料不断出现。导电材料则主要是银系材料，但银的价格昂贵。镍和铜也是导电涂料常用的导电材料。其中，镍丙烯酸体系导电涂料最为常用，但主要用于电阻率较高、防静电的涂料。

5.5.3　应用领域

5.5.3.1　抗静电领域

　　大量新技术、新工艺、新材料、新设备的采用，生产的高效益、自动化程度的提高，使产品在生产和使用过程中产生的静电危害越来越严重。此外，产品在储存和运输中的电磁环境也越来越恶化，给产品的可靠性和安全性造成了威胁。在运输过程中，由于摩擦、撞击、接触、分离产生的静电危害以及外界电磁场的作用，可能造成燃烧、爆炸事故或电子元器件的软硬损伤。包装材料的好坏也会直接或间接影响产品的质量。一直以来，木材就是很好的包装材料，有很好的隔热、保温性能。但由于干燥的木材不导电，所以不能直接作为对静电敏感物品的包装材料。木材/金属复合材料既保留了木材的天然特性，又具有良好的导电性，因此成为良好的抗静电包装材料。

　　由于精密仪器室、机房及防尘室等对静电防护要求很高，必须使用抗静电地板。目前所使用的抗静电地板主要是塑料地板、全钢地板和合金地板。一直以来，木质地板深受欢迎，但由于其不具有抗静电功能而在使用上受到限制。木材/金属复合材料具有良好的导电性，而且保留了木材的调温、调湿、隔音等天然特性和美丽的纹理，同时具有很高的物理力学强度和表面耐磨强度，因此可以用作抗静电地板。

5.5.3.2　电磁屏蔽领域

　　随着电子产品的微型化、集成化、轻量化和数字化，导致日常使用的电子产品易受外界电磁波干扰而出现误动、图像障碍以及声音障碍等。电子仪器所辐射的电磁波，对精密仪器、航空航天工程、导航设备、科学测量、医疗保健等重要系统也同样存在巨大的潜在危害。

　　木材/金属复合材料的质量轻，强重比高，保温和装饰性好，且具有很高的电磁屏蔽效能，可广泛用于国家安全机构、驻外使馆和一些高级人才住所等保密场所的建设，以及银行、保险公司、通信公司等需要信息保密的商业机构的机房装修。另外，还可以用于一些大型精密仪器室的建设，以防电磁污染和电磁干扰，避免电磁波对人体健康的危害，也可防止精密仪器数据失真。

本章小结

　　木基复合材料是以木材为基本单元，通过与合成树脂、无机胶凝材料、塑料、金属等异质单元进行复合，改善木材自身性能、赋予木材新的功能或形成具有特殊性能的新材料。通常来说，木材被认为是一种天然的复合材料，具有多层次的结构和多种化学组分，这也决定了其构建复合材料的多种可能性。选择木材与其他材料进行重组复合，不仅会形成具有各种特殊功能的新材料，还需要更新或创制新的复合方法、加工技术以及制造设备。

思考题

1. 什么是木基复合材料？如何对其进行分类？
2. 木材/合成树脂复合材料所用合成树脂有哪些？各有什么特点？
3. 木材/无机胶凝复合材料与传统木基复合材料相比有哪些特点？
4. 木塑复合材料有哪几种成型方法？各有什么优缺点？
5. 木材与金属复合的方法有哪些？各有什么优缺点？

第6章
木质纳米纤维素材料

本章介绍了木质纳米纤维素的概念及分类，总结了木质纳米纤维素的主要解离方法与解离原理，说明了木质纳米纤维素的结构与性质，简述了主要木质纳米纤维素功能材料，如自组装薄膜、水凝胶及气凝胶材料、增强聚合物复合材料、功能复合材料等的研究进展、发展趋势和发展前景。

6.1　概述

6.1.1　木质纳米纤维素的定义及分子结构

纤维素是自然界中蕴藏量最丰富的天然高分子化合物之一，广泛存在于木材、竹材、棉花、草类等天然植物细胞壁中，还可以由动物、藻类以及细菌产生。在分子水平上，纤维素是一种由重复的 D-吡喃型葡萄糖通过 β-1,4-葡萄糖苷键脱水连接形成的线性多糖，其基本组成单元是纤维二糖(图6-1)。纤维素的化学式为 $(C_6H_{10}O_5)_n$ (n 表示聚合度，一般为 7000~15 000)，其聚合度因纤维素来源不同而有所不同。每个纤维二糖上含有 6 个羟基，它们可以与相邻纤维素分子上的氧原子形成链内氢键，在氢键、范德华力等作用下，可以促进多个纤维素分子链的平行堆积，并形成稳定的线性结构。因此，纤维素在自然界中一般不作为单个分子出现，而是由单个纤维素链组装形成的聚集态。木质纳米纤维素是指来源于木质纤维原料的直径或者横向尺寸为 1~100 nm 的纤维素材料。

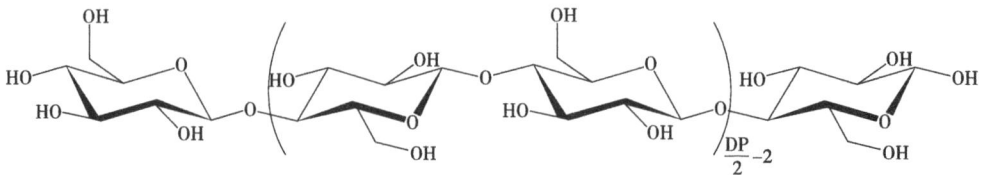

图6-1　纤维素的化学结构

6.1.2　木质纳米纤维素的分类

根据纤维形态、结构和性能的差异，木质纳米纤维素可分为纤维素纳米晶体(cellulose nanocrystal，CNC)和纤维素纳米纤丝(cellulose nanofibril，CNF)。CNC 通常利用强酸水解，将纤维素中非结晶区分离、脱除，最终保留结晶区纤维素分子，因此在有些文献中也称为纳米纤维素晶须。从形态上来看，CNC 与 CNF 近似一致，都是纳米级微细纤维，但是由于 CNC 基本不含纤维素非结晶区，刚性强，其韧性远远不如 CNF，且长径比只有 CNF 的 1/5～1/3，在复合材料中的弹性、抗冲击、抗弯性能表现相对较差。从加工制备来看，CNC 的强酸水解制备过程时间较长，排放出来的废液也需要进一步处理，势必增加工业化生产成本，影响经济效益。不过，尽管 CNF 的研究和开发利用尚处于起步阶段，但是其优势和前景是非常令人满意的。

6.2　木质纳米纤维素的解离方法与原理

6.2.1　强酸水解

早在 1951 年，Randy 等首次通过强酸水解制得 CNC。木质纤维的纤维素由结晶区与非结晶区组成，非结晶区由于结构松散可被强酸降解，留下晶体排列致密的结晶区而得到棒状、刚性的 CNC。目前，用于制备 CNC 的酸主要有浓 H_2SO_4 和浓 HCl，也有少量报道称可采用 HBr、顺丁烯二酸和 H_3PO_4 对木质纤维进行水解。迄今为止，木材、竹材、棉花、小麦秸秆、苎麻、剑麻、亚麻、棕榈、甜菜、藻类等木质纤维都可用于制备 CNC。原材料不同，得到的 CNC 形态也有差异。由木材纤维制得的 CNC 直径一般在 3～5 nm，长度为 100～200 nm，而由海藻类植物（如 valonia）纤维制得的 CNC 长度可达到 1000～2000 nm。酸水解工艺（主要包括时间、温度、酸浓度）也是影响 CNC 性能的主要因素：增大酸浓度或延长酸水解时间，CNC 尺寸逐渐减小；酸浓度过大、水解时间过长，纤维素结晶区会受到较大程度的破坏，纤维热稳定性降低，并伴随产生碳化现象。因此，对木质纤维进行酸水解制备 CNC，H_2SO_4 的质量分数一般保持在 60%～65%，HCl 浓度则为 2.5～4.0 mol/L，反应温度可从室温至 70℃ 不等，反应时间则随原料的不同而有所差异。

尽管浓 HCl 和浓 H_2SO_4 都可用于酸水解制备 CNC，但水解得到的 CNC 的分子结构明显不同（图 6-2）。通过浓 H_2SO_4 水解制得的 CNC 表面发生磺化作用，引入了大量的磺酸基团（—SO_3H），使得纤维表面带有较强的负电荷，因而在水溶液中由于电荷排斥作用而均匀分散。这些引入的表面电荷也会显著影响纳米纤维素在水中的排列，浓 H_2SO_4 水解制得的 CNC 可自发形成手性相列排布，在宏观材料中表现出光的选择性吸收与旋光特性。因此，采用浓 H_2SO_4 水解制得的 CNC 被用作基体或模板材料来合成智能的光

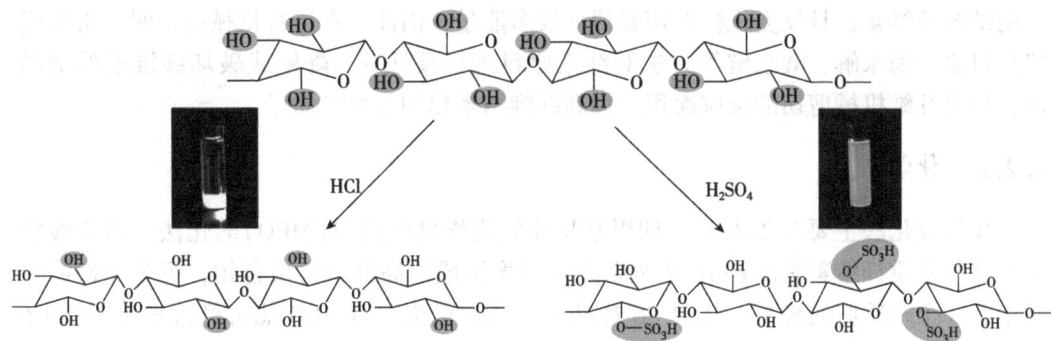

图 6-2　浓 HCl 和浓 H_2SO_4 水解制得的 CNC 的表面基团

响应材料，已成为该领域重要研究方向与热点。浓 HCl 水解得到的 CNC，其表面基团并没有太大变化，在水溶液中的分散效果较差，易团聚沉淀。

6.2.2 机械剪切

通过高速机械剪切与摩擦、高强度空穴效应，也可实现木质纤维的纳米化。利用该方法制备的木质纳米纤维素直径为纳米级，长度可达数百纳米甚至几十微米，通常称为纤维素纳米纤丝（CNF）。目前，制备 CNF 常用的设备主要有高压均质机（Homogenizer）、微射流纳米均质机（Microfluidizer）、超微细磨机（Grinder）与高强度超声波分散仪（Ultrasonic disperser）等。

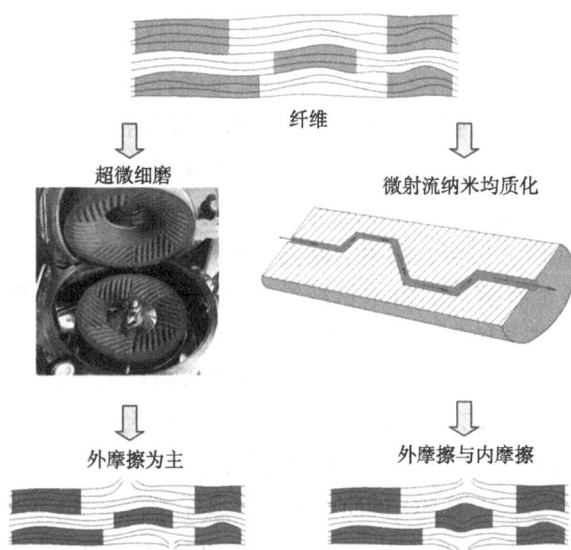

图 6-3 木质纤维超微细磨-微射流纳米均质化作用示意图

Herrick 和 Turbak 等在 1983 年首次通过高压均质机制备得到 CNF，在碰撞、剪切和空穴效应的作用下，微纤丝间的氢键被打开，从而得到 CNF。微射流纳米均质机是一种"进化"的高压均质机，其特有的"Z"形反应腔能使物料纤维在多次碰撞的条件下发生剪切、冲击，实现木质纤维纳米化（作用原理如图 6-3 所示）。理论上，微射流纳米均质机能提供最高可达 300 MPa 的冲击强度，能加快纤维纳米化进程，也能改善纤维的物理及力学等性能。超微细磨是一种典型的通过摩擦与剪切力来制备纳米纤维素的方式。原料纤维进入超微细磨机后，在磨盘磨齿之间的剪切、摩擦等外摩擦力的作用下，纤维逐级纳米化。根据上述机械剪切的特点，吴义强等提出采用超微细磨-微射流纳米均质化联机的方法制备 CNF，这种"内外结合"的作用方式不仅能加速纤维纳米化，也提高了 CNF 尺寸的均一性，还可避免在均质剪切过程中出现反应腔堵塞现象。

由于木质纤维的纤维素结晶区排列紧密，采用单一的机械剪切方式难以获得尺寸均一的纳米纤维素，且反复机械剪切要消耗较多能量，因此，在进行机械剪切时，常采用机械打浆、酶水解、酸水解等方法对纤维原料进行预处理，降解或破坏纤维素的结晶区，增大纤维机械剪切的反应面积，提高纤维纳米化的效率与质量。

6.2.3 化学氧化

化学氧化法主要有 2,2,6,6-四甲基哌啶氧化物自由基（TEMPO）氧化法与高碘酸盐氧化法。木质纤维素是由 β-D-吡喃葡萄糖缩聚组成的高分子链聚合物，每个葡萄糖分子中有 3 个未反应的羟基，其中 C6 羟基反应活性最强。TEMPO 能将纤维素分子的 C6 羟基氧化成羧基，使纤维表面产生负电荷而形成较强的排斥力，有助于纤维的纳米化。国内外研究者都对利用 TEMPO 氧化法制备纳米纤维素展开了系统深入的研究，主要探讨了中性、酸性、碱性催化条件下的工艺流程及其反应机理,且比较了不同植物基TEMPO 氧化纳米纤维素的差异。TEMPO 氧化预处理 CNF 纳米纤维素表面含有大量的羧基、羰基、羟基等官能团,不再与传统 CNF 一样呈网状交织存在于水中,而是单一均匀分布于水中,同时,纤维的长径比更大,晶体结构破坏很小,在复合材料能提供更强的力学强度,因此在涂料涂饰、包装、药物运输材料中具有广阔的应用前景。

高碘酸盐是一种选择性氧化剂,它能将纤维素葡萄糖环上的 C2–C3 连接键断开,使对应碳链上的羟基转化为具有高还原性的醛基,再利用次氯酸盐、亚硫酸盐等强氧化性物质将醛基进一步氧化成羧基,纤维素表面电荷的相互排斥作用可促进微纤丝之间的分离,加速纤维纳米化,作用机理与 TEMPO 氧化法相似。Liimatainen 等首次采用高碘酸钠($NaIO_4$)、次氯酸钠($NaClO_2$)依次氧化桦木浆纤维,再进行 3~4 次反复均质化处理,可获得直径 25~31 nm 的纳米纤维素,但高碘酸氧化易破坏纤维素内部的晶体结构,其结晶度降低 20% 左右。另外,利用高碘酸盐氧化制备的纳米纤维素的自组装薄膜的力学强度约为 TEMPO 氧化纳米纤维素薄膜的 1/2,而其断裂伸长率仅为其 1/10~1/6。

6.2.4　其他方法

随着产业化的发展,绿色、高效、可持续已成为制备木质纳米纤维素的发展趋势,近年来,离子液体法、低共熔溶剂法等新兴制备方法开始发展起来。

离子液体是指在室温或接近室温下呈现液态的、由阴阳离子所构成的物质。研究发现,离子液体具有溶解或者溶胀纤维素的能力,因此可以用于制备纳米纤维素,其既可以作为预处理手段辅助制备纳米纤维素,又可以直接作为反应介质和催化剂,用于直接制备纳米纤维素。然而,溶剂的回收成本较高是离子液体法的主要缺点之一。

低共熔溶剂是另一种绿色、可持续的新型溶剂,其物理化学性质与离子液体非常相似,主要由氢键供体和氢键受体组成。低共熔溶剂对纤维素存在一定的润胀作用,并且可以有效破坏纤维素间的氢键。因此,可利用低共熔溶剂法并结合机械处理等手段制备纳米纤维素。

6.3　木质纳米纤维素的结构与性质

6.3.1　表面形貌

纳米纤维素的纳米尺度是判断纤维纳米化程度的基本标准,也是纳米纤维素研究的主要内容之一。通过扫描电镜(SEM)、原子力显微镜(AFM)、透射电镜(TEM),能测定纳米纤维素的直径与分布区间,但是由于纳米纤维素的长度高达数百纳米甚至达到微米级,一般很难测得其实际的长度。不同制备工艺得到的纳米纤维素也具有不同的微观形貌(图 6-4),比如:经过 20 次反复高压均质化处理的 1%CNF 呈网状交织,直径为 25~100 nm;经过反复研磨的木质纳米纤维素在 1500 r/min 转速下反复处理 5 次后,纤维基本达到纳米级,而后续反复处理对纳米纤维素的形态影响不大,这说明在高速研磨过程中,纤维纳米化主要发生在前一阶段,而后续的反复加工仅是让纳米尺寸分布更加均匀,经 15 次反复处理后,纤维直径为 20~50 nm,长度超过 1 μm。采用光学显微镜观察，可以发现高速搅拌过程中的"微纤丝水球"结构，从而构建高速搅拌制备纳米纤维素的反应机制，FE-SEM 观察最终的纳米纤维素直径为 15~20 nm。AFM 不仅能测定纳米纤维素的尺寸，还能表征纤维薄膜及纤维复合材料的表面形貌，对于分析其粗糙程度及其与水分的关系也具有良好的指导作用。研究发现，TEMPO 预处理的 CNF 薄膜表面粗糙程度最小，只有 1.6 nm，这主要是由于此类纤维的直径为 10~15 nm，这个成果对于制造光滑表面 CNF 纳米薄膜具有很好的指导意义。

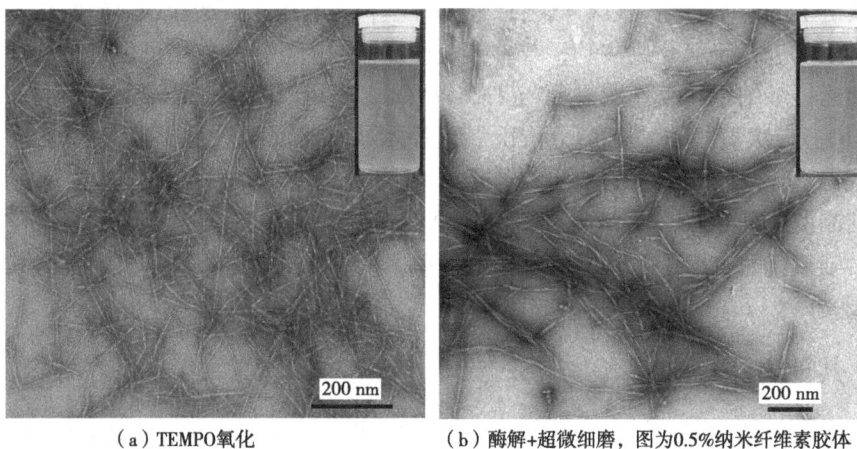

（a）TEMPO氧化　　　　　（b）酶解+超微细磨，图为0.5%纳米纤维素胶体

图 6-4　纳米纤维素透射电镜图

在木材细胞壁次生壁 S2 层，直径 3~4 nm 的微纤丝通常聚集成 15~25 nm 的微纤丝束，在 CNF 加工过程中得到的纳米纤维素直径一般都是 15 nm 以上，也有少量为 10~15 nm，但几乎没有人能将纳米尺寸加工到 5 nm 以下，说明纳米纤维素仍以微纤丝束（即纤丝）为主，因为直径在纳米材料尺度内，国际标准组织即可命名该材料为纤维素纳米纤维，大量文献也直接将其简称为纳米纤丝（nanofibril）。同时，这也是该类纳米纤维素材料力学性能较微纤丝理论计算值低的原因之一。

6.3.2　分子聚合度

分子聚合度（DP）是高分子材料中衡量高分子单体聚合程度、链长、支链结构的重要参数。高速剪切将纤维素微纤丝分开，也截断了部分纤维，必然降低纤维素分子聚合度。聚合度降低程度与加工方法、预处理及原料纤维的特性有关，一般来说，原料纸浆纤维的聚合度为 1200~2000，而经过高速剪切均质化处理的纳米纤维聚合度在 800 以下，平均降低 30%~50%。比较发现，单一的均质化处理对纤维素分子聚合度影响不大，5 次均质化处理后的纤维素聚合度从 1289 下降到 1191，20 次处理后仅下降到 947。但是，经过酶预处理再进行 20 次均质的纤维素分子普遍可从 1280 下降到 500 左右，其中采用浓度为 5%酶处理的纤维素可降低至 340。类似的结果也出现在经过 TEMPO 氧化预处理 CNF 纳米纤维中。

尽管分子聚合度的减小不能直接证实纤维长度变短，却能说明纤维表面物质一定程度上的去除或减少会导致纤维表面产生破损与开裂等缺陷，这是造成 CNF 纳米纤维力学强度下降的原因之一。从不同的 CNF 纳米纤维复合材料力学性能的变化中，也可以看出 DP 下降对材料性能的影响趋势，因此，在加工制备 CNF 纳米纤维及其复合材料的过程中分析和评价纤维素分子聚合度的变化，对于提高和改善力学强度具有重要意义。

6.3.3 结晶度

与木质素、半纤维素不同，纤维素具有结晶区与非结晶区交错的独特晶体结构，这是影响植物细胞壁力学强度以及干缩湿胀特性的主要因素之一。通过 X 射线衍射分析，可以发现纳米纤维素的结晶度在反复高速剪切后有一定程度的下降，影响到 CNF 纳米纤维素材料的弹性模量。结晶度的减小是区间性的：在最初的剪切过程中，结晶度的减小非常明显；随着剪切次数的增加，结晶度减少变得缓慢，逐渐趋于平缓。这种变化也进一步印证了 Uetani 等指出的微纤丝化过程通常主要发生在最初阶段的剪切过程。

经预处理后，纳米纤维素结晶状态改变不一。碱预处理纳米纤维素的结晶特性较复杂，碱处理溶解部分半纤维素和木质素之后，纤维的结晶度有所提高，经过高速剪切处理以后，结晶度从 57.4% 提高到 71.2%。使用质量分数为 20% 的碱处理纤维素后，使得纤维素类型发生改变，从 I 型纤维转变为 II 型纤维，这种转变直接促使其薄膜的抗拉性能提高 1 倍。对于这种现象的解释是：在荷载状况下，强碱处理绷直了无定形区的相互接触的纤维素分子链。酶解预处理对纳米纤维素的结晶行为影响还未见报道。结合射线衍射（XRD）与 ^{13}C 核磁共振（NMR）分析，TEMPO/NaClO/NaClO$_2$ 氧化体系对原料纤维的晶体结构及晶体类型基本没有影响，CNF 纳米纤维素主要以纤维素 I 型结构存在。

6.3.4 流变特性

CNF 在水中依靠氢键与范德华力结合，以稳定胶体状态存在，具有剪切变稀假塑性体流变性质，常通过分析黏度、储存模量（G'）、损失模量（G"）评价 CNF 的胶体特性。Herrick 等首次制备 CNF 材料时就对其黏度进行了分析，发现剪切速率、温度、高速剪切次数都会影响黏度性质：剪切速率大，黏度小；温度上升（从 20℃到 80℃），黏度从 264 mPa·s 下降到 91 mPa·s；随着高速剪切次数的增加，黏度呈指数上升，5 次以后，基本趋近平衡。因此，黏度也和保水值一样，可以为衡量 CNF 纤维纳米程度的一个重要指标。但是，只用黏度还不能详细表征流体的性质，储存模量、损失模量也是重要指标。很多不同的研究都得到了相同的结论：在相同条件下，储存模量是损失模量的 10 倍；随着浓度每增加 1%（从 1% 到 3%），两类模量都会增为原来的 10 倍；但随着频率的增加，两个模量基本没有变化。这一现象与经典的流变学方程差异较大。正是由于 CNF 拥有优异的长径比，且在水中借助氢键和范德华力形成纳米的网状单元，使人们开始研究这一特殊流体现象。有研究者在 100 000 s^{-1} 高剪切速率下得到了相同的结果，进一步证实了这一特殊流变特性。对经 -20℃冷冻处理的 CNF 纳米纤维素进行研究发现，冷冻并没有明显改变材料的流体特征。这一研究结果表明 CNF 可以在冷冻条件下储存和运输，为解决纳米纤维素不能干态存储的难题提供了方法与思路。

CNF 作为一种新兴纳米纤维素材料，近年来，该领域已取得了惊人的研究成果。随着新思想、新仪器、新方法的不断涌现，在理论、技术以及应用上必将取得重大突破。特别是人类对绿色材料的认识进入一个新的阶段以来，木质纤维的优势不言而喻，因此，它必将作为一种热门材料活跃在生物质纳米材料领域，在造纸和包装材料、新型导电基体材料、功能型聚合物复合材料以及智能响应材料等领域具有广阔的应用前景。但是，相关研究仍然还有许多难点亟待攻克：①减少加工过程中的能量消耗，降低生产成本。可综合机械(预磨、短化、细化)、化学(TEMPO 氧化体系、酸、碱)、生物(酶、菌等微生物)预处理方法，对原料纤维进行改性，减少高速剪切次数，降低能量耗费；②进一步提高 CNF 单体及其增强复合材料的力学性能，最大限度保持纤维素结晶度、分子聚合度，设计优化复合体系结构，发挥纳米纤维素力学强度高的优势；③改善与非极性材料界面相容性，拓宽其在复合材料领域的应用。一方面，可以对纳米纤维素表面进行氧化、乙酰化、接枝等化学活化处理，另一方面，通过加入马来酸酐、偶联剂等对非极性聚合基体进行预处理，增强两相或多相之间的有效化学键结合；④加速大规模商业化应用，找准 CNF 纳米纤维素产品在上述潜在应用领域进行商业化推广的切入点，结合实验室研究成果与企业需求，开发包装、建筑、复合材料及导电材料等应用领域。

6.4　木质纳米纤维素功能材料

6.4.1　木质纳米纤维素自组装薄膜

6.4.1.1　木质纳米纤维素自组装成膜

原料纸浆纤维经过微纤丝化后得到的 CNF 表面含有大量的羟基，在水溶液中相互交织，呈稳定的胶体状态。在 CNF 溶液失水形成干态薄膜(film 或 sheet)的过程中，相邻纳米纤维素通过羟基形成氢键结合成致密结构，在此过程中不可避免地会产生毛细管张力。因此，随着水分的逐渐减少，薄膜将发生明显的皱缩与变形。因此，纳米纤维素自组装的方法影响和决定着薄膜的结构与性能。现阶段，常采用模制法(casting)和渗滤干燥法(filtration-drying)制备植物纳米纤维素薄膜。

①模制法　对纳米纤维素悬浮液进行超声波分散处理后，再通过加热的方式使溶剂蒸发，在毛细管张力的作用下，纤维逐渐靠拢，形成纳米纤维素薄膜。以 TEMPO 氧化得到的 CNF 为原料，不同自组装方法对 CNF 薄膜性能具有一定的影响。通过模制法制备的 CNF 薄膜透光率高，但存在表面粗糙度大、力学性能不佳、容易发生皱缩变形的缺陷。此外，模制法的制备周期很长，需要几天甚至更长时间，难以大规模商业化生产。

②渗滤干燥法　利用一种简易抽滤装置，可使纳米纤维素溶液在压力差的作用下，快速形成表面平整的纳米纤维素薄膜，这种制备方法称为渗滤干燥法。与模制法相比，利用渗滤干燥法制备的纳米纤维素薄膜具有表面平整、力学性能好等优点。Sehaqui 等在此方法基础上，提出了一种快速制备大尺寸、表面平整的纳米纤维素薄膜的新方法。他们将抽滤制得的湿膜先夹在孔径为 50μm 的金属筛网之间，外层再包覆吸水纸板，在 93℃、7000 Pa 的真空炉内干燥 10 min，即可制得性能优异的纳米纤维素薄膜。虽然渗滤干燥法操作复杂，但一定程度上提高了纳米纤维素薄膜的整体性能，且大大缩短了制备时间，是一种很有潜力的商业化生产纳米纤维素薄膜的方法。

CNF 薄膜的一个显著特征是纳米纤维素天然的网状交织及径向层状结构。在 CNF 溶液中，纳米纤维素之间相互交织缠结成天然的网状结构，伴随着水分的除去，这些网状结构也逐渐收缩成纳米单元，赋予了 CNF 薄膜优异力学、热稳定、复合增强等性能。在失水成膜的过程中，由于重力作用，交织的纳米纤维素总是先沉积成小薄层，再逐渐累积成更厚的薄膜，因此 CNF 薄膜在径向呈现出层状的结构。这种径向层状结构对 CNF 薄膜的性质影响较大，同一平面的纳米纤维素结合强度优于层与层之间的纳米纤维素，层与层之间的破坏可能是导致薄膜断裂的主要因素之一。CNF 薄膜吸水膨胀以后，径向层状结构更加明显，薄膜的径向（即厚度方向）膨胀比横向（宽度和长度方向）膨胀通常大得多，这主要是由于制备干态薄膜时纳米纤维素径向收缩比横向大所引起的。这种特殊的纳米层状结构在复合材料的制备中有广阔的应用前景，比如，结合仿生学原理制备类似于贝壳、珍珠一样的有机/无机层交替叠加层状复合材料，能充分发挥纳米层状结构的潜力。

6.4.1.2　木质纳米纤维素自组装膜的结构与性能

纳米纤维素的精细纳米结构可赋予其自组装薄膜良好的力学性能、光学性能、阻隔特性及热稳定性。近年来，自组装纳米纤维素薄膜在储能材料、光电材料等高端领域应用发展迅速，吸引了众多研究者的广泛关注。

①力学性能　纳米纤维素在溶液中常呈天然网状交织状态，失水形成薄膜时，这些交织的纳米纤维素在水平方向上逐渐收缩成微小单元，这是纳米纤维素薄膜优异力学性能和热稳定性的结构基础。垂直方向上，交织状纳米纤维素在重力作用下逐渐沉积成小薄层，随着水分的逐渐减少，薄层则堆积形成更厚的薄膜，因此纳米纤维素薄膜在厚度方向以层状结构为主。自组装 CNF 薄膜表面和断裂面微观结构如图 6-5 所示。

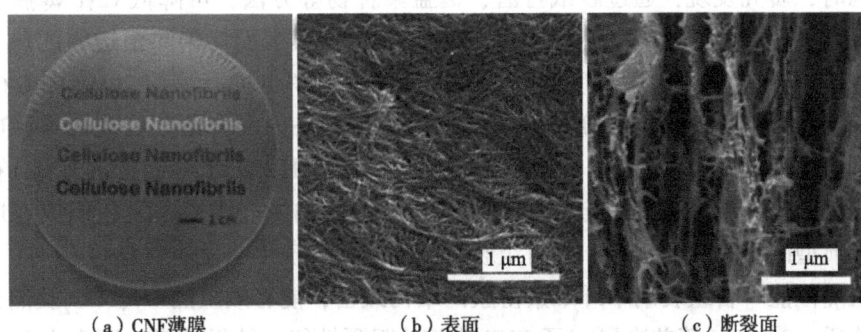

（a）CNF薄膜　　　　　（b）表面　　　　　（c）断裂面

图 6-5　CNF 薄膜及其微观结构

CNF 薄膜的拉伸强度高于普通打印纸，也优于聚乙烯薄膜。当以甜菜根为原料制备 CNF 薄膜时，考察其力学性能，可以发现其中的果胶具有胶黏剂的作用，能增大纳米纤维素之间的结合强度，有利于提高薄膜的力学性能；而随着含水率的增大，抽提物及果胶易吸水软化，从而降低其力学性能。以酶预处理木材 CNF，可制得纤维素聚合度为 1100、孔隙率为 28% 的高韧性（15.1 MJ/m³）薄膜。以 TEMPO 氧化木质 CNF 为原料，制备的薄膜拉伸强度高达 300 MPa、断裂伸长率接近 12%。表 6-1 比较了不同 CNF 薄膜的主要力学性能。从表中可以看出，纳米纤维素加工方法和薄膜制备方法对薄膜力学性能影响较大。

表 6-1　不同 CNF 薄膜主要力学性能的比较

纤维来源	加工方法	薄膜制备方法	最大拉伸应力（MPa）	最大拉伸应变（mm/mm）	弹性模量（GPa）
针叶木浆	酶预处理 + 15 次均质化处理	真空过滤，80℃干燥	104	2.6	14
针叶木浆	酶预处理 + 12 次均质化处理	真空过滤，55℃干燥	214	10.1	13.2
阔叶木浆	中性 TEMPO 氧化处理	真空过滤，50℃干燥	312	11.5	6.5
桉木浆	中性 TEMPO 氧化处理+2 次均质化处理	模制	226	8.2	11.8
木浆	中性 TEMPO 氧化处理+2 次均质化处理	加压过滤，60℃干燥	232	14.2	4.25
甜菜根	碱处理+10~15 次均质化处理	模制	104	3.2	9.3

②光学性能　由于植物纳米纤维素的直径远小于可见光散射的范围，理论上它是一种理想的透光材料。研究发现，厚度为 20 μm 的 TEMPO 氧化 CNF 薄膜在波长 400~1000 nm 范围内的可见光透射率很高，其中针叶木浆 CNF 薄膜的可见光透射率为 90%，阔叶木浆 CNF 薄膜的可见光透射率为 78%。由于可见，光在纳米纤维素薄膜表面会发生一定的反射，薄膜的孔隙结构也会导致不同程度的光散射，纳米纤维素薄膜常呈半透明状。同时，研究发现，通过砂纸打磨、覆盖聚合物等方法，可降低 CNF 薄膜表面的可见光散射，使薄膜的透光率明显提高。而在 CNF 薄膜表面均匀涂覆透明的环氧树脂层（epoxy），不仅薄膜表面粗糙度降低，其可见光透光率也提高了约 20%（图 6-6）。这种环氧树脂保护层还能防止水分对薄膜的"攻击"，制备的复合薄膜在现代柔性电子器件中有理想的应用效果。通常，纳米纤维素（尤其是浓 H_2SO_4 水解制得的 CNC）在溶液中随机分散，当其浓度达到一定水平时，随机分散的纳米纤维素自发组织成有序的排列，形成典型的手性相列排布，其自组装形成的薄膜表现出明显的虹彩效应。

③阻隔性能　自组装纳米纤维素薄膜的结构致密，能有效阻隔 O_2、CO_2 及油分子等小分子物质。Syverud 等首次研究了 CNF 薄膜的阻隔性能，结果发现，厚度为 21 μm 和 30 μm 的 CNF 薄膜的空气透过率分别为 13 nm/（Pa·s）和 11 nm/（Pa·s），氧气透过率分别为 18.5 mL/（m^2·d^1）和 17.0 mL（m^2·d^1），其气体阻隔性能远优于相同厚度的高、低密度聚乙烯薄膜，略高于商业玻璃纸。尽管纳米纤维素薄膜具有纳米网状结构，网络孔径为 10~50 nm，但纳米孔隙之间互不相通，气流难以快速穿过，只能通过扩散作用缓慢渗过薄膜。另外，纳米纤维素的纤维素结晶度相对较高，且其表面微孔与裂痕也相对较少，能进一步阻滞小分子物质渗透过其薄膜。他们还发现，将 CNF 悬浮液作为涂料涂布在传统的纸张表面，能够明显降低纸张的空气透过率。因此，纳米纤维素被视为一种在包装领域中有广泛用途的材料。

然而，水分对于 CNF 薄膜的阻隔性能影响显著：在低湿环境中（相对湿度小于

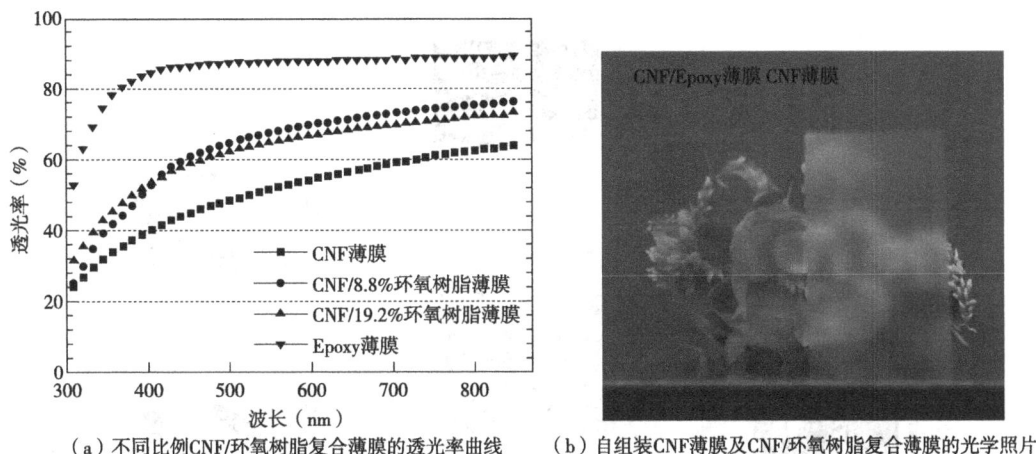

（a）不同比例CNF/环氧树脂复合薄膜的透光率曲线　（b）自组装CNF薄膜及CNF/环氧树脂复合薄膜的光学照片

图 6-6　自组装 CNF 薄膜及其环氧树脂复合薄膜透光特性比较

50%)，CNF 薄膜的阻隔性能变化不大；而在高湿条件下（相对湿度大于 70%），CNF 薄膜的阻隔性能明显降低。其主要原因是由于高湿度环境中，纳米纤维素之间的氢键逐渐被水−纳米纤维素氢键取代，纳米纤维素薄膜的致密结构被水分子破坏、膨胀，这种膨胀结构以及水分子载氧、载气量的提升加速了小分子物质的渗透。由此可见，纳米纤维素的纤维素结晶度、纳米纤维素之间的氢键强度是决定其薄膜阻隔性能的关键。抗水、耐湿的 CNF 薄膜有望取代传统塑料包装材料，为解决"白色"污染提供新的选择与思路。

④热稳定性　植物纳米纤维素具有较好的热稳定性，其自组装纳米纤维素薄膜的热膨胀系数低于 $1×10^{-5}/K$，因此，纳米纤维素薄膜拥有优异的热稳定性。在高温条件下（约 250℃），纳米纤维素薄膜不会出现明显的热降解和热膨胀，能保持稳定的结构和性能。Nogi 等以植物纳米纤维素为原料制备的自组装薄膜，其热膨胀系数（$8.5×10^{-6}/K$）远小于塑料的热膨胀系数（$5×10^{-5}/K$）。将这种薄膜和高光相纸一同置于高温条件下，结果发现，随温度的升高和时间的延长，高光相纸的颜色变化明显，而植物纳米纤维素薄膜的外观颜色及微观形貌基本保持不变。植物纳米纤维素薄膜优异的热稳定性有利于维持其结构和理化性能，已经引起了包括柔性电子产品在内的多领域人士的广泛关注，将发挥日趋重要的作用。

6.4.1.3　木质纳米纤维素薄膜的应用前景

植物纳米纤维素薄膜是由交织的纳米纤维素在氢键作用下自组装形成的致密层状结构，拥有优异的力学、光学、热稳定及小分子物质阻隔等性能，在包装材料、防伪印刷、储能材料、光学材料及生物医药等领域有广泛的应用前景（图 6-7）。

①包装材料　植物纳米纤维素薄膜的主要成分为纤维素，是一种天然可再生材料，且具有优异的抗油、抗氧、抗 CO_2 渗透能力，在高档包装材料尤其是食品保鲜领域具有非常明显的优势。

②防伪印刷　植物纳米纤维素直径小于 100nm，其薄膜的表面粗糙度远低于普通纸张，印刷时能更清晰地反映油墨的痕迹，是一种良好的印刷纸币的材料。此外，植物纳米纤维素薄膜（尤其是 CNC 薄膜）特有的光选择性吸收及旋光特性，可呈现出典型的虹

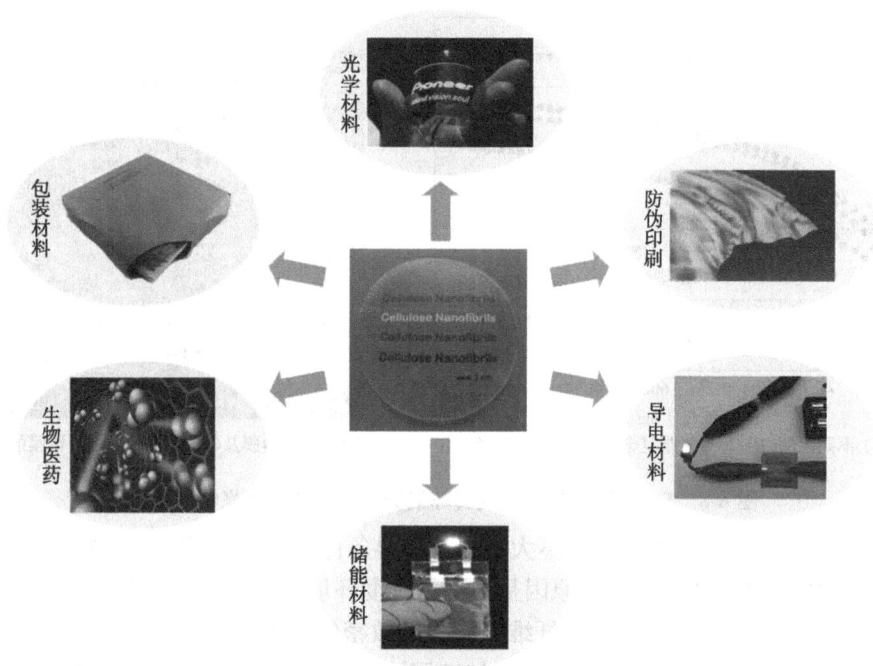

图 6-7　植物纳米纤维素薄膜应用领域

彩效应，在防伪技术与防伪材料领域有良好的应用前景。

　　③光学材料　植物纳米纤维素精细的纳米结构对光的散射很小，其自组装纳米纤维素薄膜具有良好的光学性能。纳米纤维素与透光性好的聚合物复合，可制成力学、光学性能优异的纳米复合材料，如 CNF 与聚甲基丙烯酸甲酯（PMMA）复合制成的透明薄膜不仅具有优异的光学性能，还具备良好的热稳定性与力学性能，是制备 LCD 显示器件基板的理想材料。

　　④导电材料　植物纳米纤维素自身虽难以为电子移动提供有效的途径，但能与导电性能优异的碳纳米管、石墨、石墨烯等复合，制备出具有不同导电能力的复合薄膜。将碳纳米管与 TEMPO 氧化 CNF 复合，可制备透光率高的导电薄膜，其优越的导电、透光性能是 LED 显示屏理想的选择。将导电性能优良的银纳米线和碳纳米管涂布在 CNF 薄膜上，可以得到一种网络结构均匀的导电膜。

　　⑤储能材料　植物纳米纤维素含碳量超过 40%，碳化后是一种优良的储能材料。植物纳米纤维素薄膜拥有良好的电化学稳定性、热稳定性、力学性能及多孔结构，在储能电极材料、隔膜材料领域应用前景广泛。

　　⑥生物医药　植物纳米纤维素无明显的细胞毒性和环境毒性，且含有丰富的表面活性基团（如羟基等），是药物分子良好的载体。植物纳米纤维素薄膜形成的网状结构能调节和控制药物分子的释放速率。因此，植物纳米纤维素薄膜在生物制药及医用领域发挥着重要的作用。植物纳米纤维素还具有良好的生物相容性，其独特的多孔网络结构有利于细胞的增殖、迁移及血管化，因此广泛应用于组织培养、皮肤修复等领域。

　　植物纳米纤维素薄膜拥有特殊的网络结构、良好的透光性及优异的理化性能，是包装材料、防伪印刷、柔性电子器件、光学材料的理想选择。然而，纳米纤维素薄膜的形成是一个复杂的自组装（组织）过程，快速、连续制备性能优异的纳米纤维素薄膜是解决其商业化生产的关键。此外，由于纳米纤维素薄膜具有较强的吸湿、吸水特性，吸湿后的纳米纤维素薄膜的理化、透光、阻隔及热稳定等性能都会有不同程度的降低。因此，提高和改善纳米纤维素薄膜的抗水性能是未来亟须解决的另一个重要课题。

6.4.2 木质纳米纤维素水凝胶、气凝胶及碳气凝胶

木质纳米纤维素通常与水共存，形成稳定的胶体，由于该胶体含水量超过95%，所以是制备软物质材料的理想选择。通过冷冻干燥、超临界干燥，可以直接获得空间网络多孔的气凝胶，而采用化学交联、改性的方法，则可合成具有温敏、热敏等功能的智能水凝胶。本节主要从木质纳米纤维素软物质材料的形成、性能与调控方面，概述纳米纤维素水凝胶、气凝胶、碳气凝胶及其复合材料。

6.4.2.1 木质纳米纤维素水凝胶

水凝胶是一种高吸水保水材料，应用于生物医药、农业、食品工业等领域，多由化学交联制备而得，但因其交联网络不均匀，导致水凝胶力学性能较差。纳米纤维素具有优异的力学性能、较大的比表面积及良好的生物相容性，其机械强度接近原子的键合力，远远超出现在使用的绝大多数增强材料，可以赋予水凝胶较优的机械强度。有报道表明，骨髓间充质干细胞可以在CNF水凝胶上分化并维持一段时间。将CNF与聚乙烯醇(PVA)复合制备水凝胶，当CNF含量为5%时，其杨氏模量相较纯PVA水凝胶提高了48%。用直径为10~100 nm的CNF制备的PVA复合水凝胶的杨氏模量为5 GPa，而纯PVA的杨氏模量仅为3.8 GPa。因此，CNF与聚合物制备的复合水凝胶在具备生物相容性的同时，还具有较高的机械性能。

6.4.2.2 木质纳米纤维素气凝胶

气凝胶是一种多孔材料，通常具有轻质、低热导率、大比表面积等特点，既是一种优异的隔热、吸音、过滤、吸尘、催化媒介材料，也能作为与聚合物复合的基体材料，近年来已经得到广泛的研究与应用。早期的气凝胶主要集中在无机材料(如二氧化硅、碳酸钙等)中，随着纳米纤维素的迅速发展，新的CNF基气凝胶相关研究已经悄然展开。

因为CNF溶液一般以稳定的胶体状态存在，即使在低浓度状态下(质量分数<1%)也呈胶体。利用纳米纤维素溶液这个独特的优势，将其溶剂除去，保持原有的空间结构，即可得到"绿色"气凝胶。2004年，Jin最早开始这方面的研究，他将纳米纤维素(纤维素纳米晶须)溶于四水硫氰酸钙溶液，将形成的混合胶体置入丙醇中，溶解掉硫氰酸钙盐后，得到纳米纤维素溶胶，再采用冷冻干燥将胶体中的水分和其他溶剂去掉，制备出纳米纤维素气凝胶。凝胶的密度和拉伸强度随着纤维含量的增加明显上升，比表面积也逐渐变大，但是在1wt%~3wt%区间，比表面积基本一致。由于在不同的溶剂中氢键产生的难易程度不同，导致纳米纤维素单体聚合或分散程度出现差异，经过叔丁醇溶剂置换后的凝胶比表面积(160~190 m²/g)比直接冷冻干燥的凝胶(70~120 m²/g)大。当采用常规冷冻干燥制备酶处理CNF气凝胶，而采用两种方法将CNF溶液转化成固态——放入-180℃液态丙烷及冷冻干燥器内固化，结果发现这类低密度(0.02~0.03 g/cm³)气凝胶具有很好的韧性，压应变高达70%。通过调节冷冻干燥工艺流程，可以实现对气凝

胶微观形态、比表面积及微孔直径的分布调控，进而实现凝胶的裁剪与设计。他们还将所得气凝胶浸渍一定量导电聚丙胺，制备出 CNF 导电性多孔复合材料，开辟了 CNF 气凝胶功能化处理的先河。

初始 CNF 溶液的固体含量对于纤维气凝胶密度、比表面积以及形貌等具有影响。随着纳米纤维素的增加（从 0.0031% 到 3.13%），气凝胶密度由 0.0053 g/cm³ 直线增加至 0.03 g/cm³。然而，高密度也对应着低比表面积，如 0.02 g/cm³ 气凝胶的比表面积为 15 m²/g。用化学蒸汽沉淀法将纳米纤维素气凝胶镀上 1H,1H,2H,2H-全氟辛基三氯硅烷薄膜后，凝胶的润湿性能发生了根本改变：其对非极性液体（疏油性）的接触角提高到 160°左右，基本达到完全疏油。在制备复合材料的过程中，发现通过改变 CNF 以及胶体物质的固化温度可调节 CNF/淀粉复合泡沫材料的微孔形态及微孔状态（开与合），其中淀粉发挥"添加剂"的作用，有助于减小泡沫孔径，较低的胶体固化温度也能减小泡沫大小及泡沫的各向异性。Sehaqui 等通过 Gibson-Ashby 泡沫金属模型成功预测了不同密度下纳米纤维素的拉伸模量与抗弯模量。他们还通过溶剂交换法改变纳米纤维素溶剂，降低溶剂表面张力，得到比表面积高达 153~284 m²/g 的纤维素气凝胶，且相同条件下 TEMPO 氧化纤维凝胶表面积比酶预处理纤维凝胶大，相应孔径直径也小一些。

CNF 气凝胶由固化后的胶体脱去大部分溶剂而成，多采用冷冻干燥方法使凝胶溶剂直接由固态升华成气态，或者利用超临界气体取代固态溶胶溶剂，使 CNF 保持原有的结构与形态。这种具有空间网状交织结构的气凝胶赋予了凝胶天然多孔性质与较高的力学性能。在制备过程中，纤维来源、CNF 固含量、凝胶的冷却固化速度、凝胶溶剂表面张力及干燥方法影响着 CNF 气凝胶的体积收缩、孔径分布、比表面积及力学性能。纳米纤维素失水时，由于表面张力作用，相邻纤维相互缩近靠拢，形成氢键，结合成微小"薄片"结构，而上述各因素从不同方面阻碍或促进着这种"薄片"的产生。比如，溶剂表面张力小会抑制"薄片"结构形成，因此常采用表面张力小的溶剂（乙醇、丙酮、叔丁醇）置换原有溶剂水，提高凝胶的比表面积。超临界干燥利用超临界气体（CO₂）取代凝胶溶剂，能有效降低与控制纳米纤维素之间的收缩，所得气凝胶保持高度的孔隙结构，但是，相对于冷冻干燥来说，生产成本、生产周期及可操作性都是限制超临界干燥大规模生产的缺陷。比较而言，纳米纤维素气凝胶不可避免地会产生"薄片"结构，因而其比表面积比无机气凝胶小，但是由于纳米纤维素具有较好的力学性能，尤其是在拉伸强度、韧性等方面优于无机气凝胶，其资源优势、环境友好特性及可再生特征无不昭示着它的巨大潜在应用前景。不同纤维素纳米纤维气凝胶的主要性能见表 6-2。

表 6-2　不同纤维素纳米纤维气凝胶的主要性能

纤维来源	固化方式	溶剂	干燥方法	密度（g/cm³）	孔隙度（%）	比表面积（m²/g）	拉伸强度（kPa）
酶预处理纳米纤维素	液态丙烷	水	冷冻干燥	0.02	98	66	203
	真空冷冻	水	冷冻干燥	0.03	95~98	20	240
羟甲基化处理纳米纤维素	液氮	水	冷冻干燥	0.03	98.2	11	未知

（续）

纤维来源	固化方式	溶剂	干燥方法	密度 （g/cm³）	孔隙度 （%）	比表面积 （m²/g）	拉伸强度 （kPa）
酶预处理纳米纤维素	液氮	水	冷冻干燥	0.007~0.103	未知	13~45	500~7000
酶预处理纤维	液氮	叔丁醇	冷冻干燥	0.105	92.8	249	238

6.4.2.3　木质纳米纤维素碳气凝胶

以木质纤维作为碳源来合成碳纤维、石墨，比传统的沥青、聚丙烯腈更经济环保，前景更诱人。纳米纤维素精细的纳米结构能促进纤维内部碳层石墨化，提高石墨化程度与碳纤维强度，一定条件下也能保持纳米、多孔结构。不同温度下，纳米纤维素碳产物结构与性能不同：800~1500℃下获得的碳纳米纤维素结晶结构与石墨化差异较小，而当碳化温度升至2200℃，晶体结构非常明显，ID/IG 值由 1.4 降至 0.7。采用拉曼光谱计算发现，1500℃条件形成的碳纤维弹性模量为 60 GPa，而 2200℃的纳米纤维素为 100 GPa。当前驱体木质纤维直径在微米级时，纤维形成明显的芯-表结构，芯层石墨化程度较低，且石墨化程度随碳化温度上升而有不同程度改善。在1000℃碳化纳米纤维素，可以得到多孔结构的碳纳米纤维素，其 Brunauer-Emmett-Teller 比表面积为 377 m²/g。得益于巨大的比表面积与传导特性，该材料可作为钠电池电极材料，反复充放电后能保持较好充电能力。

尽管采用木质纤维作为碳源还未能如传统石油基材料一样商业化生产碳纳米纤维，但是资源和环境压力迫使人类寻找绿色可持续的碳源，木质纳米纤维素也将引起高度重视。木质纤维碳化过程是复杂的碳相结构转变过程，纤维微观形态、纤维来源、晶体结构、碳化条件等因素会对碳纤维转化效率与转化质量产生综合影响。

6.4.3　木质纳米纤维素增强聚合物复合材料

6.4.3.1　木质纳米纤维素增强水溶性聚合物复合材料

木质纳米纤维素有很强的亲水性，易均匀分散在水溶性树脂中，其优异的力学性能、精细的纳米结构使其成为水溶性聚合物增强的极佳材料，纳米纤维素增强树脂复合材料的主要力学性能见表 6-3。

（1）木质纳米纤维素与热固性树脂复合材料

2008 年，Nakagaito 和 Yano 首次制备出 CNF/酚醛树脂复合材料，他们将干的 CNF 薄膜加压浸渍一定量的树脂，60℃干燥 6 h 后，层积热压成厚度为 1.5 mm 的薄片。热压压力 100 MPa、树脂添加量为 11% 条件下的复合材料具有最好的力学强度，其弹性模量为 19 GPa，抗弯强度为 370 MPa，力学性能与铝板相当。相互交错的网状结构及纳米纤维素赋予了复合材料优异的力学性能，而酚醛树脂不仅可充当胶黏剂的作用，也可作为填料分布于 CNF 薄膜空隙之间，有效阻止载荷作用下生成的裂纹进一步延伸与蔓延，也可促进应力的有效传递。CNF 添加量对酚醛树脂基复合材料的弹性模量及热膨胀性也有影响：纳米纤维素添加量为 80wt% 时，复合材料的弹性模量是纯树脂的 4 倍，热膨

表 6-3　纳米纤维素/水溶性树脂复合材料的主要力学性能

树脂	纳米纤维素	制备方法	添加量（%）	最大拉应力（MPa）	最大拉应变（%）	弹性模量（GPa）
酚醛	30 次细磨 + 14 次均质化处理 CNF	干膜加压浸渍树脂，干燥后层积热压	11.1	370	3.3	19
	TEMPO 氧化 CNF	树脂与 CNF 混合制备湿膜，干燥后热压	10	214	12.6	4.84
		干膜吸水膨胀浸渍树脂薄膜，干燥后热压	8.32	248	17.15	4.5
三聚氰胺	酶预处理 + 15 次均质化处理 CNF	干膜加压浸渍树脂，干燥后热压	9	121	0.91	16.6
聚丙烯酸	细磨乙酰化 CNF	干膜真空浸渍树脂，紫外线干燥	未知	90	5.3	4.8

胀系数为纯树脂的 1/6($1×10^{-5}$/K)。由于酚醛树脂固化时会发生颜色变化，类似方法可用于制备 CNF/三聚氰胺树脂纳米复合薄膜。相对于纯 CNF 薄膜，复合薄膜的拉伸强度提高 50%，弹性模量提高 30%；但是，由于固化后的三聚氰胺较脆，拉伸伸长量减小，其吸湿、动态黏弹性能均明显改善。这种高弹性模量（约 16 GPa）、低密度（约 1350 kg/m^3）的薄膜能用于扬声器鼓膜。因为在常温常压条件下，树脂不易进入薄膜，先将树脂与 CNF 溶液均匀混合、加压过滤以及干燥、热压后，再制备树脂分布均匀的 CNF/酚醛树脂薄膜，其拉伸强度高达 232 MPa，断裂伸长率高达 16%，断裂韧性高达 26 MJ/m^3。同时，运用 CNF 干态薄膜易吸水膨胀的特性，先将 CNF 干膜在去离子水中润胀 2 h 后，再利用浓度、渗透压力差将酚醛树脂交换吸附进入 CNF 膜内，也可成功制备分散均匀的 CNF-酚醛树脂纳米复合薄膜。

为充分利用 CNF 的良好透光性，采用抽真空浸渍法将丙烯酸树脂浸入 CNF 干膜，可得到透明的纳米薄膜。这种复合薄膜对 600 nm 以上波长可见光的透射率高达 70%，在 20~150℃条件下，热膨胀系数为 $1.7×10^{-5}$/K，仅为纯丙烯酸的 1/4，且弹性模量高达 7 GPa。这种透明薄膜有望取代传统玻璃，作为高韧性显示器屏幕材料。在此基础上，研究 CNF/不同丙烯酸（弹性模量不同）透明复合薄膜的性能，发现低弹性模量丙烯酸/CNF 的拉伸伸长量远远大于高弹性模量树脂复合材料（3 倍以上），热膨胀系数却明显小于后者（不到一半），为 $1.21×10^{-5}$/K。研究结果进一步证明，此类透明薄膜适用于制备高弹性、低热膨胀性有机发光二极管显示器基材。当然，这与商业化利用还有一定距离，首先是薄膜的吸湿稳定性、耐久性，其次是在其表面沉积其他导电层的可行性。但是，作为一种天然生物质材料，其原料丰富、对环境无污染等优势非常明显。

（2）木质纳米纤维素与热塑性树脂复合材料

热塑性树脂中，聚乙烯醇与聚氨酯是两类常用的树脂。纳米纤维素对聚合物具有增强作用时，同质量分数的纳米纤维素-聚乙烯醇混合溶液充分搅拌后在常温条件下缓慢挥发水分得到纳米相应复合薄膜。比较不同尺度（微米、微-纳米、纳米）纤维对聚乙烯醇基材的增强效果，发现 10wt% 纳米纤维素增强复合材料的弹性模量提高了近 20%，而拉伸强度却小幅度降低。这种力学性质的变化是由原料树脂性质，纳米纤维素长径比、直径分布、方向，以及树脂与纤维的结合强度共同决定。进一步研究发现，通过对上述微-纳米级纤维进行强超声波分散处理后，离心分离后得到的微细纤维对聚乙烯醇的力学强度增强效果更明显。因此，适当的纳米纤维素直径、长径比不仅能决定纤维本身的力学强度，更能影响纤维在树脂中的分布以及与树脂的结合，最终决定着相应复合材料的力学性能。以商业用纳米纤维素(少量微纤丝束，直径为 10~100 nm)、低黏度聚乙烯醇为原料采用相同的方法得到复合材料，发现纳米纤维素的加入并没有影响到聚合物的结晶度，且添加 10wt%纳米纤维素明显提高树脂的储存模量及拉伸性能，对热稳定性也有一定改善；这些网状交织结构的纳米纤维素对于提高树脂的韧性非常有效。制备方法及测试环境相对湿度对纳米纤维素/聚乙烯醇复合材料的力学性能具有显著影响，纳米纤维素添加量在 5wt%~10wt%时，对聚合物的增强效果明显，且聚乙烯醇浓度也影响着纳米纤维素的分布(1wt%聚乙烯醇中，1wt%纳米纤维素容易发生团聚，聚合物的黏度对纳米纤维素的分散有一定影响)；水分对于复合材料的力学性能影响显著，在相对湿度较低条件下，材料的力学强度较好。

将聚氨酯树脂薄膜与纳米纤维素干态薄膜相互叠加，热压制备纳米纤维素/聚氨酯复合材料(层数未说明)，16.5wt%复合材料的拉伸强度比纯树脂提高近 500%，弹性模量提高近 3000%，在-46℃聚合物软化点，复合材料的储存模量基本没有减少，比纯树脂高 2200%。这些显著的强化效果不仅来源于纳米纤维素的优异力学强度，利于与树脂大面积有效结合的尺寸结构，还源于纤维的纳米网状结构可以有效传递和减弱应力。

(3)木质纳米纤维素与多糖类聚合物复合材料

淀粉是一类产量丰富的天然可再生多糖类聚合物，极易溶于水，广泛应用于食品、生物医药、化妆品、纺织等许多行业。但是，它对于水分的敏感性也会限制其使用范围；同时，未经处理的淀粉材料较脆，力学性能较差。因此，用纳米纤维素胶体与淀粉制备"绿色"复合材料，不仅能改善其吸水特性，还能提高其力学强度。研究发现，利用马铃薯浆 CNF 改善淀粉(糊化处理)的热力学性质以及吸湿特性，添加 5wt%纳米纤维素，能明显抑制塑化淀粉薄膜的储存模量在玻璃化转变温度(-68℃)迅速降低，添加 40wt%纳米纤维素改性的塑化淀粉薄膜吸水率减少 20%。纳米纤维素改性支链淀粉时，CNF 不仅能充当传统的角色——增强基改善支链淀粉的力学性能，还可以替代丙三醇，发挥塑化剂的能效。同时，纳米纤维素/淀粉聚合体系的糊化程度是影响材料的主要因素。将糊化温度升高到 85℃以上，能促进淀粉分子的膨胀、溶解与分散，利于纳米纤维素均匀分散在聚合物基体中。研究 CNF/丙三醇塑化淀粉复合材料发现，随着纳米纤维素含量的增加，CNF/丙三醇塑化淀粉复合材料弹性模量、拉伸强度明显增大，拉伸断裂伸长率迅速降低，纤维含量为 70%时，上述指标分别为 6.2 GPa、160 MPa、8.1%，整体性能最佳，材料具有很高的韧性，且其储存模量随着温度的变化(-100~150℃)基本保持稳定。麦秸秆也是天然的纤维材料，麦秸秆纳米纤维素增强热塑性淀粉，其拉伸强度与弹性模量提高了 145%，储存模量由 112 MPa 增加到 308 MPa。这种复合材料在包装、生物医药领域有诱人的前景，对于提高农业剩余物价值也具有重要的意义。由于纳米纤维素形成致密的空间网状结构对淀粉吸湿膨胀的限制，且大比表面积的纳米纤维素羟基与淀粉羟基反应生成化学键，能明显降低淀粉薄膜的水分扩散能力，也能降低其对水分的吸收能力。

纳米纤维素对壳聚糖薄膜制备及性能也有很大的影响。纳米纤维素具有很好的力学性能、强度及韧性，能够促进和壳聚糖湿膜的成型及可操作性，减少湿膜干燥时的收缩及变形，且不需要加入复杂的缓冲液。然而，纳米纤维素对其相应干膜的力学性能增强效果不很明显。

6.4.3.2 木质纳米纤维素增强非水溶性聚合物复合材料

CNF 也常用来增强非亲水性聚合物，如环氧树脂、聚乙烯、聚丙烯以及聚乳酸等。因为纳米纤维素有很强的亲水性，易均匀分散在水溶性树脂中，而对于非水溶性树脂而言，纳米纤维素必须经过一系列处理后才能与树脂充分有效结合，生成新的复合材料。

（1）环氧树脂

环氧树脂是一类用途非常广泛的非水溶性树脂，Lu 等先用乙醇置换出 CNF 溶液中的水，再用丙酮置换出 CNF 乙醇溶液中的乙醇，得到纳米纤维素的丙酮溶液。为了使纳米纤维素与环氧树脂产生化学键结合，纳米纤维素丙酮溶液需加入少量的偶联剂（3-氨基三乙氧基硅烷、3-环氧丙基三乙氧基硅烷以及钛酸酯偶联剂），经充分搅拌均匀后，再加入环氧树脂混合均匀，然后加入固化剂充分搅拌，抽真空除去溶液内部气泡后，采用模制方法，边挥发丙酮、边固化树脂，得到 CNF/环氧树脂复合材料。偶联剂可有效地将纳米纤维素的亲水性转变为疏水性，促使其均匀分散于非亲水性环氧树脂基体中，且能产生化学键结合（其中，钛酸盐偶联剂效果最好）。复合材料的热稳定性、动态热机械性能都能得到不同程度改善。当利用纳米纤维素增强环氧树脂/碳纤维复合材料时，纳米纤维素含量对复合材料层间断裂韧性、动态热机械性能及微观结构都有影响。2% 质量分数纳米纤维素增强复合材料的层间断裂韧性的产生和延伸分别降低 80%、44%，纳米纤维素的断裂吸收了部分断裂能量，从而提高了复合材料层间的断裂韧性。此外，复合材料的拉伸强度及动态热机械性能也在一定程度上得到改善。

（2）聚乙（丙）烯

聚乙（丙）烯是强非亲水性聚合物，且在常温条件下为固态，纳米纤维素较难均匀分布其中，更难与其产生化学键结合。通过对纳米纤维素进行表面处理或者采用特殊的工艺，也能成功制备出分散较好的纤维增强聚乙（丙）烯复合材料。比如，先将乙烯丙烯酸低聚物枝接到纳米纤维素分子上，再将极性大大减低的改性纳米纤维素低聚物与聚乙（丙）烯熔融混合，模压成纳米纤维素–聚乙（丙）烯复合材料。复合材料的拉伸强度和弹性模量都明显增强，尤其是 5/45/50（纳米纤维素/低聚物/聚丙烯质量比）复合材料的拉伸强度会提高近 2 倍。然而，由于纤维与聚合物之间存在少量间隙，纳米纤维素及低聚物延伸率都比较低，复合材料的断裂伸长率都有不同程度的减少，一般在 10% 范围之内。或者将聚丙烯加工成较细的纤维状态，与纳米纤维素溶液充分混合后，过滤、干燥去除水分后，在 170℃、5 MPa 条件下模压 5 min 后制备得到纳米纤维素/聚丙烯复合材料。复合材料的弹性模量和拉伸强度都提高了 80% ~ 90%，而断裂伸长率却下降 80% ~ 200%。这说明采用纳米纤维素增强热塑性聚合物是可行的，但是如何提高纤维在聚合物中的分散程度、防止纤维团聚以及增加纤维与聚合物的有效结合，提高不同极性物质的两相界面强度，是今后这类复合材料的研究重点。

（3）聚乳酸

聚乳酸是一种新型的可生物降解聚合物，采用植物基纳米纤维素增强聚乳酸不仅能提高聚乳酸的性能，还能得到无环境危害的绿色材料。同时，纳米纤维素呈半透明状态，也能保持聚合物的色泽与颜色，增强美观效果。将纳米纤维素溶液与丙酮充分搅拌后，加入聚乳酸充分混合，自然挥发掉水分与丙酮后，得到干态纳米纤维素-聚乳酸混合物，再经混炼、造粒、模压成复合材料。比较发现，丙酮分散处理后，纤维分散效果增强，复合材料拉伸强度提高 20%，弹性模量提高近 30%；纤维的形态尺寸对于复合材料的增强作用差异较大：细长纤维最好；纳米纤维素添加量为 10wt% 时，复合材料的力学强度及动态黏弹性能综合最优。考虑到聚乳酸结晶时间较长，而低结晶度的聚乳酸在高温条件下的储存模量迅速降低，强度迅速下降，严重影响复合材料的应用。聚乳酸本身的性质对复合材料性能的影响较大，如聚乳酸结晶度对纳米纤维素增强复合材料的力学性能及动态热机械性能的影响。聚乳酸的结晶度对于 CNF/聚乳酸复合材料力学性能的影响较小，但随着纤维质量分数增加（0~20wt%），结晶复合材料弹性模量、拉伸强度增加明显。值得注意的是，结晶度对于复合材料的动态热机械性能影响显著，结晶复合材料在 60~80℃（高弹态转变温度区间）的储存模量由 3 GPa 降至 1 GPa，而非结晶复合材料则降至 10 MPa。他们还发现，纳米纤维素的添加也能促进聚乳酸的快速结晶，这从另一方面促进了复合材料力学及热学性质的提高与改善。研究 CNF/聚乳酸复合材料力学性能发现，网状纳米纤维素与聚乳酸分散良好、结合紧密，且随着纤维质量分数增加（10%~90%），复合材料的力学性能逐渐提高，90wt% CNF 复合材料的拉伸强度可达到 180MPa，弹性模量达到 14 GPa，接近纯的纳米纤维素薄膜。在纳米纤维素/聚乳酸复合材料中，纳米纤维素分散良好的复合材料的断裂伸长率是未经分散材料的 3~5 倍，均匀分散的网状纳米纤维素在拉伸过程中能够吸收部分能量，也能阻止微裂纹的生长与延伸。

为了扩展亲水性纳米纤维素增强非极性聚合物，Tingaut 等对 CNF 进行乙酰化处理，降低或转变纳米纤维素的亲水性。研究得到，4% 以上乙酰化处理阻止了纳米纤维素干燥时的角质化，由于纳米纤维素之间未能形成很强的氢键，干燥后的粉末不仅热稳定性增强，也能重新溶于非极性溶剂中。这一发现对于制备干燥粉末状的纳米纤维素提供了思路，也为此类纤维增强非亲水性聚合物提供了方法。在此基础上，他们将纳米纤维素与聚乳酸溶于三氯甲烷溶液中，在均质化处理后，采用模制的方法得到 CNF/聚乳酸复合材料。

6.4.3.3　木质纳米纤维素增强机制

关于纳米粒子的增强机理，目前尚存在争论，主要可以归纳为 3 种理论。第一种极端的增强理论认为，增强过程仅仅是通过纳米粒子的聚集，形成可以直接转移能量的通道。与"粒子聚集"观点相对的"交互区"理论认为，聚合物链固定在纳米粒子上，这种固定作用减弱了链段的运动，形成了具有良好弹性的纳米-聚合物渗透网络。最后一种理论认为，聚合物链在纳米粒子之间产生搭桥，进而形成网络结构。但是，对于纳米纤丝这种纳米粒子来说，增强理论并不局限于上述 3 种。含有 CNF 的复合材料，其内部良好地分散了包括可逆的非共价键和缠结作用在内的物理键合，这使得材料在裂纹扩展之前还可以保持一定的完整性。可逆的非共价键主要是纤维与聚合物链因具备较多的极性键而形成的氢键（图 6-8），这种氢键起到了"牺牲键"的作用，在产生裂纹之前有效地吸收并分散应力。缠结则主要起到负载和支撑的作用（图 6-9）。纳米纤维素上同时存在晶区与非晶区：晶区可以有效地吸收能量，抵抗大的形变；非晶区与聚合物链缠结，起到了固定分子链的作用，这使得分子链间结合更为紧密，从而在产生裂纹之前通过缠结的纤维将应力传递发散，增加了复合材料的力学强度。

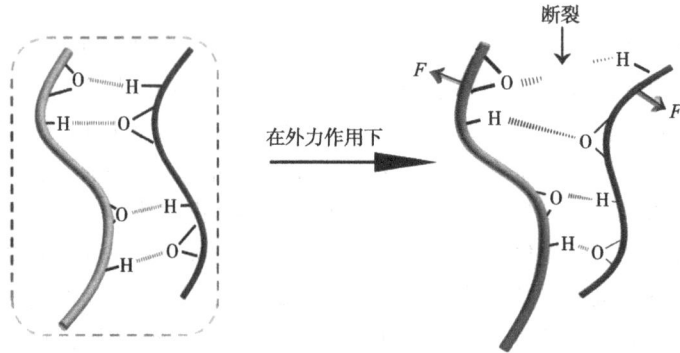

图 6-8   纳米纤维素与聚合物分子链间的氢键增强作用示意图

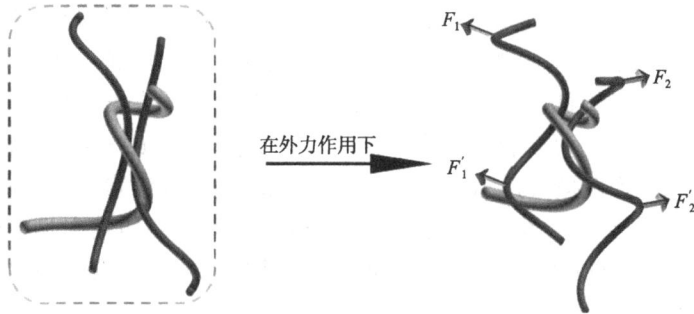

图 6-9   纳米纤维素与聚合物分子链间的缠结增强作用示意图

在纳米纤维素增强聚合物复合材料的研究中，还存在许多科学难题亟待解决，如 CNF 制备周期过长、成本偏高，CNF/亲水性聚合物复合材料易吸湿，CNF/非亲水聚合物之间界面难融合等。基于上述研究现状，结合学科发展与技术进步，以下几个方面将是未来的主要发展方向：①采用超临界、溅射等干燥方法减少和克服 CNF 纳米纤维素干燥过程角质化，从根本上解决其存储与运输问题，同时也进一步促进 CNF 与聚合物以挤压、注射等传统方法加工成型；②利用低表面能、高疏水性聚合物对复合材料功能化处理。减少 CNF/亲水性聚合物复合材料的水分敏感性，提高复合材料的耐久性及耐候性；③利用有机溶剂置换、添加偶联剂与表面活性剂、CNF 乙酰基化等方法，提高 CNF 与非亲水性聚合物的均匀分散，有效结合。

6.4.4   木质纳米纤维素功能复合材料

木质纳米纤维素精细的纳米结构、丰富的表面活性基团、优异的力学性能、良好的生物相容性与天然的网状结构是设计先进功能材料的优选。作为纳米材料家族新成员，纳米纤维素在绿色储能、柔性纳米器件、光学材料、催化吸附、智能释放等领域取得了许多突破性的进展。

6.4.4.1   木质纳米纤维素储能材料

木质纳米纤维素本身具有良好的柔韧性和机械性能，纤维之间彼此交错连接，易形成便于离子和电子传输的多孔结构。纤维表面还附有羟基、羧基等多种亲水性官能团，在电解质溶液中具有良好的保湿能力，其绿色储能材料具有广泛的应用前景。目前，国内外研究者对木质纳米纤维素储能研究主要集中于木质纳米纤维素基隔膜材料和木质纳米纤维素基电极材料两个方面。

用纳米纤维素/石墨基锂电池复合制备的电池的阴极材料，这种层状的多孔材料不仅力学性能好、柔韧性好，循环充放电多次后依然保持较高的可充电性。为了提供更多的离子传递路径，将纳米纤维素与碳纳米管混合后气凝胶化，孔状气凝胶不仅保持较高的力学强度，其 100 次循环充放电后的质量能量密度高达 $1200(mA \cdot h)/g$。由于纳米纤维素在失水成膜(或气凝胶)时可自发地形成纳米孔隙结构，因此，在充放电初期，这些材料的储存-释放电子的能力差异不明显，但随着循环充放电次数的增多(高于 20 次)，高孔隙率材料的储电能力相对较强。这可能是由于反复充放电后在电解质与电极材料表面形成隔离层，而这些隔离层在低孔隙率材料中阻滞带电离子移动的效果更明显。Wu 与团队成员利用纳米纤维素优异的力学强度、表面丰富的活性基团及其成膜后的良好阻隔特性，设计出了电极、隔膜一体化的锂离子电池，主要制备流程与电池基本构造如图 6-10 所示。以纳米纤维素为基体制备的上述锂电池具有较好的抗折叠能力，其放电效率在正常状态与折叠状态时基本一致。

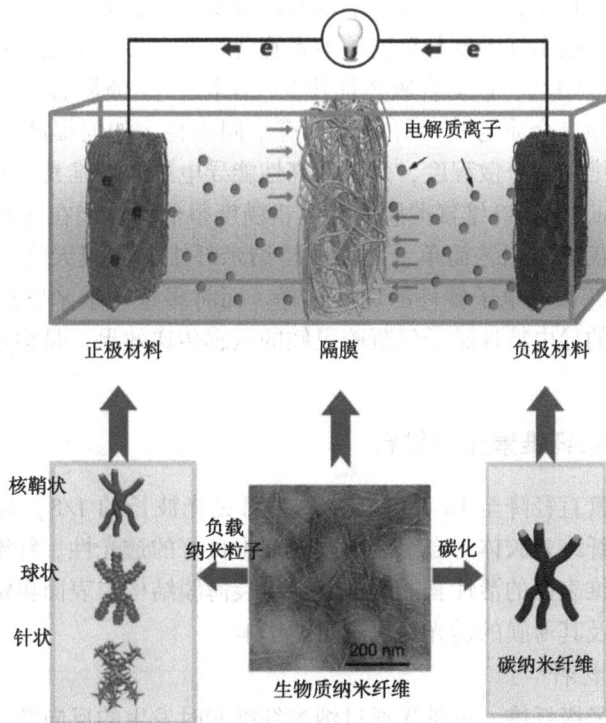

图 6-10　木质纳米纤维素用于锂离子电池的主要制备流程与电池基本构造示意图

为了避免正负电极之间短路，锂(钠)电池正负电极之间需要隔离膜机械隔离。在隔离正负极时，它需保证锂离子在充放电时能够自由移动穿越，因此呈多孔状。比较发现，纳米纤维素自组装薄膜用于锂电池电解质隔离膜，比传统的聚乙烯隔离膜拥有更好的离子渗透能力与传递效果，对 $LiPF_6$/碳酸乙烯酯/碳酸二乙酯电解质浸润保湿能力更好，且纳米纤维素分离膜具有良好的热稳定性与力学性能，充电击穿风险比聚乙烯膜低，该技术已经申请国际发明专利并正在进行商业转化。

储氢是绿色储能的有效方式之一。利用 TEMPO 氧化纳米纤维素自组装薄膜能够选择性渗透 H_2，而 N_2、O_2、CO_2 等大分子气体却难以渗透，这一特殊渗透性质是由纳米纤维素自组装结构的孔径所决定的。纳米纤维素薄膜选择性渗透特性可以用于 H_2 的分离与提纯，对于绿色氢气存储与利用具有非常诱人的市场潜力。

纳米纤维素自组装薄膜延续了纤维力学性能强的特性，薄膜拉伸强度 150~250 MPa，弹性模量 8~12 GPa，断裂伸长率 6%~10%。不仅如此，薄膜还具有良好的热稳定性与电化学稳定性，其热膨胀系数小于 $8.5×10^{-6}/K$，比一般的塑料(热膨胀系数 $5×10^{-5}/K$)耐热。因此，纳米纤维素自组装薄膜在新型柔性微电子器件制备领域应用前景惊人。在纳米纤维素薄膜上可以直接"打印"太阳能电池，并与导电介质(如碳纳米管、纳米银线等)生产功能化复合设计的新材料，可用于触摸屏、交互式计算机等光电仪器。同时，在纳米纤维素薄膜上也可刻蚀集成电路，该电路不仅能承受较宽范围的电压，在弯曲条件下仍能保持良好的传导效果。当在纳米纤维素薄膜上设计柔性场效应晶体管时，将该材料弯曲或折叠后，该柔性晶体管的电子迁移率仅下降10%左右。

纳米纤维素自身难以提供电子移动有效的途径，制备柔性微电子器件时，常将导电性优异的碳纳米管、石墨、石墨烯等与纳米纤维素复合，裁剪设计具有不同导电能力的高强导电复合薄膜。纳米纤维素与单壁碳纳米管剪切混合后自组装成膜，薄膜(8wt%碳纳米管)阻抗约为 $300Ω/γ$，该复合胶体能作为"纳米墨汁"喷墨打印在普通纸张上，形成导电电路。上述导电介质与纳米纤维素具有不同极性，如何提高二者之间的界面融合，改善它们在纤维中的分散程度，是获取高性能导电纳米纤维素薄膜的关键。由于纤维直径为 10~50 nm，纳米纤维素薄膜的表面粗糙度很低，也能在薄膜表面直接打印导电电路。该方法不仅加工工艺简单，还能保持纳米纤维素薄膜天然的透光、高强等性能，是制备"卷对卷"柔性电子器件的良好选择。而将多壁碳纳米管改性纳米纤维素气凝胶时，碳纳米管的导电特性赋予气凝胶灵敏的压感传递效果，是柔性压感材料的良好选择。

6.4.4.2　木质纳米纤维素光学材料

由于纳米纤维素直径降至 10~50 nm，约为可见光波长的 1/8，对可见光的散射作用明显减弱，纳米纤维素胶体与自组装薄膜表现出良好的透光性。纤维的透光性主要由纤维直径决定，纤维表面的活性官能团、其自组装薄膜结构与表面粗糙度、纤维之间间隙等对纳米纤维素及其薄膜的透光性也有重要影响。

（1）可控透光材料

相对于一般微米级纤维，可见光通过纳米纤维素时发生的反向散射、前向散射与吸收显著降低，透光性随之改善。不同直径纳米纤维素形成的自组装薄膜透光率、镜面透射比、浑浊度差异明显，纤维直径分别为 10nm、50nm 的自组装薄膜透光率高达 92%~93%，然而，其镜面透射比分别约为 70%、20%，浑浊度为 49%、20%。镜面透射比、浑浊度与光的前向散射密切相关，镜面透射比低的纳米纤维素薄膜对光的散射度高，适用于太阳能电池基材，能提高光的有效转化，而镜面透射比低的薄膜更适于显示器等高透光、低散射要求的材料。不仅如此，通过调控纳米纤维素薄膜的孔隙率、表面平整度，改变纤维之间的界面散射，也能控制和改变薄膜的透光率与透光特性。

借助纳米纤维素良好的透光性，Gutierrez 等设计出具有可逆光致变色效应的导电纳米纤维素/氧化钒纳米功能材料。被波长 368 nm 的可见光辐射 30 min 后，纳米纤维素复合薄膜颜色由绿色转变为淡紫色，室温条件放置后，薄膜的颜色逐渐恢复。这种可逆的光致变色效应是氧化钒中的 V^{3+}、V^{2+} 在上述条件中的可逆氧化还原反应引发的。虽然复合薄膜的透光率由 40% 降至 14%，毫无疑问，这种具有可逆光致变色特性的薄膜未来在人工智能窗、光电子晶体管、新型伪装隐身等领域前景广阔。在此基础上，他们还将具有光催化氧化效应的钛氧化物引入纳米纤维素/氧化钒复合薄膜，设计出具有光催化氧化与光致变色双重功能的纳米材料。

(2)纤维素纳米晶为模板的手性液晶材料

纤维素纳米晶手性液晶具有原料易得、制备方法简便、结构可调的特点和特殊的手性光学性质。自然界中存在很多类手性液晶结构的物质，它们在生物体中起到了重要的作用。因此，人们期望利用纤维素纳米晶手性液晶作为模板或者结构基元来仿生构建新型的手性功能材料，从而推进其在现实生活中的实际应用。

以纤维素纳米晶为模板的手性液晶材料是一种新兴的纳米生物材料。尤其在资源匮乏的今天，以纳米纤维素为模版开发功能材料是当前纤维素科学研究发展的趋势。纳米纤维素晶体及其接枝共聚物可以形成胆甾型液晶，利用这些特点，可以仿生构建新型的手性功能复合材料。其在无机手性介孔材料、有机手性介孔材料等领域有着一定的应用价值。

6.4.4.3　木质纳米纤维素催化吸附材料

纳米纤维素结晶度高、力学强度大、孔隙率高，通过真空冷冻干燥或超临界干燥后，可形成三维网络气凝胶材料，通过化学改性等制备得到结构可控、吸附性能优异的绿色多孔催化吸附材料。

(1)对空气吸附净化处理

将木质纳米纤维素多维网络材料与负电性物质(纳米银溶胶、炭硅复合材料等)结合，实现其带永久负电性的功效，当空气中的污染物质(带正电性)靠近时，可通过异种电性相吸原理高效吸附。活性炭纤维(ACF)负载生态酶、纳米银杀菌剂，合成纳米复合空气净化材料。ACF 将甲醛吸附后，负载于其上的生态酶使甲醛等有机分子迅速降解，经甲醛气体饱和吸附后的复合材料又重新进行下一个催化反应过程。将活性碳纤维和 TiO_2 催化剂同时负载于多孔纳米纤维素气凝胶时，活性碳纤维和静电效果对室内空气中的低浓度有机污染物进行快速吸附，使污染物富集在纳米纤维素网络结构上，从而加速 TiO_2 光催化反应速度，同时光催化生成的微量中间副产物可以被活性炭纤维吸附而难以扩散到空气中，使之继续在催化剂表面进行反应，直至完全转化为无害的二氧化碳、水和简单的无机物，显著提高其催化效率。

(2)对工业废水的净化处理

以纳米纤维素气凝胶为载体，对其接枝共聚改性后制备得到的复合材料，对水体中的重金属离子的吸附率显著提高。含功能性基团(如氨基、巯基等材料)可与金属离子形成螯合反应、络合配位、离子交换等化学反应。同时，纳米纤维素多孔气凝胶材料本身具有结构完整、交错的三维网络结构，可对重金属离子形成物理吸附作用。物理-化学的双重吸附作用极大地增大了对重金属离子的吸附性能，可用于工业废水的净化处理。

（3）作为催化剂的模板

纳米纤维素不仅含有丰富的活性基团，易于反应生成氢键或化学键，还拥有优异的力学强度和天然的网状结构，因此，利用纳米纤维素为模板或载体设计新型绿色功能材料得到研究者的广泛青睐。通过前驱体反应，各种纳米粒子（如银、金、铁、镍、硫化铅、TiO_2、Al_2O_3等）以天然网状纳米纤维素为模板，形成了具有特殊电磁性、吸附性、催化性的功能材料。当以 $FeS/CoCl_2$ 为前驱体，在纳米纤维素上生成 $CoFe_2O_4$ 磁性纳米粒子时，通过控制纳米纤维素之间的结合状态，合成具有电磁性的柔韧纳米纤维素复合凝胶与超强纳米纤维素复合薄膜。以多孔纳米纤维素气凝胶为模板，采用原子层沉积的方法在纳米纤维素表面沉积 TiO_2 与 Al_2O_3 纳米层，450℃煅烧 8 h 后，去除纳米纤维素有机芯层，可获得中空的无机 TiO_2、Al_2O_3 纳米管。由于纳米纤维素在机械牵引或电磁场中能实现定向排列，这一方法也为合成中空或定向无机纳米管（线）材料提供了新思路。

以纳米纤维素形成的多孔气凝胶为模板，通过原子沉积在纳米纤维素表面生成 TiO_2，高温煅烧后得到中空的 TiO_2 纳米管（有氧环境）、C 掺杂 TiO_2 纳米管（无氧环境）。利用获得的多孔 TiO_2 纳米管材料，还可设计出一套可用于光电转化太阳能制氢的装置（图 6-11），纳米纤维素与 TiO_2 纳米管形成的毛细管作用将太阳能转换效率提高了一倍多。

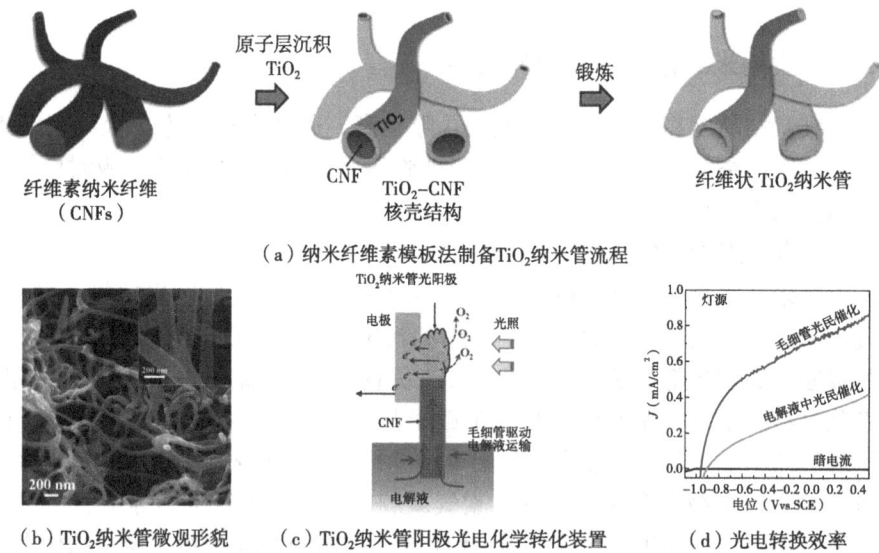

（a）纳米纤维素模板法制备 TiO_2 纳米管流程

（b）TiO_2 纳米管微观形貌　（c）TiO_2 纳米管阳极光电化学转化装置　（d）光电转换效率

图 6-11　以纳米纤维素为模板制备网状的 TiO_2 纳米管及其光电化学转化装置与效果

6.4.4.4　木质纳米纤维素智能缓释材料

药物合成时，药物微粒的有效承载与缓慢释放是制药行业需要解决的两个关键问题。已有研究表明，利用纳米纤维素特有的胶体特性能将药物有效分散，降低和防止药物团聚；纤维天然的网状结构和丰富的表面活性基团（如羟基等）既能保证药物的释放与流通，也能控制其释放速率，在制药中发挥赋形剂与缓释剂的作用。

　　芬兰赫尔辛基大学 Kolakovic 团队率先展开了纳米纤维素生物制药领域的研究。他们通过直接压片与湿法制粒分别制备对乙酰氨基酚药粒，比较了溅射干燥纳米纤维素与常用微晶纤维用于药物赋形剂的特性。尽管其都是纤维素的产物，具有相同组成成分，但纳米纤维素由于直径小，其造粒效果更好，相应药粒的孔隙率小，可一定程度减缓药物有效成分分解。随后，将药物与纳米纤维素胶体混合后溅射干燥，发现纳米纤维素能形成精细的纳米网状结构，有利于延缓药物的释放(溶解试验表明，6 个月后仍然有药物释放)，药物释放速率由药物本质特性(亲水性、溶解性)以及药物与纳米纤维素之间的结合强度共同决定。他们的系列研究还包括将药物与纳米纤维素胶体自组装成薄膜状药片。

　　由于干燥方式对纳米纤维素之间的结合形式以及结构形态的影响，薄膜状的药片中的药物易团聚成较大颗粒，在水中的释放速率成明显直线状。因此，纳米纤维素用于生物制药，不仅要考虑其与药物的结合形式，纳米纤维素在失水时的自组装特性也不容忽视。与此同时，为了提高药物粒子与纳米纤维素的结合，采用疏水蛋白(瑞士木霉疏水蛋白 HFB)先将药物微粒包裹改性，再用具有双亲端的融合蛋白(纤维素酶蛋白)将包裹的药物微粒与纳米纤维素进行组装。改性处理不仅提高了药物粒子在纳米纤维素胶体中的分散效果与稳定性，也延缓了药物的释放。采用类似的制药方法，还探索了不同纳米纤维素对丙酸倍氯米松粒子的吸附剂释放影响。令人吃惊的是，药物在微晶纤维、红辣椒纳米纤维素中的释放速率很快，而在细菌合成纳米纤维素、TEMPO 氧化桦木纳米纤维素以及椴梓籽纳米纤维素中的释放速率明显减缓。从这一结果可以推断，药物在纳米纤维素中的结合状态与释放速率也与纤维的来源密切相关，不同来源纳米纤维素的晶体结构、表面活性官能团、电荷密度都不一样，而这些因素都影响着纤维对药物的吸附与释放能力。

　　利用纳米纤维素胶体剪切变稀流变特性，可尝试用其作为组织培养基进行人体肝细胞培养。这种独特的流变性既方便培养基以注射等方式转移，同时也赋予了培养基一定的结构强度，保持其设定的形状，有利于细胞的三维成长与分化。针对纳米纤维素这一特殊性质，结合先进的 3D 打印技术，纳米纤维素在多维组织细胞培养中具有巨大的应用潜力。

　　尽管纳米纤维素与其他材料的结合力和界面融合并未达到理想状态，不可否认，纳米纤维素的资源优势和优异的性能特点正在促进纳米纤维素基功能材料的快速发展。纳米纤维素将成为功能性复合材料的重要模板与基体材料。

本章小结

　　随着石油资源日益大量消耗，寻找绿色、环保、可再生资源来开发新材料已经成为社会发展的必然趋势。通过机械剪切、强酸水解等物理、化学方法获制的木质纳米纤维素(至少一维尺寸小于 100 nm)具有优异的力学性能、良好的透光性和生物相容性、精细的纳米结构、丰富的表面活性基团以及天然的网状结构，近年来吸引了众多科研工作者及企业家的目光，是设计先进功能材料的优选，并在绿色储能、柔性纳米器件、光学材料、催化吸附、智能释放等领域取得了许多突破性的进展。

思考题

1. 简述木质纳米纤维素的定义和分类。
2. 简述纤维素的化学结构及其特点。
3. 木质纳米纤维素的解离方法有哪些？简述这些方法的优势和不足。
4. 列举几种木质纳米纤维素增强聚合物复合材料，并试述木质纳米纤维素的增强作用。
5. 举例说明木质纳米纤维功能复合材料的制备方法和应用前景。

第7章
木材仿生材料

本章简述了自然界中某些生物体所具有的独特结构和智能性，着重介绍了木材结构及木材仿生材料的相关知识。木材仿生将木材本身和生物体具有的结构和物性优势有机结合在一起，成为近些年农林领域研究的前沿方向。鉴于木材仿生领域研究范围过于宽广，为了使读者更好地理解木材仿生的相关知识，本章将仅围绕仿生智能木材和仿生人工木材两大方面对木材仿生材料的相关研究进展展开论述。

木材仿生是物理学、化学、材料学、纳米科学、电磁学、工程技术、生物工程等多学科理论知识的交叉融合。仿生智能木材是以木材精妙的多尺度分级结构、多孔隙构造学特征、智能性调温、调湿、电热绝缘和天然美学的功能为基础，以自然界给予的各种现象为启发，运用纳米技术、界面化学和计算机模拟手段，对自然界生物体的结构、功能、行为和与环境的响应机制进行仿生，合理设计和改变木材结构，交联和嫁接功能性基团、纳米材料和高分子聚合物，充分利用木材独特的物理和化学属性，制备出具有特定功能的木基仿生新材料。其主要的研究方向有：超疏水木材、超滑木材、木基电池、相变木材、透明木材、太阳能木基蒸发器、辐射制冷木材、磁性木材、响应性木材等。仿生人工木材主要是模仿木材本身的多孔结构，通过物理或化学手段获得与天然木材各向异性孔道相仿的结构材料。受到所用原材料的影响，仿生人工木材将同时拥有天然木材的结构优势和所用原材料的物理化学性质。

7.1 自然界的仿生材料

《道德经》有云："人法地，地法天，天法道，道法自然。"人们很早就知道要向自然学习。根据进化论原理，现今存世的事物都是经过大自然千万年来"优选"后的产物，其材料性能都是久经考验的，而我们近百年才发现的知识原理也与之不谋而合。

自然界的创造力总是令人惊奇，天然生物材料经历几十亿年进化，无论在宏观层面还是微观层面大都具有最合理、最优化的完美的复合结构，并具有自适应性与自愈合能力，如竹、木、骨骼与贝壳等。其组成简单，但通过复杂结构的精细组合，可以具有许多独有的特点与最佳的综合性能。例如，荷叶的表面有许多微小的乳突，让水不能在上面停留，水滴形成后会从荷叶上滚落，同时将灰尘带走；海洋生物乌贼与斑马鱼体内的色素细胞决定了它们天生有一种改变自身颜色的能力；水稻叶子表面突起沿平行于叶边缘的方向排列有序，使得排水十分便利；昆虫复眼的减反射功能，使得黑夜观瞧成为可能；水黾腿部有数千根按同一方向排列的多层微米尺寸的刚毛，使其在水面行走自如；壁虎脚底大量的细毛与物体表面分子间产生的"范德华力"累积之后，使其有了特殊的黏附力……道法自然，向自然界学习，采用仿生学原理，设计、合成并制备新型仿生材料，就是近年来快速崛起与发展的研究领域，并已成为材料、化学、物理、生物、纳米技术、制造技术及信息技术等多学科交叉的前沿方向之一。

7.2   仿生智能木材

7.2.1   仿生智能木材的基本原理

木材是由天然结构高分子组成的天然有机复合体，其主要成分是纤维素、半纤维素和木质素三大天然高分子，连同少量的果胶、蛋白质、抽提物和灰分。木质纤维素中各种天然高分子的相对比例变化取决于木材的来源，但在干重中，通常纤维素占 40% ~ 50%，半纤维素占 20% ~ 40%，而木质素占 18% ~ 25%（阔叶材）或 25% ~ 35%（针叶材）。半纤维素是支链高分子，由不同的糖单体（包括葡萄糖、木糖、甘露糖、半乳糖等）聚合而成，每个分子中含 500 ~ 3000 个糖单元。木质素是具有一定疏水性的芳香族聚合物，但是没有一个可以精确描述的一级结构。木质素主要是愈创木基丙烷单元、紫丁香基丙烷单元和对羟苯基丙烷单元通过醚键和碳-碳键联结而成的无定形高分子，含有芳香基、酚羟基、醇羟基、羧基、甲氧基、共轭双键等活性基团，目前并没有得到高价值的利用，由于缺少合适的技术将其转化成高价值的材料，绝大多数的木质素被用于焚烧。在植物细胞壁中，纤维素被半纤维素包裹着，外层再由木质素紧密包埋，木质素和碳水化合物之间形成共价键（主要是 α-苯甲基醚键）连接形成一个交联网络，成为坚固的细胞壁。木质素大量存在于陆地植物中，但由于其结构的复杂性，使得它在实际应用中很难开发。

木材是一类结构层次分明、构造有序的聚合物基天然复合材料。从宏观到微观，木材的多尺度分级结构可分为：米级的树干、厘米级的木纤维、毫米级的年轮、微米级的细胞和纳米级的纤维素微纤丝（图 7-1）。木材细胞的结构极其精妙，其单个细胞由薄的初生壁（约占细胞壁厚度的 1%）、厚的次生壁和细胞腔组成，细胞腔大而空。其中，纤维素纤丝是组成木材细胞壁的基本单元。由纤维素分子链平行排列组成基元纤丝，基元纤丝组成微纤丝，微纤丝聚集成纤丝，再到粗纤丝，粗纤丝相互缠绕组成细胞壁薄层，许多薄层再聚集成细胞壁。在纤维素微纤丝聚集形成纤维素纤丝的过程中，木质素和半纤维素等物质聚集在微纤丝之间的空隙中，相互交联，形成木质纤维素纤丝。

在木材细胞壁中，次生壁是构成主体。次生壁是由次生壁外层（S1，厚约 0.5 μm）、次生壁中层（S2，厚约 5 μm）和次生壁内层（S3，厚约 0.1 μm）组成。次生壁微纤丝的排列不像初生壁那样无定向，而是相互整齐地排列成一定方向。各层微纤丝都形成螺旋取向，但是斜度不同。在 S 层，微纤丝有 4 ~ 6 薄层，一般为细胞壁厚度的 10% ~ 22%，微纤丝呈"S"形、"Z"形交叉缠绕的螺旋线状，并与细胞长轴成 50° ~ 70°。S2 层是次生壁中最厚的一层，在早材管胞的胞壁中，其微纤丝薄层数为 30 ~ 40 层，而晚材管胞可达 150 薄层或以上，一般为细胞壁厚度的 70% ~ 90%；S2 层微纤丝排列与细胞长轴成 10° ~ 30°，甚至几乎平行。在 S3 层，微纤丝有 0 ~ 6 薄层，一般为细胞壁厚度的 2% ~

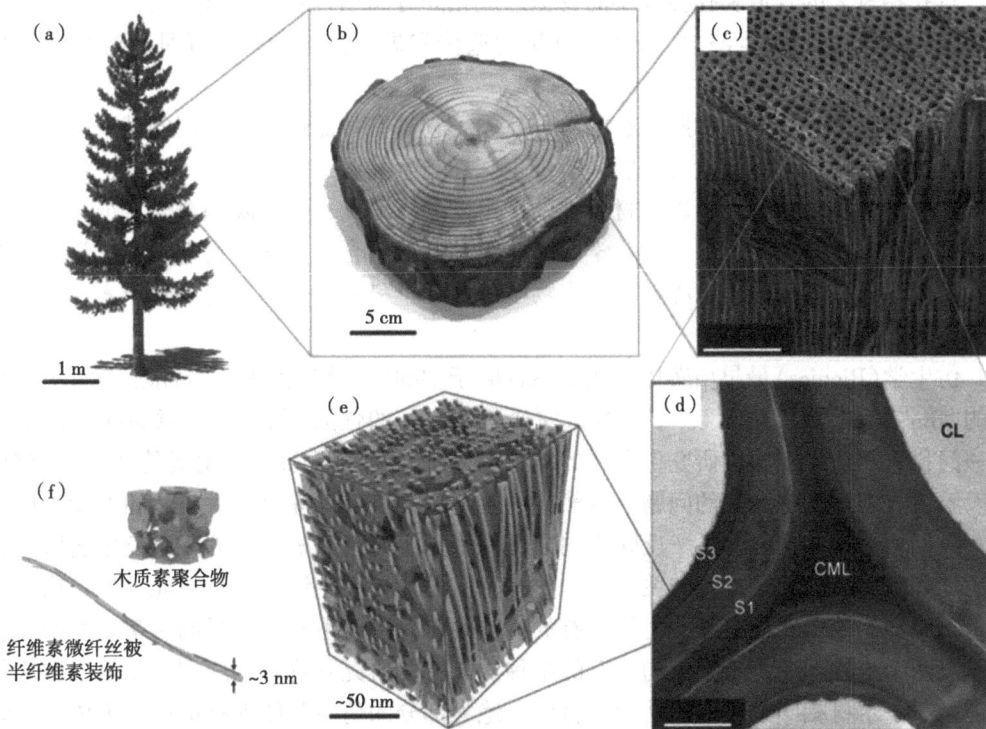

（a）黄松；（b）黄松树干部分的照片；（c）软木（黄松）组织结构的SEM图像；（d）大细胞壁超微结构的TEM图像（CL为细胞腔；CML为复合中层；S1，S2和S3表示次生壁）；（e）木质纤维素的纳米级结构示意图；（f）非晶质木质素聚合物和用半纤维素（微纤维）装饰的纤维素微纤丝的理想描绘

图 7-1　木材的分级结构

8%，微纤丝的排列近似 S1 层，与细胞长轴成 60°～90°，呈比较规则的环状排列。

在光学显微镜下，细胞壁仅能见到宽 0.4～1.0 μm 的丝状结构，称为粗纤丝（macrofibril）。如果将粗纤丝再细分下去，在电子显微镜下观察到的细胞壁线形结构则称微纤丝（microfibril）。木材细胞壁中微纤丝的宽度为 10～30 nm，微纤丝之间存在着约 10 nm 的空隙，木质素及半纤维素等物质聚集于此空隙中。其断面约有由 40 根纤维素分子链组成的最小丝状结构单元，称为基本纤丝或基元纤（elementary fibril 或 protofibrils），它是微纤丝的最小丝状结构单元。如果把纤维素分子链的断面看作圆截面，则可以推算其平均直径约 0.6 nm。微纤丝和基本纤丝的直径均低于 100 nm，属于线状纳米材料，具有较高的长径比。不同层级结构的纤维素尺寸、性能都不同，随着纳米科学的发展，人们发现一维纳米纤维（特指直径小于 100 nm 且长径比大于 100 的纤维材料）具有卓越的光学性能、机械性能和结构性能，在组织工程、纳米复合材料、纳米器件中有非常广泛的用途。事实上，木材细胞壁中的纤维素微纤丝就是一种自然界中取之不尽的纳米纤维。木材中的微纤丝不但具有很高的长径比，还具有天然高分子的可再生性、可循环性和可生物降解性，使其能更适用于药物释放、化妆品、食品添加剂、肥料、组织工程和可生物降解的包装材料。

木材除了拥有精妙的多尺度分级结构外，还具有天然形成的精细多孔结构。自然界中生长着上万种木材，它们的结构各异：阔叶材的管孔形状多种多样，呈现出不规则的圆形、椭圆形和多边形，在孔径尺寸上从粗到细，变化范围很宽，明显呈现出分级特征，且孔径较大的管道和孔径较小的管道形成相间分布结构；针叶材的孔径尺寸则比较均匀、分布较为规则。经过大自然亿万年的遗传和进化，每种木材都具有各自的结构特点。

木材自身的生物结构和所具有的组分赋予了它具有智能性调节作用的某些性质，如隔热性与温度调节、吸湿性与湿度调节、生态性与生物调节，以及吸音抗震、色泽柔和与感觉舒适等环境学特性。以木材精妙的多尺度分级结构、多孔隙构造学特征、次智能性调温、调湿、电热绝缘和天然美学的功能为基础，结合仿生学、物理学、化学、材料学、纳米科学、电磁学、工程技术、生物工程等多学科理论知识，可以赋予木材十分广阔的应用。

仿生学（Bionics）最早由美国的 J. E. Steele 于 1960 年首先提出。Bionics 来源于希腊文的"Bio"，意思是"生命"，字尾"nic"有"具有……的性质"的意思，意为向生命学习的一门科学。仿生学通过研究生命体的结构与功能之间的关系，开发新的技术或材料，用以解决人们生活中遇到的问题。自然界的生物所具有的功能是在大自然的考验下形成的，人们相信这些功能背后所反映出的原理是最真实并且精妙的，因此研究生物所具有的功能和其对应的结构之间的关系是十分有意义的。狭义上讲，仿生智能木材是指通过仿生学原理，使木材具有某些生物才有的特殊功能。在仿生智能木材的制备过程中，重点涉及两个步骤：一是观察生物具有的某种功能，并研究其背后的原理；二是根据这些原理，赋予木材相同或类似的功能。目前，绝大部分的仿生智能木材都以此为依据，既保留或部分保留了木材的本体结构，又赋予了木材新的功能。广义上讲，除了包含上述过程，仿生智能木材的定义也涵盖一些特殊的案例：一是利用人工手段使木材具有某些生物功能（但这些功能背后的原理未必与所模仿的生物的原理相同，因为利用不同的原理也可以使木材具有与生物功能相当的性能）；二是改变木材原有的结构，使其更类似于自然界中的生物或事物所具有的结构，从而使其获得特殊的性能。之所以对木材进行仿生设计，主要是因为当下环境危机日益严峻，木材这种价格低廉、环境友好、可再生的天然有机材料有望代替传统的、不可再生的、对环境有害的材料。虽然木材本身具有诸多的优点，如精细的分级多孔结构、漂亮的表面纹理、质地温和的手感、优良的隔音隔热性能、较强的承重能力等，但其缺点却也严重限制了其大范围的应用，如潮湿环境下极易腐败、易燃、易开裂等。因此，通过仿生学原理改善其劣势或拓宽其应用面，既符合经济节约的利益，也符合环境保护的需求。下面介绍几种用于木材的热门仿生学原理。

7.2.1.1　超疏水木材的仿生原理

荷叶表面可以出淤泥而不染，水黾可以自由行走在水面上而不会沉入水中，蝴蝶翅膀不会轻易被水打湿，这些都体现出了生物自身的防水能力。人们通过观察这些生物防水部位的微观结构，总结出了表面严格不沾水（水在表面的接触角大于 150°，此时称为超疏水）所需要的条件：一是材料表面粗糙度要足够大，二是材料表面能要足够低。而赋予木材超疏水性，即在木材表面构建具有低表面能的粗糙结构，可以使木材免受水的侵袭，从而避免发生结构膨胀和腐败。

通过赋予木材表面超疏水特性，确实可以提升木材对水和污染物的防护能力，但是，其脆弱的微观粗糙结构在外力作用下极易遭到破坏，从而丧失超疏水性。除此之

外，超疏水表面还存在耐压能力有限、难以疏油以及被破坏后难以在短时间内恢复或需
要较为严格的恢复条件等。猪笼草是一种热带食虫植物，其奇特的捕虫器官——捕虫笼
吸引了科学家的注意。猪笼草的笼口为捕虫笼的开口，笼口处的唇十分光滑，其朝向外
翻或内翻，外缘常为波浪形。在唇上，有一条条横向平行的光滑的楞，称为唇肋。唇会
分泌亲水性的蜜液，使唇表面相当湿滑。当昆虫落在唇上时，由于表面过于湿滑，加上
唇肋取向排列的诱导，会使昆虫掉落到捕虫笼中。通过模仿猪笼草这种特殊的唇部结
构，哈佛大学 Aizenberg 课题组提出了"超滑的液体填充的多孔表面"（slippery liquid-in-
fused porous surfaces，SLIPS）的概念。他们以多孔材料硅烷化纳米阵列结构的环氧树脂
和聚四氟乙烯膜为基材，向其中灌注全氟三正戊胺 FC-70 和全氟聚醚 Krytox100，构建
出仿猪笼草结构的超滑表面（图 7-2）。SLIPS 具有全面疏液性能，能够排斥各种不同表
面张力的液体，抗压稳定性好，遭受机械破坏后能够快速恢复疏液性。

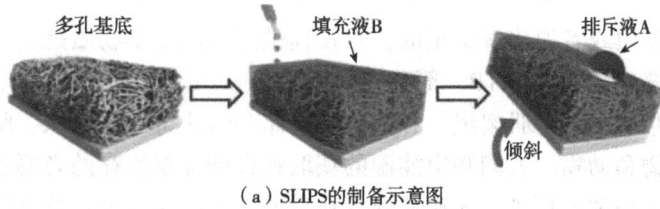

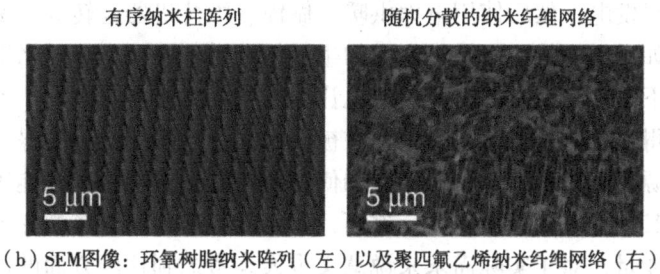

（a）SLIPS的制备示意图

（b）SEM图像：环氧树脂纳米阵列（左）以及聚四氟乙烯纳米纤维网络（右）

图 7-2 SLIPS 的设计理念

Aizenberg 课题组还提出了构建 SLIPS 的一般原则：填充的液体与所排斥的液体不
能互溶，填充液与多孔基材的化学亲和力要高于排斥液与基材的亲和力；固体表面必须
具备足够的粗糙结构，以提供足够的吸附和储存润滑液的能力。对于填充液和排斥液来
说，需要满足以下两个方程：

$$\Delta E_1 = R(\gamma_B \cos\theta_B - \gamma_A \cos\theta_A) - \gamma_{AB} > 0 \tag{1}$$
$$\Delta E_2 = R(\gamma_B \cos\theta_B - \gamma_A \cos\theta_A) + \gamma_A - \gamma_B > 0 \tag{2}$$

式中：γ_A、γ_B 和 γ_{AB} 分别是排斥液的表面张力、填充液的表面张力、排斥液和填充
液界面间的界面张力；θ_A 和 θ_B 分别是排斥液和填充液在平整的固体表面的平衡接触角；
R 是粗糙度因子（粗糙表面实际的面积与投影面积的比值）。

只有同时满足方程（1）和（2）时，超滑固体表面才能保持稳定，固体才能优先被填
充液润湿，而不会被排斥液取代（图 7-3）。

7.2.1.2 相变储能木材的仿生原理

绿色植物通过光合作用将外界的水和二氧化碳转化为葡萄糖，这是一种能量的储存
方式。人体的能量可以用于产热维持体温、生命活动化学反应的供能、机械运动等。能

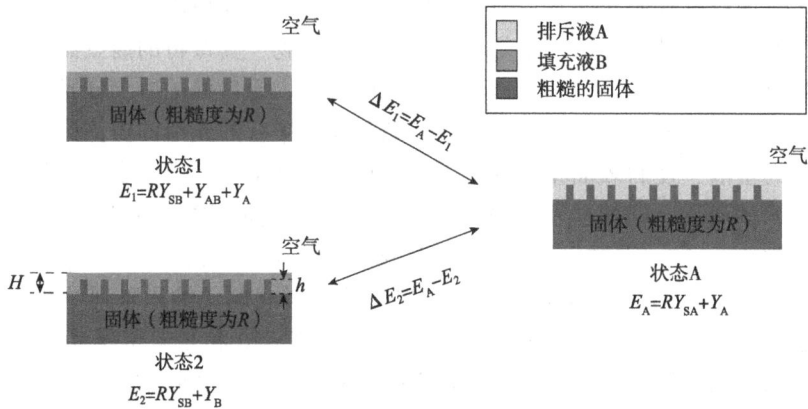

图 7-3　固体表面润滑油膜保持稳定的条件

量是携带在化学物质或者说化学键里的，直接提供能量的化学物质是其他物质氧化时同步合成的腺嘌呤核苷三磷酸（ATP，简称三磷酸腺苷）。对于用不掉的物质和能量，人体可以将其储存在脂肪组织、肌肉组织和肝脏中，储存形式可以是糖原、脂肪酸甘油酯等等。通过绿色植物和动物，人们知道能源的获取和存储都是生存的必要条件。如果无法存储能量，当面临恶劣的环境，无法从外界获得能量供应时，生物就会死亡。

　　人们利用煤炭发电，然后使用电力供暖、做饭、维持机器运转等，都体现了能源的重要性。但是，如果发生能源短缺，人类的生活就会受到极大影响。当下，传统能源不仅在储量上不断下降，其产生的负面效应也让生态环境不断遭受破坏。不仅如此，低下的能源利用率使得传统的不可再生能源正在被大大浪费，因此，开发绿色可持续的能源势在必行。在能源领域，一方面，要学会如何利用风能、太阳能、水能等绿色清洁的能源，使之转化为其他形式的能量；另一方面，如何收集这些绿色能源并加以储存，并在需要的时候释放能量，对于实际需求来说意义重大。考虑到这两方面的需求，电池技术应运而生。目前，依靠电池技术储能依然是大部分科研人员最关心的问题，因为尚未找到比之更加有效的能源转化方案。寻求合适的储能材料是解决电池问题的核心。而对于电池来说，木材从导管、纤维细胞到纹孔的分级多孔结构可以为活性物质提供大容量的负载空间，同时其发达的低曲率的通道结构有利于电解液和离子运输。不同于传统电池储能器件，木材是可降解的环保材料，不会造成污染。木材的这些特性使其在电池储能领域的应用成为可能。

　　除电池储能外，相变储能也是科研工作者关注的另一个重点。相变储能是热储能的一种，利用相变材料（phase change material，PCM）的储热特性，来存储或者是释放其中的热量，达到一定的调节和控制该相变材料周围环境的温度，从而改变能量使用的时空分布，提高能源的使用效率。具体来说，相变储能利用的是物质从一种物态到另外一种转换过程中热力学状态（焓）的变化，比如，冰在融化为水的过程中，要从周围环境吸收大量的热量，而在重新凝固时，又要放出大量的热量。在这种吸热/放热的过程中，材料温度不变，即在很小的温度变化范围能带来大量能量的转换过程，这是相变储能的主要特点（图 7-4）。水是最常见的相变材料，水在 0℃凝结成冰时释放的热量大致等于将水从 0℃加热到 80℃所释放的热量。这是因为材料在相变时的焓变（334 kJ/kg）比起温度变化时的焓变（4.19 kJ/kg）高了很多倍，这也成为相变材料的一个明显优势——能

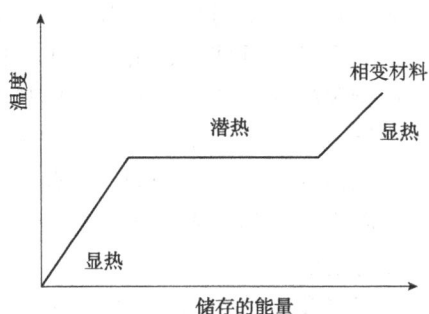

图 7-4 储能过程中温度随能量变化的关系

量密度高，而且体积小。常见的无机盐类相变材料包括溶解盐类和结晶水合盐类。如铝硅盐类的融化温度在 577℃，远高于冰-水作为相变储能的工作温度，一般应用于高温领域。此外，无机盐类的相变潜热也更大，如铝硅盐类的能够达到 560 kJ/kg。石蜡作为相变材料时，工作温度在水与无机盐类之间，一般为 40~70℃，适合于常温工况，相变时潜热为 200~240 kJ/kg。石蜡作为相变储能材料，与无机盐类比，不存在过冷及析出现象、无毒性和腐蚀性，成本低；缺点是导热系数小，密度小，单位体积储热能力差。

相变材料的研究开始于 20 世纪 50 年代，当时，Maria Telkes 博士观察到了硼砂相变吸热降温的效果，并研究了其相变循环次数。60 年代，美国 NASA 展开了相变材料应用研究，以控制温度对航天器内宇航员与仪器的影响。之后，美国科学实验室将其应用于建筑领域，将十水硫酸钠共熔混合物作为相变芯材，组成太阳能建筑板，并进行试验性应用，取得了较好的效果。90 年代以来，相变储能材料作为冷却剂或者活化剂，也被用于光热、核能系统中的换热器里。目前，相变储能的研究热点为提升相变物质的传热性和封装性、探索新型复合相变材料以及结合纳米技术的包装应用等领域。通过对相变材料进行封装处理，能够有效解决材料渗漏问题。相变材料的主要封装形式有3 种：聚合物型、多孔型和微胶囊型。聚合物型封装是指将聚合物与相变材料熔融共混，利用聚合物的三维网状结构，将相变材料穿插包覆聚合，形成相变储能材料。多孔型封装是指利用多孔材料发达的微纳孔隙结构，将相变材料吸附至多孔材料内部，从而得到外形稳定的相变储能材料。微胶囊封装是在固-液相变材料表面包覆一层壳状物质的新型复合材料，它是以聚合物为壁材、相变材料为芯材的微小颗粒，具有储热温度高、设备体积小等优点。通过原位聚合法、界面聚合法等合成方法，在其表面包覆一层壳状物质，将内部的相变物质与外界环境隔开，从而达到改善封装性能的目的。后两者对相变材料的封装效果均相对较好，且由于微胶囊表面积大、换热效率较高且形状固定，可以用于不同的场合。以木材的多孔分级结构学特征为基础，将相变材料与木材复合，可以构建储能相变木材，用于节能、防腐等领域。

7.2.1.3 光热控制木材的仿生原理

太阳能是一种取之不尽、用之不竭的清洁能源，植物利用太阳能驱动其蒸腾作用，促进植物茎叶中的水分流动和矿物质吸收，同时加速二氧化碳循环，提高光合作用效率。蓝藻属于原核生物，不具叶绿体、线粒体、高尔基体、内质网和液泡等细胞器，含叶绿素 a，无叶绿素 b，含数种叶黄素和胡萝卜素，还含有藻胆素。蓝藻的细胞质中存在同心环样的光合作用片层(也叫类囊体，图 7-5)，上面附着有叶绿素 a，并规则地排列着直径约 35 nm 的小体，称为藻胆蛋白体，其作用是将光能传递给叶绿素 a，即：光能→藻胆蛋白→叶绿素 a。多层的片层结构和纳米蛋白结构的结合，使蓝藻细胞可以充分吸收微弱的光源，更加高效地进行光合作用，合成养料，供细胞所需。比如，玫瑰花瓣表皮分布着许多随机的微米级和纳米级凸起，有利于增加光的散射和折射，让花瓣吸

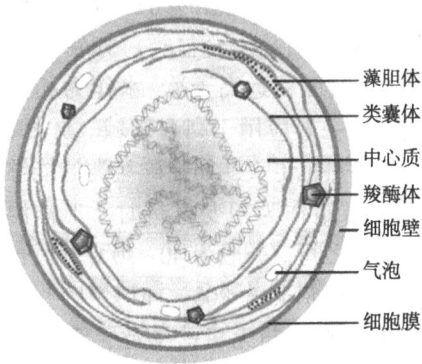

图 7-5　蓝藻细胞结构示意图

收更多阳光，而不是将光反射出去。对于阳光的利用体现了植物的智慧。近些年，由于严重的能源危机，人们将能源的获取从传统的化工燃料逐步转向可再生能源，而太阳能是最为重要的一种清洁能源，树木也是绿色可再生资源，因此，如何构建木材与太阳光之间的联系并用于解决能源问题，具有重要的战略意义。

木材天然具有多孔的结构和混杂的组分，使得光在其表面的行为非常复杂，吸收、反射、散射同时发生。目前，人们对木材的光学行为的研究主要集中于光热控制，通过合理的结构设计和改变木材表面或内部的化学组成，可以制备对光具有特定响应行为的木材，即光热控制木材。对光热控制木材的研究，主要集中于 3 个领域：透明木材、木材蒸发器、被动辐射制冷木材。

（1）透明木材

1992 年，Fink 等首次提出了透明木材的概念，并通过漂白、脱水、浸渍透明树脂的方法制备得到了内部结构清晰可见的透明木材（图 7-6），并且总结了制备透明木材的两个主要步骤：①通过化学方法，除去木材内部多余的色素、鞣质和深色物质；②填充与木材折射率相当的物质，以使其透明化。但此后的 20 多年间，关于透明木材的研究几乎停滞。自 2016 年开始，研究者们再次聚焦于透明木材。瑞典皇家理工学院的 Lars Berglund 团队和美国马里兰大学的 Hu 团队对透明木材再次进行了研究。

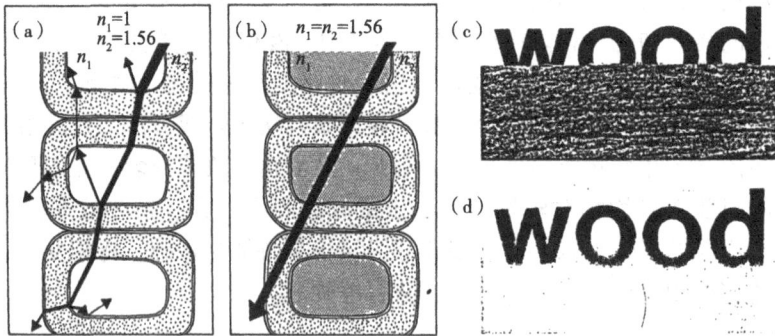

图 7-6　透明木材的设计原理及实物照片

光线通过（a）充满空气的树木管胞和（b）填充了与细胞壁折射率相匹配的介质后的管胞的光通路示意图；
1 mm 厚的（c）干燥松木片和（d）填充了折射率为 1.56 的聚合物后的松木片分别盖在"wood"字样上

（2）木材蒸发器

在水资源匮乏的问题上，其主要形成原因在于不断减少的内陆淡水储量以及日渐恶化的水体环境。现行海水淡化技术的高成本、高损耗等问题，也使得人工制备淡水受到一定限制。在能源紧缺及水资源匮乏的背景下，寻求合理、高效的海水淡化技术以及有效缓解水体污染的方案已经成为当下亟待解决的问题。传统的水净化方式主要采用热蒸馏和膜分离技术，能耗高、基础设施复杂和对环境的废气排放等负面因素限制了其长期使用。利用光热材料进行太阳蒸汽产生（solar vapor generation，SVG）是一种绿色可行的解决方案，丰富的太阳能资源为 SVG 系统提供了能量来源。蒸发是水从液体到气体在液–气界面发生的相变。在环境条件下，液态水自然蒸发，因为空气中的水分压总是低于水的饱和蒸汽压。通过调控温度，可以控制水的蒸发行为。当太阳能光热转换材料放在空气–水的界面处时，太阳光产生的热量被限制在光热材料表面，从而使得热量被尽可能地用于蒸发，而不会损失到材料表面下方的水体中。利用太阳光来触发 SVG 的关键步骤是将太阳能转化为热能。在光热转换的过程中，入射光被吸收，因此光吸收材料的反射率和发射率应尽可能降低。理想的光热材料需要具有全太阳光谱的强吸收、低成本和长期稳定性。常见的光热材料包括金属等离子体材料、半导体材料、碳材料以及共轭聚合物。这些材料都具有各自的光热转换机理，优点和缺点也不尽相同。

　　太阳光在光热材料表面所产生热量的利用率决定了 SVG 系统的光热转换效率。在一个 SVG 系统中，所产生热量的主要传输途径包括用于水加热以及热对流、热传导、热辐射。其中，传导需要热源和目标之间的直接接触；对流发生在流体中；辐射是非接触状态下辐射电磁波的过程。所有绝对温度高于 0 K 的物体，都会发出辐射。因此，所有物体同时发射和吸收太阳辐射。根据普朗克定律，吸光材料的辐射光谱与材料本身的结构、尺寸和形状等性质无关。随着温度的升高，辐射光谱向更短的波长移动。由斯特藩–玻尔兹曼定律(Stefan-Boltzmann Law)可知，随着温度的升高，辐射的能量越多，辐射光谱向更短的波长移动。在一个封闭的 SVG 系统中，热传导和热辐射为主要的能量损失途径。因此，为了提高 SVG 系统的光热转换效率，除了优化光热材料的组分和结构外，也要合理地设计 SVG 系统，减少传导与辐射造成的能量损失，从而实现更高效的水蒸发。

　　为了减少热辐射损失，传统的太阳能蒸发器采用了体积式加热系统。在这种方法中，太阳能吸收体均匀地分散在水中，与水分子紧密接触，加热大量的水。然而，水是从表面蒸发出来的，而热量是在水中产生的，这就导致了损失的热量无法用于有效蒸发，因此，界面 SVG 系统开始被广泛使用。在 SVG 系统中，热能转换被限制在固体–空气界面上，只有蒸发器表面的水被加热，下方水体依旧保持较低的温度，从而可以极大地降低热损失(图 7-7)。此外，由于蒸发的存在，吸收器的表面温度较低，从而减少了吸收

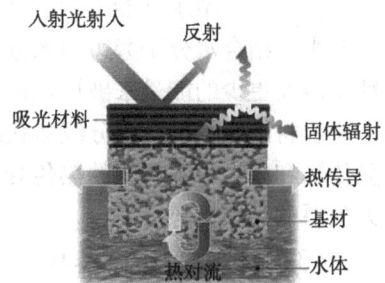

图 7-7　太阳能蒸发系统中的热量传递过程

器表面的辐射和对流热损失，使光热转化效率显著提高。一个完整的 SVG 系统包括诸多环节，包括水传输、蒸发器表面的形貌以及蒸发表面的润湿性和水活化等几个方面，每个环节都影响着系统最终的光热转换效率。

　　对于 SVG 系统，当蒸发器自发漂浮于液–气界面时，由于与水面直接接触，可以提供稳定的水源来实现高效的水蒸发。基于自漂浮结构，产生的热量主要集中在液–气界面，由于热定位作用，减少了热量损失，大大促进了水蒸发的速率。相较于传统的体积式加热系统，虽然界面蒸发系统在蒸发速率方面有所提高，但蒸发器仍然与大量的水接触，导致系统向水体的热传导增加。

　　为了解决这个问题，在蒸发器下方增加低热导率隔热层可以减少系统与水体间的热传导。隔热层材料需要具有多孔结构，以便于在蒸发过程中持续向光热层输送水源。

SVG 蒸发器内部和表面润湿性对水的传输、光吸收有重要的影响。蒸发器内部需要利用亲水界面的毛细作用将水传输至蒸发器表面。如果蒸发器底部和内部是疏水性的，在疏水表面和水之间的界面处容易形成大气泡，从而堵塞水传输通道，降低输水速率，进而降低蒸发速率。而对于顶部的蒸发器表面而言，过强的亲水性会导致顶部表面覆盖过多的水，导致更多的热损失。但如果采用疏水的蒸发器表面，顶面作为一个光热转换器，就不能很好地被水润湿，这样不仅限制了液体的热传导，并且集中的大量热也会加剧热辐射带来的热损失，从而导致蒸发速率降低。

上表面的润湿性能否决定水分子在蒸发表面的行为，从而影响蒸发速率，还需要进一步的研究。蒸发器表面的形貌对于光吸收、水传输、热量传递等方面也有一定的调控作用。合理地设计蒸发器的表面形貌，可以提升 SVG 速率与光热转换效率。目前的形貌设计从微观到宏观都存在，并且不同尺寸的形貌具有不同的效果。水蒸发发生在分子水平，管理水蒸发的最直接方法是调节纳米尺度的水含量和热浓度。水分子是极性的，氧和氢原子之间的电荷差导致水分子通过氢键相互吸引。氧原子的两个 O—H 基团和两个孤对电子分别是氢键的供体和受体，为每个水分子提供 4 个与相邻分子建立氢键的位点。在环境条件下，水的存在形式包括固态(冰)、液态和气态(蒸汽)，每种相态都具有不同的氢键网络。每一个水分子都被限制在一个不断变化的氢键网络中。水蒸发需要 40 kJ/mol 以上的高能量输入，这大大限制了 SVG 在实际应用中的潜力。

纳米材料(如碳纳米管和石墨烯纳米颗粒)可以通过与水分子中的孤对 π 电子相互作用或将水分子限制在纳米大小的孔中，从而改变水分子网络中的氢键。向水中加入溶质分子也可以通过溶质电离出的阴阳离子影响氢键的网络。向水中加入含有亲水官能团的高分子链，亲水官能团就可以通过氢键或静电等非共价相互作用与水分子结合，生成结合水。结合水分子旁边的水分子与少于 4 个水分子相互作用，形成中间水。中间水比纯水需要更少的能量来破坏氢键，从而更容易从液体表面逸出。

木材的亲水性微观分级多孔结构、自漂浮性以及良好的隔热性，使其非常有利于水分传输和减少与水体间的热传导。因此，木材作为制备 SVG 蒸发器的原材料，具有得天独厚的天然优势。

(3)被动辐射制冷木材

相变储能和太阳能蒸发器都是利用太阳能进行光热转换，而被动辐射制冷则是将太阳辐射反射回宇宙中，从而实现被动降温。太阳无时无刻不在向外散发电磁辐射。这些辐射被物体吸收后，就可以转化为热能，使得物体温度升高。事实上，不仅太阳，任何温度高于绝对零度的物体都会以电磁波辐射的形式向周围环境散发热量，这就是通常所说的黑体辐射。因此，地球表面的物体一方面吸收来自太阳的电磁辐射，另一方面又以电磁辐射的方式向外散热，最终温度是升高还是降低，自然取决于两种力量的对比。一个黑体的单位面积能够释放出的能量与黑体温度[以热力学温标(即绝对温度)计算，单位为 K]的四次方成正比。太阳的表面温度近 6000 K，而地表物体的温度不过约 300 K，所以太阳热辐射的能力要远远超出地表物体。特别是在夏季，太阳直射，阳光被大气削弱得比较少，很容易造成地表物体温度升高。这时，人们往往借助电扇、空调等方式帮助降温，而这些手段通常需要外界提供能源。如果设法让一个物体将太阳光反射或者散射掉，它就无法从阳光中获取热量，而它向外界散发热量的过程仍然不受影响。这样一来，这个物体即便在炎热的夏季也能保持自身凉爽，这就是辐射降温。

　　一切温度高于绝对零度的物体都在向外界以红外辐射的形式发射热量，这是辐射制冷的基础。普朗克定律揭示了黑体光谱辐射力与波长和温度的关系。材料辐射的光谱除受温度影响外，主要取决于材料的本征特性。其中，中红外波段（波长 2.5~50 μm）的固体辐射与材料固有振动频率有关。分子振动是量子化的，只有红外辐射的能量和分子振动能量相等时，才会产生能级间的跃迁。因此，材料的强烈辐射频率等于其固有振动频率的辐射波。在固有频率和等离子体频率之间，材料呈反射特性，因此材料热辐射具有选择性。物体向外辐射与从外界接收红外辐射是同时进行的，因辐射材料会受到体系外辐射（如太阳光辐射、大气逆辐射等）的影响，材料在这些波段应具有低吸收率和高反射率。由于大气对 8~13 μm 波段的电磁波吸收率极低，在这一波段形成了辐射窗口，如果辐射材料发出该波段电磁波，就可穿透大气层，抵达寒冷的外太空，从而达到降温的目的。所以，理想的辐射制冷材料在 8~13 μm 波段的发射率为 1。根据基尔霍夫定律，材料在某波段具有高发射率，等同于其在该波段有高吸收率。为减少外界辐射输入热量，理想辐射体在 8~13 μm 以外的波段发射率为 0，也就是不吸收该波段的波。辐射传递至物体表面时，会发生吸收、反射和透过现象，根据能量守恒定律，有 $\alpha + \tau + r = 1$（α 表示吸收率，τ 表示透过率，r 表示反射率）。即对低透波材料有：吸收率高的波段反射率低，吸收率低的波段反射率高。所以，不透明的理想辐射体在 8~13 μm 的反射率应为 0，其余波段为 1。在辐射制冷过程中，制冷效率会受到热量流动的影响。传热有 3 种方式，即热辐射、热传导、热对流。如图 7-8 所示，制冷体系除日光和大气热辐射输入热量及自身辐射输出外，还以热传导和热对流方式从系统外获得热量。

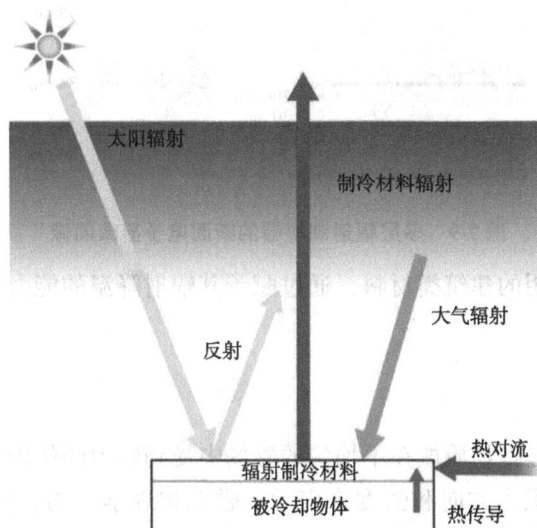

图 7-8　辐射制冷中的热量流动示意图

　　日间辐射制冷的研究始于 20 世纪 70 年代，早期辐射制冷器主要采用高聚物薄膜、白色涂料、氧化物薄膜等材料，这些材料在 8~13 μm 波段的辐射率不高，且对太阳辐射的反射能力不足。实际上，因为太阳热辐射的能力实在太强，哪怕只有一小部分日光被物体吸收，仍然有可能造成物体温度的显著升高。例如，夏天穿白色的衣服会比穿黑色的衣服更凉快，就是因为白色衣服能够更好地散射阳光。但即便穿了白色衣服，站在夏日的室外，仍然可能觉得炎热难耐。有研究人员估算，要想完全不借助外界降温手段，仅凭辐射散热降温，物体对阳光的反射率至少要达到94%左右，这在常规材料中是很难实现的。因此，制备具有高反射率，在8~13 μm 处具有高发射率的材料有一定困难。在早期研究的基础上，近年来，研究者对辐射材料的研究不断深入，利用层状结构、纳米颗粒或孔隙等手段增强材料波段选择性辐射，取得了丰硕的成果。

美国斯坦福大学华人学者范善辉教授带领的研究团队在硅的表面先镀上一层对阳光具有很强反射能力的金属银，然后在银的表面交替沉积上厚度在几十至几百纳米之间的二氧化硅和二氧化铪的薄膜(图7-9)，最终得到的装置不仅能够将高达97%的太阳光反射掉，而且其热辐射也集中在波长为8~13 μm 的红外线，因此具有很好的辐射降温效果。实验表明，即便面对直射的日光，这种装置的温度仍然可以比地表大气温度低约5℃。但这种新材料的缺陷是其生产过程需要使用复杂、昂贵的加工设备，不适合大规模制备。尹晓波和杨荣贵两位学者带领的研究团队在此基础上进行了改进，他们的方法是在塑料薄膜内掺入二氧化硅的微粒，同时在塑料薄膜的一面镀上银的薄膜。这样形成的材料同样满足了高反射率和热辐射不被大气吸收这两条要求，因此可以实现类似的辐射降温效果，并且其生产工艺要简便得多，成本也大大降低。

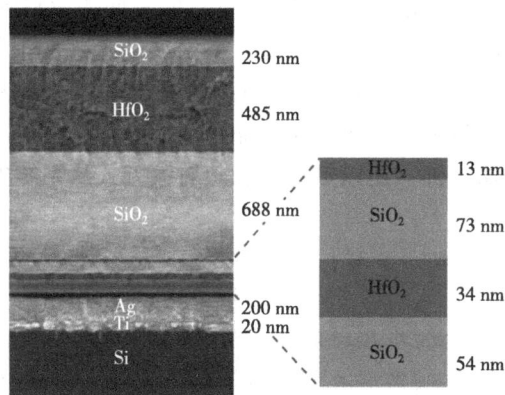

图7-9　多层辐射制冷器的断面电子显微图像

木材作为一种常用的建筑类材料，通过赋予其辐射降温的能力，必将拥有广阔的应用前景。

7.2.1.4　磁性木材

通俗来讲，磁性是指物质放在不均匀的磁场中受到磁力的作用。磁性的强弱由单位质量的物质所受到的磁力方向和强度来表示。磁性物理学认为，材料的磁性有3种来源：原子核磁矩、电子自旋磁矩以及轨道电子运动产生的轨道磁矩，后两种是主要的。材料的各种磁学性质都是这三种磁性相互耦合以及与环境作用的结果。磁性的产生和强度是凝聚态里非常重要且复杂的问题，这里不便过多探讨。物质的磁性可以分为抗磁性、顺磁性、铁磁性、反铁磁性和亚铁磁性5种。抗磁性，也叫反磁性，是一种弱磁性。在磁场中，物质会产生电流，为了反应电磁感应定律，必须产生感生磁场来抵消往外加磁场，感应磁场的磁化强度与外加磁场强度的方向相反。抗磁性物质主要包含绝大多数有机化合物、惰性气体、许多有机物、某些金属(Bi、Zn、Ag 等)和非金属(Si、P、S 等)。顺磁性也是一种弱磁性，即在外加磁场作用下，物质产生与外加磁场强度的方向相同的感应磁场。顺磁性物质主要有 O_2，碱金属元素，除铁、钴、镍以外的过渡元素，过渡金属的盐类，稀土金属的盐类及氧化物等。铁磁性是一种强磁性，其感应磁场与外加磁场方向相同，在很小的外加磁场作用下，物质就能被磁化到饱和状态，并且当外加磁场撤去之后，物质仍然具有磁性。仅有 4 种金属元素在室温以上是铁磁性的，即铁、钴、镍和钆，其合金也为铁磁性。铁磁性和顺磁性之间还有 2 种情况，即反铁磁性和亚铁磁性。在外加磁场作用下，反铁磁性物质内部相邻价电子的自旋趋于相反方向：在同一子晶格中，有自发磁化强度，电子磁矩是同向排列的；在不同子晶格中，电子磁矩是反向排列的(也叫反平行排列)。这些晶格中的自发磁化强度大小相同，但方向相反，导致整个晶体的磁化率接近于零(显示出小的正磁化率)。当温度高于某一数值时，反铁磁物质表现出顺磁性，转变温度称为反铁磁性物质的居里点或奈尔点。反铁磁性物质包括 FeO、FeF_3、$NiFe_3$、NiO、MnO，各种锰盐以及部分铁氧体，如 $ZnFe_2O_4$ 等。亚铁磁体宏观上类似于铁磁材料，微观上又类似于反铁磁材料：在外加磁场作用下，亚铁磁性物质的磁化强度随外磁场的变化与铁磁性物质相似，磁化率较大。亚铁磁性与反铁磁性具有相同的物理本质，只是亚铁磁体中反平行的自旋磁矩大小不等，因而存在部分抵消不尽的自发磁矩，类似于铁磁体。当温度高于某一数值时，亚铁磁体表现出顺磁性，转变温度称为亚铁磁性物质的居里点或奈尔点。常见的亚铁磁性物质有磁铁矿 Fe_3O_4、铁氧体(ferrite)等。

磁性在生物体中也有体现，如海龟、鲸、鳗鱼、某些鸟类、某些鱼类和鼹鼠可利用地球磁场进行导航的原因是这些动物的头部含有磁性物质的特殊细胞，这些磁性物质受磁场的影响而会按磁力线的方向排列。这些排列信息可通过神经系统传到大脑，大脑将这些排列信息进行分析和处理，可发出指挥动物行进方向的指令。趋磁性细菌体内含有粒径约为 20 nm 的磁性纳米粒子，这些极细小的磁性纳米粒子展示出与大块磁性材料截然不同的磁性。大块纯铁的矫顽力约为 80 A/m，而当其尺寸减少到 20 nm 以下时，其矫顽力可增大 1000 倍，如进一步减少颗粒尺寸至小于 6 nm 时，其矫顽力反而下降为零，呈现出超顺磁性。利用磁性纳米粒子具有高矫顽力的特性，人们已制得高贮存密度的磁记录材料，利用超顺磁性，已将磁性纳米粒子用于多功能的磁性液体。

木材本身被大量用于制作家具、建筑、室内装饰等，利用木材的微纳结构和分级多孔结构的构造学特征，通过合适的物理化学方法，可以使木材与磁性材料复合，从而使木材适用于某些特殊的应用。

磁性木材的制备最早于日本学者 H. Oka 的一篇专利中所提出。在随后的研究中，他们提出了 3 种类型的磁性木材：浸透型、粉体型和涂布型(图 7-10)。磁性木材可用

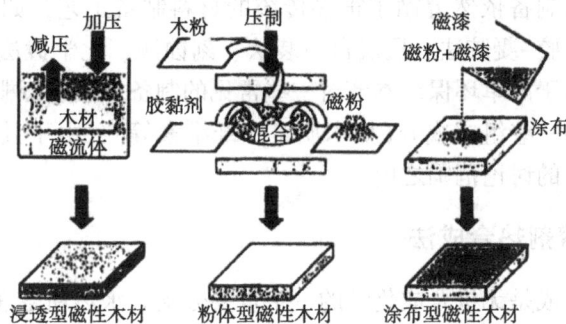

图 7-10 磁性木材的种类和制备方法

作加热板、吸引板和吸波板等。H. Oka 等将西洋杉木边材浸渍于水基磁流体中并施加一定的压力，制得了浸透型磁性木材。磁性木材的磁特性取决于木材的构造和磁性材料在木材孔道中的密度和分布。

7.2.1.5　智能响应性木材

变色龙是一种典型的环境响应物种，其独特的变色能力是由它们奇特的色素细胞结构决定的。与一般生物不同的是，变色龙的表面皮肤下具有两层颜色不同的色素细胞，细胞内含有显色的纳米晶体，处于上层的色素细胞就好像百叶窗一样，具有可以扩张和收缩的功能：当上层色素细胞收缩的时候，就好像百叶窗被打开了，显出下层色素细胞的颜色；而当上层色素细胞扩张的时候，百叶窗就关上了，只能够看到"百叶窗"的颜色，也就是上层色素细胞的颜色。明白了变色龙变色的原理，就不难知道，实际上变色龙只有两种极端的颜色，即上层色素细胞的颜色和下层色素细胞的颜色。这两种体色是固有且不可改变的。而它们千变万化的体色实际上是"百叶窗"处于半开半闭时(也就是说处于两种极端体色之间)所显现出的不同颜色组合。实际上，变色龙体色的变化很大程度上取决于周围环境因素(如光线、温度、情绪、健康状态等)，而非一般认为的100%还原周围环境颜色。向日葵茎端的生长素可以促使植株长高长大，但就是不喜爱阳光。阳光照射会使生长素从向光侧移向背光侧，从而在背光的一面聚集起来，促使背光面长得特别快，而向阳的一面长得慢些。茎的两侧生长速度不同，长的快的一侧会向着长得慢的一侧弯曲，于是植物就宏观体现为向着光源处转动。雌性松甲虫喜欢把卵产到烧焦的树木上，由于大多数昆虫不会光顾被烧焦的树木，松甲虫的卵就不易受到伤害。幼虫长出来后，会移动到被烧焦的树干韧皮部，那里有足够的食物供它们享用。松甲虫腹部侧面的两个感觉器官使它能感觉到火灾源，从而飞往火灾区。它们对红外线特别敏感。松甲虫的感觉器官由约70个感觉细胞组成，其中每个感觉细胞又由一个微小的硬表皮球体组成。表皮球体对 3 μm 波长的热辐射的吸收特别好，这大约相当于发生森林火灾时产生的辐射。在吸收过程中，表皮球体会变热、扩张并刺激感受器。松甲虫可以利用这种波长的辐射，辨认出几十公里之遥的火灾源。受到这些自然界生物的启发，将响应特性与木材结合，可以让木材在诸如光、热、湿度、pH 等物理化学刺激下展现出可期的行为和功能。

7.2.2　仿生智能木材的制备方法

仿生智能木材的制备依然遵循了很多传统的材料制备工艺，如水热和溶剂热合成法、溶液浸渍法、溶胶-凝胶法、层层自组装法、刻蚀法、化学镀法和喷涂法等，并且制备工艺越来越倾向于简单环保。本节对一些常见的制备方法进行概述，需要特别说明的是，对于木材中的一些组成成分(如木质素、纤维素等)，由于其已经改变木材本身的结构，故不在此节的讨论范围之内。

7.2.2.1　水热和溶剂热合成法

水热和溶剂热合成是无机合成化学的一个重要分支。水热和溶剂热合成法，是指在耐压容器中(通常是反应釜)，以水或非水溶剂作为介质，将木材和其他反应物置于介质中，并使耐压容器密封，在一定的温度下制备所需产物的方法。通过这种方法，可以在木材表面构建出各种不同形貌的氧化物晶体。其中，水热法按反应温度分类，可分为 3 种：低温水热法，即在 100℃ 以下进行的水热反应；中温水热法，即在 100～300℃ 进行的水热反应；高温高压水热法，即在 300℃ 以上、0.3 GPa 压力下进行的水热反应。水热法和溶剂热法一般只能制备氧化物晶体，对于晶核形成过程和晶体生长过程影响因素的控制等很多方面缺乏深入研究，还没有得到令人满意的结论。

7.2.2.2　溶液浸渍法

溶液浸渍法是指将木材浸渍于含有一种或几种活性组分的溶液中，从而实现将功能物质负载在木材上的方法。其原理是通过毛细管压力使液体（活性组分）渗透到载体空隙内部；如果使用真空浸渍，那么内外压力差也是活性组分进入的一个因素。真空浸渍的好处是可以清除孔里面的杂质和水分，因而相对能使更多的活性相进入，增加负载量。浸渍方式有过量溶液浸渍与等体积浸渍等。过量溶液浸渍法，就是浸渍溶液（浓度为 $x\%$）的体积大于载体，其过程是活性组分在载体上的负载达到吸附平衡后，再过滤掉（而不是蒸发掉）多余的溶液。该方法的优点是活性组分分散比较均匀，并且吸附量能达到最大值（相对于浓度为 $x\%$ 时），当然这也是它的缺点，即不能控制活性组分的准确负载量，因为很多时候并不是负载量越大，材料的性质越好，且如果负载量过多，离子也容易聚集。等体积浸渍，就是载体的体积（一般情况下是指孔体积）和浸渍液的体积一致，浸渍液刚好能完全进入孔里面。该方法的特点与过量浸渍法相反，即活性组分的分散度很差，有的地方颗粒小，有的地方颗粒则很大，但是能比较方便地控制活性组分的负载量，并且其负载量能很容易地算出。

7.2.2.3　溶胶–凝胶法

溶胶–凝胶法就是用含高化学活性组分的化合物作前驱体，在液相下将这些原料均匀混合，随后将木材放入其中，进行水解、缩合等化学反应。在溶液中，木材表面会形成稳定的透明溶胶体系，溶胶经陈化胶粒间缓慢聚合，形成三维网络结构，其间充满了失去流动性的溶剂。这种含有溶剂的不能流动的三维网络体系称为凝胶。含有凝胶的木材经过干燥、加热之后，可以在其表面生长出纳米亚结构。由于溶胶–凝胶法中所用的原料首先被分散到溶剂中而形成低黏度的溶液，因此，可以在很短的时间内获得分子水平的均匀性。在形成凝胶时，反应物之间很可能是在分子水平上被均匀地混合。

7.2.2.4　层层自组装法

层层自组装（layer-by-layer self-assembly，LBL）是利用逐层交替沉积的方法，借助各层分子间的弱相互作用（如静电引力、氢键、配位键等），使层与层自发地在木材表面缔合，形成结构完整、性能稳定、具有某种特定功能的分子聚集体或超分子结构的过程。早在 1966 年，Iler 就首次报道了利用静电组装制备多层膜，他采用带正电荷的 Al_2O_3 粒子与带负电荷的 SiO_2 粒子，在玻璃基底表面组装制备多层膜。1980 年，Fromherz 在此基础上提出了利用带电荷的蛋白质与线型聚电解质通过交替吸附自组装形成多层结构的概念。但直到 20 世纪 90 年代初期，人们才意识到自组装的重要性。1991 年，在 Decher 等首次利用线型的阴、阳离子聚电解质通过静电自组装的方法成功制备出多层复合平板膜之后，层层自组装技术才广为人们接受，并在十几年内得到飞速发展。层层自组装具有以下优势：①组装过程无需复杂仪器和操作；②多种水溶性的聚电解质可以使用；③每一种聚电解质形成的组装层厚度一定；④任何带电荷的基底都可在其上进行组装。因此，该过程可自动化，且由于组装液都是水溶液，具有环境友好性。但是，其缺点也较为明显：①耗时长，每次沉积需要花费数十分钟，多层沉积需要更长的时间；②在反复沉积过程中，很容易导致沉积液的交叉污染；③自组装无法用于制备较厚的膜。

7.2.2.5　刻蚀法

刻蚀法是指通过物理或化学的方法将木材表面在微米和纳米R度上刻蚀出粗糙形貌的过程，包括化学刻蚀、光刻蚀、激光刻蚀、等离子体刻蚀等。

7.2.2.6　化学镀法

化学镀法也称无电解镀（electroless plating）或自催化镀（autocatalytic plating），是指在无外加电流的情况下，借助合适的还原剂，使镀液中的金属离子还原成金属，并沉积到木材表面的一种镀覆方法。其确切含义是在金属或合金的催化作用下控制金属的还原，来进行金属的沉积。与电镀相比，化学镀无须外界提供电源，可施镀表面不规则的试件，且获得的镀层具有均匀、致密、硬度高、耐腐蚀等特点。目前的化学镀中，镀镍和镀铜最为常见，而镀、镍、铜、磷三元合金或其他多元合金起步较晚。有研究表明，镍、铜、磷除了具有良好的热稳定性和电磁屏蔽效能外，还拥有较高的耐磨性和耐蚀性，不仅可以用于耐腐蚀材料的表面保护，还能作为硬磁盘底镀层，具有广阔的应用前景。

7.2.2.7　喷涂法

喷涂法是指涂料被外力从容器中压出或吸出，并形成雾状，黏附在木材表面(涂料无法到达木材内部)的过程。喷涂分为空气喷涂和高压喷涂两种。空气喷涂是指低压有气喷涂，即利用压缩空气从喷嘴中喷出所造成的低压，将涂料从容器中吸出，涂料吸出后被气流吹成雾状，黏附在木材表面。高压喷涂是用高压泵直接使涂料压力升高并喷出的工作方式，设备要比空气喷涂复杂。高压喷涂多采用小壶喷枪进行喷涂。小壶喷枪由枪体和贮料罐组成，扳动枪体上的扳机，压缩空气从喷嘴喷出，高速气流使出料嘴内成为压力低于大气压的负压区，涂料即被吸出，并被吹散成雾状，覆盖在木材表面。小壶喷枪的贮料罐较小，适用于较小的施工面。

7.2.2.8　滴涂法

滴涂法是指将均匀分散在适当溶剂中的聚合物或者纳米材料滴涂于木材表面的过程。待溶剂蒸发干后，在木材表面会形成特定的结构或功能分子。

7.2.3　仿生智能木材的应用

7.2.3.1　超疏水木材的应用

采用浸渍法、滴涂法等方法，将金属氧化物纳米颗粒和高分子聚合物沉积于木材表面，可获得具有超疏水功能的木材。通过调控，还可使此种木材具有良好的机械稳定性、自清洁性、油水分离性和抗紫外线等功能。Liu 等通过滴涂法和溶液浸渍法制备了具有较高的接触角(159°)和较低的接触角滞后(~4°)且机械强度较好的超疏水涂层,这主要归功于:聚乙烯醇(PVA)/SiO₂杂化复合材料在木质基表面形成的花瓣状结构提供了制备超疏水涂层的粗糙度;十八烷基三氯硅烷(OTS)为表面提供了低表面能;SiO₂被作为一种固体塑化剂添加到聚合物 PVA 中,提高了 PVA 的机械强度;PVA 作为成膜剂,使得超疏水涂层与木材基底形成了良好的结合力,从而使所制备的超疏水涂层具有较高的稳定性。

7.2.3.2　超滑木材的应用

Guo 等通过溶液浸渍过程在挪威云杉木的纵向截面制备出了超疏水 ZnO 阵列,进一步用杜邦 Krytox GPL 100 氟化润滑油填充,得到了超滑木材表面。未填充氟化润滑油的超疏水 ZnO 阵列对水(蓝色)有良好的排斥性,但表面张力更低的十六烷(红色)会黏在超疏水表面,使表面受到污染。而超滑木材对两种液体均有良好的排斥力(图 7-11)。

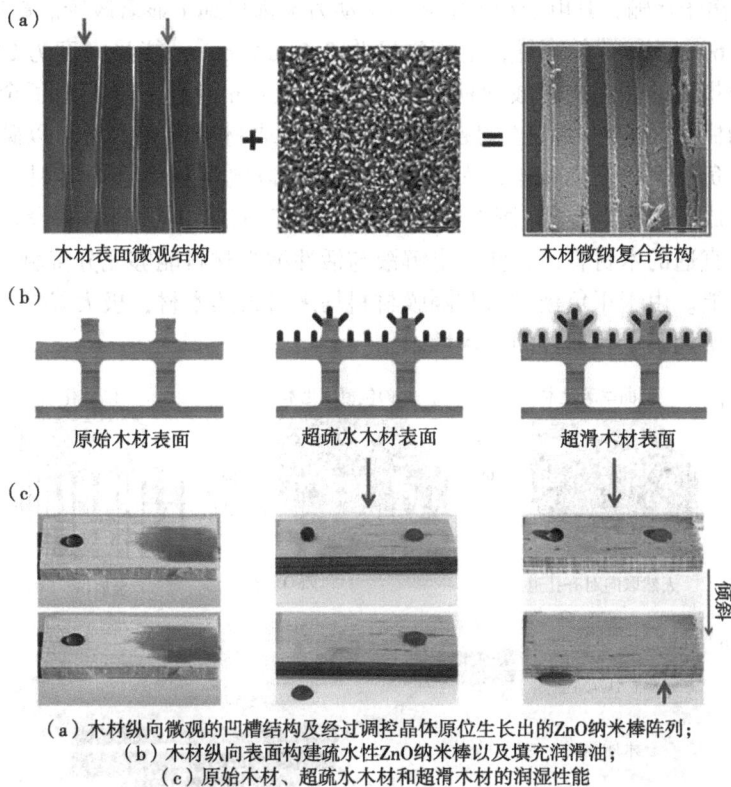

(a) 木材纵向微观的凹槽结构及经过调控晶体原位生长出的ZnO纳米棒阵列;
(b) 木材纵向表面构建疏水性ZnO纳米棒以及填充润滑油;
(c) 原始木材、超疏水木材和超滑木材的润湿性能

图 7-11　超滑云杉表面的制备及其疏水疏油性

7.2.3.3　木基电池的应用

实体木材经过简单的碳化/活化处理后得到的多孔炭材料(碳化木),可直接用作电极。Jiang 等对比了纯红雪松碳化木和经过稀硝酸简单处理后在储能性能上的差异,发现前者的比电容约为 14 F/g,而后者则增加到了 115 F/g。Teng 等将 3 种木材直接制成碳化木,将其用作超级电容器负极,并着重测量了它们的能量密度。在电流密度为 200 mA/g 时,檀香、山毛榉和松木衍生碳化木的能量密度依次为 32.9、39.2 和 45.6 Wh/kg。经

过活化处理后的碳化木电极能获得更佳的性能。以 ZnO 处理过的碳化木对金属锂进行封装，可形成锂-炭复合电极[图 7-12(a)]。碳化木的多孔结构可以减缓金属枝晶的生长，也能遏止金属负极在循环过程中的体积变化。复合电极的比容量高达 2650 mAh/g（75 mAh/cm²），具有较好的循环性能（3 mA/cm² 下保持 150 h）。

通过掺杂其他活性物质，可以进一步提高碳化木基电极的性能。Meng 等采用一步法制备了氮掺杂碳化木（NWDC）作为超级电容器电极材料。氮掺杂可以影响电解液中离子和电极之间的相互作用，有利于电解液离子在 NWDC 中快速有效传输，表现出更佳的电化学性能。测试结果表明，NWDC 在电流密度 1 A/g 情况下，比电容可达 211 F/g，并且循环稳定性极高：在 7500 次循环后，电容保持率还能达到 93.24%。Chen 等将活性材料磷酸锂铁加载到碳化木材通道中，利用木材独特的结构作为厚电极，设计出了集电体。通过这样的设计，碳化木材框架与排列的通道有助于电子快速传输。由于三维电极结构独特，具有高导电性，在连续碳骨架中可以进行电子运输，在垂直通道中可以进行低弯曲度的离子运输，其电子动力学和离子动力学都得到了显著改善。超厚 3D 电极可以提供高达 7.6 mAh/cm² 的容量，电流密度为 0.5 mA/cm²，能量密度为 26 mWh/cm²。这可以与其他报道的高性能磷酸锂铁电极相媲美。Chen 等进一步提出了全木质非对称超级电容器的概念：这种"绿色"的超级电容器直接取材于天然木材，以碳化后的活性木炭作为导电负极，以横向切割木材薄片为隔膜，以电沉积活性电容材料的木炭为正极，自组装形成了超级电容器[图 7-12(b)]。其"三明治"夹层的结构设计利用了沿着树木生长方向直通的木材管道，使得电解液与活性纳米材料能够充分接触，并提供快速的离子传输功能。由于正负极材料和隔膜材料均来自天然木材，极大降低了超级电容器的构造成本，增加了电容器件的环保性。

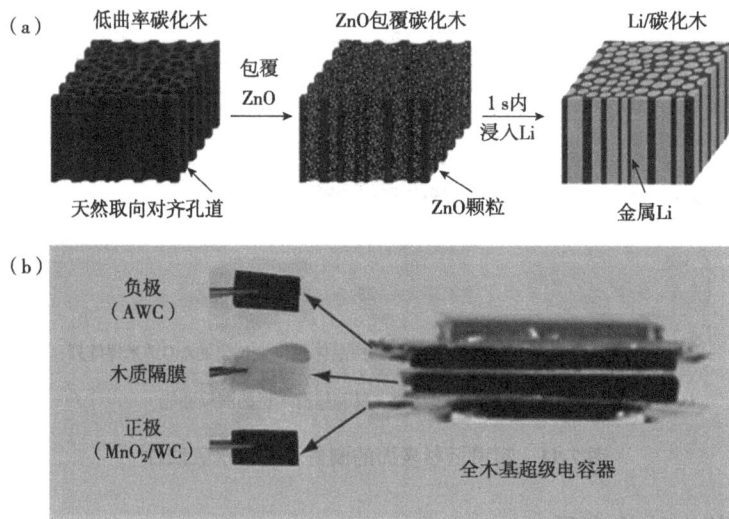

（a）锂-炭复合电极的制备过程示意图；（b）全木质非对称超级电容器的实物照片

图 7-12　木基电池器件的制备

7.2.3.4　相变储能木材的应用

谢成等以木材为骨架，聚乙二醇-10000（PEG-10000）为相变基元，通过木材的毛细管吸收效应，物理吸附 PEG-10000，制备出聚乙二醇木材复合相变储能材料。聚乙二醇处理后的木材细胞壁内缺少足以维持菌类生存的水分，使得聚乙二醇木材复合相变储能材料的耐腐性相比木材而言得到明显的提高。苗扬等以木塑（木粉/聚丙烯）为支撑材料，以 PEG-4000 为相变基元，通过木粉纤维孔洞物理吸附 PEG-4000，制备出了聚乙二醇/木塑复合相变储能材料。PEG-4000 的加入提高了材料的拉伸强度和弯曲强度，其热稳定性能明显增加，但冲击性能有所下降。Yang 等通过将 1-十四醇和 Fe_3O_4 纳米颗粒浸渍到脱木质素巴沙木中，制备出了磁性相变木材。Fe_3O_4 纳米颗粒的加入提供了良好的磁性，并提高了复合木材的太阳能热转换效率。得益于磁热效应，复合木材在外加交变磁场作用下可以被加热。复合木材具有大的潜热（179 J/g）、良好的热稳定性和尺寸稳定性。Liu 等通过将 PEG 和聚集诱导发光的碳量子点（AIE-CDs）封装到脱木质素的木材中，制备出了热致变色荧光相变木材。得益于 AIE-CDs 对太阳光的强力吸收能力，该复合材料具有极佳的太阳能热转换效率。此外，复合材料还显示出即时和可见的荧光热致变色特性。Montanari 等将熔融状态的 PEG 与甲基丙烯酸甲酯（MMA）预聚体以 7:3 的质量比混合，并填充到脱木质素木材中，得到了相变储能透明木材。当环境温度低于 PEG 的熔点 T_m 时，木材透光率因为 PEG 结晶的存在而较低；当环境温度高于 T_m 时，木材在波长 λ = 550 nm 处的透光率提高了 6%、雾度下降。木材越薄，其透光率越好，因为短的光通路可以减少光的衰减（图 7-13）。

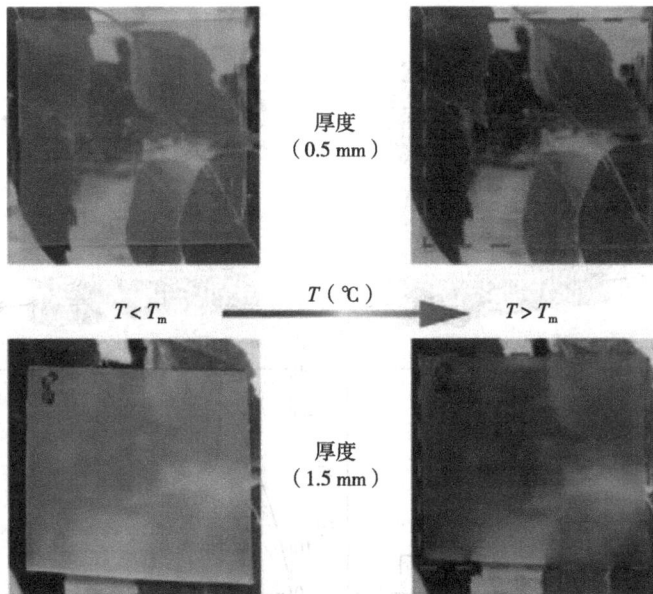

厚度
（0.5 mm）

T（℃）

$T < T_m$ ⟶ $T > T_m$

厚度
（1.5 mm）

图 7-13　0.5 mm 和 1.5 mm 厚的相变透明木材在不同温度下的透明度变化

7.2.3.5　光热控制木材的应用

光热控制木材的应用主要在透明木材、光热驱动水分蒸发器、辐射制冷等方面。

（1）透明木材

透明木材的制备主要通过脱木质素工艺和聚合物浸渍两步实现。其中脱木质素处理可以有效提高木材孔隙率，为聚合物渗透提供更多空间。脱除木质素过程也是木材漂白的过程，木质素、叶绿素、单宁等有色物质的存在使木材具有吸光性，通过对其进行脱除可以降低木材的吸光性。但是，木质素作为木材骨架的主要组成成分之一，大量脱除后会导致木材结构整体稳定性的丧失，如松木在大量去除木质素后，会裂成碎片。通过采用去离子水、硅酸钠、氢氧化钠、硫酸镁、二乙基三胺五乙酸和过氧化氢共同组成的温和复配漂白溶液，在去除木材中发色基团的同时，也保留了约80%木质素。相对原始木材，部分脱除木质素制备得到的透明木材微观结构无明显变化，同时细胞壁内未产生缝隙，更好地保留了木材原有的微观结构。脱木质素处理后，浸渍与木材纤维折射率(1.53)相匹配的聚合物可以有效提高透明性，常用的聚合物有环氧树脂、聚甲基丙烯酸甲酯(PMMA)、聚苯乙烯等。如采用 NaOH 和 Na_2SO_3 体系对横切和纵切的椴木进行脱木质素处理，然后浸渍环氧树脂作为填充物制得透明木材。横切的透明木材(R木)浸渍聚合物的孔腔深度小，沿着纤维方向的光散射分布较为均匀，表现出更好的光学性能(透光率~90%)；纵切的透明木材(L木)，沿垂直纤维方向的光散射具有各向异性的特点，光的透过率只有80%(图7-14)。也可选用 $NaClO_2$ 和醋酸盐缓冲溶液体系处理不同厚度的巴沙木块，随后使用预聚合的甲基丙烯酸甲酯(MMA)作为填充物制备出透明木材。1.2 mm 的透明木材的透光率高达85%，雾度为71%。此外，通过压缩脱木质素的木模板可以得到不同纤维素体积含量的透明木材。随着木材厚度和纤维素体积分数的增加，其透光率下降，雾度增加。

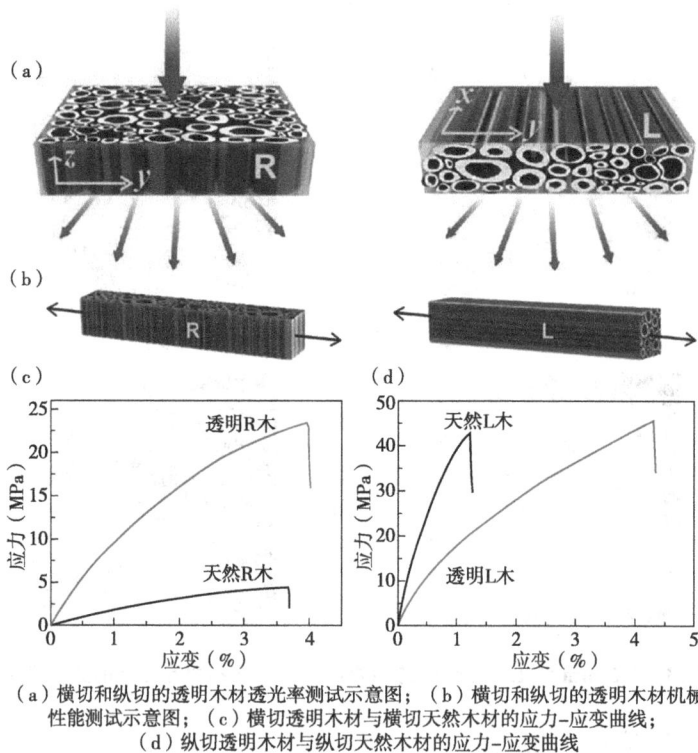

(a)横切和纵切的透明木材透光率测试示意图；(b)横切和纵切的透明木材机械
性能测试示意图；(c)横切透明木材与横切天然木材的应力-应变曲线；
(d)纵切透明木材与纵切天然木材的应力-应变曲线

图7-14　两种构型的透明木材对比

填充的聚合物的亲水性和疏水性是影响透明木材强度和光学性能的因素之一。亲水性的聚合物与木材中亲水性的纤维素相容性较好，而疏水性聚合物与木材中疏水性的木质素相容性较好。脱木质素处理后木质素被大量去除，纤维素得到保留，木材的亲水性增加，因此相比于疏水性填充物(如 PMMA)，采用亲水性填充物(如 PVA)会与纤维素之间形成更加紧密结合效果。通过乙酰化处理能够有效增加脱木材中纤维的疏水性，处理后的木材与疏水性的 PMMA 展现出了更好的相容性，界面间隙得到明显减少，透明性明显增强(图 7-15)。乙酰化处理会部分破坏纤维素和半纤维素之间的氢键，使木材在平行纤维方向的抗拉强度有所下降，但乙酰化改善了纤维素与疏水性聚合物的界面相容性，从而使垂直纤维方向的抗拉强度得到提升。

（a）未经乙酰化木材和（b）乙酰化木材分别制备的透明木材的 SEM；（c）未经乙酰化木材（左）
和乙酰化木材（右）分别制备的透明木材

图 7-15　木材乙酰化对聚合物-木材界面的影响

　　树种的选择以及木材厚度也会对透明木材性能具有一定影响。当采用不同树种制备透明木材，在厚度一定时，密度越大的木材制备出的样品透明度越低，反之则越高。低密度木材能够获得高透明度的原因是：①低密度木材内部具有更高的孔隙率，在脱木质素处理时与溶液反应更彻底；②填充的聚合物更易渗透进入木材内部；③低密度木材制备的透明木材中木材骨架与聚合物之间的界面较少。木材厚度的增加会使透明度降低，雾度提升，其原因是：①由于木材复杂的多孔结构，脱色试剂难以完全浸渍厚木材整体，导致脱色不彻底；②填充的折射率匹配的物质黏度较大，难以完全浸渍木材整体，从而导致气泡缺陷；③光线在材料内部的传播受到木材骨架与聚合物之间界面的影响，产生了更多的光散射。

　　通过在填充物溶液或脱木质素木材中添加功能性物质，可以赋予透明木材额外的功能，如隔热、磁性、荧光、红紫外屏蔽等。木材漂白后浸泡于罗丹明 6G(rhodamine 6G)的丙酮溶液中，再以 PMMA 填充，可以得到内部嵌入激光染料的透明木材。还可以通过将荧光/磁性(γ-Fe$_2$O$_3$@YVO$_4$：Eu^{3+})纳米粒子分散在 MMA 预聚液中，最后将其填充进脱木质素木材中得到具有 80.6% 透明度和 0.26 emu/g 饱和磁化强度的荧光磁性透明木材。通过在 MMA 预聚液中添加铯钨青铜(Cs$_x$WO$_3$)，由于纤维素官能团的分子振动，致使透明木材对 780~2500 nm 波长的光具有一定的屏蔽作用，加上 Cs$_x$WO$_3$ 纳米颗粒的增强作用，使得辐射热屏蔽透明木材对近红外光具有良好的屏蔽能力。

　　当选用聚乙烯吡咯烷酮填充到脱木质素的巴沙木中，可以获得透明度高达 90% 的透明木材，雾度可达 80%，附着在砷化镓(GaAs)太阳能电池的表面作为光通路膜。Li 等通过在透明木材上附着聚合物分散液晶薄膜(PDLC)得到电响应的透明智能木材(图 7-16)。在无电的情况下，该材料具有高雾度，高雾度来源于透明木材和 PDLC 膜中自由分散的液晶，从而可以保护室内隐私；通电时由于液晶取向排列其表面呈现出优良的光学透明性和低雾度，这种特殊的性能可以满足不同场合的需要。Lang 等构建了以透明木材为衬底的共轭聚合物基电致变色器件，该器件能够在不同的电压下表现出鲜明的洋红色至透明无色变化。

　　Wang 等将木材压碎成木材粒子，然后将木材粒子进行脱木质素处理，在模具的帮助

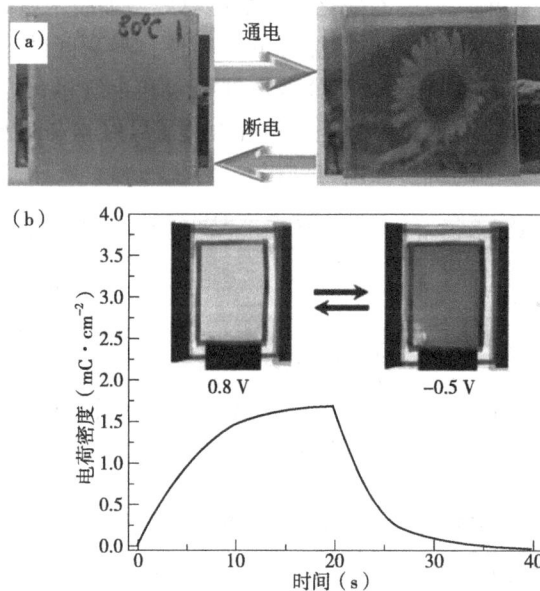

（a）电响应透明木材在通电和断电下的照片；（b）在0.8 V电压下作用20 s时电荷密度
随时间的变化（插图为电致变色木材在不同电压下的颜色变化）

图 7-16　透明木材在外场作用下的响应性

下填充 PMMA，制得透明纤维木材。这种制备方法克服了以往透明木材在尺寸上的制备困难，可以进行任意规格的制备。研究结果表明，透明纤维木材和传统的透明木材都具有相似的较好的保温性能：在外界温度为 4℃的条件下，经过相同的时间（10 min），传统透明木材的模拟房屋室内温度由 35.0℃下降至 20.1℃，透明纤维木材的模拟房屋室内温度由 35.3℃下降至 20.3℃，使用玻璃的模拟房屋的室内温度则由 35.1℃下降至 9.4℃。

（2）木基光热驱动水分蒸发器

木基光热驱动水分蒸发器是通过碳化、金属镀膜、激光处理等方式实现高效的光热转换，并利用木材中定向排列的孔隙通道进行水分蒸发实现的。木材作为一种碳基材料，碳化可以有效地提高其光热转化效率。例如，Xue 等以木材作为模板，通过简单的火焰烘烤和淬火过程制备了表面碳化的蒸发木材。该材料的碳化表面拥有高达 99%的太阳光吸收率，低的导热系数$[0.33~W/(m \cdot K)]$和良好的亲水性。在光强度为 $1~kW/m^2$和 $3~kW/m^2$ 时的光热转化效率分别为 72%和 81%。Zhu 等将木材表面碳化，顶部碳化的部分依旧保持着木材原有的孔道结构，既提升了水的运输速率，又能够有效地吸收阳光，增加光的反射路径，最大限度地吸收太阳能，使顶部表面的热量局部化，同时由于木材的隔热性能优异，水可以沿着垂直排列的微通道传输到木材顶部的表面。由于双层木材的微观结构和双层结构之间的协同作用，双层木材几乎吸收了整个波长范围内的入射光，吸收率接近99%。该装置最大太阳能蒸汽生成速率超过 $12.2~kg/(m^2 \cdot h)$，其能量转化效率约为 90%。Chao 等通过选择性去除巴沙木中的木质素、半纤维素后，制备得到了同时能够定向高效收集海水且可弯折卷曲的木材衍生天然气凝胶材料，其表面修饰还原氧化石墨烯（rGO）后，制得蒸发木材。以往的蒸发木材都是底部直接接触水体，会造成一定程度的热能损失。而在这项研究中，研究人员独辟蹊径地将这种材料设计成一种"非直接接触式"的悬挂式太阳能海水蒸发器件，将可弯折的木材气凝胶材料做成了"连接桥"式的结构，悬挂在海水水槽之间，进而避免了光热蒸发材料与水相紧密接触造成的热损失与光能利用率的下降(图 7-17)；利用这种方式，"连接桥"式的蒸发期间能够在 1 kW/m² 光照强度下实现 1.351 kg/(m²·h) 的蒸发速率，同时光热转换利用率高达 90.89%，相较于传统的"紧密接触"式太阳能蒸发，极大地提升了光能利用率。Chen 等首先通过水热反应制备出磷酸铝(AlP)，然后将 AlP 涂刷在木材表面并进行干燥，制备出蒸发木材。AlP 作为路易斯酸催化剂可以促进木材碳化和加速碳层的形成。木材表面经 AlP 预处理后，再经过简单的热处理，可以使木材表面更容易碳化，形成分级多孔碳层。蒸发木材具有良好的表面亲水性，98%的太阳光吸收率，低的导热性。在 1 kW/m² 光照强度下，蒸发木材的光热转化效率为 90.8%，水蒸发速率为 1.423 kg/(m²·h)。

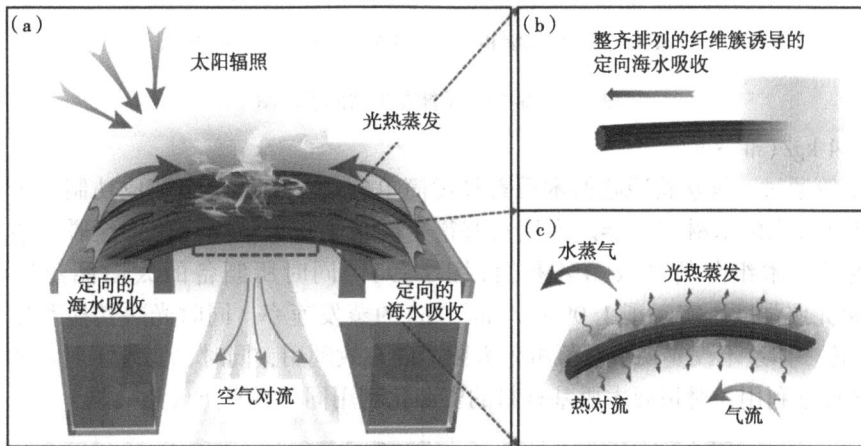

(a)非直接接触蒸发系统；(b)利用还原氧化石墨烯修饰的木材气凝胶纤维的毛细管力定向收集海水；(c)光热转换与自然对流协同促进蒸发

图 7-17　悬挂式木材蒸发器

通过向木材负载光热材料可以赋予木材光热转换性能，常见的光热材料有石墨烯、CuFeSe₂ 等。例如，Liu 等将氧化石墨烯滴涂在多孔木材基体上，制备的蒸发器在 12 kW/m² 的模拟太阳光照射下，蒸发速率高达 14.02 kg/(m²·h)。Liu 等在溶液中合成了窄禁带半导体 CuFeSe₂ 纳米粒子，然后将这种粒子分散在氯仿中，最后通过简单的木材浸渍过程制备出蒸发木材。这种复合材料在 1 kW/m² 和 5 kW/m² 光照强度下的光热转换效率分别为 67.7%和 86.2%。通过该装置收集到的水可以直接饮用。Li 等通过将石墨喷涂在巴沙木表面制备出蒸发木材(图 7-18)。与以往制备的蒸发木材不同的是，石墨的喷涂方向垂直于木材的生长方向，这样的设计有助于阻碍木材和水体之间的传热。石墨对 300~2000 nm 波长的光具有大于 95%的宽带吸收能力，复合材料在 1 Sun(100 mW/cm²，下同)的光照强度下具有 80%的光热转换效率，蒸发速率为 1.15 kg/(m²·h)，液-气界面温度保持在 38℃。

Mohammad 等在木材表面镀金后进行碳化，与直接镀金相比，这两种技术制备出的蒸发木材的蒸发速率在 3 kW/m² 的辐照强度下分别达到 4.02 kg/(m²·h)和 3.54 kg/(m²·h)。并且经过 10 次热循环后，样品的蒸发速率都能保持在 3.3 kg/(m²·h)以上。Wang 等通过溶液原位聚合的方式在巴沙木表面形成聚吡咯，得到蒸发木材。其对 300~2500 nm 波长范围的光吸收率大于 90%，在 1 Sun 的光照强度下蒸发效率大约为 72.5%，蒸发速

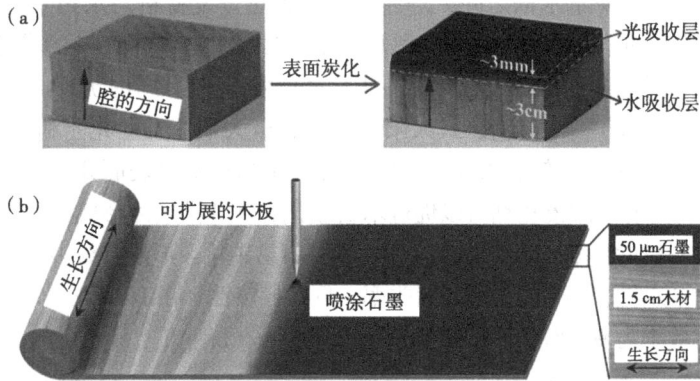

（a）木材炭化后的双层结构；（b）垂直于木材生长方向进行切割

图7-18　制备太阳能蒸发器的示意图

率为 1.014 kg/(m² · h)。

　　Chao 等通过一锅法将脱除的木质素经过简单的化学改性自组装成功制备为具有一定光热转换效果的木材蒸发器。木质素基衍生碳量子点原位循环修饰至脱木质素木材内，实现了全木组分的高效循环利用（图7-19）。同时所制备的太阳能蒸发体系在 1 kW · m² 光照强度下实现了 1.09 kg/(m² · h) 的蒸发速率，同时光热转换利用率可达 79.5%，这一体系不仅实现了对可再生太阳能的有效利用，同时也实现了对木质基材料体系内循环全利用，对拓展木质基材料的资源化利用同样具有重要意义。

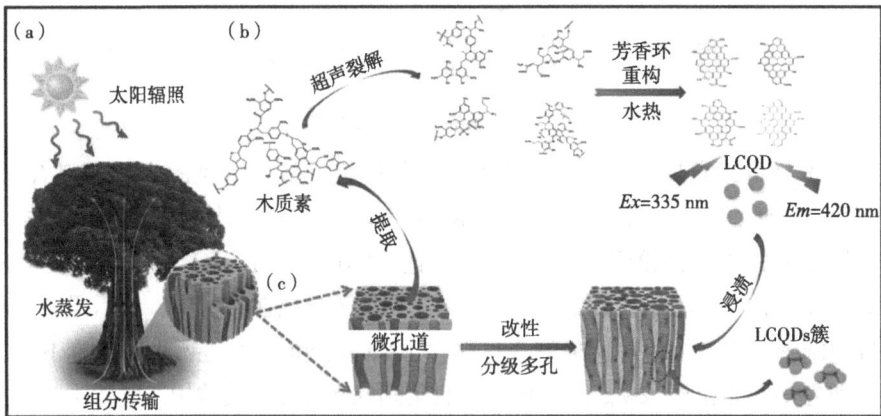

（a）天然生长木材与光驱动的蒸腾现象；（b）天然木材脱木素处理过程与木质素衍生碳量子点的水热制备过程；（c）木质素衍生碳量子点修饰脱木素木材的过程

图7-19　组分循环利用木材蒸发器的制备流程

　　Zhang 等使用对甲苯磺酸(p-TsOH)溶液对木材进行水热处理，p-TsOH 可以促进纤维素在较低温度下的脱水并改善木材基质中的热转化过程。制得的蒸发木材变得更加亲水，并且木材腔的尺寸由 40~60 μm 减小到 10~20 μm。这些变化使得水的蒸发焓降低并极大改善了木材对水的运输能力。在 1 Sun 辐照强度下，蒸发木材的蒸发速率高达 2.16 kg/(m² · h)。Tang 等通过加热碳化木材表面并进行碱处理制得了蒸发木材。通过增加蒸发器距离水体表面的高度，可以激活木材孔道的毛细作用，使得原本堵塞在孔道中的"重力水"转变为紧贴木材孔壁的"毛细水"，从而使木材中暴露出更多的空间以便水分蒸发(图 7-20)。这种简单的方式使得木材中水的蒸发潜热从 2444 J/g 降低到 1769 J/g,在 1 Sun 的辐照强度下,蒸发木材的蒸发速率在 $1.93 \sim 3.91$ kg/$($m^2·h$)$间变化,取决于木材高出水体表面的高度。

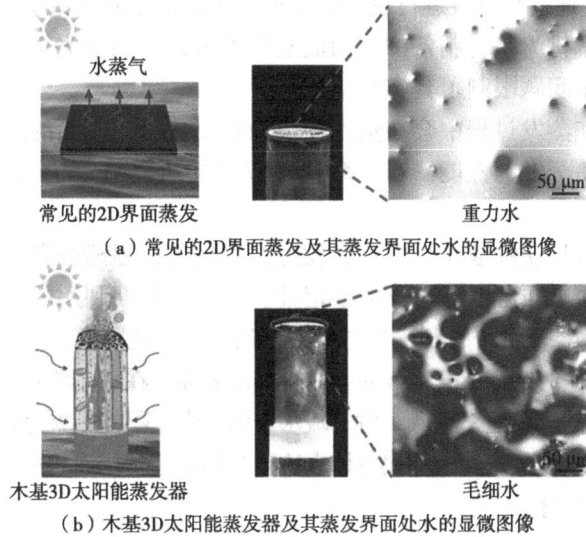

(a)常见的2D界面蒸发及其蒸发界面处水的显微图像

(b)木基3D太阳能蒸发器及其蒸发界面处水的显微图像

图 7-20　2D 和 3D 蒸发器的蒸发界面模式

Kuang 等通过在木材基板上打孔,随后对其表面进行碳化,即可得到理想的自再生式太阳能蒸发器(图 7-21)。该蒸发器在高浓盐溶液(20wt%NaCl 溶液)中连续蒸发 100 h 依然

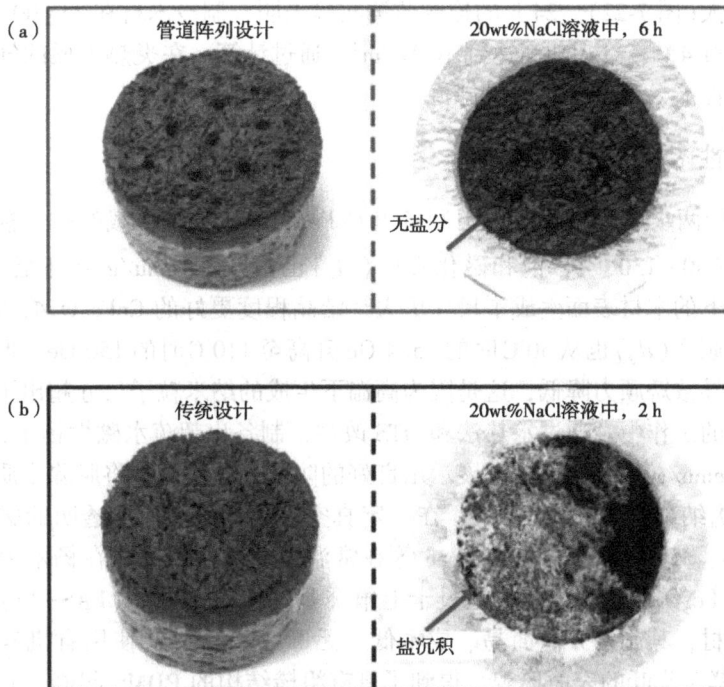

(a)有管道阵列设计的海绵状太阳能蒸发器的防污性能测试;
(b)无管道阵列设计的海绵状太阳蒸发器的防污性能测试

图 7-21　海绵状太阳蒸发器的防污性能对比

稳定,太阳能蒸发器的最高效率约为75%。由于不同的水力传导性,在太阳蒸发作用下,在毫米级的钻孔通道(低盐浓度)和微米级的天然木材通道(高盐浓度)之间形成了盐浓度梯度。浓度梯度通道间自发的盐交换使木材孔道中的盐被稀释。因此,高水力传导率的钻孔通道可以作为排盐通道与溶液进行快速盐交换,使蒸发器能够免于盐结晶的影响。

目前为止,以木材为基材制备的太阳能蒸发器可以在弱阳光下(不超过1 Sun)净化水。但是仍存在诸多问题限制了其实际应用:

第一,蒸发器在蒸发过程中会在蒸发器表面析出盐分,表面的结晶盐会影响光吸收与表面蒸汽扩散,使蒸发的性能降低。耐盐蒸发器的研究对于SVG在海水淡化方面的应用是很有必要的。

第二,天然木材长期浸泡在水中,会发生腐烂现象,逐渐被微生物分解。因此,需要进一步提高天然木材在湿度环境下的稳定性,以满足长期利用的要求。

第三,水在蒸发器表面的蒸发行为与蒸发器的结构、孔隙率、润湿性息息相关。但是目前的研究局限于单一的亲水或疏水表面,对于亲水表面,在水传输过程中表面会富集大量的水,从而导致有效的蒸发速率降低。对于疏水表面,由于不能很好地润湿,在蒸发过程中的热损失增加也利于快速蒸发。合理地设计水传输结构以达到快速的水传输也是必要的。

(3)辐射制冷木材

通过对木材完全脱除木质素以及压缩致密处理得到辐射制冷木材。该木材机械强度达到404.3 MPa,是天然木头的8倍。木材纤维素不吸收可见光,且构成多尺度的光纤和通道,作为随机无序的散射单元强烈反射可见光。且由于纤维素分子振动拉伸,该木材在红外波段产生强烈辐射。其在8~13 μm大气窗口波段平均辐射率超过90%,且受发射角影响不大(图7-22)。24 h的连续监测实验表明,制冷木材在11:00~14:00时间段平均降温超过4℃,冷却功率达到16 W/m²。通过计算,在火热干燥的气候环境下该材料发挥最佳性能,可节约60%的能源。

7.2.3.6 磁性木材的应用

Gan等采用两步水热法在90℃下制备出$CoFe_2O_4$纳米粒子负载的磁性杨木,随着反应温度的升高(50~130℃),饱和磁化强度(M_s)也由0.11 emu/g升高至4.53 emu/g,这是由于高温下的木材表面生成了尺寸更大、结晶程度更好的$CoFe_2O_4$纳米粒子。随着温度上升,矫顽力(H_c)也从50℃时的85.4 Oe升高至110℃时的150 Oe。但是,进一步升高温度,会导致矫顽力降低,这是因为高温下生成的纳米粒子尺寸超出了单畴临界尺寸。在进一步的工作中,通过水热法和OTS改性,制备出超疏水磁性杨木,其M_s和H_c分别达到1.8 emu/g和450 Oe,并展示出良好的防紫外线功能。将脱除木质素的杨木浸渍于含有Fe_3O_4纳米粒子的MMA中,在一定真空度下,又制备出透明的磁性木材,其透光率为63%,M_s为0.35 emu/g。Yao等在常温下通过共沉淀法在杨木表面和内部制备出磁性纳米Fe_3O_4粒子,进一步通过十七氟癸基三甲氧基硅烷(FAS-17)改性,获得超疏水磁性木材,其制备方法简易、成本低、无毒性。Chen等使用有机硅橡胶道康宁184复制了新鲜芋头叶的表面形貌,得到了具有粗糙结构的PDMS印刷,并用氟硅烷降低其表面能(图7-23)。随后,将含有纳米Fe_3O_4粒子的PDMS胶液滴涂在杨木表面,并用PDMS印刷压住胶液,待胶液完全固化后脱模,获得超疏水磁性木材。其M_s和H_c分别为22.9 emu/g和45 Oe,3 mm厚的木材样品在17 GHz的微波处出现最小反射损耗

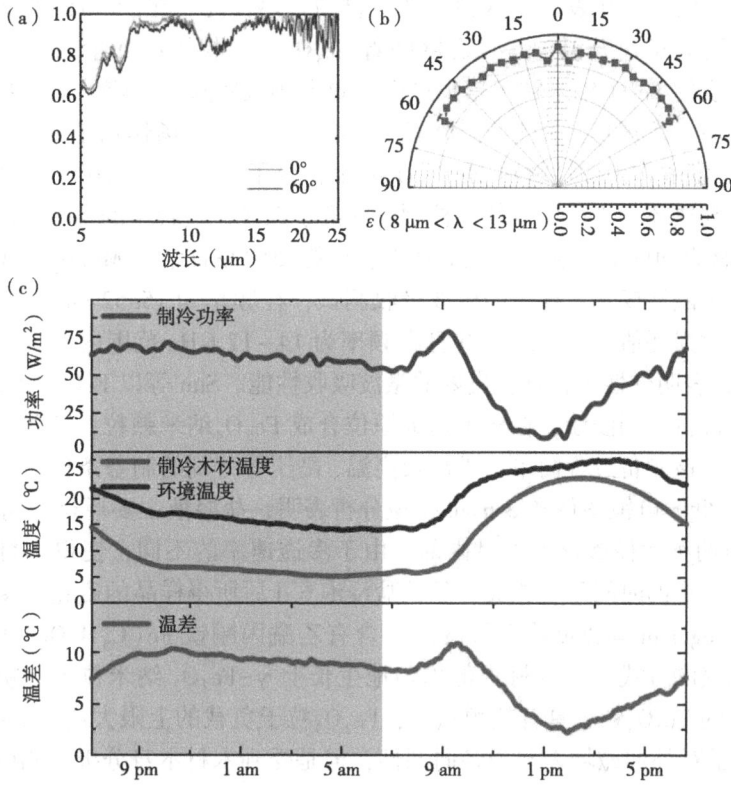

（a）辐射制冷木材在不同的发射角度下对5~25 μm的红外光的红外发射光谱；
（b）辐射制冷木材对大气窗口的平均发射率的极性分布；
（c）辐射制冷木材的制冷功率（上），辐射制冷木材和周围环境温度的对比
（中）以及辐射制冷木材和周围环境间的温差（下）

图 7-22 辐射制冷木材的光学和热学表征

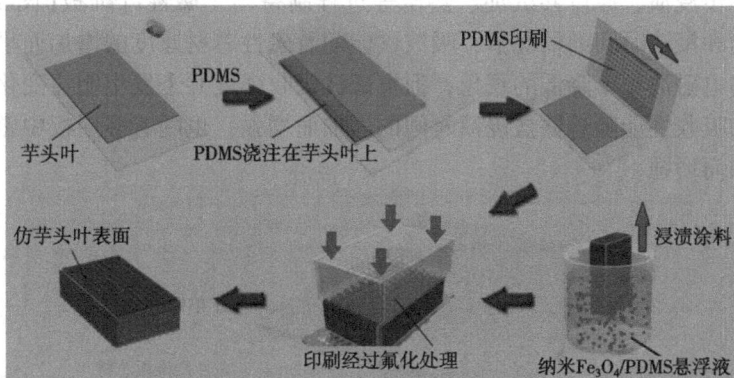

图 7-23 模板法制备仿芋头叶木材表面的流程

值-8.7 dB，表现了良好的微波吸收能力。

Wang 等采用一锅水热法在木材上生长纳米八面体锰铁氧体 $MnFe_2O_4$，所制备的磁性木材具有软磁性，M_s 达到 28.24 emu/g，H_c 低于 5 Oe，3 mm 厚的木材样品在 16.48 GHz 的微波处出现最小反射损耗值-9.3 dB。相比原始木材，磁性木材的最小反射损耗、吸收带宽和耐火性都有明显改善。Gan 等通过浸渍法和水热法在木材表面和内部负

载上 Fe_3O_4 纳米粒子，并表征了这种磁性木材的磁热性能。在 35 kHz 的交变磁场频率下，磁性木材可以迅速升温，并且温度随着 Fe_3O_4 纳米粒子添加量的增加而升高。但是，由于高浓度的 Fe_3O_4 纳米粒子聚集过度，导致热效率随之下降。进一步用磁性木材来模拟真实房屋，发现房屋模型内部温度也可以在交变磁场作用下升高到理想程度。Wang 等以天冬氨酸作为磁性材料 $MnFe_2O_4$ 的生物分子诱导剂，以锰铁水合氧化物为矿化矿源，以溶剂热环境为反应条件，控制锰铁离子在矿化过程中的离子浓度，进而控制 $MnFe_2O_4$ 在木材表面的成核和生长反应速率，最终使尖晶石结构 $MnFe_2O_4$ 成功生长于木材表面，制备出磁性杨木。样品经微波吸收测试，在频率为 15.52 GHz 时，3 mm 厚的试样的最小反射损耗值为 −12 dB，并且在频率为 14～17 GHz 范围内，试样的反射损耗值小于 −9 dB，表明磁性木材具有良好的微波吸收性能。Sun 等以 $FeCl_2$／$FeCl_3$ 溶液和氨水对杨木单板进行分别浸渍，在杨木内部原位合成 Fe_3O_4 纳米颗粒，制备磁性杨木。与传统工艺不同，该制备过程简单，不涉及高温、高压等苛刻的制备条件，成本较低，但样品的 M_s 也较低。电镜图像和 comsol 模拟分析表明，盐溶液主要通过径向（导管）和横向（具缘纹孔）两种途径渗透入木材内部，由于渗透速率的不同，使得木材中磁性粒子的数量与木材浸泡的时间呈正相关，且铁盐浸泡 6 d 后所得样品的磁化强度最高，达到 0.08 emu/g。Segmehl 等将挪威云杉浸泡于含有乙酰丙酮铁 $Fe(C_5H_7O_2)_3$ 的苯甲醇中，并辅以微波加热的方式，在木材内部均匀地生长上 γ-Fe_2O_3 纳米粒子。缺乏剩磁和矫顽力表明制备的 Fe_2O_3 粒子具有超顺磁性，Fe_2O_3 粒子负载的上限大约为 5wt%。尽管沉积的 Fe_2O_3 粒子对外加磁场表现为各向同性，但是受到木材本身分级结构的影响，磁性木材样品宏观上对外加磁场表现为各向异性。值得注意的是，在使用传统方法制备磁性木材的过程中，木材表面负载的粒子往往是不均匀的，并且容易产生较大的晶簇。但是，采用这种新的方法制备的 Fe_2O_3 粒子可以在木材内部全方位均匀生长，在沿纤维素纤维方向没有发生粒子优先沉积或生长，这与传统方法相比具有很大优势。娄志超通过铁盐与氨水逐步浸渍、原位共沉淀、热压等过程制备出了磁性纤维板（图 7-24）。在固定浸渍液浓度和浸渍时间的情况下，吸波性能随着磁性芯材厚度的增加而呈现出最大吸收强度对应的电磁波频率降低的现象，但电磁波吸收强度并未发生明显变化。磁性纤维板对电磁波的吸收性能随着铁盐浸渍时间的增加而增强，也随着多层板中磁性纤维板芯材层数的增加而增强。

杨木单板

磁性纤维板芯材

图 7-24　三层复合磁性板材构建示意图

7.2.3.7　响应性木材的应用

　　Li 等采用水热法制备了磷钼酸可见光光催化木材，其在可见光照射下对罗丹明 B 具有优越的光降解能力。进一步，他们又将磷钼酸包裹入壳聚糖/聚乙烯基吡咯烷酮混合物中，并将这种混合物固定在木材表面，从而制备出了一种光响应木材。在可见光照射下，随着辐照时间从 0 增加到 90 min，样品的总色差值从 0.7 显著增加到 42.5，证明样品具有良好的光响应性能。Gao 等采用水热合成和银镜反应相结合的两步方法，在木材上生长了银纳米晶和 TiO_2 颗粒的 Ag-TiO_2 异质结构。光催化性能的研究表明，在可见光下，包覆 Ag-TiO_2 复合膜的木材对苯酚的降解性能优于包覆纯 TiO_2 颗粒的木材。后续又对样品表面进行了疏水处理，成功地制备出了一种超强的疏水抗菌复合膜。Gao 等在木材表面负载锐钛矿型纳米 TiO_2 和纳米 Cu_2O 粒子，制得超双疏抗菌木材。在紫外辐照下，样品产生的负氧离子对大肠埃希菌有杀灭作用。Hui 等通过水热法在木材表面构建出层状花型三氧化钼(MoO_3)薄膜，该木材在 365 nm 处对紫外光的刺激反应良好，颜色变化显著。Li 等在木材表面构建了含有温敏变色材料的聚乙烯薄膜，使得木材在不同的温度下呈现不同颜色，并且过程可逆。

7.3 仿生人工木材

传统的蜂窝状多孔材料(如多孔金属材料、多孔高分子材料、多孔凝胶材料和多孔陶瓷基材料等)具有各向同性，虽然它们的泡孔率较高，却反而降低了其各个方向的力学性能，并且存在制备过程复杂、可控性差等不足，导致它们的发展受到了一定的限制。然而，仿生人工木材的出现改变了这一状况。受天然木材系统中结构与功能关系的启发，俞书宏院士团队首次提出了"仿生人工木材"这一概念，开发了一种由冰晶诱导自组装和热固化相结合的技术，利用传统的热固性树脂材料制备出了一系列高附加值的多功能树脂基仿生人工木材，并且系统性地阐述了仿生人工木材的概念、制备机理以及制备过程中的影响因素和后续应用等。其制备策略主要是通过将高分子聚合物和与之相适的先进制备手段相结合，进行仿生材料可控的制备，从而获得与天然木材独特的有取向的孔道相似的结构以及更加优异的力学性能。这是天然材料和传统多孔工程材料所不具备的。

7.3.1 仿生人工木材的基本原理

与传统多孔材料的制备方式不同的是，受天然木材独特的结构与力学性能之间关系的启发，仿生人工木材的制备将侧重点同时放在了结构通道的形态完整性和基质聚合物的选择上。

7.3.1.1 仿生人工木材的结构设计

经过亿万年的进化，天然木材独特的分级多孔结构从细胞壁的宏观尺度延伸到纳米尺度(图 7-25)。天然木材主要由两种不同系统的细胞组成，分别是轴向系统和径向系统。在径向系统中，有许多颜色较浅、从树干中心向树皮方向呈辐射状排列的细胞构成的组织，这些细胞主要是射线薄壁细胞，这些组织被称为木射线。但在某些针叶材中，木射线是由射线薄壁细胞和射线管胞共同组成的。其中，射线管胞为厚壁细胞，是树木的横向组织，起到横向输送和贮存养料的作用；而轴向系统主要是与树干中轴平行的细胞组成的垂直排列的微米级通道，该通道用来传输水分、离子和养分。同时，这些微米级孔道还赋予了木材很高的孔隙率和较低的密度，这种主要与木材生长方向一致的孔道结构有利于增强木材的机械强度。

此外，木材孔道细胞壁对木材的机械性能也起着至关重要的作用。在显微构造水平

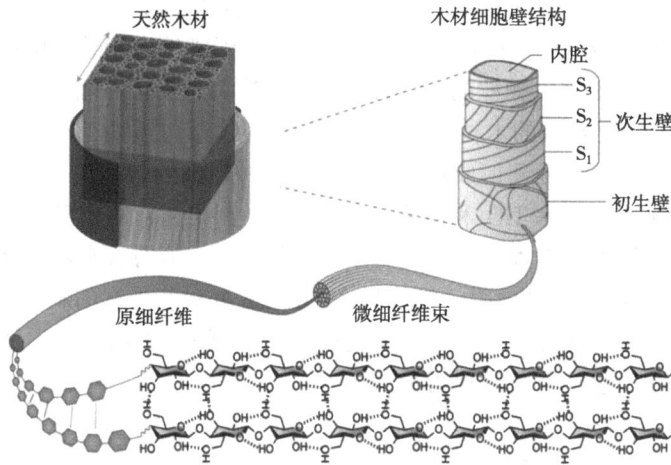

图7-25　纳米尺度下的天然木材层次结构

上，细胞是构成木材的基本形态单位。而木材细胞壁的结构往往与木材的力学性能以及宏观表现的各向异性相关，因此，对木材在细胞水平上的研究也可称为对细胞壁的研究。木材孔道的细胞壁主要由纤维素、木质素以及半纤维素组成。因为纤维素含量丰富、具有大分子长链与丰富的羟基基团，其以分子链聚集排列成有序的微纤丝束状态存在于细胞壁中，赋予木材抗拉强度，起着骨架作用；半纤维素是无定形物质，分布在微纤维之中，称为填充物质；木质素是一种由苯丙烷单元通过醚键与碳碳键相互连接并通过化学交联的无定形多酚聚合物，渗透在骨架物质之中，起到加固细胞壁的作用。细胞壁成分的物理作用特征使木材具有了"钢筋–混凝土"结构，这进一步加强了孔道细胞壁抗压缩和弯曲的力学性能。

所以，仿生人工木材的结构设计主要从结构和材料两个角度出发，得到的材料的性能取决于基质材料的性质和孔道结构的完整性。具体需要考虑的问题是基质聚合物的选择和各向异性的孔道的设计。

7.3.1.2　仿生人工木材的原料选择

受木材化学组成结构特性的启发，选择能够构成类似"钢筋–混凝土"复合结构的聚合物是作为基质原料的重要原则。

近10年来，应用于仿生结构铸造工艺中，可以作为支撑结构的生物大分子包括壳聚糖、纤维素、淀粉原纤维、支链淀粉、蚕丝蛋白、胶原蛋白和魔芋葡甘聚糖等。因此，在仿生人工木材的制备中，上述大分子也有望成为该复合结构中起到支撑作用的"钢筋"组分原料。其中，纤维素和壳聚糖在该工艺中的研究比较广泛。在现已制备出来的仿生人工木材中，俞书宏等以树脂为基质材料，为防止结构塌陷，添加了具有形状记忆性的壳聚糖材料，这种生物大分子结构坚固，具有形状记忆性能、生物活性、无毒可降解性等优点，使复合材料在受到循环压缩时也仍可以保持其形状记忆的特性。该研究说明壳聚糖材料能够起到支撑作用，有作为"钢筋"材料的潜力。因此，以纤维素、壳聚糖等生物大分子材料作为基体材料制备仿生人工木材，在具有各向异性结构的同时具有绿色可再生性，拓展了仿生人工木材在生物领域的应用，值得进一步实验和探索。

同时，在已有"钢筋"结构的基础上，还需要"混凝土"结构组分作为增强体来构成一个完整的基体。在众多高分子聚合物中，可以选择具有与木质素化学结构类似并进行网状交联的高分子聚合物作为主要基体材料。这种材料的选择可以赋予仿生人工木材强于天然木材的机械性能，从而达到"神似"的目的，如硫化橡胶、热固性树脂等。在现已成功制备出的仿生人工木材中，将具有网状交联结构的酚醛树脂、三聚氰胺甲醛树脂等热固性树脂作为基质材料，同时其材料本身还具有阻燃性，又可以赋予仿生人工木材以天然木材所不具备的防火、防腐蚀等性能。

然而，随着对高分子聚合物的不断深入研究，这种具有刚性网状交联结构的聚合物或许并不是仿生人工木材基质材料的唯一选择，还有许多能够起到类似作用的工程材料可以作为基质，通过物理或化学作用增强组分，不仅在力学性能上可以强于天然木材，同时也可以赋予仿生人工木材以更多的功能性，如物质的定向运输、隔热防火、轻质高强等。

另外，基质材料必须与后续的结构铸造方法相适应，尤其是在特定溶剂中的溶解度。如采用冷冻铸造技术制备仿生人工木材时，聚合物原料必须在溶剂中均匀分散或溶解。因此，基质材料的选择对仿生人工木材的制备具有显著的影响。如何选择、开发新型的基质材料，如何找到一种匹配、兼容的处理方法，使材料与铸造方法相融合，并且同时实现各向异性的通道结构的特性，是目前面对的巨大挑战。

7.3.2　仿生人工木材的制备方法

仿生制备具有天然木材这种独特的分级结构以及各向异性孔道结构的材料，已经成为在不同领域中制造高性能结构和功能材料的一种重要方法。这种三维有序多孔材料已经历了一段较长的发展时期，目前，科学家们已探索了许多不同的制备方法，如模板诱导法、3D 打印法和冷冻铸造法，如图 7-26 所示。

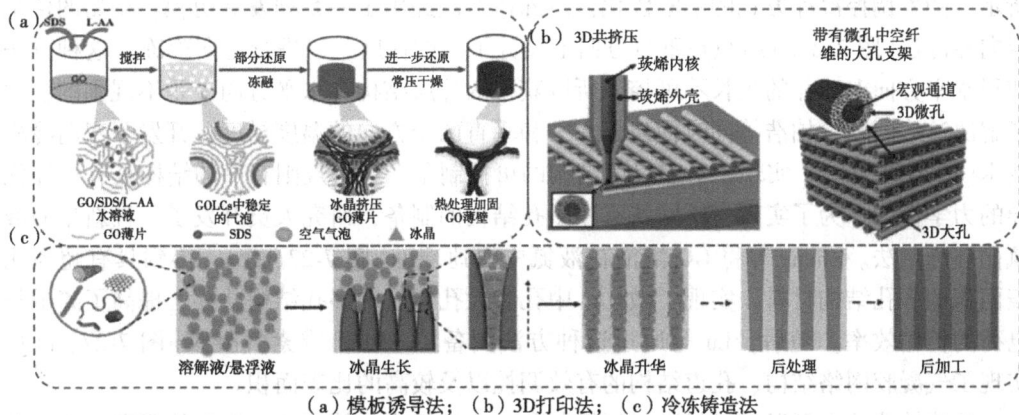

（a）模板诱导法；（b）3D打印法；（c）冷冻铸造法

图 7-26　制备三维有序多孔材料的方法

7.3.2.1　模板诱导法

模板诱导法是合成多级复合孔微纳米材料的常用方法之一，主要是以一种物质作为模板，使得前驱体与模板相互作用，在实验过程中通过对影响因素的有效调控，合成具有一定结构的纳米材料。模板诱导法主要包括硬模板诱导法、软模板诱导法以及气泡模板诱导法 3 类。其中，硬模板的去除需要用到有毒溶剂，且耗时较长；软模板诱导法中多为有机溶剂，具有一定的毒性，并且稳定乳液体系的构建较难；而新型的气泡模板诱导法操作条件温和、简便、成本较低，较为绿色环保，因而不断得到应用。Zhang 等以氧化石墨烯液晶（GOLC）为原料，采用气泡模板诱导法[图 7-26(a)]，使得 GOLC 相被排除在紧密堆积的气泡中，产生了一个相互连接的凝胶网络，最后得到了具有有序多孔结构的石墨烯气凝胶。但是，在制备过程中，前驱体粒子的性质以及溶剂性质对气泡的稳定性有一定影响，并且气泡尺寸与分布并非完全精准可控，从而会影响结构构筑的规则性，所以，结构可控三维纳米材料的制备技术仍亟待发展。

7.3.2.2　3D 打印法

3D 打印是近年来兴起的一种快速成型技术，其采用计算机建模的方法，通过逐层叠加的方式来构筑目标材料，以实现高复杂度和功能性材料的制备，从而适用于仿生材料的制备。吴立新等以聚氨酯和碳纳米管为原料，通过 3D 打印技术得到了具有多孔结构的传感器。Kleger 等实现了 NaCl 胶体模板的 3D 打印，通过对镁熔液进行压力铸造，实现了多孔镁支架的 3D 打印成形。3D 打印多孔镁支架的孔隙率可在较宽的范围内进行调整，且具有可控的孔隙形态与宏观结构，从而可以被用于生物支架材料。作为一种制造多孔材料的替代策略，虽然 3D 打印技术为生成特定设计具有各向异性的理想结构提供了一种可行的办法，但其加工成本过高、生产效率低，并且在印刷后难以保持良好的持形能力。为此，如何同时增强多孔材料的力学性能和多功能性（尤其是在特定方向上），是这个技术面临的关键性挑战。

7.3.2.3　冷冻铸造法

冷冻铸造法因具有冷冻可控性而被广泛应用于多孔材料制备中，其过程如图 7-27 所示。随着调控冷冻方式的不断优化，冷冻铸造法经历了一系列发展历程。初始的传统定向冷冻法[图 7-27(a)]只在垂直方向上设计了温度梯度，以进行定向冷冻，这种方法使得水平方向上冰晶的生长不可控，所以获得的片层结构在水平方向上是不规则的。为了解决这一问题，柏浩等同时构建了水平和垂直两个方向的温度梯度，开发了双向冷冻技术[图 7-27(b)]，实现了对多尺度结构的可控制备，且其规则有序的结构具有更加优异的力学性能。为了实现三维网状有序多孔结构的制备，研究人员开发了一种新型的液氮循环冻融法。Zheng 等将 GO 溶液在液氮中快速冷冻[图 7-27(c)]，得到具有超高比表面积的多孔结构材料，实现了微孔、中孔和大孔体系的多孔结构共存，提高了离子与电荷的传输效率。随后，Lu 等通过这种方法制备了木质纤维素气凝胶[图 7-27(d)]，实现了气凝胶网络结构、孔道结构的有效调控以及较高的比表面积。

冷冻铸造技术可以对材料进行可控制备，这源于冷冻铸造技术原理的研究。研究发现，可以通过适当调整特定的工艺变量以改变材料孔径的大小、形状以及孔壁的薄厚，实现结构的可控性。最后得到的目标孔道结构是长程有序的，并且具有各向异性，同时也具有低密度和较高的比表面积等优良性能。这种工艺方法简单、使用方便，而且以水作为最常用的溶剂，对环境友好、无污染。同时，在结构构建过程中，不同溶剂产生的冰模板可以赋予材料独特的结构形态，并会在固化的过程中使聚合物进一步交联，从而拥有良好的机械性能。所以，从目前的发展阶段看，冷冻铸造技术是制备仿生人工木材最合适的方法。

近年来，冷冻铸造在陶瓷、金属、聚合物、生物大分子、碳材料等可控多孔材料的

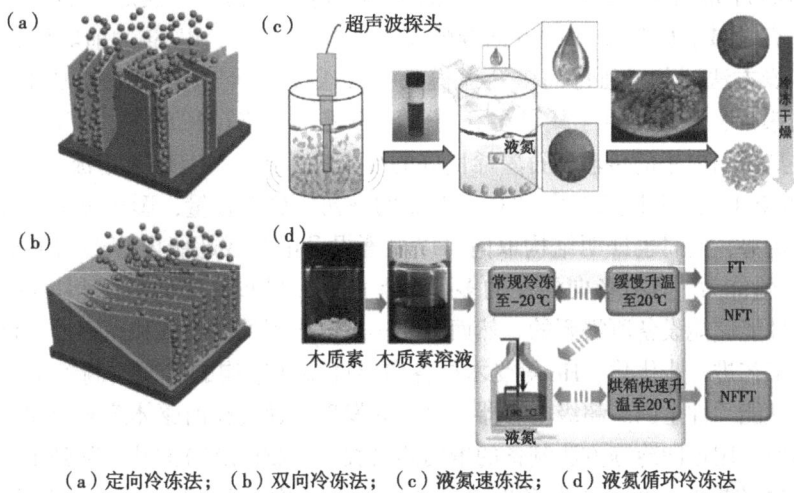

（a）定向冷冻法；（b）双向冷冻法；（c）液氮速冻法；（d）液氮循环冷冻法

图 7-27　冷冻铸造工艺的发展历程

制备方面得到了广泛的应用，可以赋予新型材料以多种新性能和更广泛的适用性。贺曦敏等采用分子和结构工程方法的组合，通过使用冷冻铸造法并辅助"盐析"处理的策略，将聚合物链聚集并结晶成坚固的原纤维，由此产生了新型高强度的聚乙烯醇水凝胶（HA-PVA），其具有多个不同尺度的连接结构。这些多重结构的层次结构类似于生物对应结构，可赋予材料以更坚固、更可拉伸的优异性能。张君妍等以天然的细菌纤维素纳米纤维、钾及三甲氧基硅烷为原料，采用"冷冻诱导铸造和干燥驱动矿化"的新型策略，获得了高度多孔的三维网络的杂化气凝胶材料。纤维胞状孔结构、"软-硬"协同的纳米骨架单元以及骨架单元间强交联点和表面大量的 Si-CH$_3$ 基团，赋予了纳米纤维杂化气凝胶以结构稳定性和超弹性能。

　　这些技术不仅在微观结构上具有良好的可控性，而且还促进了大量具有理想形态和功能特征的仿生人工木材的产生。同时，它也为制备新型纳米复合材料提供了一种新途径。所以，仿生人工木材的不断发展使其有望成为传统仿生工程材料和天然木材的替代品。

7.3.3　仿生人工木材的功能化

　　独特的取向通道结构和良好的机械性能赋予了天然木材良好的力学特性，被广泛应用于各个领域，而仿生人工木材有着与天然木材相似的结构和更优异的力学性能。随着技术手段的不断发展，仿生人工木材的结构会更加优化，并且材料的快速发展也会带来更多的选择性。这将会赋予这种新型材料更多潜在的性能，为不同的应用领域带来更多的可能性。

　　受木材多孔纳米结构功能化的启发，利用仿生人工木材中的可控各向异性多孔性，可以采用许多不同的方式来进行功能化，包括对材料进行表面修饰、对孔隙内壁进行修饰以及利用功能材料对孔道内进行填充复合。这意味着可以利用仿生人工木材这种多孔结构作为基体，根据功能导向来对新型材料的制备策略进行设计。

　　近年来，具有成本效益的能源储存与生产是重要的焦点领域，其中高性能电化学储能器件的开发对未来便携式电子设备、电动汽车及智能电网的快速发展有着至关重要的作用。分层多孔结构在各种储能系统中也起着重要的作用，尤其是其对物质传输的增益有助于设计新一代的电学与电化学器件。因此，复合导电材料（如电池、太阳能电池、超级电容器等)都成了研究的热点。以电池为例,电极结构与性能之间的关系是一个非常活跃的研究领域。Li 等受木材各向异性多孔结构的启发,以 Si 为前驱体,通过水热法和冷冻干燥方法制备了独特的多孔道模版,再通过化学气相沉积法(CVD)在多孔基体上生长石墨烯,最后得到了一种多孔道管状石墨烯网络(MCTG)。基于 3D 多孔道结构能够促进离子与电子的传输和石墨烯良好的导电性优点,MCTG/S 正极(负载 70% 质量分数的硫)在 0.1C 倍率下实现了 1390 mAh/g 的高初始放电容量,彰显出了这种新型锂硫电池的独特优势,同时也证明结构取向可以显著提升电池或超级电容器的倍率特性和离子/电子的传输能力。具有各向异性的多孔结构可以提供较低的曲折度和足够的表面积,这是设计高性能储能设备所需要的。然而,要实现电容器的高负载和高容量,仍需对材料结构和制备工艺进一步优化。He 等受木材各向异性多孔结构的启发,制备了一种取向结构可控的高性能柔性全固态超级电容器。该研究发现,通过在前驱体溶液中加入少量聚乙烯醇,可以使采用定向冷冻方法制备的聚丙烯酰胺气凝胶(APA)的孔径降到 12 μm。通过对其凝胶孔径的控制,可使得制备的电容器拥有高的面电容(831 F/cm^2)以及高功率密度(4960 μW/cm^2,73.8 μWh/cm^2)。其中,该器件的面积容量是普通取向器件的259%,是无取向器件的 403%。电化学材料中拥有各向异性的结构保证了电子和离子在多孔基质中的高效迁移,所以,可控各向异性多孔结构对于优化能源材料中的热能、电子和离子传输性能具有重要意义,且这种制备取向材料和物料负载的策略具有通用性、多功能性和可控性。这为高性能电化学储能器件的发展提供了新的机遇。

在吸附领域中,相比于无序多孔结构,取向孔道网络结构在流体输送过程中有着高效突出的表现,在水中去除燃料、原油吸附、海水淡化以及吸附空气污染物等领域都有良好的表现[图 7-28(a)~(d)]。Dong 等模拟生物质纤维的孔道结构和多孔管道壁,并在此基础上构建垂直排列的管道,设计了一种可以高效运输水分和盐的纳米纤维太阳能蒸发器(CNFAs)[图 7-28(e)]。在海水淡化领域中,传统蒸发器因缺乏互相连通的孔道结构而易出现盐结晶堵塞以及蒸发器耐受能力差等一系列问题。这种新型蒸发器独特的取向多孔结构实现了盐、水的高效运输,并且在解决传统蒸发器出现的问题上取得了突破性进展。因此,通过冷冻铸造的各向异性多孔结构,基于其本身低密度、高孔隙率、高比表面积等结构优点,而得到广泛的设计和应用。Cai 等制备了一种用于解决高黏度原油泄漏的仿生木材多维结构的超弹光热 MXene 气凝胶[图 7-28(f)],采用冷冻铸造的方法,通过调控冷冻等工艺实现了木材多维孔道仿生结构的复刻。由于该气凝胶拥有多维孔道网络结构,因而具备优异的液体运输性能以及压缩回弹性能,且由于其多维孔道对于光的多重反射和 MXene 气凝胶优异的光捕捉能力,而实现了对海水中高黏度重油的高效快速吸附[图 7-28(g)(h)]。该项技术在海洋原油吸附材料领域中取得了一定的进展,并且为开发具有仿生多功能性的新型材料提供了新的思路。

同时,新型高性能多孔结构生物医用材料的开发也是一个重点领域。生物医用材料主要被用于药物控释输送、促进细胞与组织的生长、临床诊断以及生物传感等方面。所以,从仿生学的角度来看,植入人体中的材料要与人体相互融合、相互适应,从而完全恢复正常结构和功能。在组织工程领域中,生物材料通过作为结构支撑的支架、植入的生物活性分子以及细胞的共同作用来实现医用修复或替代。这一策略已经成为再生医学发展的一个重要方向。其中,支架材料对细胞的黏附、扩散、增值、分化起着至关重要的作用,所以,如何选择原料并制备支架材料已经成为组织工程领域的关键问题。受天

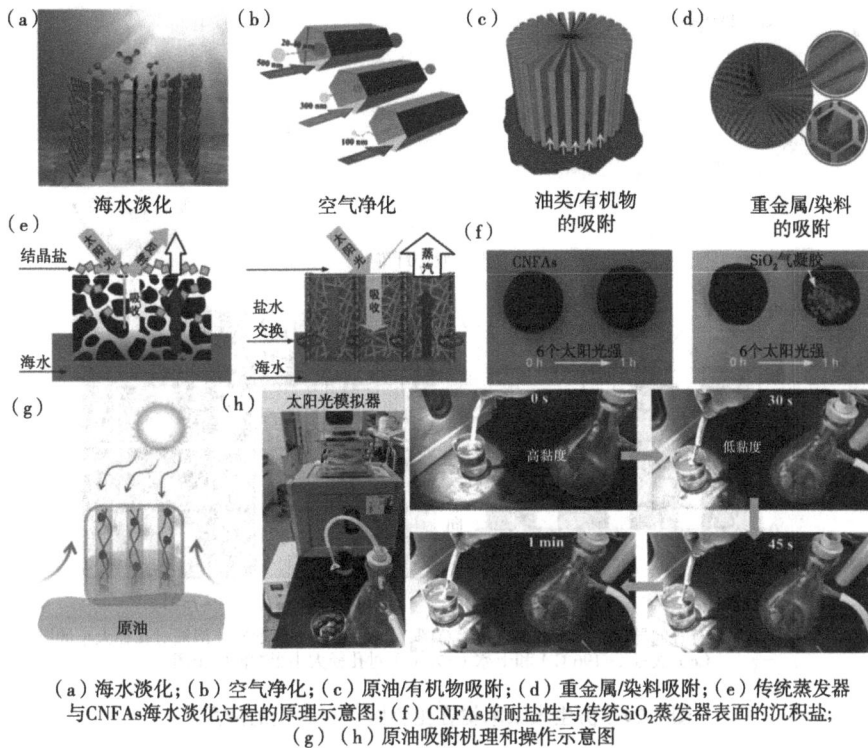

（a）海水淡化；（b）空气净化；（c）原油/有机物吸附；（d）重金属/染料吸附；（e）传统蒸发器
与CNFAs海水淡化过程的原理示意图；（f）CNFAs的耐盐性与传统SiO₂蒸发器表面的沉积盐；
（g）（h）原油吸附机理和操作示意图

图 7-28　仿生人工木材在吸附领域上的应用

然木材有序、定向多尺度多级结构的启发［图 7-29（a）］，Jiang 等以竹纤维、纳米羟基
磷灰石、聚乳酸-乙醇酸为原料，通过冷冻干燥法制备了一种具有高孔隙率和高压缩率
的复合支架，并且表现出了良好的细胞相容性。由此可见，该支架具有成为骨组织工程
支架材料的巨大潜力。具有定向多孔结构的支架对细胞和细胞外基质的再生具有至关重
要的作用，Michiel 等以白蛋白、聚乙烯醇和胶原聚合物为原料，采用冷冻铸造的方法，
通过控制不同冷冻温度或前驱体溶液的浓度，构建了具有可调孔径及其形态的胶原蛋白
支架［图 7-29（b）（c）］。这种制备策略为制造具有各向异性、强固、生物相容性的支架
材料提供了更加精细的方法，在骨骼修复领域具有一定的潜力。同时，可以预见，未来
会有更多的研究将木材结构的取向多孔结构应用到生物医用材料领域。

　　作为一种新兴的材料体系，仿生人工木材才刚刚起步，无论是在原料选择、结构设
计、性能还是应用领域上，都有很多改进和创新的空间，从而赋予了仿生人工木材未来
发展更多的可能性。

　　然而，作为一种新型材料，仿生人工木材在合成更复杂的结构、改进其形态以及功
能控制等方面仍然面临着许多挑战：

　　首先，在制备仿生人工木材时，替代基质聚合物的选择非常有限。目前所选用的基
质成分主要是水溶性酚醛树脂、密胺树脂等热固性树脂，而其他具有苯环刚性结构的非
水溶性热固性树脂也有成为基质材料的潜力，所以需要继续选择和开发新型有效的基质
原料。与此同时，也要着重考虑环境友好这一因素，例如，蚕丝蛋白、淀粉等具有良好
环保性的生物基材料就是不错的选择。从原料选取和工艺过程方面，有必要强化可生物
降解、可回收以及环境友好特性，将"绿色化学"理念融入仿生人工木材这一材料系统

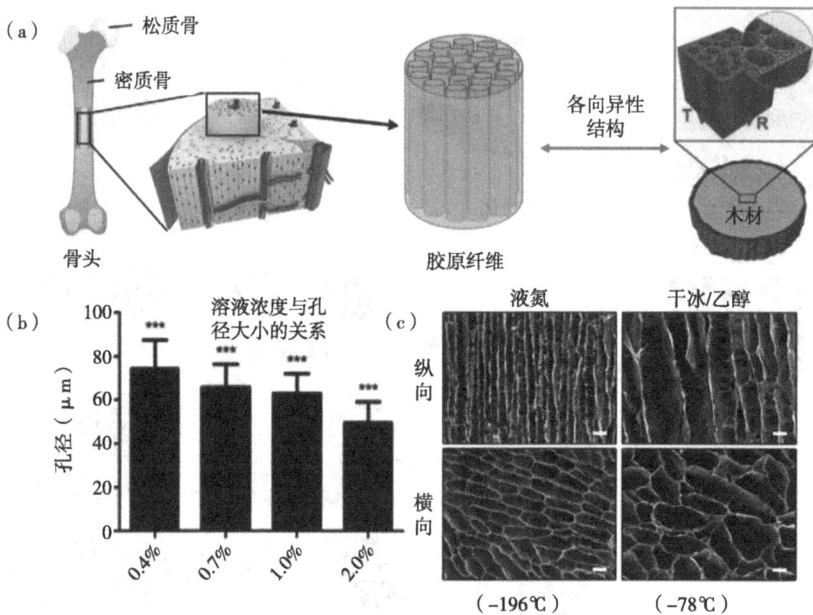

（a）木材与骨头都具有各向异性的分层多孔结构示意图；（b）不同浓度前驱体溶液对孔径大小的影响；
（c）液氮（-196℃）和干冰（-78℃）对孔径大小影响的电镜图

图 7-29   仿生人工木材在生物医用材料上的应用

中，为"碳达峰""碳中和"理念的实现作出贡献。

其次，目前虽然可以运用冷冻铸造技术实现结构的可控性，但还不能完成大尺寸仿生人工木材的合成。所以迫切需要开发更加合适的可以与基质聚合物有效结合的合成方法，使大尺寸仿生人工木材的制备成为可能，使其能够进行工业化的生产。

再次，通过目前的技术手段，只能模仿制备出天然木材的蜂窝状细胞结构，而天然木材中更加精细的结构(如木射线、纹孔等)，还没有合成技术可以制备模仿出来，这也限制了仿生人工木材性能的加强与发展。今后，这是仿生人工木材进一步发展的重点与难点。

最后，仿生人工木材的应用目前还很有限，可以在基于特异性结构的基础上进行功能探究和设计，开发出具有优异性能的新型材料，推动人工仿生木材领域的发展。

本章小结

木材是地球中最丰富的可再生资源之一，以木材仿生智能科学理论为基础，实现先进功能木材的绿色制造，使木材能够在更高技术层面为人类社会进步服务，既满足了国家绿色发展战略的需要，也符合低值产品向高值产品转化的理念。近年来，科研工作者在仿生智能木材和仿生人工木材这两个提高木材应用价值的两个重要方向上的研究如火如荼，但仿生木材距离实际应用依然任重道远。一是大多数仿生功能化木基产品在目前仅停留在实验室制备阶段，其合成过程涉及大量的化学物质、能量和水资源耗费，且很难被规模化制备；二是木材产品本身容易腐败降解，产品寿命会严重限制其实际应用的可行性；三是相较于其他材料，木材产品的性能表现往往不尽如人意。综合来看，要平衡木材产品的生产成本和性能表现，使其可以被推向市场，还有很多研究工作要做，需要工业界和学术界深入合作，协同攻关。

思考题

1. 除本章中提到的自然界中的仿生实例，你还能举出哪些仿生方面的应用？查阅资料，列举两种现实中的仿生应用，并说明其中蕴含的科学原理。

2. 超疏水表面和超滑表面属于两种不同类型的抗污表面，试从抗污角度分析两者各自的优缺点，并简要说明限制两者实际应用的重要因素有哪些？

3. 木材的脱木质素处理在仿生木材的制备过程中十分常见，试分析这种处理工艺对木材结构和性能产生的影响。

4. 影响太阳能木基蒸发器蒸发效率的因素有哪些？这些因素的影响机制是什么？

5. 从现实角度考虑，研究的内容应依据实际需求而定。试比较本章中提到的几种仿生智能木材的实际应用价值。

第 8 章
木材基光电功能材料

本章介绍了木材与光电转化的基本概念、几种木材基光学材料，包括木材基智能发光材料、木材基智能变色材料和木材基光热转化材料，以及几种木材材料与电子器件，包括木材基储能器件与木材基柔性电子器件。本章分别从制备方法、结构性能、研究进展及应用场景来进行阐述，这些木材材料具有良好的生物相容性及降解性，发光效果好并且也有望成为新一代轻质、低成本而且环保的材料。

木材作为一种传统建筑材料，为人类社会的发展作出了巨大贡献。木材具有天然可再生、美观、隔音、保温及易加工等优势，使其作为制造先进功能材料的原材料具有极大吸引力。在不改变木材原有优良性质的基础上，提升其功能性是有重要意义的。

8.1　木材与光电转化概述

从化学角度来看，木材是一种天然复合材料，由纤维素（40wt%~45wt%）、半纤维素（20wt%~35wt%）和木质素（10wt%~30wt%）组成。纤维素和半纤维素是多糖类聚合物，它们很容易碳化到受控程度。考虑到其天然的等级结构，多糖含量高的木材有利于开发具有规则形态的碳材料。木质素是一种异质无定形聚合物，作为构成木材细胞壁的主要成分之一，是地球上仅次于纤维素的第二大生物质资源。木质素具有优异的自缔合和荧光发射特性，因此常常将其用作自组装发光纳米材料。此外，多糖和木质素都具有丰富的羟基部分，使这些木材组成成分易于进行化学改性。为了与其他先进材料相媲美，有大量的工作集中在木材功能化方面，如发光木材、储能木材和超级电容器等。除了可再生、环境友好、资源丰富和生物可降解外，木材基功能材料还有几个独特的优势，包括层次性多孔结构、优异的机械灵活性和完整性，以及可调节的多功能，使其非常适用于高效能源存储和转换。本章将从以下两部分内容介绍基于木材的功能材料。

第一部分是木材基光学材料，包括木材基智能发光材料、木材基智能变色材料和木材基光热转化材料。木材基光学材料主要通过在木材载体中浸渍功能性发光材料和直接原位碳化木材两种方法来获得具有发光性能的功能性复合材料，在照明、显示、激光器、海水淡化等领域展现出广泛的应用前景。

第二部分是木材材料与电子器件，包括木材基储能器件与木材基柔性电子器件。储能器件和电子器件的性能主要受电极材料本身的影响。多孔碳材料因其高的导电性、良好的界面相容性和优异的稳定性等优点，被视为电极材料的理想选择。而木材衍生多孔碳材料的三维取向层级孔道结构能起到有效的"限域"作用，缓解了金属离子电池的枝晶形成和生长问题，提供了体积变化的空间，能有效抑制电池的鼓包及漏液问题。其低曲率的贯通孔结构也为电解质离子的快速输运提供了高速通道；丰富的多孔结构可以增大活性物质的负载量，提高能量密度。综合各方面的因素，开发木基电极材料对储能器件和电子器件的进一步发展及可持续利用有重要意义。

8.2　木材基光学材料

伴随着电力工业的广泛利用，照明的方式与功能分类得到了飞速发展，导致照明的用电量剧增。目前的发电方式主要还是火力发电，会导致资源短缺和环境污染等问题。因此，开发更高效、节能、环境友好的照明材料是有重要意义的。而发光木材的原材料因其可再生、制备工艺简单、环境友好等优点，在照明、应急光源以及家居装饰材料方面有很大的应用前景。

随着发光木材的深入研究，智能变色木材也得到了进一步发展。在实现照明等基本发光功能的同时，还可以引入其他智能响应功能。例如，赋予发光木材检测甲醛含量、空气湿度、重金属含量等功能，肉眼即可观察到所检测组分的含量，增加了实用性。

在资源短缺以及人们对热能日益增长的需求情况下，获得储能型发光木材能够有效存储光能和热能。发光材料在被光子、电子或化学物质激发后显示出光发射，若能利用木材吸收太阳光并转化为热能用于海水淡化等应用，更具有现实意义。

本节内容将对木材基智能发光材料、木材基智能变色材料和木材基光热转化材料进行介绍。

8.2.1　木材基智能发光材料

大多数木材衍生的发光材料是基于光致发光制备的，目前应用到木质基材上的发光材料主要包括量子点和稀土发光材料。

受生物材料紫外线诱导特性的启发，新型功能材料荧光木的设计可应用于防伪标签技术和木材发光艺术品。通过研究温度、时间、配体比和反应物浓度对结构和性能的影响，基于铕(Ⅲ)三元配合物的荧光木材最近被报道。改性后的木材具有较好的抗紫外线老化性能，从而延长了杨木的使用寿命。最近，人们制备了一种基于荧光粉纳米粒子的半透明发光木材。该木材通过将甲基丙烯酸甲酯(MMA)、多磷酸铵(APP)和铝酸盐长余辉材料 $SrAl_2O_4$：Eu^{2+}，Dy^{3+}(LASO)荧光粉纳米粒子的混合物与木质素复合后制备。发光的透明木材在紫外线光下显示出从无色到白色的颜色转换，停止光照后发出黄绿色磷光(图 8-1)。磷光透明木材还具有良好的阻燃性能、紫外线屏蔽和超疏水性能，以及对紫外线的可逆长持久响应而不疲劳。多功能透明木质基材有进行潜在大规模生产的可能，有望用于智能窗户、室内和室外照明以及建筑物中的安全方向标志等方面。

智能光致发光纳米复合表面涂料可用于长时间持续磷光发射和超疏水木材的简单工业生产。人们将不同比例的 LASO 纳米颗粒固定在聚苯乙烯(PS)中，开发了一种用于木材基底的纳米复合涂层。为了在制备的纳米复合涂层中产生透明性，LASO 以纳米颗粒的形式有效地分散，以确保均匀分散，而不是在 PS 基体中团聚。涂层木材在 374 nm 处有一个吸收带，在 434 nm 和 518 nm 处有两个发射带。木材的发光光谱表面具有长时间持

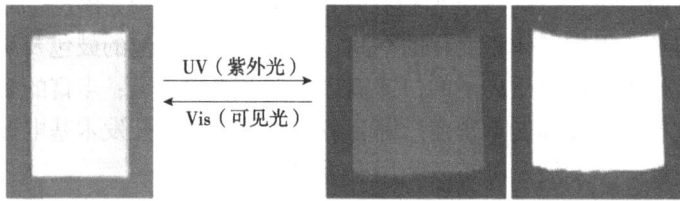

图 8-1　光致变色示意图

续磷光发射和光致变色的荧光特性。涂层木材的超疏水性和抗划痕性的改善可归因于聚苯乙烯基体中加入的 LASO 纳米颗粒。与未涂布的木材基材相比，涂布的 LASO-PS 纳米复合膜还表现出较高的光稳定性和耐久性。目前的研究表明，该智能木材具有大规模制造的潜力，可用于建筑安全指示标志、家居产品和智能窗户等领域中。

8.2.2　木材基智能变色材料

木材基智能变色材料是一种在光、温度、水分、甲醛等外界刺激响应下产生发光颜色变化的发光木材，在智能窗户、建筑应用等方面具有潜在的应用前景。透明木材具有高透光率、优良的保温性能和韧性，是用来构建智能窗户的理想材料，人们对基于透明木材的智能响应材料开展了大量的研究工作。

光致变色透明木材具有在可见光区通透以及光开关和颜色调谐等特性。通过采用光致变色材料 30,30-二甲基-6-硝基-螺旋［2H-1-苯并吡喃-2,20-吲哚啉］-10-乙醇（DNSE）和预聚甲基丙烯酸甲酯（PMMA）的混合物渗入脱木质素的透明木材模板，可得到光致变色透明木材。这种木材在光的照射下可表现出从紫色到无色的颜色变化。此外，还有人研究了双色染料掺杂光致变色木材，为木材提供更多的变色选择，所提出的光致变色透明木材在节能、可光开关和彩色智能窗户的应用方面具有潜力。

人们利用透明木材负载碳量子点制备出一种新型荧光木（FW）（图 8-2），所获得的FW 具有良好的荧光性能（绝对量子产率为 12.8%）、无细胞毒性（细胞存活率为 90%）和对 Cr（VI）的高检测灵敏度和选择性。FW 对重金属 Cr^{6+} 具有有效吸附能力（最大理论吸附量为 98.14 mg/g），这是由于其三维多孔结构提供了许多有效的吸附位点，如氨基、羟基和羧基等，不仅提高了吸附能力，而且稳定了荧光信号，增强了检测能力。

光学透明的木材由于其耐候性差，用透明木材广泛替代窗户仍然具有挑战性。通过将热致变色材料与木材复合构建具有透光率热切换的环保型热致变色透明木膜（TTWF），有望成为新一代的智能窗户节能材料。这种热致变色透明木膜不需要温度计，通过明显的颜色变化就可以简便地检测周围环境的温度。为了实现热致变色，可以以聚乙二醇为相变材料，脱木质素透明木材为支撑材料，二氧化钒（VO_2）为热致变色和光热材料。由于纤维素微纤维在溶剂蒸发过程中自致密化，透明木材呈薄膜状，可贴在窗户的内表面，保护窗户免受恶劣天气条件的影响，安装方便，成本低。此外，VO_2-TTWF 表面经过十八烷基三氯硅烷改性后，增强了防水能力，实现了自洁和防尘功能，从而使得该类木材在温度敏感的建筑材料领域有极高的应用前景。

甲醛是一种广泛存在于室内的空气污染物，但如何对其进行有效的检测是一个挑战。为了满足建筑和人类健康的需求，开发一种具有实时和可视化的 FA 气体自动检测功能的建筑材料非常必要。为此，人们开发了一种透明发光木材作为建筑材料，用于

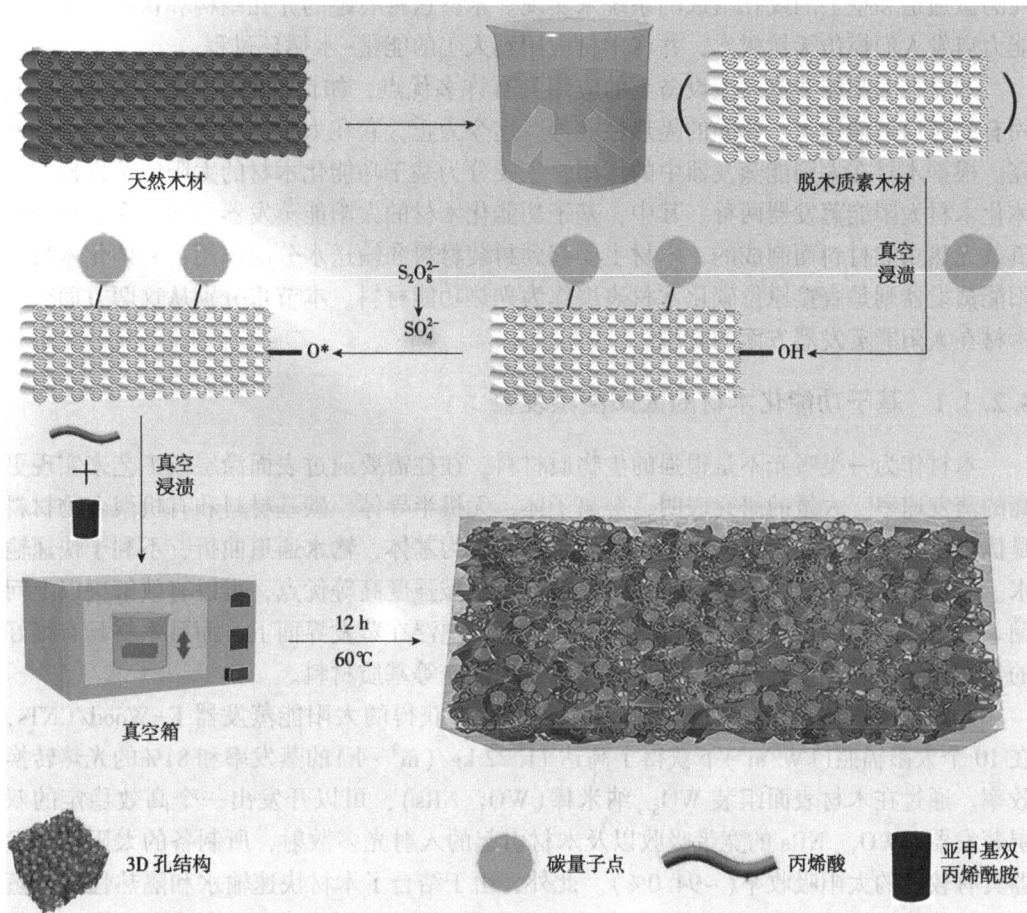

图 8-2　基于量子点的复合透明木材

FA 气体的双通道实时可视化检测，其可通过将多色木质素基碳点和聚乙烯醇封装在脱木质素透明木材中制备多色木质素衍生碳点复合透明木材，所制备的透明发光木材表现出 85% 的光学透过率，可调室温磷光（RTP）和比率荧光（FL）发射。在 $20 \sim 1500 \ \mu m$（$LOD = 1.08$ nm）和 $20 \sim 2000 \ \mu m$（$LOD = 45.8$ nm）范围内，该木材通过荧光和磷光双通道均可实现 FA 的高灵敏检测。该木材还被用作紫外光发射 InGaN 芯片上的封装膜，形成白光二极管，证明了透明发光木材作为自发光响应平面光源的可行性。功能性透明发光木材的成功应用使其有望应用扩展到新的领域，如刺激响应式透光窗或平面光源，同时实现对室内空气污染物、温度和湿度等的监测。

8.2.3　木材基光热转化材料

　　淡水资源短缺是当今社会面临的最大挑战之一。目前，世界上有三分之一的人口生活在缺乏淡水的地区。海洋约占地球表面积的 71%，通过对海水进行淡化处理，能够有效地解决淡水资源短缺问题。太阳能是一种可再生、环境友好型的清洁能源，利用太阳能驱动海水蒸发是一种很有前景的解决淡水资源短缺的方法。树木通过光合作用，将二氧化碳和水合成碳水化合物，并将光能转化为化学能，这是生命能量–水循环过程的关键。树木的水分运输又是光合作用过程的关键，它可以通过丰富的介孔结构、垂直排列的微通道和壁上的纹孔组成的系统来实现。木材这种有趣的介孔结构和快速运输水的能力启发人们模仿天然树木，并将木材应用到人工的能量-水循环过程。

木材在太阳能蒸汽发生设备上的应用具有许多优点，如良好的亲水性、轻质结构、固有的微通道输送水、优异的隔热性能等。迄今为止，它在太阳能蒸发方面已有很多研究。根据木材在太阳能蒸发器中的作用，主要分为基于功能化木材的太阳能蒸发器和一体化木材太阳能蒸发器两种。其中，基于功能化木材的太阳能蒸发器是通过在木材表面负载光热功能材料而制成的，木材主要起到封装材料和输送水分的作用；一体化木材太阳能蒸发器则是直接原位碳化木材表层作为光热功能材料。本节将分别从这两方面介绍木材在太阳能蒸发器方面的应用。

8.2.3.1　基于功能化木材的太阳能蒸发器

木材作为一类吸光不是很强的生物质材料，往往需要通过表面涂层或工艺来实现更高的蒸发速率。大量的研究表明，等离子体、无机半导体、碳基材料和有机聚合物材料是优异的光热材料，但这些光热材料通常以泡沫为基体，输水通道曲折，不利于快速输水。利用木材的定向快速输水、导热系数低、机械强度高等优点，可以有效解决以上问题。大多数木材的密度比水低，这使得它们可以漂浮在蒸发界面上，而且木材具有很好的生物相容性和环境友好性，可以完美地替代泡沫等基质材料。

人们利用碳纳米管（CNTs）在巴沙木表面涂层获得的太阳能蒸发器 F-Wood/CNTs，在 10 个太阳辐照（kW/m^2）下获得了高达 11.22 $kg/(m^2 \cdot h)$ 的蒸发率和81%的光热转换效率。通过在木材表面组装 WO_{3-x} 纳米棒（WO_{3-x} NRs），可以开发出一个高效稳定的双层蒸发器。WO_{3-x} NRs 的宽带吸收以及木材引起的入射光多散射，所制备的太阳能蒸发器具有较高的太阳吸收率（~94.0%）。此外，由于结合了木材快速输水和隔热性能，蒸发器的能量转换效率高达82.5%。在 1 个太阳辐照（kW/m^2）下的光热转换性能远远优于其他木质材料和 WO_{3-x} NRs 本身。该蒸发器对海水和污染水的蒸发也表现出良好的性能，显示出巨大的应用潜力，为其他高效光热转换系统的设计提供了参考。

在此基础上，通过改进一维/二维 $W_{18}O_{49}$/rGO 异质结构，可构建一个具有双层吸光结构的太阳能蒸发器（图 8-3）。其中，$W_{18}O_{49}$ 纳米纤维和 rGO 纳米片复合层可用于阳光收集和预吸光，经过处理的木材层可用于供水和隔热。通过优化的一维/二维 $W_{18}O_{49}$/rGO 异质结构组成所构造的界面蒸发系统显示出快速的热响应，并实现了稳态蒸发效率为86.5%，蒸发速率为 1.34 $kg/(m^2 \cdot h)$，在 1 个太阳辐照（kW/m^2）下循环 25 次后，表现出优异的循环稳定性。

采用简便、经济、高效且可扩展的刷洗方法，人们通过铝磷酸盐处理表面制备了木材太阳蒸汽发生装置（Wood@AlP）（图 8-4）。沉积在木材表面上的铝磷酸盐化合物不仅可以作为路易斯酸催化剂加速形成碳层，而且可以提供具有分级多孔结构的铝磷酸盐层，这有利于广泛的太阳能吸收和蒸气逸出。另外，得益于木材的天然亲水性、低导热性和出色的水传输性，所获得的 Wood@AlP 设备可以漂浮在海面上，并在 1 个太阳辐照（kW/m^2）下使太阳热效率高达90.8%，净蒸发率达到 1.423 $kg/(m^2 \cdot h)$。

等离子体金属纳米颗粒是等离子体材料的一类，可以在光照下将光转换成热量，可以应用于太阳能蒸汽产生领域。新型等离子体复合太阳能蒸发器通过将精细金属纳米颗粒均匀地装饰到天然木材（等离子体木材）的 3D 介孔基质中制得。由于金属纳米粒子的

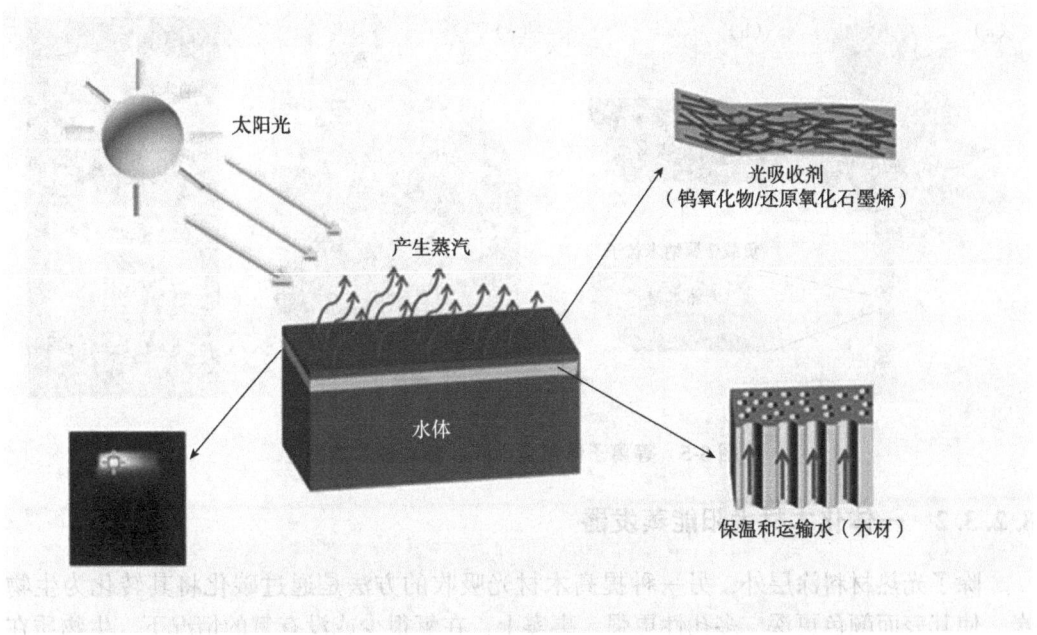

图 8-3 $W_{18}O_{49}/rGO$ 异质双层太阳能蒸发器原理示意图

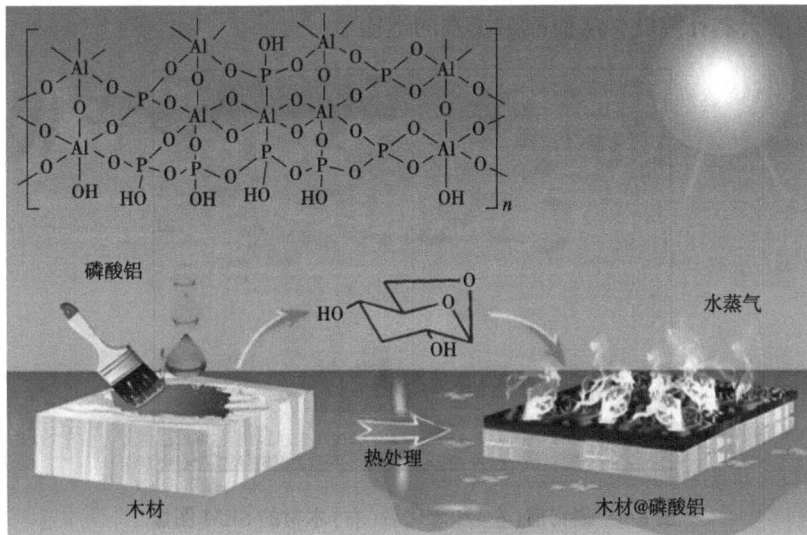

图 8-4 Wood@AlP 太阳能蒸发器原理示意图

等离子体效应和木材基质中微通道的波导效应，等离子体木材在 $200\sim2500$ nm 的宽波长范围内均显示出高吸光能力(约 99%)。3D 中孔木材具有许多低曲折的微通道和纳米通道，在毛细作用的驱动下，可以有效地将水从设备的底部向上输送。结果表明，在 10 个太阳辐照(kW/m^2)下，3D 对齐的多孔结构可以实现 85% 的超高太阳能转换效率(图 8-5)。此外，等离子体木材还表现出优异的太阳能蒸汽产生稳定性，经过 144 h 的连续使用后没有任何降解。它的高转化效率和出色的循环稳定性证明了新开发的等离子木材在基于太阳能的海水淡化中的潜力。

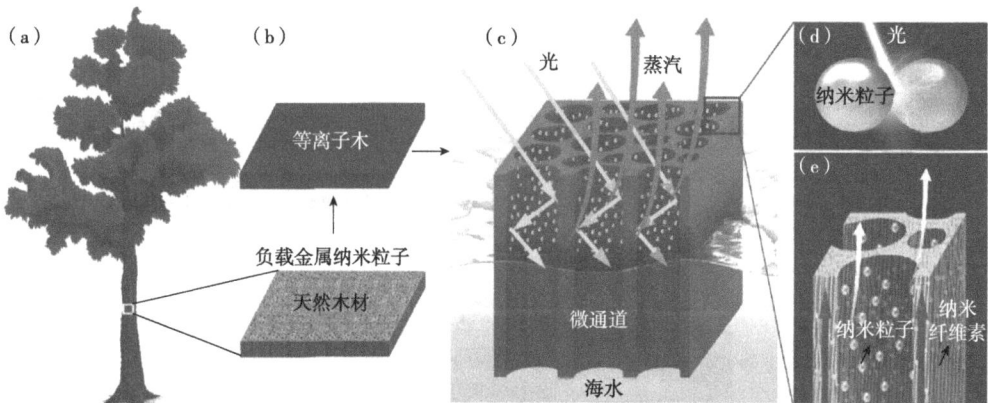

图 8-5 等离子体复合太阳能蒸发器示意图

8.2.3.2 一体化木材太阳能蒸发器

除了光热材料涂层外，另一种提高木材光吸收的方法是通过碳化将其转化为生物炭，使其表面颜色更深，多孔性更强。事实上，在氧很少或没有氧的情况下，生物质在热解过程中会形成生物炭。该过程具有高度的可扩展性，生物炭的孔径大小取决于热解温度、时间、过程中存在的催化剂以及热解后的活化。如图 8-6 所示，碳化作用打开并提高了木材的天然孔隙度，从而改善了水的运输。

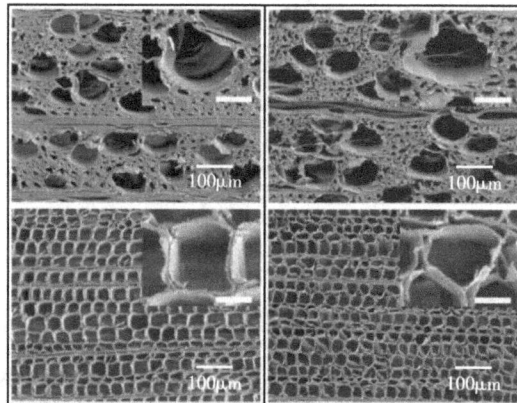

图 8-6 碳化前(左)和碳化后(右)木材的 SEM 图像

碳化的方式主要有两种。第一种碳化方式是热解，即将木材处理到 500℃ 左右，通过氮气流等惰性气体保护，使得在缺乏氧气的情况下防止其燃烧。这种温和的温度允许表面强烈地暗化，而不使材料疏水化，得到具有预期效果的多孔吸光材料。目前，这一策略已经应用于部分研究，其光热转化效率为 72%~90%。通过热解得到的木材衍生的间接接触(悬挂)光热蒸发系统(图 8-7)，在 1 个太阳辐照(kW/m^2)下，水分蒸发率达到 1.351 kg/($m^2 \cdot h$)，效率高达 90.89%，这是目前已知的最高纪录。此研究提供了一种新的源自木材的悬挂式海水淡化系统(图 8-7)，该系统具有优异的机械强度、良好的重复性、良好的生态安全性和出色的热稳定性，有望满足实际需求的海水蒸发效率最大化。

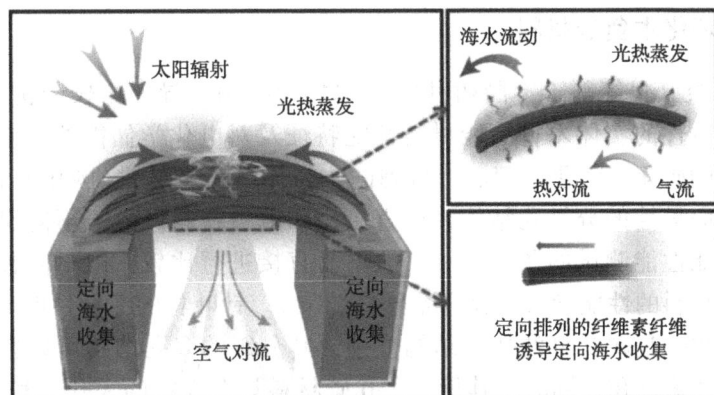

图 8-7　悬挂式海水淡化系统示意图

　　第二种方法是使用激光碳化木材表面，它的优点是不会破坏孔隙；也可以考虑使用火焰对木材表面进行处理，但与激光处理一样，其效果并不优于热解，在 1 个太阳辐照（kW/m^2）下的水分蒸发率为 $1.05\ kg/(m^2 \cdot h)$，表明热解和金属包覆的结合是可能的，可以诱导更高的蒸发速率。在第二步碳化之前，如果在木材表面涂上金纳米颗粒，木材的表面结构就会更加稳定、韧性更好，机械上也会更强、更耐用。

8.3　木材材料与电子器件

　　能源的合理高效利用是人类社会生存和发展的永恒主题。随着不可再生化石能源不断消耗以及生态环境日益恶化，开发绿色可持续的能源转化以及储存技术已经成为社会发展的必然趋势。而现有的电子器件在循环性能和安全性能上尚存在一些不足，如各种金属离子电池等充放电时的体积膨胀问题及使用时的电解液漏液问题等，特别是废弃后的电子器件不可降解，易造成环境污染。因此，电子器件的研发也应遵循绿色可持续的发展方向。

　　电子器件的性能主要受电极材料本身的影响。多孔碳材料因其高的导电性、良好的界面相容性和优异的稳定性等优点，被视为是电极材料的理想选择。而木材衍生多孔碳材料的三维取向层级孔道结构能起到有效的"限域"作用，缓解金属离子电池的枝晶生长问题，提供了体积变化的空间，能有效抑制电池的鼓包及漏液问题。此外，木材中丰富的多孔结构不仅可以增大活性物质的负载量，从而提高能量密度，其低曲率的贯通也为电解质离子的快速输运提供了高速通道。综合各方面的因素，开发木基电极材料对电子器件的进一步发展及可持续利用有着重要意义。

8.3.1　木材基储能器件

　　木材从导管、纤维细胞到纹孔的精妙层级多孔结构，为活性物质的负载或填充提供了较大的空间，同时，低曲率的通道结构有利于电解液和离子运输。木材发达的孔道结构还可以在经过处理后，进一步破坏纹孔塞、纹孔膜，刻蚀细胞壁，增加孔数，扩大孔隙，以获得更高的比表面积，这些特性为储能领域的应用创造了极大的可能。

8.3.1.1 纯碳化木负极材料

2021 年，吴义强等基于不同树种实体木材的结构差异，比较分析了直接碳化、碳化后再活化改性的实体木材储能材料性能特征及对电化学储能的影响规律。实体木材经过简单的碳化、活化处理后，得到的一体化多孔炭材料（碳化木）具有较高的比表面积和各向异性的分级孔结构，可直接用作电极材料。由于不同研究者进行碳化木电化学储能性能测试的条件不一，故不易直接进行比较，但不同种类木材衍生的碳化木电极材料的性能参数也存在差异（表 8-1）。针叶材的综合性能普遍差于阔叶材，可能原因之一是阔叶材的孔隙结构复杂，其分级的多孔结构可以在很大程度上提高阔叶材的比表面积；同时，其衍生多孔碳材料具有丰富的大孔，利于传质过程，能增大孔壁上介孔的可达性，进而提升储能性能。另一种可能是针叶材的大尺度微观孔隙结构较均一，缺乏分级孔结构，且其含有的一些分泌物（如树脂等）可能在碳化时未能充分分解，堵塞部分孔道，导致离子输运过程受阻。

表 8-1   不同种类碳化木储能性能比较

树种	碳化温度(℃)	活化处理	比表面积(m²/g)	电解液	电化学储能性能
檀香木	800/N₂	—	44	2 mol/L KOH	32.9 Wh/kg @ 200 mA/g
山毛榉	800/N₂	—	76	2 mol/L KOH	32.9 Wh/kg @ 200 mA/g
松木	800/N₂	—	38	2 mol/L KOH	45.6 Wh/kg @ 200 mA/g
红雪松	750/N₂	—	433	0.5 mol/L H₂SO₄	14 F/g @3 A/g
		HNO₃	317		115 F/g @ 3 A/g
柳木	600/N₂	KOH	2793	6 mol/L KOH	395 F/g @ 1 A/g
杨木	900/N₂	HNO₃	416	2 mol/L KOH	234 F/g @5 mV/s

有人直接将 3 种木材（山毛榉、松木和檀香）制成碳化木，将其用作超级电容器负极，并着重测量了它们的能量密度。在电流密度为 200 mA/g 时，檀香、山毛榉和松木衍生碳化木储能器件的能量密度依次为 32.9 Wh/kg、39.2 Wh/kg 和 45.6 Wh/kg。经过活化处理后的碳化木电极能获得更佳的性能。

除了资源丰富、可再生及良好的生物相容性，木材的分层多孔结构、优异的机械灵活性和高碳含量等性能特点使木材可以在经过合适的物理化学处理后拥有卓越的电化学性能，具备在储能器件等领域应用的潜力。近年来，基于木材衍生的功能材料在储能器件方面的研究吸引了科研人员的广泛关注。对比纯红雪松碳化木和经过稀硝酸简单处理后的储能性能，前者的比电容约为 14，而后者则增加到 115。这主要归功于稀硝酸处理后在木材表面引入了大量的含氧官能团，使得比容量大幅度提高。以柳木为原料，通过 KOH 活化处理制得的碳化柳木的比表面积高达 2793 m²/g、孔体积为 1.45，具有独特的微孔和介孔组合结构以及优良的电化学性能。

通过对不同树种碳化木电极性能的比较，可发现阔叶木碳化木负极的储能性能普遍优于针叶木。今后，可以选择更多的阔叶木材作为碳化木电极材料的前驱体。然而，纯碳基电极材料的性能很容易达到上限，通过引入电化学活性材料复合和杂原子掺杂等表面改性方法，可以进一步提高其储能性能。

8.3.1.2　碳化木复合电极材料

　　传统锂离子电池电极材料存在金属枝晶生长快、尺寸稳定性差等缺陷，因此，迫切需要开发具有高功率密度、高速率、低成本和安全的新型电极材料。碳化木材在金属离子电池中的应用不仅满足了基础电极材料的要求，而且环保、可生物降解，是理想的负极材料。碳化木材独特的三维多孔结构可以包裹金属锂，不仅可以减缓金属枝晶的生长，还可以防止金属负极在循环过程中的体积变化。此外，碳化木材料具有连续的导电网络和分层的多孔结构，沿其生长方向具有低曲率和高孔隙率，可以实现电极内部的快速离子传输。人们采用具有三维多孔结构的碳化木材作为锂电极基底材料的导电骨架，将熔融的锂金属注入经过氧化锌处理过的碳化木通道中，形成的锂碳化木(Li-C-wood)电极的电极比容量高达 2650 mAh/g(75 mAh/cm^2)，并具有较好的循环性能(3mA/cm^{2}下保持 150 h)。在高电流密度下，锂碳化木也表现出了良好的循环性能，在 250 次的循环后，性能依旧优于传统的锂电池(图 8-8)。

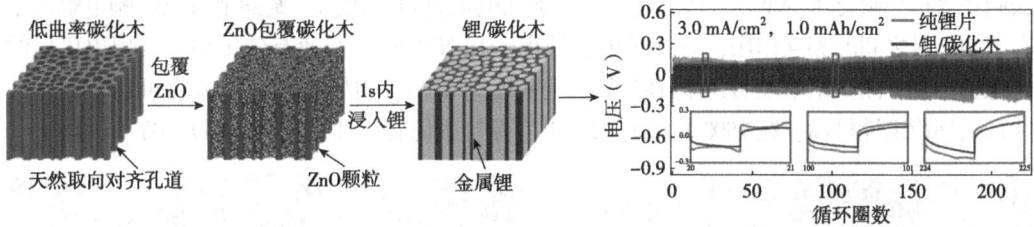

图 8-8　锂碳化木电极的制备过程及其与纯锂片电化学稳定性的对比

　　钠离子电池和锂离子电池原理相同，存在的问题类似，可同样以碳化木为原料做电极。利用上述类似的方法，人们在碳化木材通道中快速熔化钠，制备了稳定的钠-碳化木复合负极(图 8-9)。碳化木内部发达的孔道结构起着提高比表面积、导电性、机械稳定骨架的作用，既降低了有效电流密度，又确保了钠成核的均匀性，并限制了循环过程中的体积变化。在普通碳酸盐电解液体系中，钠-碳化木复合负极在 1 mA/cm^2 的电流密

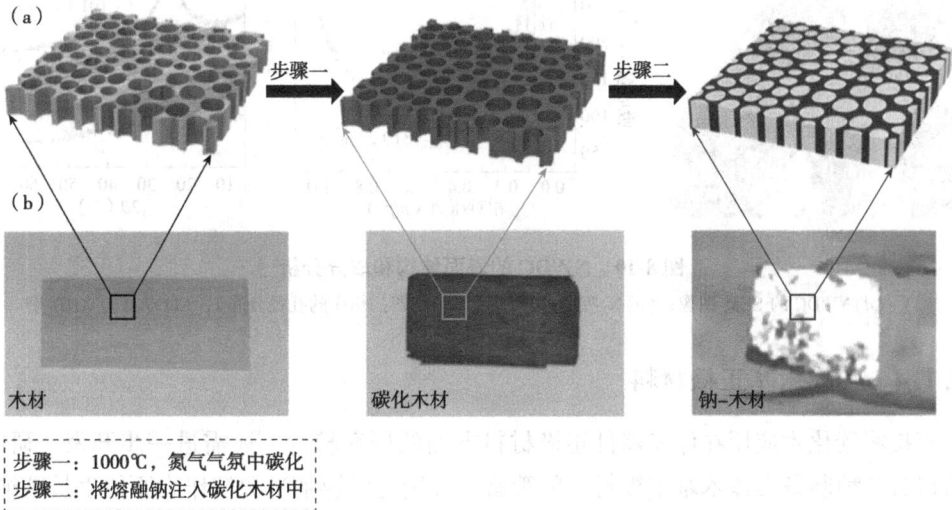

步骤一：1000℃，氮气气氛中碳化
步骤二：将熔融钠注入碳化木材中

图 8-9　钠-碳化木复合负极的制备过程

度下能保持 500 h 的循环稳定性，而在相同试验条件下，普通钠金属电极的循环寿命仅
为 100 h。特别是在普通碳酸盐基电解液体系中，钠-碳化木电极也能保持优异的循环
稳定性，更显示了该木基电极材料的应用优势。

8.3.1.3　杂原子掺杂碳化木基电极材料

通过掺杂其他活性物质，可以进一步提高碳化木基电极的性能，将铜微粒植入碳化
木的微通道内，可制成负载纳米铜的木基电极。通过改变 $Cu(NO_3)_2$ 的浓度来控制电极
中铜微粒的含量，得到的负载铜木基电极在 2000 次循环后仍能保持 95% 的比电容，表
现出了优异的循环性能。在铜离子质量分数为 7% 时，电极性能达到最佳，此时，铜纳
米颗粒可以均匀分布在木材内部，且不堵塞木材中的微孔。在 2 mol/L KOH 电解液中，
电流密度为 200 mA/g 时，电极的最大比电容高达 888 F/g，能量密度达到 123 Wh/kg
（200 mA/g），功率密度达到 2000 W/kg(4000 mA/g)。

除了金属材料，非金属材料的掺杂同样可以大幅提高碳化木电极的性能，可以采用一步
法制备氮掺杂碳化木(NWDC)作为超级电容器的电极材料。比如，氮掺杂可以影响电解液中
离子和电极之间的相互作用，有利于电解液离子在 NWDC 中快速有效传输，表现出更佳的
电化学性能。测试结果表明，NWDC 在电流密度为 1 A/g 的情况下，比电容可达 211 F/g，
并且循环稳定性极高：在 7500 次循环后，电容保持率仍能达到 93.24%(图 8-10)。

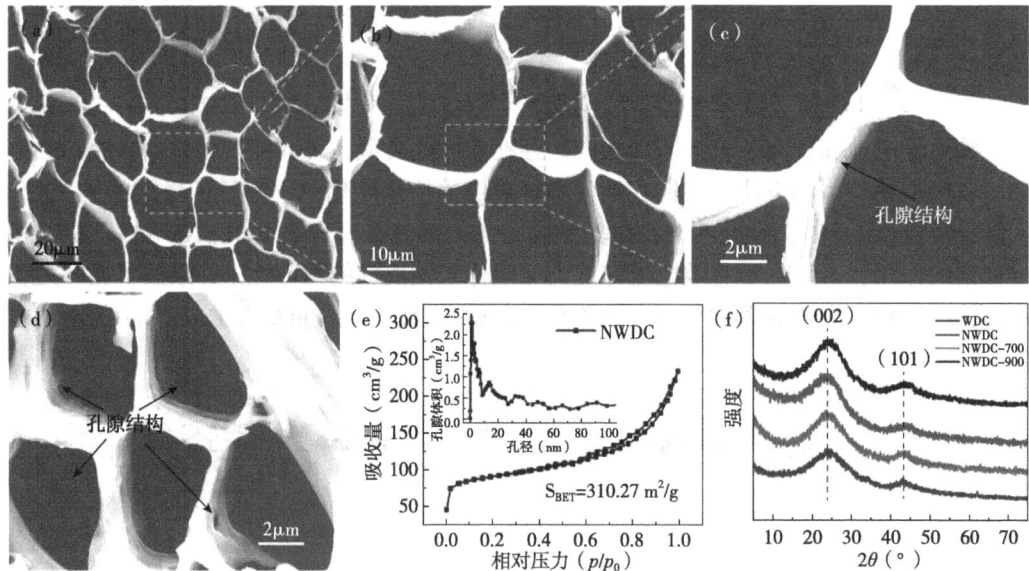

图 8-10　NWDC 的表面结构和成分分析

(a)~(d)NWDC 的 SEM 图像；(e)N₂ 吸附/解吸等温线(插图：相应的孔径分布)；(f)样品的 XRD 谱

8.3.1.4　实体木基正极材料

直接将碳化木应用在储能器件正极材料方面的研究较少，还需进一步开发、研究。
目前仅有 3 种制备实体木基正极材料的策略，分别为以镍纳米颗粒作为原位生长碳纳米
管的催化剂制备新型电极材料、通过填充其他金属离子制备储能器件正极材料以及通过
杂原子掺杂制备储能器件正极材料(图 8-11)。

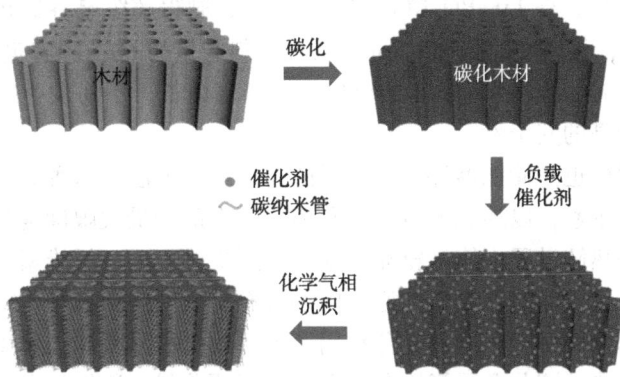

图 8-11　碳纳米管/碳化木切片的制备过程

镍纳米颗粒作为原位生长碳纳米管的催化剂，通过化学气相沉积法将碳纳米管附着到碳化木每个管胞的内壁上，制得新型电极材料。该方法可以在不影响碳化木基底导电性的情况下有效增加其比表面积(比表面积可以从 365.5 增加到 537.9 m^2/g)，从而提高制得储能器件的比电容(高达 215.3 F/g)及其结构稳定性。该超级电容器的能量密度为 39.8 Wh/kg，兼具良好的循环稳定性：在 10 000 次充放电循环后，仍能保持 96.2% 的电容(图 8-12)。

填充其他金属离子也适用于制备储能器件正极材料，即利用天然木材碳化后具有三

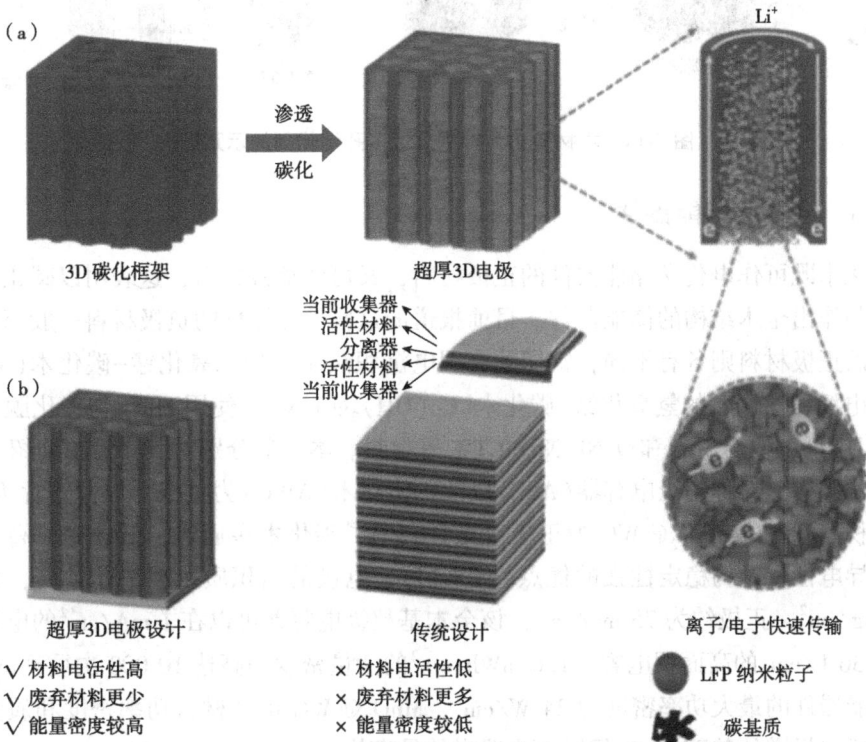

（a）采用 3D 导电碳骨架作为集流器的超厚 3D 电极设计理念示意图；
（b）超厚 3D 电极电池与传统设计电池的视觉对比

图 8-12　超厚 3D 电极示意图

维多通道的结构优势，将 LiFePO$_4$ 填充到炭骨架中，制得超级电容器正极材料。由此制成的超厚 3D 电极，其厚度达到 800 μm，活性材料载量为 60，比容量为 7.6 mAh/cm^2，能量密度为 26 mWh/cm^2。由此制得的电极，循环寿命长，不易发生变形，且机械性能得到增强，具有更高的安全性。

杂原子掺杂同样也是储能器件正极材料的有效制备方法。这种方法使用纤维素酶分解桉木中的部分纤维素，以形成大量纳米孔道，这有助于最大限度地暴露桉木的内部结构，从而在随后的热解过程中能将氮充分地掺杂到炭骨架上。纤维素消解后的桉木碳化后，仍具有较强的机械性能，导电性好，内部含有交联网络和离子传输通道，可直接用作一体化的非金属电极材料。这就充分利用了木材的机械强度和天然微孔道，与粉末炭相比具有明显的优势。该非金属氮掺杂介孔炭材料用作锌-空气电池正极材料时，电池的比容量为 801 mAh/g，能量密度为 955 Wh/kg，长效稳定性高达 110 h（图 8-13）。

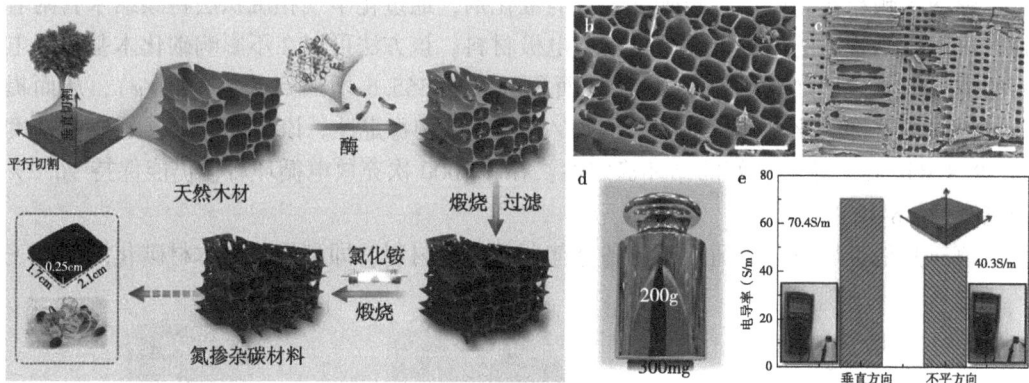

图 8-13　木材转化为掺氮分级多孔催化剂的示意图

8.3.1.5　全木基储能器件

碳化木既可作电化学储能器件的正极材料，又可作负极材料，这表明以碳化木为原材料可制作出全木结构的储能器件。目前报道的这些储能器件的负极材料一般都采用碳化木，而正极材料则各有不同，常用的有用电沉积法制备的二氧化锰-碳化木（MnO$_2$@WC）、电沉积法制备的氢氧化钴-碳化木［Co(OH)$_2$@CW］、使用 MnO$_2$ 与碳化脱木质素木材（CDW）的复合材料和以 Ni-NiO/CTW 等材料。本小节分别对其作简单介绍。

全木结构非对称超级电容器（ASC）以活性碳化木（AWC）为负极，以薄木片为隔膜，以电沉积法制备的 MnO$_2$@WC 为正极，充分利用了碳化木多通道、低曲率、高离子以及电子导电性和结构稳定性强的优点（图 8-14）。电极的面积质量载量非常高，负极约为 30 mg/cm^2，正极约为 75 mg/cm^2，该全木基超级电容器可以在 1 mA/cm^2 的电流密度下获得 36 F/cm^2 的高面积电容、1.6 mWh/cm^2 的能量密度和高达 10 000 次循环的寿命。整个储能器件的最大功率密度为 24 W/cm^2，MnO$_2$@WC 正极材料功率密度和质量载量达到了所有报道的基于 MnO$_2$ 超级电容器中的最高值。

全木基 ASC 使用了碳化木（CW）负极，正极则为通过电沉积法制备的 Co(OH)$_2$@CW（图 8-15）。在电流密度为 1.0 mA/cm^2 和 30 mA/cm^2 时，分级多孔木质衍生电极的面积电容分别为 3.723 F/cm^2 和 1.568 F/cm^2。当用其作自支撑电极组装全固态超级电容

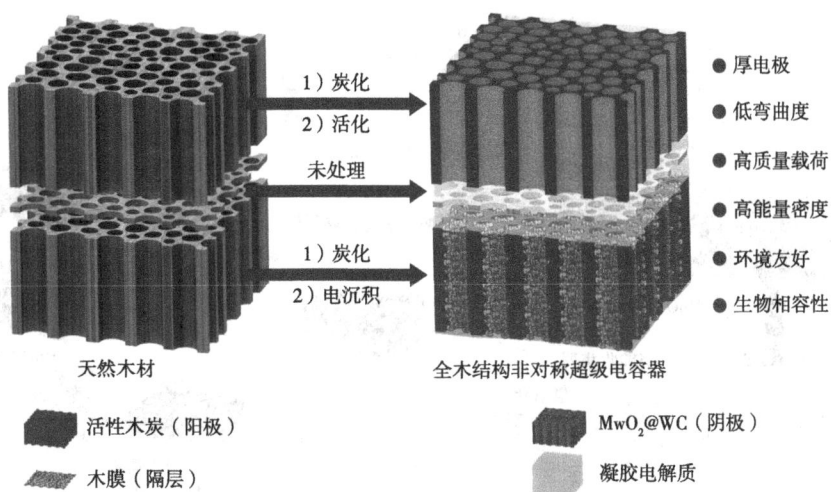

图 8-14　全木结构超级电容器的设计示意图

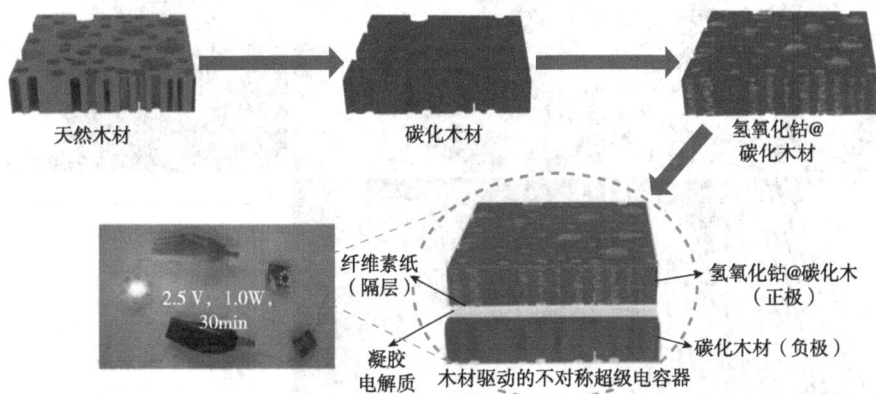

图 8-15　木材衍生全固态 ASC 的制备流程示意图

器装置时，具有良好的比容量(1.0 mA/cm² 时，为 2.2 F/cm²)和倍率性能(20 mA/cm² 时，为 1.3 F/cm²)。此外，功率密度可达 1.126 W/cm²(17.75 W/kg)，能量密度可达 0.69(10.87)，同时，在循环 10 000 次充放电后仍能保持 85% 的电容性能。可以进一步用阴离子交换法制得的金属硫化物空心 $NiCo_2S_4$ 偏心球复合在碳化木的孔道中。通过控制在 $NiCo_2S_4$ 前驱体溶液中加入的碳化木质量，介于碳材料与金属化合物之间的协同作用，制得拥有最佳性能的电极材料。优化后的电极材料($NiCo_2S_4$/CW-20)在电流密度为 1 A/g 时的比电容为 1 472.1 F/g，在 20 A/g 时的电容保持率为 88.2%。以 $NiCo_2S_4$/CW-20 为正极、活性炭为负极组装的复合超级电容器，在 10 A/g 的高电流密度下循环 5000 次，循环性能始终保持稳定，电容保持率达 102%。

　　除常规的碳化木外，将轻木脱木质素后碳化也可以制备非对称超级电容器的正负极。负极将三维二硒化钼纳米花(3D-MoSe-NFs)和碳化脱木质素木材(CDW)复合，正极材料则使用 MnO_2 与 CDW 的复合材料(图 8-16)。该 3D-$MoSe_2$-NFs@CDW 负极在电流密度为 1 mA/cm² 时，有 1043 mF/cm² 的高面积比电容，且在 5000 个循环内有 95% 的电容保持率。将该负极和 MnO_2@CDW 正极组合成非对称超级电容器后，测得其在 2.5

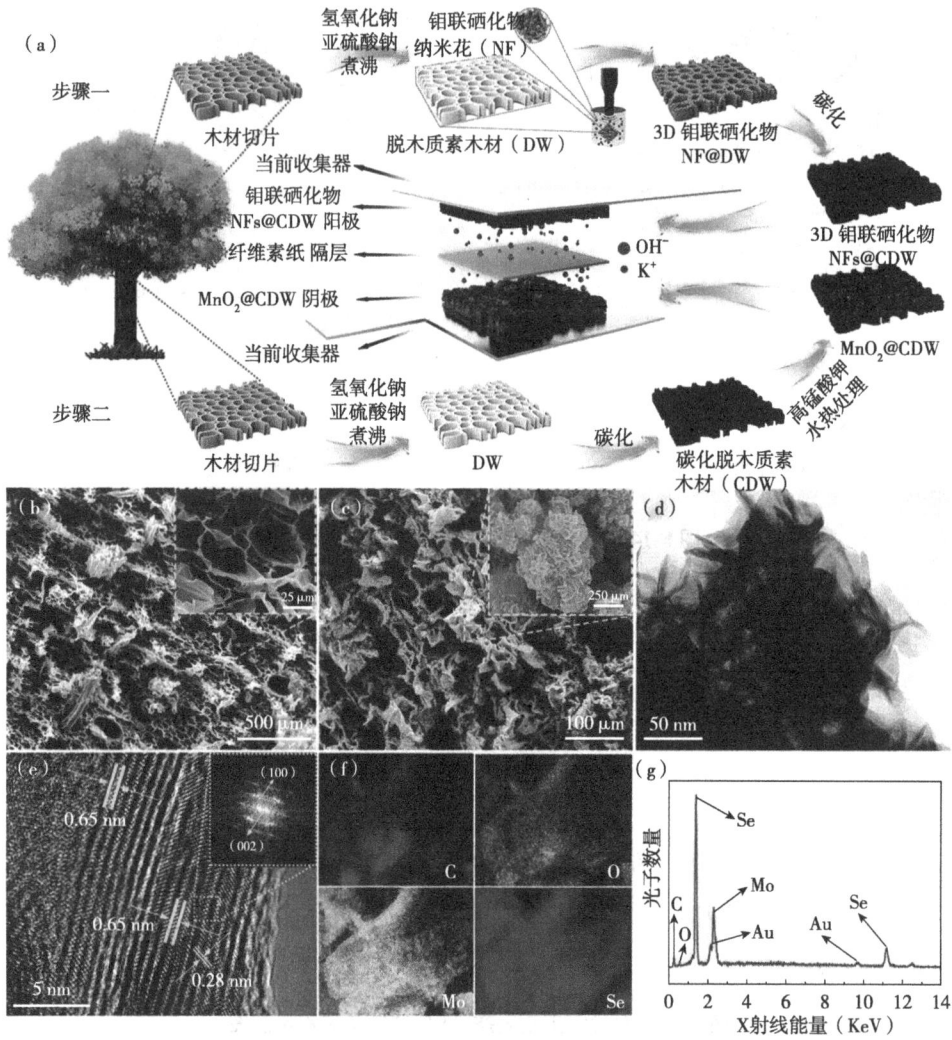

图 8-16　3D MoSe₂NFs@CDW 的组装流程和微观形态

mA/cm² 时能达到 415 mF/cm² 的高电容，且在电流密度增大 20 倍时，电容依然高达 172 mF/cm²，同样经过 5000 次循环后，整个电容装置仍然保留 80.1% 的电容保持率，且在整个循环过程中，库仑效率接近 100%。

将轻木脱除部分木质素(TW)，在扩大比表面积的同时，也提高了其表面羟基含量，使其在随后的化学沉积过程中更容易吸附镍离子，还提高了其亲水性。在经高温碳化及电化学氧化后获得的 Ni-NiO@CTW 可以直接作为一体化电极使用，表现出良好的电化学性能(图 8-17)。以 Ni-NiO@CTW 为正极组装的 Ni-NiO/CTW∥Zn 镍锌电池具有较高的比容量(10 mA/cm² 时，为 1.4 mAh/cm²)、良好的循环寿命(1000 次循环后，容量保持率为96.5%)和能量密度(353.57 mW/cm³)。此外，以 Ni-NiO/CTW 为正极、直接碳化的脱木质素木材(CTW)为负极组装的混合超级电容器 Ni-NiO/CTW∥CTW HSC 具有较高的比容(10 mA/cm² 时为 4.59 F/cm³)和良好的电化学稳定性(4000 次循环后，保留率为 97.8%)。

从整体看，这些储能器件切实采用了全木基电极材料，不仅能平衡电极厚度和弯曲度，并且兼顾器件的能量密度和安全性，这对合理设计高性能电极材料和器件具有重要

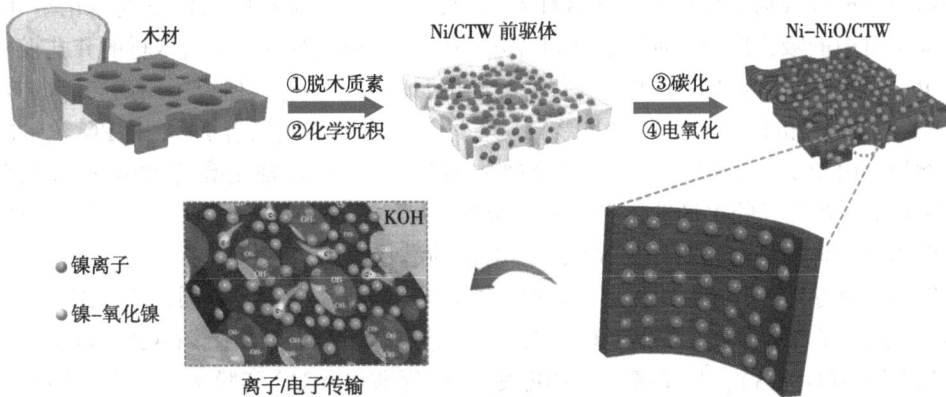

图 8-17　Ni-NiO/CTW 电极制备流程示意图

意义。碳化木电极材料的高能量、功率密度归因于天然木材独特的取向层级孔结构。木基多孔炭骨架不仅具有高比表面积，可以负载更多活性材料，还利于电子传导和离子快速扩散。此外，还具有绿色环保、可生物降解的优点。

8.3.2　木材基柔性电子器件

制造完全基于生物、环保和可持续的电子产品已经被尝试用于高性能设备的生产。木材是一种可再生、可生物降解、环保的天然材料。木材纳米技术不仅与纳米纤维素或木质素的提取和使用有关，还与定制和功能化散装木材的层次纳米结构的功能材料有关。应用这些技术可以使木材或纤维素基多孔材料成为具有良好机械和电性能的模板，用于智能离子和可压缩传感器。具体而言，木基薄膜由于其高机械性能、柔韧性和光学特性，已成为制造柔性电子和光电子器件的极具吸引力的基材。

木材基柔性电子器件主要有纤维素/半纤维素的薄膜、柔性透明木材、烯酰胺用于浸渍脱木质素的木材基材、由天然木材和碳纳米管构成的纤维素基柔性薄膜、定向 3D 碳材料、纤维素纳米线、纳米纤维素透明薄膜、柔韧透明的木膜等。

自上而下的策略保留了木材的各向异性结构，以生产机械性能优异的基材，非常适合电子产品。例如，胡良兵等通过对木材进行脱木质素和压缩处理，制备了一种纤维素/半纤维素整齐排列的柔性透明薄膜。该薄膜虽具有较高力学性能(断裂强度为 350 MPa)，然而，严苛的化学处理，会导致纤维素纤维发生部分降解，因此这种材料的强度是次优的。如果通过从大块木材中部分提取木质素和半纤维素，然后通过热压缩使其致密化，就能开发出更强的材料[比强度为 451 MPa(cm³/g)]。然而，这种材料既不透明，也不灵活，因此不适合作为高价值电子应用的衬底。在其他研究中，通过环氧树脂浸渍脱木质素木材，然后涂上银纳米线导电层，获得各向异性导电木材膜。但在聚合过程中，由于收缩，胞壁与聚合物界面出现缺陷或裂纹，导致材料力学性能降低。此外，这些电子产品既不是完全生物基的，也不是生物可降解的。因此，将高透明度、柔韧性、导电性和机械稳健性等多种特性结合到环境友好型电子器件中，仍然是非常理想和具有挑战性的任务。

由于其良好的物理、机械和光学特性，透明木材的制造在最近引起了很多人的兴趣。最近的一项研究利用杨木单板和聚乙烯醇(PVA)开发了一种可生物降解且高度柔韧的透明木材聚合物复合材料。在这种方法中，木单板在温和的条件下进行化学处理，以去除木材中的吸光成分，而不会破坏木材的层次结构。然后，漂白木材的介孔模板结构用 PVA 水分散体渗透并干燥，以获得柔性透明木材。还有人研究了用丙二醇(PG)增塑 PVA 对 TPW 机械和光学性能的影响。透明木材的灵活性随着 PVA 中 PG 含量的增加而增加。由 PG∶PVA(1∶1)的水分散体制备的 TPW 表现出高达 80% 的透光率和 90% 的雾度以及优异的柔韧性、光学和机械各向异性，成功地展示了这种光学各向异性和柔性木材聚合物复合材料作为光成形漫射器的潜在应用。

　　然而，制备具有高导电性和光学开关功能的柔性透明木材仍是一项挑战。因此，研究者们对此进行了深入研究。例如，段久芳等人利用氯化钠和银纳米线(AgNWs)、十八烷基甲基丙烯酸(ODMA)、N, N-双(丙烯酰胺)半胱氨酸(BACA)和脱木质素轻木制备了一种具有光开关特性的高导电性柔性透明木材(PAMODMA 木材)。其中，AgNWs 用于提高导电性，BACA 作为 AgNWs 和木材之间的黏合剂，ODMA 作为可调节 PAMODMA 木材的透光率和相变温度的光学开关。值得注意的是，经过 350 次弯曲后，该柔性透明木材的电阻没有明显变化，在智能窗户、传感器、智能机器人等领域具有广阔的应用前景。

　　基于纳米纤维素透明薄膜的柔性交流电致发光(ACEL)器件因具备众多优点而受到广泛关注。然而，纳米纤维素基功能材料的制备通常需要复杂的处理方法，其中，使用来自商业桦木的透明薄片单板(TV)来制作 ACEL 设备具有一定的可行性。其与纳米纤维素透明薄膜相比，TV 的制备过程更快、成本更低，且总透光率达到了相当高的值(高达 86%)。为了获得导电透明木复合膜，周晓燕等将纳米银线(AgNWs)沉积在 TV 基底上，成功制备了一种基于导电 TV 的 ACEL 器件。当 AgNWs 面积密度为 450 mg/m^2 时，透光率为 79.5%，薄膜电阻为 3 Ω/sq。最后，人们还成功地制作了一种基于导电电视的 ACEL 器件，即柔性透明贴面交流电致发光(WACEL)器件，其具有防水性能，不需要额外的密封。在 220 V 电压(1 kHz)下，WACEL 器件的亮度达到最大值 18.36 cd/m^2，在信号表达和环境照明方面显示出了巨大的应用潜力。

　　基于木材的柔性电子电路研究亦有较好进展。利用淀粉样原纤维的强黏附特性，人们配制了一种完全基于生物的可再生淀粉样/木质素衍生碳纤维(LCF)导电油墨，并将其印刷在柔韧透明的木膜(TWF)基材上，以生产电子电路。LCF 油墨在 TWF 基材上显示出优异的印刷适性、附着力和柔韧性。TWF 和 LCF 墨水协同组合，能够生产具有稳定机电性能的全生物基柔性电子电路。作为概念验证，基于木材的柔性印刷电子电路被证明是一种耐用的应变传感器，包括柔性光电、智能包装设备和传感器。这种完全基于生物的、源自木材的柔性电子设备具有广泛的应用潜力。

本章小结

　　木材和木材衍生成分，包括纤维素、半纤维素和木质素等，不仅具有生物相容性和含量丰富的特性，而且在性能改造方面具有天然的内在优势。近年来，木材在光电材料领域取得了较大的进展，先进木材光电材料的开发(特别是面向能源和生物医学领域的新型木材光电材料的开发及应用)仍是木材行业未来需重点发展的研究方向之一。例如，木材基智能发光材料和智能变色材料面临的挑战包括需要将木材衍生发光材料的发射波长红移到近红外光学窗口，以适应深层组织穿透能力，促进其作为诊疗材料在生物医学领域的应用；开发具有刺激响应光物理性质可调的荧光材料和手性发光材料，有望进一步拓展木材在发光材料领域的应用。木材电子器件的发展目前还主要停留在木材基炭材料领域，基于木材本身柔性的电子器件的开发亟须进一步的研究及应用拓展。

思考题

1. 发光木材的优势有哪些？
2. 发光木材目前需要解决的问题有哪些？
3. 木材基光热转化材料需要具有什么特点？
4. 木材基电子器件的优势有哪些？

第9章
木基 3D 打印材料

本章介绍了 3D 打印技术的定义、类型、发展历史、主要工艺过程和性能特点，在此基础上，重点讲述了可用于木基 3D 打印的技术，包括熔融沉积成型、光固化成型、选择性激光成型、三维粉末黏接成型。同时概述了纤维素及溶解纤维素、微晶纤维素、纤维素醚/酯、纳米纤维素、半纤维素及木质素等材料在木基 3D 打印技术中的研究进展，并展望了木基 3D 打印的趋势和未来。

3D 打印是依据实体构建的三维数字模型，采用物理、化学、冶金等技术手段，通过连续的逐层叠加材料的方式制造三维实体物件的快速成型技术。3D 打印在学术上通常称为"增材制造"，与传统加工制造工艺中的"减材制造"(如车、铣、刨、磨等机加工)和"等材制造"(如铸造、焊接、锻造等)相对应。木材是一种可降解的生物质材料，木基 3D 打印材料可显著降低打印成本，提高打印产品的可降解性；此外，木纤维所具有的高模量和低磨耗等特性也可以提高复合材料的模量和热支撑系数，减少支撑材料的使用，有望在生物医学材料、智能材料、人机交互等领域拓展应用。

9.1　3D 打印与增材制造

9.1.1　3D 打印技术的类型

自从 Chuck Hull 发明了光固化(SLA)3D 打印成型设备之后，随着信息技术、激光技术、控制技术、材料技术等的发展，3D 打印技术得到了蓬勃发展。目前，主流的 3D 打印技术已有多种，并且仍在不断快速发展。根据加热方式不同，分别有应用激光、电子束、等离子束、紫外线、电热、常温黏结等的 3D 打印技术。根据打印材料不同，分别有适合塑料、光敏树脂、金属合金、生物组织、复合材料、陶瓷等材料的 3D 打印技术。根据打印材料的形状不同，分别有打印丝状、粉末状、液状材料的 3D 打印技术。根据用途不同，有工业级打印机、桌面级打印机、建筑打印机、生物打印机、纳米打印机等。

9.1.1.1　光固化 3D 打印技术

光固化是最早出现的 3D 打印技术。光固化 3D 打印所使用的原料是液态的光敏树脂，其在紫外光(波长 380~405 nm)照射下发生聚合反应，而从液态转变为固态。通过精密控制，使紫外光按设定的路径照射光敏树脂，即可实现逐点、逐线、逐面固结，进而通过逐层的叠加形成三维实体物件。迄今为止，在所有的 3D 打印技术中，光固化技术仍然在可打印成型结构的复杂性和成型精度等方面具有显著优势，是 3D 打印领域的主流技术之一。

9.1.1.2 选区激光烧结 3D 打印技术

选区激光烧结(selective laser sintering, SLS)是一种基于粉末床熔化的 3D 打印技术。SLS 是由美国得克萨斯大学奥斯汀分校的 Carl R. Deckard 和 Joe Beaman 发明的。SLS 法一般使用 CO_2 红外激光器，在成型加工时，首先将原料粉末加热至稍低于其熔点的温度，然后利用铺粉装置将粉末铺平；之后，控制激光束根据分层和扫描路径规划信息有选择地进行烧结，一层完成后再进行下一层烧结，如此往复，待全部烧结完后，去掉多余的粉末，就能得到烧结好的零件。

SLS 所使用的激光能量相对较低，因此 SLS 既可烧结包覆树脂或低熔点金属的金属、陶瓷粉末等，也可烧结塑料、石蜡等高分子材料，是适用材料最多的一种 3D 打印技术。烧结的蜡型和塑料树脂模型可作为精密铸造蜡模和消失模。SLS 制造的尼龙塑料零件强度高，已可直接用于设备零部件。SLS 制造的碳纤维复合塑料树脂零件的强度和韧性都很高，可用于机械工具，代替金属工具。

9.1.1.3 选区激光熔化 3D 打印技术

选区激光熔化(selective laser melting, SLM)也是一种基于粉末床熔化的 3D 打印技术，其成型原理和选区激光烧结基本一致，不同之处在于其激光能量更高，可以把金属粉末完全熔化，所制造的物件接近完全致密。因此，选区激光熔化适用于各种金属材料的增材制造。选区激光熔化技术是由德国弗劳恩霍夫激光技术研究所(Fraunhofer ILT)在 20 世纪 90 年代中期发明的。

目前，已经开发了多种适宜于 SLM 的合金粉末材料，如钛合金、钴铬合金、不锈钢、工具钢、铜合金、铝合金等。SLM 技术主要应用在航空航天、汽车、医学个性化件制造、小型注塑模具及镶件等领域，还可针对小批量、个性化的一些复杂件进行加工。目前，SLM 激光功率一般为 200~1000 W，打印层厚 20~200 μm，聚焦光斑 30~500 μm，尺寸精度 20~100 μm，最小壁厚 0.2~0.4 mm，表面粗糙度 Ra 5~40 μm，致密度接近 100%。

9.1.1.4 熔融沉积成型 3D 打印技术

熔融沉积成型(fused deposition modeling, FDM)又叫熔丝沉积成型，其原料为各类热塑性的塑料丝材。FDM 是当今最常见、最经济的一种 3D 打印技术。FDM 技术的发明者是 Scott Crump，他也是著名的 3D 打印技术公司 Stratasys 的联合创始人。FDM 3D 打印技术的原理如图 9-1 所示。在成型过程中，丝状热熔性材料被加热熔化，并通过一个带有微细喷嘴的喷头挤出来，沉积在基板或者前一层已固化的材料上；当温度低于固化温度后，沉积的丝状材料开始固化，并通过材料的层层堆积，最终形成三维物件。

FDM 操作环境干净、安全，没有毒气或化学物质的危险，不使用激光，可在办公室环境下进行操作。原材料以卷轴丝的形式提供，费用较低，易于搬运和快速更换。可选用材料有 ABS、PC、PPSF、浇铸用蜡和人造橡胶等。

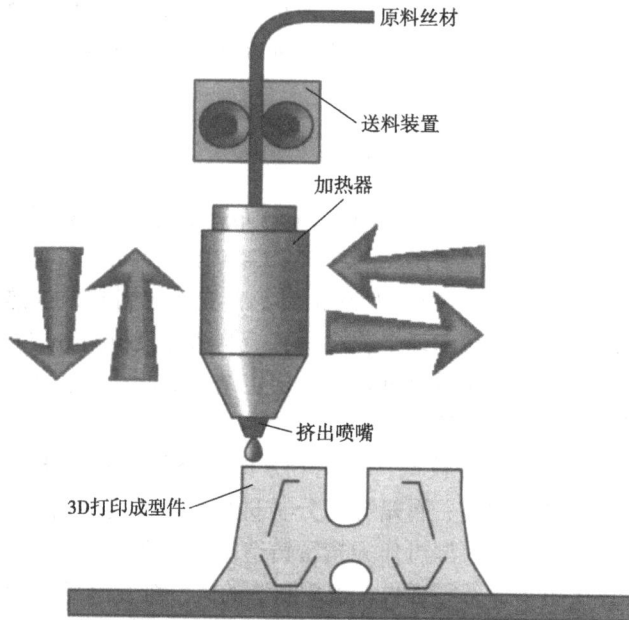

图 9-1　FDM 3D 打印技术原理示意图

　　FDM 目前达到的精度为 0.127 mm，做小件或精细件时其精度不如 SLA，与截面垂直的方向强度小，成形速度相对较慢。因此，FDM 更适合小型简单塑料模型和零件的加工。

9.1.1.5　三维打印技术

　　三维打印(three dimensional printing，3DP)和平面打印非常相似，打印头都是直接用平面打印机的。3DP 和 SLS 类似，这个技术的原料也是粉末状的。典型的 3DP 打印机有两个箱体，左边为储粉缸，右边为成型缸。打印时，左边会上升一层(一般为 0.1 mm)，右边会下降一层，滚粉辊把粉末从储粉缸带到成型缸，铺上厚度为 0.1 mm 的粉末。打印机头根据计算机数据把胶黏剂液体打印到粉末上，逐层黏接成型。粉末材料可以是塑料粉末，也可以是石膏、砂子等无机材料。胶黏剂液体有单色和彩色，可以像彩色喷墨打印机一样打印出全彩色产品。可用于打印彩色实物、模型、立体人像、玩具等，尤其是用塑料粉末打印出的物品具有良好的机械性能和外观。

9.1.1.6　激光近净成型 3D 打印技术

　　激光近净成型(laser engineered net shape，LENS)又可称为激光立体成型、直接能量沉积。与基于粉末床的选区激光熔化技术相比，激光近净成型技术的特殊性在于采用同轴送粉方式，利用送粉器将金属粉末送至熔池处。其使用的激光能量高(一般在千瓦级)，能够快速地将粉末熔化成液滴。激光近净成型 3D 打印技术的原理如图 9-2 所示。在成型过程中，高能激光束聚焦于成型工作表面并形成熔池，由同轴送粉器将金属粉末送入熔池；通过高能聚光束的扫描运动，使金属粉末材料逐层堆积，最终形成形状复杂的零件或模具，在航天、航空、造船等领域具有极大的应用前景。激光近净成型不受粉末床的限制，成型的空间和自由度较大，适用于大型结构件的快速成型制造。当前，我

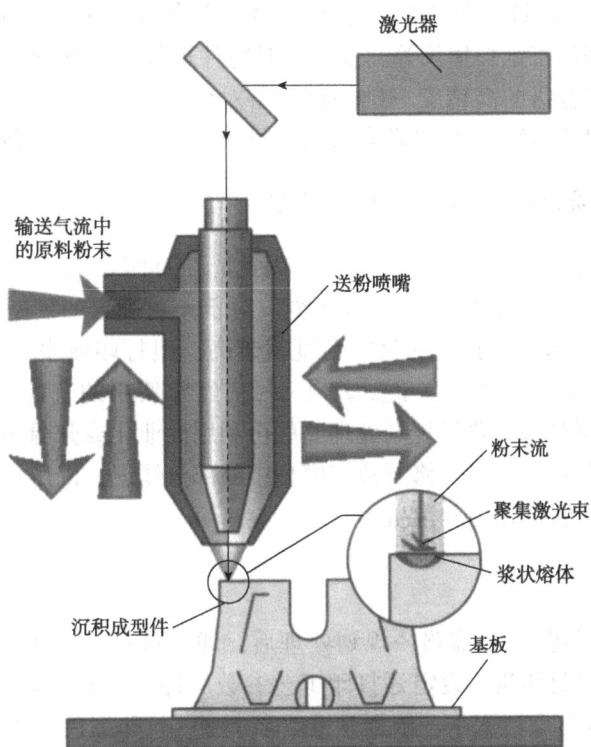

图 9-2　激光近净成型 3D 打印技术原理示意图

（图中标注：激光器、输送气流中的原料粉末、送粉喷嘴、粉末流、聚集激光束、浆状熔体、沉积成型件、基板）

国在该技术的应用上居于国际领先水平。

此外，电子束选区熔化（EBM）3D 打印技术、电弧熔丝增材制造（WAAM）3D 打印技术、黏结剂喷射（BJ）3D 打印技术也是近年来开发的 3D 打印技术。

9.1.2　3D 打印的主要工艺过程

虽然 3D 打印已经发展出了多种不同的技术类型，但是不同技术类型的打印过程却具有相同的步骤，主要包括数字建模、切片–路径规划和 3D 打印（图 9-3）。

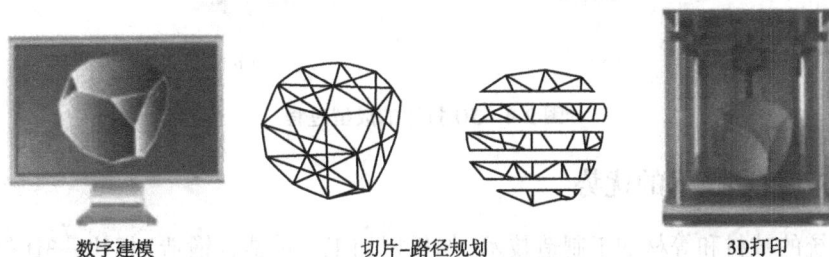

数字建模　　　　　　切片–路径规划　　　　　　3D打印

图 9-3　3D 打印的基本过程

9.1.2.1　设计和建立三维数字模型

三维物件的数字模型是 3D 打印的依据和出发点。目前，建立三维数字模型主要有两种途径：一种是利用各种设计软件直接设计并得到三维数字模型（例如，在机械工程领域，利用 CAD 软件设计各种机械零部件，并得到其三维数字模型；在动漫领域，利用各种三维动画软件设计各种人物、动物以及各类场景，并获得相应的三维数字模型)，另一种则是利用三维扫描仪等测量仪器对物件进行逆向测量，并建立其三维数字模型(例如，使用工业级的高精度三维扫描设备对各种机械零部件进行逆向设计建模；在医院，利用核磁共振对人体的各器官进行三维成像，并建立三维数字模型)。

9.1.2.2　模型分层(切片)和打印路径规划

3D打印的工艺特点是分层-叠加制造。因此，在打印之前，需要对三维模型进行分层(俗称"切片")，并对打印路径进行规划。对于一个确定的模型来讲，分层的数量越多，每一层的厚度越小，相应的打印精度就越高，但打印效率会降低。路径规划对3D打印的成型精度和质量也具有重要影响。目前经常使用的有蛇形扫描、岛形扫描、螺旋形扫描等。分层和打印路径规划处理一般可利用商业化或开源的切片软件进行。专业的商业化切片软件可以识别并修复数字模型中的部分错误，以避免使用有问题的模型进行打印，从而减少打印出错和浪费。

9.1.2.3　3D打印

将数字模型进行切片-扫描路径规划处理后，即可将其导入3D打印机。此时，将打印材料按要求装进打印机，设定好打印工艺参数后即可开始打印。3D打印的成型过程如图9-4所示。在打印过程中，依据三维数字模型，打印头在X–Y平面内按预先规划的扫描路径移动，并将材料铺满一整层；一层打印完成后，基板沿Z轴下降一层，然后开始打印下一层。在不同的3D打印技术类型中，这一成型过程是相同的。不同打印技术的区别在于每一层的固化方式不同。在打印过程中，如果没有异常状况发生，一般不需要对其进行人工干预。

（a）　　　　　　　　　　　　（b）

图9-4　3D打印的成型过程

9.1.3　3D打印技术的优势

与传统的减材和等材加工制造技术(如机械加工、铸造、锻造)相比，3D打印技术具有独特的工艺特点和优势，主要体现在以下几个方面。

（1）赋予设计人员极大的设计自由度

传统的加工成型技术难以制造具有复杂结构(特别是一些位于物体内部的复杂精细结构)和几何形状的物体，因此，设计人员在进行产品设计时必须考虑所涉及的产品结构是否能够加工制造出来，这种状况限制了设计人员的新思想、新理念的实现。而3D打印技术具有逐点、逐线、逐面添加制造的技术特点，使其理论上能够制造任意复杂形状和结构的物体，从而使设计人员在设计时不再受限于加工制造技术，给予其充分的设计发挥空间，设计自由度得到了极大提升。

（2）不需要模具，可以实现小批量产品的快速制造

人们生活或生产中所用到的很多产品在制造过程中都需要使用模具来成型。例如，采用注塑工艺制造的各种塑料产品，采用铸造工艺制造的各种金属零部件等。而模具的设计和制造不仅周期较长、成本较高，而且模具在使用中的磨损也使其服役寿命有限。3D打印技术摆脱了模具的限制，特别适合于产品开发阶段或小批量生产阶段样品的快速直接制造。

（3）可以实现构件的轻量化结构设计和制造

当前，在航空航天、汽车等领域均对轻量化有着迫切的需求。传统加工成型技术所制造的构件大多是实心的均一结构。而借助3D打印的工艺优势，可以实现各种轻量化结构部件的制造，从而在不降低性能的基础上，实现结构部件的轻量化。

（4）原材料利用率高，可以实现构件的近净成型

与传统的减材机加工相比，3D打印的原材料利用率高，可大幅度降低原材料的浪费，是一类节能环保的先进制造技术。同时，3D打印可实现构件的近净成型，所需要的后续加工相对较少。对于金属材料来说，在所有的3D打印技术中，黏结剂喷射3D打印技术具有最高的精度，所打印构件的表面粗糙度可达 $1~\mu m$ 左右，与传统的精密铸造水平相当。基于粉末床的激光选区熔化3D打印技术，所打印构件的表面粗糙度一般不超过 $10~\mu m$。电子束选区熔化3D打印的构件表面粗糙度在 $10\sim20~\mu m$，而基于送粉的激光近净成型3D打印技术和基于送丝的电弧熔丝增材制造3D打印技术能达到的加工精度和表面粗糙度相对较差。一般来讲，3D打印的金属构件的精度和表面粗糙度与传统的机加工还有不小的差距，需要根据应用要求，采取一些后续的处理，以改善精度和表面粗糙度。

（5）可以实现新型一体化部件/复杂内流道部件的直接制造

传统的机械加工和铸造等技术难以制造复杂形状和内部微细结构，这导致很多结构部件必须分解成几个甚至几十个零件，分别制造出来之后再装配成一个整体部件。这种制造工艺不仅延长了制造周期、增加了制造成本，还影响了部件的性能。如前所述，3D打印的工艺优势使其特别适合复杂形状和内部结构微细部件的制造，因而可借助其实现新型一体化部件/具有复杂内流道部件的设计和直接制造。此外，利用3D打印的工艺优势，可以实现随形冷却模具的设计和制造，是模具行业的一次重大技术革新和进步，可大幅度提升模具的使用性能和寿命，提高相关行业（如利用注塑工艺生产各类塑料制品行业）的生产效率。

9.1.4 3D打印材料的特点

3D打印产业链包括原材料、打印设备、打印服务和应用三个主要环节。3D打印材料是3D打印必需的耗材，在产业链中居于基础和关键地位。3D打印材料的特点与其工艺的特殊性紧密相关。

（1）形态上的特点

由于3D打印是基于离散-堆积的增材制造，可以把原材料看作构筑三维实体的材

料单元。材料单元的体积越小，相应的打印件精度就越高。因此，3D 打印材料从形态上一般是液态、细丝、薄片、细小的粉末等。此外，不同的工艺对材料的形态还有一些特殊的要求。例如，基于粉末床的 3D 打印工艺不仅要求粉末的粒径细小，还要求其具有高球形度，以保证粉末具有良好的流动性，可以迅速完成一层粉末的平铺。再如，基于同轴送粉的 3D 打印技术对粉末的流动性有更高的要求，因此，其所选用的粉末粒径要比粉末床工艺要求的粉末粒径更大一些。

（2）成分/性能上的特点

材料的成分/性能应该与其加工工艺相适应。传统的制造领域，经过长期的发展，已针对不同的制造工艺（如铸造、锻造等）发展出了相应的材料成分体系，特别是在金属材料领域：针对铸造工艺，有专门发展的铸造高温合金等材料体系；针对锻造工艺，有专门发展的变形高温合金等材料体系。3D 打印的发展时间较短，在相应的专用材料体系的研发上仍处于起步阶段。

（3）材料品种的特别

3D 打印材料要求能液化或粉末化或丝化，打印完成后又能重新黏合，并具有良好的物理、化学性能。目前，常见的 3D 打印材料有金属、无机非金属、高分子、复合材料等，前两种适用于航空航天、医学、汽车等高附加值、高技术要求领域，使用门槛较高，可用于制造精密金属零件、医学植入体等。高分子材料是 3D 打印领域发展最为成熟的材料，能在较低温度下熔融流动并快速冷却重新黏结，主要有聚乳酸（PLA）、丙烯腈-丁二烯-苯乙烯（ABS）、聚碳酸酯（PC）等。单一的高分子由于自身的固有特性，存在翘曲、韧性较差等缺陷，为了弥补这些缺陷，3D 打印材料目前由单一逐渐向多元化（即复合材料）发展。复合材料在性能上可取长补短，弥补主体材料的固有缺陷，并可能产生协同效应，使复合材料的综合性能优于原组成材料，如木塑复合 3D 打印材料。

9.2　木基 3D 打印技术

木材是一种可降解的生物质材料，并以残余物形式广泛存在于各类工业加工中。相较于传统热塑成型材料，木材具有成本低、资源丰富、可再生性好、环保处理等优点。因此，小块木材可以被磨成更小的部分（木纤维或木质素），然后作为填充材料与传统的热塑性成型材料（线材）混合打印。由于木材的特性，木基 3D 打印可显著降低打印成本，提高打印产品的可降解性；此外，木纤维具有高模量和低磨耗的特性，也可以提高复合材料的模量和热支撑系数，减少支撑材料的使用。

木基 3D 打印技术包括熔融沉积成型、光固化成型、选择性激光成型、三维粉末黏接成型，其打印原理与一般的 3D 打印过程类似，包含从建模切片到成型打印的一系列过程。在这 4 项木基 3D 打印技术中，熔融沉积成型和三维粉末黏接成型多运用于木粉基或木质素基 3D 打印材料，通过木粉与打印介质（热塑型聚合物或胶黏剂）的氢键作用、酸碱作用、固化反应等打印成型；光固化成型和选择性激光成型由于其特殊的光固化/光烧结原理，其成品具备更高的分辨率和设计自由性，但也导致其打印材料的制备更为苛刻，通常由纳米/微米级纤维与塑性聚合物的共混反应制备。

9.2.1　熔融沉积成型（FDM）

目前，FDM 所使用的线材多为丙烯腈-丁二烯-苯乙烯共聚物（ABS）或聚乳酸（PLA），其中 ABS 材料的降解性、介电强度和耐溶剂性存在一定的局限性，而 PLA 因具有生物可降解性，符合绿色可持续发展战略，在木基 3D 打印应用中极具潜力。

木粉或天然植物纤维具有密度低、力学性能良好、价格低廉、绿色环保等优点，将其与 PLA 复合，可以克服其韧性差、易断裂、熔点较低、热稳定性差等一系列缺点，这极大地扩大了 PLA 作为 3D 打印材料的应用范围。但是，直接将木粉和 PLA 进行共混挤出得到的木塑复合线材，不但界面相容性较差、韧性不佳，而且线材挤出不稳定，存在严重的气泡问题。这是由于木粉与 PLA 之间有着较大的极性差异，属于热力学不稳定体系。通常的解决方式是加入相容剂，来提高两者之间的界面相容性，如甘油、柠檬酸、硅烷偶联剂等。

以甘油为例，王莹等将 100~120 目杨木粉与 PLA 混合，辅以 3%~6% 的甘油，采用单/双螺杆挤出技术制备 3D 打印线材，之后转入熔融沉积 3D 打印机，制备出了标准哑铃型样条。甘油的介入使 PLA 中含有大量分子内氢键的结晶区被破坏，促进了小分子链段的移动，随着木粉与 PLA 分子之间的相互渗透，使得原本清晰的界面被破坏，二者的相容性有所改善。但是，这并非一个线性变化，因为非晶区的无定形结构会率先束缚甘油分子，导致木粉纤维滑出，只有当含有含量达到 5% 左右时，才能摆脱非晶区的约束，从而打开晶区结构。

木粉是一种具有特殊结晶结构的刚性粒子，将其加入 PLA 基体中，能够使原本不相容的两相大分子发生缠结，起到提高材料储能模量的作用。一般来说，当相容剂用量大于 5% 时，木粉会进入 PLA 的结晶结构并导致结晶结构被破坏，进而使复合材料的刚性下降；但木粉的加入同时阻碍了结晶区和无定形区中 PLA 大分子的运动，又会使材料刚性上升；另外，温度的变化亦会对木粉与 PLA 的相容性及 PLA 的结晶结构产生影响。这些因素的协同作用对 PLA/木粉复合材料的储能模量具有较大的影响，导致其在玻璃化转变的前后具有不同的变化趋势。通常情况下，这种不确定的变化趋势都会对复合材料的弯曲性能、拉伸性能和冲击性能等力学性能造成一定的不利影响。

为解决这一问题，董倩倩等采用纳米二氧化硅（nano-SiO$_2$）作为增强材料，稳定熔融沉积打印线材的晶格结构。300 目的松木木粉经硅烷偶联剂（KH590）改性后，可与 PLA 形成强的交互作用，同时 nano-SiO$_2$ 能进一步填充二者的间隙，通过体积效应和量子隧道效应，使其产生游渗作用，可深入高分子化合物的 π 键附近，与其电子云重叠，形成空间网状结构，在木粉与 PLA 分子的缠结过程中起到一定的临时支撑作用，保证了复合体系的刚性，从而使木塑复合材料的力学性能增强。

在 3D 打印时，线材的挤出温度、木粉含量、增塑剂含量等都会对打印材料的拉伸强度造成一定的影响。在工艺探究中，通常利用单因素分析法配合响应曲面分析法的方式找出最佳的打印条件。解光强等在以杨木木粉、PLA、蒸馏水和柠檬酸三丁酯为原料的 3D 打印线材中采用单因素分析法，分别找到了每个因素的取值范围：挤出温度（A）170~176℃；木粉含量（B）10%~20%；增塑剂含量（C）4%~6%。在此基础上，依据 Box-Behnken 的中心组合实验设计原理，使用 Design-Expert（V8.0.6）软件设计具体的实验方案。通过 17 组原料配方及测试结果，采用逐步回归分析方法，建立目标响应值和自变量之间的数学拟合表达式，最终获得 3D 打印试件拉伸强度(P)的二次多项式逐步回归方程（如下式所示）。最后，根据（通过可行性验证的）二次方程模型分别做出实验因素间交互作用的三维立体响应曲面图（图 9-5），从而为挤出工艺参数的研究提供指导依据。

$$P = 23.61 - 0.15A - 0.22B - 0.22C + 0.69AC - 0.51BC$$
$$-0.95A^2 + 0.35B^2 - 1.74C^2 - 0.82B^2$$

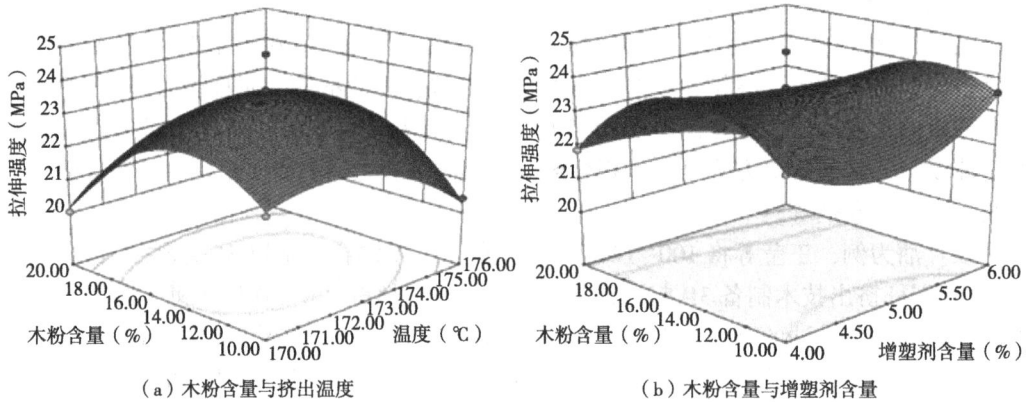

（a）木粉含量与挤出温度　　　（b）木粉含量与增塑剂含量

图 9-5　实验因素间交互作用的三维立体响应曲面

9.2.2　光固化成型（SLA）

木基 3D 打印的 SLA 技术大多是将纤维素纳米晶或螺旋纤维素与光敏树脂（聚丙烯酸类）混合制备打印材料；也可使用木纤维，但其粒径要比 FDM 小得多，一般在 1~400 μm。一方面，纤维素纳米晶的大比表面积和表面丰富的羟基可使得光敏树脂与纤维素充分融合形成稳定的氢键力和离子作用力；另一方面，纳米纤维素晶还可以降低树脂黏度，为光照固化提供更多的容错空间，进而提高打印的分辨率。最后，添加的纤维素也可以提高树脂固化后的机械强度，避免了因同一轴线方向的集中打印而出现的模型坍塌现象。

Zhang 等将平均粒径为 100 μm 的杨木纤维与甲基丙烯酸酯树脂混合，通过物理搅拌建立氢键连接（也有研究将其解释为由 CO_2 推动的酸碱络合或供体-受体络合），在木纤维添加之后去除稀释剂（丙酮），以达到期望的黏度，最后由 SLA 打印技术打印出标准的哑铃样条。木纤维的添加能够在一定程度上优化打印材料的力学性能，添加 2wt% 的杨木纤维能在保持抗拉强度不变的情况下，极大地提升打印材料的杨氏模量（提高至初始值的 1.9 倍），表明木纤维能够有效提升交联网络的刚度。但是，木纤维的作用并不是一蹴而就的，它会导致聚合物链自由度下降，在宏观上表现为拉伸伸长率的降低。一般来说，木纤维的添加量不超过 10wt%。

此外，随着木纤维含量的增加（0~10wt%）打印样条的颜色也会发生变化，逐渐由透明无色向不透明的淡黄色发展，并且出现应力致白效应（图 9-6）。这是由甲基丙烯酸树脂和木纤维的复合作用导致的：甲基丙烯酸酯属非晶态聚合物，在应力集中状态下出现的微裂纹会使其局部密度低于整体密度，进而改变折射率，出现应力致白效应。但是，木纤维的加入会阻碍裂纹的出现和延伸，协同纤维光散色，会进一步减少应力致白的出现。

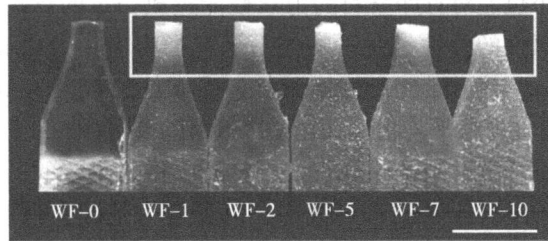

图 9-6　杨木纤维复合的 3D 打印材料及其拉伸断裂后的应力致白现象

随着木纤维含量的增加，应力致白的区域逐渐减小，并且高亮区域逐渐向断裂面靠拢，这是因为在拉伸过程中形成的裂纹填充了原纤维的空隙矩阵，导致拉伸后局部密度进一步减小，进而引起折射率的深度变化。

Sun 等制备了一种 UV 固化且具有热响应的聚异丙基丙烯酰胺（PNIPAm）/纤维素纳米纤丝（CNF）复合水凝胶，并通过 SLA 技术绘制 3D 模型（图 9-7）。含有 2% CNF 的水凝胶系统相比不含 CNF 的系统具有温度响应的可切换生物黏附性：在临界温度（20℃）以下时，复合水凝胶对生物体具有黏附性，这是因为在此温度下，CNF 与 PNIPAm 两者会互相交叉，其链末端充分延伸，并形成大量氢键；在高于临界温度时（40℃），生物黏附性显著减弱，这是因为生物相容性的 CNF 链被分成小的离散区域，从而大大降低了 CNF 与 PNIPAm 之间的缠结程度，形成了区分明显的脱水 PNIPAm 区和 CNF 区。其中，脱水 PNIPAm 区与水不混溶，且具备光散色效应，这也是该凝胶能够实现热响应颜色变化的基本原理。

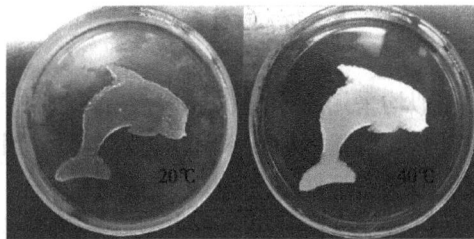

图 9-7　SLA 技术下具有热响应效应的海豚模型

9.2.3　选择性激光成型（SLS）

理论上，SLS 成型可采用加热时能够融化的任何粉末材料（树脂、陶瓷、金属、石英），由于粉末可对模型空腔和悬臂部分起支撑作用，不必像光固化成型（SLA）和熔融沉积成型（FDM）那样另外设计支撑结构，可直接生产形状复杂的原型及部件。

在木基 SLS 技术中，由于采用了特殊的激光烧结工艺，纤维素的选择范围将进一步缩小，粒径范围一般在 $100\sim200\ \mu m$。由于纤维素本身存在半晶和非晶组分，所以在木基 3D 打印的 SLS 技术中，可直接将其作为打印材料。Salmoria 等将淀粉纤维素和醋酸纤维素直接用于打印，其中淀粉纤维素为非晶聚合物，其打印温度应处于玻璃化温度（T_g）和分解温度（T_d）之间；而醋酸纤维素为半晶聚合物，打印温度应处于熔融温度（T_m）和分解温度（T_d）之间。研究发现，淀粉纤维素的最佳烧结粒径在 $106\sim125$ mm，醋酸纤维素的最佳烧结粒径在 $150\sim212$ mm。

此外，粒径的大小也能对打印材料的力学性能造成一定的影响，对于淀粉纤维素，粒径为 106~125 mm 试件的弹性模量平均值高于粒径为 150~212 mm 的试件，分别为 86.8 MPa 和 47.0 MPa。对于醋酸纤维素试件，当试件的粒径从 106~125 mm 增大到 150~212 mm 时，其弹性模量平均值反而由 193.8 MPa 减小到 35.8 MPa。

近期，也有研究将纤维素制备成凝胶，再将凝胶作为主要的 SLS 打印材料。Huber 等将纤维素溶解在 NaOH 和尿素的水溶液中，以温度为基础实现溶胶—凝胶状态的转变，进而制备出纤维素凝胶。在打印时，添加额外的纤维素粉末作为物理胶黏剂，并通过 SLS 技术烧结成型。打印时，激光功率的选择尤为重要：首先，激光能量需足够维持纤维素溶胶的状态；其次，温度也要能够达到纤维素粉末的烧结点；最后，还要避免因持续高温而导致的碳化现象(图 9-8)。

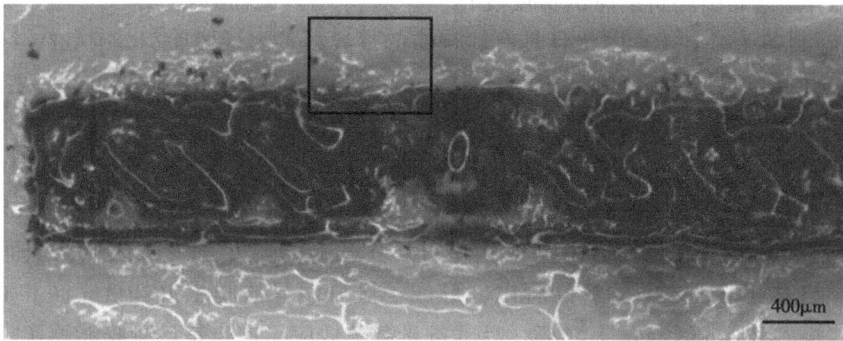

图 9-8 SLS 技术下因激光能量过剩而导致的碳化现象

9.2.4 三维粉末黏接(3DP)

3DP 技术与 SLS 技术类似均采用粉末材料成型，所不同的是 3DP 在成型时不是通过烧结连接粉体，而是通过标准泼墨打印技术将液态彩色黏接剂喷射到粉末薄层上，以打印横截面数据的方式逐层创建各部件。

木基打印过程中所用的黏接剂主要分为 3 种类型：本身不起黏接作用的液体，本身会与木基粉末反应的液体及本身有部分黏接作用的液体。本身不起黏接作用的液体只起到为粉末相互结合提供介质的作用，其本身在模具制作完毕之后会挥发到几乎不剩下任何物质，适用于本身就可以通过自反应固化的纤维复合粉末，此液体可以为氯仿、乙醇等。对于本身会参与粉末形成的黏接剂，如粉末与液体黏接的酸碱性不同，可通过液体黏接剂与粉末的反应达到凝固成型的目的。本身有部分黏接作用的液体则是以水为主要成分的水基黏接剂，这是目前最为常用的 3DP 打印油墨，其作用方式大致分为两类：一是为粉末提供介质和氢键作用，形成之后挥发(如部分纤维基凝胶的酸/碱–溶/凝胶黏接法)；二是通过液体挥发，剩下起黏接作用的关键组分(如聚乙烯醇缩丁醛树脂、聚氯乙烯、聚碳硅烷、聚乙烯吡咯烷酮等)。选择与这些黏接剂相溶的溶液作为主体介质，可根据粉末的类型不同，选择不同的黏接剂溶剂，如水、丙酮、醋酸、乙酰乙酸乙酯等，但目前均以水基黏接剂的报道居多。

木质素具有单质粉末粒径小、团聚性低、滚动性高等优点。在 3D 打印中，粉末直径越小，流动性越差，制件内部孔隙率越大，但所得制件的质量和塑性较好；粉末直径越大，流动性越好，但打印精度较差。因此，将木质素运用于 3DP 技术中，可使成型材料具备较好的精度和稳定性。

吴杰将改性椰粉作为打印主体、聚乙二醇作为黏接剂，采用3DP技术打印出了镂空球体模型。这是由于椰壳纤维中含有大量的木质素（质量比41%~45%），且可通过热磨工艺筛选获得75 μm和50 μm两种粒径的木质素。从打印结果来看（图9-9），木质素虽然无法媲美传统3DP材料（如石膏粉末、陶瓷粉末等）的精度，但其力学强度也能够满足非承载性需求。

相较于其他打印技术，3DP技术具有材料适用性广的优势，其采用的"增材模式"打印方式区别于常规生产的"减材模式"，具备用料最少、产出最好的优点。椰壳材料作为椰子的副产品，通过制备与开发，能够成为一种较为理想的3D打印基材，是绿色设计变废为宝的一次重要尝试。此外，木质素广泛分布于各种秸秆、木材、藤蔓类植物中，是绿色可再生材料作为3D打印耗材的一次有益探索，为后期打印材料与植物纤维结合的研究提供了新的思路，是基于环保理念开发模式的一次创新实践。

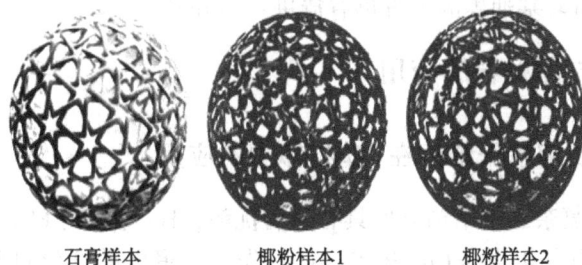

石膏样本　　　　椰粉样本1　　　　椰粉样本2

图9-9　利用3DP技术打印的镂空球体模型

9.3　木基3D打印材料

9.3.1　木基3D打印材料的制备

木材天然具有由三种主要成分组成的层次结构：纤维素、木质素和半纤维素。最近，许多绿色和可持续的分馏技术被开发出来，用于在生物精炼厂条件下工业化、大规模生产高纯度的此类聚合物。

纤维素是地球上含量最丰富的天然聚合物，其由以特定角度排列的葡萄糖链组成，具有结晶和无定形区域。纤维素及其衍生物均可以被应用于3D打印中，早期研究中，纤维素往往通过粉末形式应用于3D打印，包括纤维素干粉及微晶纤维素（聚合度小于400）等，后者往往需要采用蒸汽爆炸或酸水解，去除纤维素微观结构中的无定形区域。

在特定条件下，将纤维素溶于碱性水溶剂中，例如低温条件下（<0℃）下的7%~10% NaOH/水溶液或NaOH/尿素水溶液，以及 N,N-二甲基乙酰胺/氯化锂（DMAc/LiCl）混合物中的 N-甲基吗啉-N-氧化物（NMMO），以及最近的离子液体等得到的溶解纤维素，不仅可以实现纤维素的化学改性及进一步的功能化，同样被证明可以用于3D打印领域。

通过用甲基、羟乙基、羟丙基和其他类似基团取代纤维素中的羟基，在工业规模上生产不同种类的纤维素醚，包括乙基纤维素（EC）、甲基纤维素（MC）、羟乙基纤维素（HEC）、羟丙基纤维素（HPC）和羧甲基纤维素（CMC）等，同样可以作为3D打印材料，应用于药物控释方面。

最近，纤维素纳米纤丝(CNFs)和纤维素纳米晶(CNCs)作为新一代纳米材料在各个学科得到了广泛开发，主要但不限于水凝胶形式的生物材料和先进复合材料中的纳米填料。

半纤维素(在硬木中称为木聚糖，在软木中称为葡甘聚糖)，是植物细胞壁中含量第二丰富的多糖，通过将纤维素纤维连接成微纤维并与木质素交联形成复杂的结合网络，从而为植物提供结构强度。从结构上看，半纤维素含有戊糖或己糖，其中含有许多游离羟基，很容易通过酯化、醚化或还原胺化等方式实现功能化，可作为木基纳米纤维素3D打印促进剂实现功能。

木质素具有交联和复杂的酚类结构，是自然界贮量仅次于纤维素的第二大组分。木质素是木材生物精炼副产品和废物流产品之一，在生物制品方面显示出巨大的经济潜力。通过应用3D打印方法获得的木质素基产品前景广阔，但在目前，木质素基3D打印技术的选择和木质素基油墨的配方仍有待进一步开发。

9.3.2 木基3D打印材料的应用

9.3.2.1 纤维素及溶解纤维素在3D打印中的应用

3D打印在构建复杂三维结构方面具有显著优势，He等使用FDM型3D打印机制备出了新型微流体纸质分析设备(μ-PADs)：首先，以聚乳酸纤丝打印具有开放孔的基材；其次，以纤维素粉末液填充孔隙，干燥后制成产品。得益于纤维素粉末的毛细力驱动，所制成的μ-PADs可以输送液体，类似于纸张中的流体输送。由于该技术可以打印不同深度的微通道，因而可实现纤维素粉末内的毛细管流速的程序化控制。

3D打印技术也是创建不同触觉图案的有效手段。Jo等使用FDM型3D打印机在传统A4纸(定量80 g/m²)上打印盲文。与传统的穿孔图案相比，3D打印图案的印刷点具有更好的耐摩擦性能，这主要得益于印刷图案与纸张间优异的界面黏合。研究发现，在160℃条件下在热板上进行热回流处理1 min后，熔融的聚乳酸(PLA)长丝扩散到纤维网络中，可显著提高界面黏合强度。3D打印的触觉盲文图案具有传统印刷产品所不具有的一系列优点，可以帮助视觉障碍者增强触觉或练习触觉识别。

经过碱性水溶剂及离子液体溶解得到的溶解纤维素，具有较高黏度，在3D打印领域具有特殊优势。Markstedt等以1-乙基-3-甲基咪唑醋酸盐([EMIM]Ac)离子液体溶解纤维素并用于3D打印。打印过程中，在高剪切速率下，纤维素溶液的黏度显著降低(剪切稀化效应)；而当纤维素溶液被打印出时，随着剪切力的去除，溶液黏度迅速增加，这对于保证产品尺寸稳定性具有重要意义。Lei等的研究表明，溶解于 N-甲基吗啉- N-氧化物(NMMO)中的纤维素可用作原料油墨，并通过DIW策略在70°C下打印，固化的纤维素/NMMO物体可在水中再生成纤维素支架，支架的压缩杨氏模量达到12.9 MPa，拉伸模量则达到160.6 MPa。

9.3.2.2 微晶纤维素在3D打印中的应用

微晶纤维素(MCC)不溶于普通溶剂，在水中形成胶态悬浮液，因此被广泛用作增强剂、药品赋形剂、乳化剂、保水助剂、流变改性剂和压缩黏合剂等，可以作为3D打印的基材、增强剂以及 3D 打印药物的赋形剂等。

MCC 可通过在适当溶剂中溶解后作为 3D 打印材料的基材使用。2016 年，Gunasekera 等将 MCC 溶解在由离子液体{1-乙基-3-甲基咪唑醋酸盐[C_2C_1Im][OAc]}和 1-丁基-3-甲基咪唑醋酸盐{[C_4C_1Im][OAc]}和有机溶剂[1-丁醇和二甲基亚砜（DMSO）]组成的溶剂系统中，并将其用于 3D 喷墨打印中。由于离子液体和 MCC 溶液的黏度超出了打印范围，因此采用二甲基亚砜降低 MCC 溶液的黏度，并保持纤维素的溶解性；随后，使用去离子水对打印的纤维素样品进行再生。MCC 同样可以用于添加剂其他材料的机械强度，这可归因于应力从基质转移到 MCC，防止应力集中的形成。MCC 具有高杨氏模量[（25±4）GPa]，与玻璃纤维、二氧化硅或炭黑等其他材料相比，MCC 具有可持续性、生物降解性、低成本、轻质，并可以降低设备磨损。

作为最常见的直接加压赋形剂，MCC 在 3D 药物打印中的应用也相当广泛。Li 等采用 3D 打印工艺，利用羟丙基甲基纤维素、羟丙基甲基纤维素和微晶纤维素设计了一种具有新型低密度格状内部结构的胃漂浮药物片剂，其中羟丙基甲基纤维素水醇凝胶被用作双嘧达莫的黏合剂，以形成均匀平滑的糊状物，羟丙基甲基纤维素的高亲水性赋予了药物片剂良好的亲水性。此外，在 3D 生物原料中添加羟丙基甲基纤维素和 MCC 有助于延长药物片剂的胃滞留时间并控制药物释放速率，具有较高的生物利用度和治疗效果。

9.3.2.3　纤维素醚/酯在 3D 打印中的应用

借助 3D 打印技术，纤维素醚已在个性化药物剂型和药物控释中得到应用。如图 9-10 所示，乙基纤维素和羟丙基甲基纤维素与 3DP 系统一起用于设计圆环形状的多层药物递送装置，以提供对乙酰氨基酚作为模型药物的线性释放曲线。在这种类型的药物递送装置中，疏水性乙基纤维素不膨胀，因此，它被作为一个涂层来阻止药物的初始快速释放；而羟丙基甲基纤维素作为内部药物基质，在与溶解介质接触后膨胀成凝胶，通过亲水性聚合物的侵蚀长时间释放药物。3DP 系统提供了灵活且易于应用的策略，用于开发具有复杂设计特征的羟丙基甲基纤维素，以获得所需的药物释放曲线。在热融化挤出（HME）工艺中，药物也可混合到纤维素材料中，以制造载药长丝，然后通过分层 FDM 3D 打印进一步加工成具有 CAD 设计的形状和厚度的药丸，用于个性化药物剂量。

羧甲基纤维素（CMC）是全球使用最广泛的纤维素醚。与其他纤维素醚相比，CMC 可以是离子型的（通常使用的形式是 CMC-Na），具有高黏度，并且可以作为黏合剂或增稠剂/凝胶剂，用于配制 DIW 打印的胶体油墨。根据分子质量的不同，CMC 可用于调节 DIW 油墨的流动性和弹性：分子质量为 35 kDa 的纯 CMC 用作分散剂/凝胶剂，添加量高达 2wt%时，可增强凝胶网络的刚度。相比之下，在 3D 打印组织工程支架方面，分子量为 250 kDa（1 wt%）的 CMC 在 DIW 油墨中则可以提供更大的增稠效应。

基于挤出的 3D 生物打印的主要挑战之一，是打印具有生物相容性水凝胶的自支撑多层结构的能力。生物油墨应在打印后具有足够的机械稳定性，以实现软组织和器官的再生。Janarthanan 等则合成并研究了 N-酰基腙键交联的透明质酸（HA）-羧甲基纤维素（CMC）水凝胶的 3D 的打印适性。水凝胶的剪切变薄和自愈特性令其可以打印多达 50 层的不同 3D 结构（晶格、立方体和管状），具有卓越的精度和较高的打印后稳定性，而无须支撑材料或后处理。3D 打印水凝胶结构的硬度（强度）、弹性恢复和循环压缩研究分别

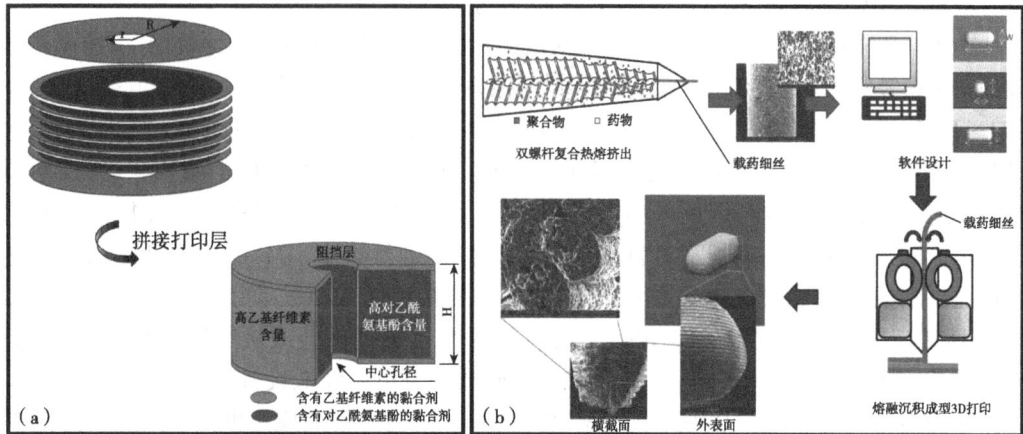

（a）通过 3DP 打印制造的新型圆环形多层药物递送装置；（b）通过 HME 制造细丝，然后进行 FDM 打印

图 9-10 纤维素醚/脂在 3D 打印中的应用

显示出了优异的弹性性能和 50%应变后的快速恢复，这归因于将 CMC 添加到 HA 中，进一步表明控制关键性能（例如自交联能力、组成）可以从 3D 生物打印 HA-CMC 水凝胶中生成多层结构。

醋酸纤维素（CA）是一种纤维素酯衍生物，纤维素中的羟基被醋酸盐取代，导致纤维素分子间和分子内的氢键断裂。与未改变的纤维素不同，CA 可溶解在丙酮和丙酮基溶剂混合物中，如丙酮/DMF。将浓度大于 20wt%的 CA 溶解在有机溶剂中，可得到 CA 溶液。Minseong 等人利用 CA 的黏弹性特性，采用电流体动力直接喷射工艺（旋转打印）开发了 3D 支架。通过快速将溶剂从丙酮/DMF 转变为乙醇，可快速制备支架。当仅使用丙酮作为 CA 溶剂时，可方便地采用直接溶剂蒸发的方式制备支架。使用改进的挤出方法打印浓度 25wt% ~35wt% 的 CA，使用连接到流体分配器的毛细管喷嘴沉积 CA 溶液。随后，将打印成品浸泡在氢氧化钠溶液中进行后处理，将 CA 转化为纤维素，从而增加产物的杨氏模量和拉伸强度。

9.3.2.4 纳米纤维素在 3D 打印中的应用

纳米纤维素包括纤维素纳米晶（cellulose nanocrystal，CNC）和纤维素纳米纤丝（cellulose nanofibrils，CNF），在生物医学产品、能源工业、建筑业等领域具有广泛的应用前景。在 3D 打印领域，木基纳米纤维素材料的生物墨水因其可再生性、优异的机械性能和生物相容性而受到广泛关注。

CNC 具有高比强度及良好的耐久性，由于其具有高结晶度及从变形基体传递机械应力的能力，在较低添加量下可以增强基体，主要用于与其他材料复配作为 3D 打印材料的增强相使用。Siqueira 等配制了由 CNC 组成的黏弹性墨水，并对其流变学特性进行研究发现，在适宜浓度下，CNC 基墨水（>1%）存在明显的剪切变稀行为，是一种 3D 打印的理想材料。Feng 等人则采用木质素包覆的纤维素纳米晶（L-CNC）增强 3D 打印的丙烯腈-丁二烯-苯乙烯（ABS）。结果表明，仅添加 0.1%和 0.5% L-CNC 后固化（120℃下热处理）后，产品的机械性能提高，热稳定性也得到改善，这可能是由于 L-CNC 与 MA 基体之间的相容性和酯化作用。

除用于增强材料外，近期也有研究尝试利用水性 CNC 分散体取代传统的 3D 打印热塑性塑料基体，进一步通过冷冻干燥制备出具有限结构收缩的纯 CNC 气凝胶。有研究以 20wt% 的 CNC 气凝胶打印不同形状而无须支撑材料，包括八角立方体、金字塔、六边形扭曲花瓶、鼻子模型、耳朵模型和蜂窝等，这可能要归功于 CNC 的高杨氏模量和强大的氢键相互作用。此外，制备得到的 CNC 气凝胶具有双孔结构（结构孔和随机孔），具有组织再生所需的高效细胞整合能力。

对于 CNF 而言，由于大量羟基的存在以及纤维缠结的灵活性和倾向性，其非常容易形成水凝胶。并且，CNF 水凝胶墨水的高零剪切黏度和强剪切稀化使其非常适合 3D 打印。3D 打印水凝胶可用于生物医学领域，其高含水量有利于细胞培养。与传统水凝胶相比，CNF 水凝胶具有高度的生物相容性，并能够支持和促进不同类型细胞的生长。CNF 水凝胶经 3D 打印，可转化为具有可控结构的细胞培养材料。Torres-Rendon 等采用 CNF 水凝胶作为模板，构筑细胞结构。其中，CNF 通过戊二醛或 Ca^{2+} 实现交联，所制备出的水凝胶力学性能优异。经 3D 打印制得的中空管具有生物相容性，能够允许小鼠的成纤细胞生长到内腔中的融合细胞层中。

CNF 同样可以作为一种新型纳米填料以增强材料的力学性能。Dong 等将 CNF 加入聚乳酸（PLA）中，以提高 PLA 在 3D 打印中的力学性能。首先，利用开环聚合将 L-丙交酯单体接枝到 CNF，形成 PLA-g-CNF；然后，将 PLA-g-CNF 和原始的 PLA 在氯仿中混合、干燥。研究结果显示，PLA-g-CNFs 的加入提高了 PLA 材料的存储模量，原因可能是 PLA 结晶度的增加、CNF 网络缠结效应以及改性 CNF 在 PLA 内的均匀分散等。

9.3.2.5　半纤维素及木质素在 3D 打印中的应用

半纤维素含有戊糖或己糖，其中含有许多游离羟基，很容易通过酯化、醚化或还原胺化等方式实现功能化。目前，半纤维素水凝胶也可以通过甲基丙烯酸酯衍生化、酪胺改性和硫醇功能化来制备，往往作为纳米纤维素 3D 打印促进剂得以应用。

9.4　木基 3D 打印的趋势

3D 打印技术代表了先进制造业的发展方向，是智能制造、云制造和数字化制造的核心技术之一。当前，3D 打印正在蓬勃发展，无论是 3D 打印技术和设备，还是 3D 打印材料，都在迅速发展和进步，并不断有革命性的创新出现。其中，3D 打印产品的性能与打印材料密切相关。传统的 3D 打印材料（如金属、陶瓷、化学合成聚合物等）通常不可降解，所获得的打印产品易对环境造成巨大压力。随着对环境问题的日益重视，人们开始寻找性能良好又可生物降解的新型木质基 3D 打印材料。3D 打印技术为木基材料的全方位高值化利用提供了一个非常合适的技术载体，可以利用木基材料制备小型化、功能化、智能化、批量化等具有一系列技术突破性的功能性材料。木基 3D 打印材料必将在当前的绿色材料革命中起到重要的推动作用，从而深层次地影响人们的日常生活。

9.4.1 木基3D打印技术与装备的发展趋势

木基材料具有可再生性、可降解性和存量巨大等优势，在3D打印领域常被作为增强材料来弥补主体材料的固有缺陷，并可能产生协同效应，使复合材料的综合性能优于原组成材料。传统的木质材料主要为木材、竹材和秸秆，可作为增强体纤维填充进聚乳酸或者聚乙烯成为木塑复合材料，进行3D打印。这种复合材料可以充分发挥两者的优点，不仅材料的力学性能得到提升，同时其防腐蚀性和防潮性明显上升，耐候性显著加强，也较易进行二次加工，且制件具有木材质感，成本低廉。

近年来，研究人员在生物精炼领域开发了许多绿色和可持续的分馏技术，使得这些木基聚合物（指纤维素、木质素和半纤维素）在工业上被大量、高纯度地使用。这类材料继承了木材良好的生物相容性、低细胞毒性等特点，有能力满足人们对环境友好型产品日益增长的需求，在多功能生物医学上有着令人期待的应用（如定制和受控药物输送和组织工程等）。同时，这些聚合物表面具有丰富的官能团，对其进行适度改性处理，能够提高其与基体的相容性，以提高木基3D打印材料在不同应用场合的适用性和市场价值。然而，木基聚合物的生产尚未具有成本效益，也并非完全环保，医用级纳米纤维素产品的高价阻碍了其综合研究和进一步应用。因此，研究人员仍需不断努力，如开发3D可打印木本生物墨水，旨在最大限度地降低成本，同时满足多功能应用的需求。

在临界浓度以上的纤维素具有剪切稀释特性，并表现为凝胶状态，这种能力使该材料成为3D打印木基生物墨水的一个很好的候选材料和打印矩阵材料，如喷墨打印、微挤出打印和激光辅助生物打印技术等（图9-11）。纳米纤维素的硫化特性使得打印后会导致纤维素的黏度快速恢复，从而有助于3D结构的自立性要求。通过控制纳米纤维素油墨的固体含量，可影响材料的密度/孔隙度，从而最终影响成材的刚度。

Markstedt等利用3D生物打印机，通过制备的纤维素纳米纤丝（cellulose nanofibril，CNF）/海藻酸钠3D打印油墨，成功打印出了软骨组织人耳和羊半月板（图9-12）。打印机喷头由微型阀门组成，基于电磁喷射技术，用于精确喷射或接触分配，喷嘴直径为300 μm。通过调整分配压力、阀门打开时间和剂量、距离，可以控制流速。通过调整上述参数和打印速度，就能控制印刷线宽度，实现高分辨率打印。CNF出色的剪切稀释特性与藻酸盐的快速交叉连接能力相结合，保证了3D打印的高保真度和稳定性。Kageyama等将醛改性羧甲基纤维素与氢化物改性明胶混合，然后通过基于挤压的3D打印过程中的氢化物/醛耦合反应，轻松而迅速地形成交叉连接的水凝胶。操纵两个水凝胶组件的浓度，可以改变形成水凝胶的刚度。其获得的明胶–CMC水凝胶是血管内皮细胞的细胞兼容基质，为血管生成提供了合适的微环境，为快速制造可灌注血管和随后诱导血管网络提供了一种很有前途的方法。随着3D打印技术和设备的发展，木基材料的快速制造和大规模应用将成为现实。

9.4.2 木基3D打印技术与传统行业的有机结合

3D打印技术集合了信息网络技术与先进材料技术、数字制造技术，是先进制造业的重要组成部分，被称为第三次工业革命的标志性技术之一。当前，3D打印面临着如何和传统行业相结合的问题。只有找到能发挥各自优势的切入点，才能推动传统行业的技术升级，促进3D打印自身的落地应用和快速发展。例如，欧洲航空防务公司就曾使

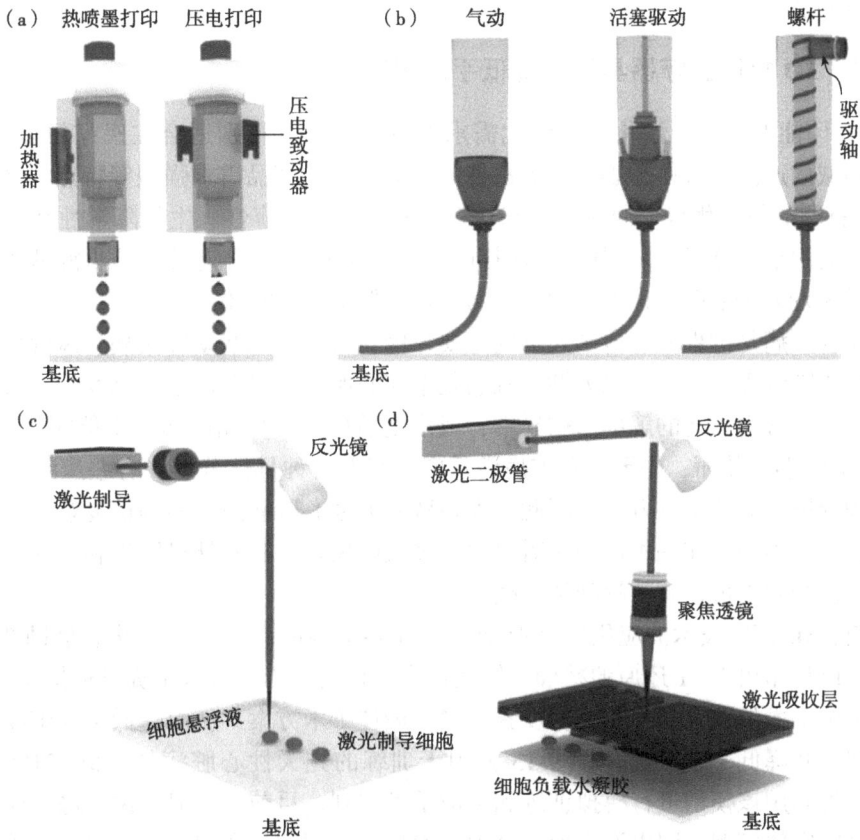

图 9-11　喷墨、微挤出和激光辅助生物打印技术

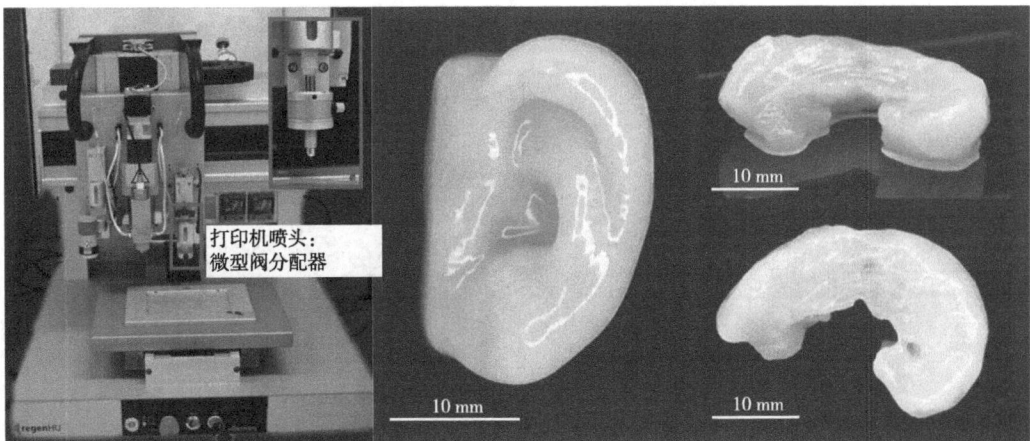

（a）3D生物打印机　　　　（b）3D打印人耳　　　　（c）3D打印羊半月板

图 9-12　3D 生物打印机及其打印成品

用 3D 打印技术打印具有复杂外形的引擎铰链，解决了传统制造行业难以解决的设计困难，并且在保持铰链原有强度不变的情况下，使其质量减轻了 1/2。当前，3D 打印要想实现大规模快速发展，急需寻找与之类似的结合点，以在产品应用上取得大量成功案例，推动 3D 打印技术的爆发式增长。以下案例可以说明木基 3D 打印与传统行业有机

结合的重要性。

9.4.2.1　3D 打印医疗器具协助降低手术风险

3D 打印能够满足个性化、定制化需求的特性，使其特别适合在医疗领域中应用，而医疗领域的产品具有体积小、附加价值高、对个性化产品需求强烈等特点，又能充分发挥 3D 打印的技术优势。同时，木基材料良好的生物相容性、生物降解性和低细胞毒性也非常适用于医疗行业。因此，3D 打印技术在医疗领域的应用发展非常迅速。以下就借助对 3D 打印技术打印手术辅助模型的应用进行简要介绍。

心血管疾病是世界所有地区人类的主要死因，可分为冠状动脉疾病、风湿性心脏病和先天性心脏病等。其中，先天性心脏病是指在胚胎发育时期由于心脏及大血管的形成障碍或发育异常而引起的解剖结构异常，或出生后应自动关闭的通道未能闭合（在胎儿属正常）的情形。然而，先天性心脏病谱系广，有上百种具体分型，有些患者可以同时合并多种畸形，症状千差万别。因此，大多数先天性心脏病患者的病情复杂，手术技术难度大，医生和病人在手术过程中需要承担极大的风险。心脏外科医生和介入心脏病专家面临着复杂和不可预知的解剖学挑战。

当前，3D 打印技术的应用正在改变先天性心脏病的手术治疗方法。借助 3D 打印技术，可以打印出 1∶1 还原的精确三维实体全彩模型，为外科医生提供模拟操作机会，以精确定位手术的关键部位和关键步骤，确定最佳手术方案，从而降低手术难度、缩短手术时间，并降低手术风险。图 9-13 为用于训练的先天性心脏病的三维（3D）打印模型，医生可利用该模型进行模拟训练和术前手术规划。目前，一般来说，进行四级手术均推荐打印实体模型，国内许多地方已把手术规划模型的打印列入医保报销名单。可以预见，越来越多的患者将从 3D 打印技术的这一应用中受益。

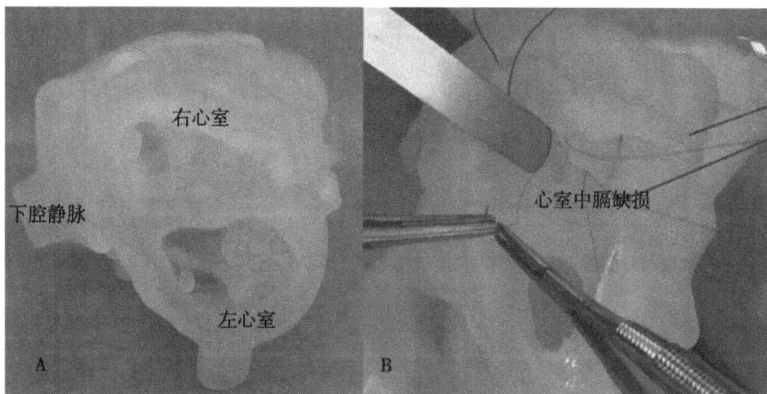

图 9-13　用于训练的先天性心脏病的三维（3D）打印模型

此外，在针对增强创伤敷料、人体植入物和医疗器械等领域的抑菌性和生物降解性方面，木基 3D 打印产品也是重要的发展方向。木基 3D 打印产品也将进一步促进医疗领域的发展，简化手术过程，降低手术风险，为人民的生命安全提供更好的保障。

9.4.2.2　3D 打印多功能智能织物

服装经过了从传统的遮羞蔽体到装饰美化再到个性表达的几个发展阶段，现如今，科技的发展带动传统纺织服装行业开启了新的篇章。随着 3D 打印市场的快速增长，纺织服装产业也开始尝试应用 3D 打印技术进行产品技术革新，将 3D 打印技术及人体三维扫描技术结合，进行纺织服装(图 9-14)、饰品、箱包及鞋靴等产品的开发。3D 打印技术使得传统的纺织服装产业加快了数字化应用的步伐，可以实现从劳动密集型向技术密集型的转型升级。同时，利用复合材料打印出的织物还具备监测人体健康、沟通交流、情绪表达等功能，在多功能智能织物领域展现出巨大的潜力。

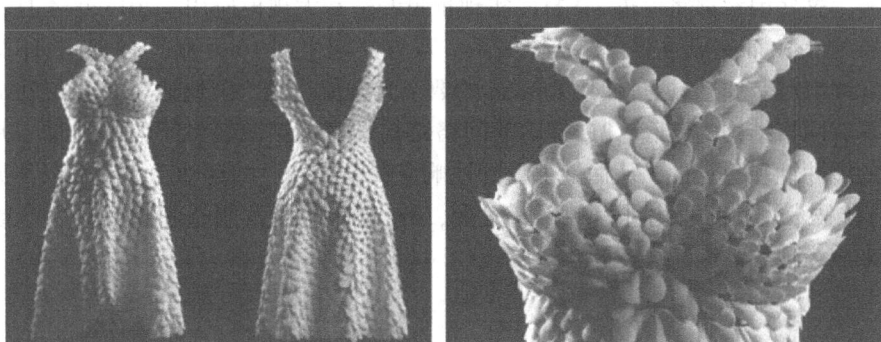

图 9-14　利用 3D 打印技术制得的礼服

纤维素基材料因其柔韧性和耐磨性而在智能织物领域受到广泛关注，采用 3D 打印进行特定结构的纤维素基材料的精确制造，展现出了巨大的经济型大规模制造潜力。比如，Cao 等人采用 3D 打印工艺将 TEMPO(2,2,6,6-四甲基哌啶-1-氧基自由基)介导的氧化纤维素纳米纤维和 Ti_3C_2 MXene 混合油墨制作成柔性智能纤维和纺织品。3D 打印工艺的应用使得木桩、渔网等各种复杂结构能够被精确且快速地打印，同时，制得的智能纺织品对多种外部刺激(电气/光子/机械)表现出显著响应，在智能纺织品、电子皮肤、可穿戴传感器、软机器人和人机交互等多功能应用方面很有前途。

在人们的生活水平日益提高、环保意识逐渐强烈、数字化应用越来越广泛以及科技日趋成熟的大背景下，3D 打印技术必然会成为传统服装行业的未来发展新趋势，为传统纺织行业注入新的血液，同时也将给整个服装行业带来新的机遇和挑战。

9.4.3　按需生产和批量制造

按需生产是 3D 打印技术区别于传统制造技术的主要优势之一，特别在医学与医疗工程领域拥有广泛的应用前景，将会引导再一次的医学革命。这是因为医疗行业对于个性化、定制化具有显著的需求，而个性化和高精度恰好是 3D 打印技术的核心优势。科研工作者不仅可以利用 3D 打印技术制造出复杂的器官、骨骼等实体模型，用来指导手术方案设计，也可以直接打印皮肤、血管和心脏等人体器官，因此其具有十分广泛的应用前景。这项技术的应用对于一些需要置换关节的病人非常适用。美国的一对父母就在互联网的帮助下，使用 3D 打印技术帮助他们有先天性残疾的儿子制造出了一个合适的功能性假肢。在市面上，如果采用工业化制造方式，生产出的假肢可能会花费数十万美元，但是采用 3D 打印技术自助打印出的假肢只需花 10 美元的材料成本。

相比于传统制造方法，3D 打印无须制造刀具、夹具和模具，可直接进行产品加工，具有制造周期短、成形不受零件复杂程度限制以及节材、节能等优势，已被广泛应用于工业、生物医疗、考古等行业。然而，3D 打印技术在批量生产尤其是对生产精密度要求不是很高的产品制造领域不具备传统模具制造的成本优势。目前，3D 打印应用材料领域不断拓宽，已从最初的塑料发展至金属、陶瓷材料和有机材料等；其制造精度相比最初也有大幅提升，现阶段主流的 3D 打印工艺的制造精度已能满足大多数制造工业的精度要求。

此外，3D 打印在功能技术性方面(如多种材料打印及其他衍生工艺)也正在不断地发展完善，这些因素都将促进 3D 打印实现批量制造和大规模应用。2017 年 4 月，阿迪达斯宣布与 Carbon 达成重要合作伙伴关系，双方共同生产 10 万双具有 3D 打印鞋底的 Future Craft 4D 运动鞋。通过使用 Carbon 的数字光合成技术，阿迪达斯能够在 19 min 内打印出具有网格结构的鞋底。3D 打印的网格结构鞋底能够减轻鞋子的总重量，并能提供更好的缓冲性和稳定性，从而能够更好地响应每个运动员的运动动作。可以预见，随着 3D 打印技术及其商业化进程的不断发展，3D 打印的批量制造和规模化生产或在不远的将来成为现实。

本章小结

本章介绍了 3D 打印技术的定义、类型、发展历史、主要工艺过程和性能特点，重点讲述了可用于木基 3D 打印的技术、材料，展望了木基 3D 打印的趋势和未来。

思考题

1. 常见的 3D 打印技术有哪些类型？并简述其各自的特点以及适用的材料范围。
2. 简述木基 3D 打印技术的种类及其各自的适用场合。
3. 在 FDM 中，如何改善木基纤维和聚乳酸之间的相容性？其作用原理是什么？
4. 比较纤维素纳米晶及纤维素纳米纤丝的结构异同，讨论这些差异对木基 3D 打印应用方面的影响。
5. 木基材料在 3D 打印技术中未来发展应用将集中于哪些方面？

第 10 章
木制品加工与智能制造

　　木制品指的是以木质材料为主体所制成的制品。木制品加工是以木质材料为原料，利用机械的方法，将木质原料按照需要的尺寸、形状和表面质量制造加工成所需工件的过程。在古代，木制品是以手工操作加工为主制成的，而当代是以机械化、自动化、智能化生产为主。本章主要内容为木制品加工与智能制造技术，主要从木材机械加工技术、木材机械加工装备及木制品智能制造技术等方面展开介绍。

　　木材的机械加工一般是先将采伐后原木制成锯材，再经过切削加工得到木制品零件，然后根据设计要求，将各种木制品零件装配在一起，形成木制品。木制品质量的好坏，一方面取决于原料，另一方面取决于机械加工。由此可见，木材机械加工在木制品制造中占有极其重要的地位和作用。

10.1　木材机械加工基础

10.1.1　木材切削加工技术

　　人们日常生活中所用到的木制品都具有一定的外形，由特定的一个或多个性质不同的表面组成，如平面、曲面等。为满足工艺要求，木材机械加工中常采用切削加工方法，将木材制造成具有特定尺寸、形状及表面粗糙度要求的木制品零部件。木材切削加工就是用切削刀具将木质半成品上多余的材料去除，最终获得满足各方面要求的零部件的工艺技术方法，也是木材机械加工工艺中的重要环节。常用的木材切削加工技术有木材铣削、木材锯切、木材钻削、木材旋切和木材磨削等。

10.1.1.1　木材切削基本要素

　　刀具沿着预定工件表面切开木材，获得要求的尺寸、形状、粗糙度制品的工艺过程，称为木材切削。木材切削加工有着多种方式，如铣削、锯切、钻削、旋切和磨削等，但无论是哪一种切削方式，都离不开刀具、工件和运动。因此，刀具、工件和运动被称为木材切削的基本三要素。

　　木材是一种各向异性材料，当切削刃和主运动方向与纤维方向不同时，木材发生破坏的形式也不尽相同。根据切削刃和主运动相对于木纤维的方向，木材直角自由切削可以分为纵向切削、横向切削和端向切削三个方向（图 10-1）。纵向切削中，切削刃与木纤维垂直，且主运动方向平行于木纤维方向；横向切削中，切削刃与木纤维方向平行，

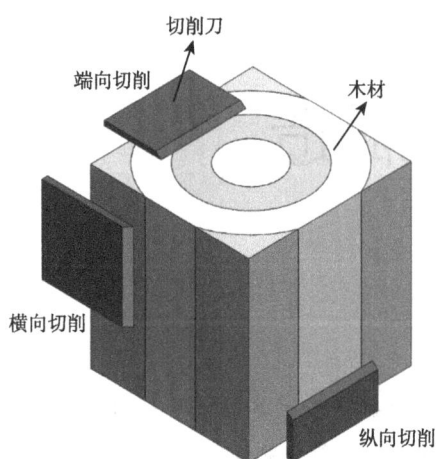

图 10-1 木材切削方向

且主运动方向垂直于木纤维方向；端向切削中，切削刃和主运动方向均与纤维方向垂直。在木材实际切削加工中，切削方向一般都可以分解为这三种。

　　若要从木材工件上切除一层木材，刀具或木材工件必须做直线运动或者回转运动。切削运动指的是木材切削过程中刀具和工件的相对运动，可分为主运动和进给运动。使刀具切入工件而产生切屑所需要的最基本的运动，称为主运动。通常情况下，主运动是切削运动中速度高、消耗功率大的运动，它可以由刀具完成，如铣刀、圆锯片的旋转运动。从工件上连续或逐步切除切削区域的木材，形成已加工表面所需要的运动，称为进给运动。进给运动可以和主运动同时进行，如铣削、钻削等；也可以和主运动交替进行，如单板刨切。

10.1.1.2　木材铣削

　　木材铣削是应用很广泛的一种木材切削加工方式，铣削加工时，铣刀以刀刃为母线绕定轴回转，由刀刃对被切削工件进行切削加工，形成已加工表面。铣削的工具为铣刀，常用来在工件上加工平面、榫槽以及各种成型面。根据切削刃相对于铣刀旋转轴线来分，木材铣削可以分为圆柱铣削、圆锥铣削和端面铣削（图 10-2）。这三种基本的铣削类型还可以组合成为各种复杂的铣削类型，每一种铣削类型又可以分为不完全铣削和完全铣削两类。此外，根据进给方向，铣削还可以分为顺铣和逆铣两类。在切削过程中，铣刀作高速回转运动，工件作直线进给运动。

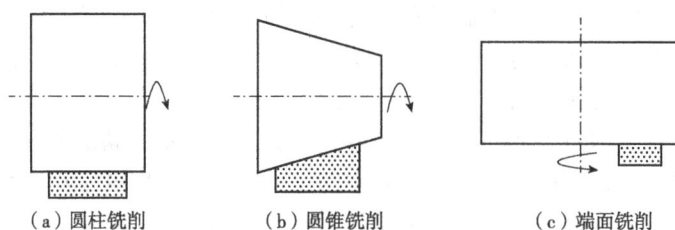

（a）圆柱铣削　　　　（b）圆锥铣削　　　　（c）端面铣削

图 10-2 木材铣削

10.1.1.3　木材锯切

　　木材锯切是指利用锯子把工件分解成两部分，并将这两部分之间的木材转变为木屑或木丝的加工过程。其不仅具有悠久的历史，而且也是广泛应用的木材加工方式。在实际加工中，主要有两种锯切方式：带锯锯切和圆锯锯切（图 10-3）。带锯锯切时，锯轮驱动带锯条做直线运动切削木材，此时锯条切削木材的主运动和木材进给运动同时进行。圆锯锯切时，圆锯片装在锯轴上等速旋转，木材匀速向锯片进料，此时锯切的主运动为圆锯片的旋转运动，进给运动是木材的直线运动。

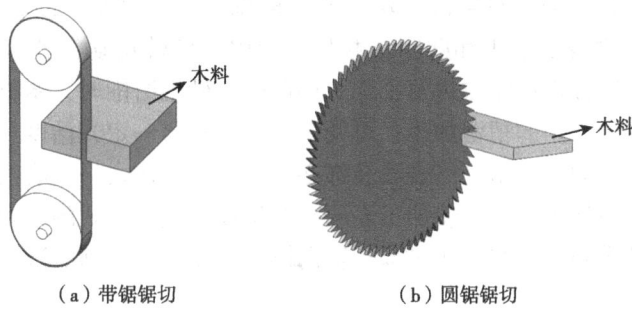

（a）带锯锯切　　　　　　　（b）圆锯锯切

图 10-3　木材锯切

10.1.1.4　木材钻削

要将一个或多个木制品零部件装配在一起，往往需要依靠零件上各种各样类型的孔，孔的质量好坏直接影响到木制品零部件之间的连接质量。因此，利用钻头在木质零件上钻削出孔是木制品加工中非常重要的一个工序。木材钻削指的是用旋转的钻头沿轴线方向进给，进而切削木质材料的加工过程。

根据钻头的进给方向相对木纤维方向的不同，钻削可被分为两类：横向钻削和纵向钻削（图 10-4）。

10.1.1.5　木材旋切

木材旋切是指将木段作定轴回转，旋刀刀刃平行于木段轴线作直线进给运动的切削工艺过程（图 10-5）。木材旋切是制造单板最主要的生产方式。与其他木材切削方法不同的是，单板旋切时产生的切屑为制品。旋切的主运动是木段的等角速度回转，进给运动是旋刀的直线运动。

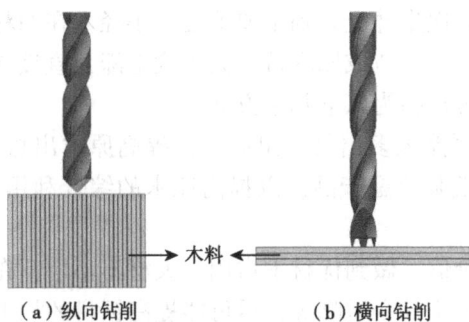

（a）纵向钻削　　　　（b）横向钻削

图 10-4　木材钻削

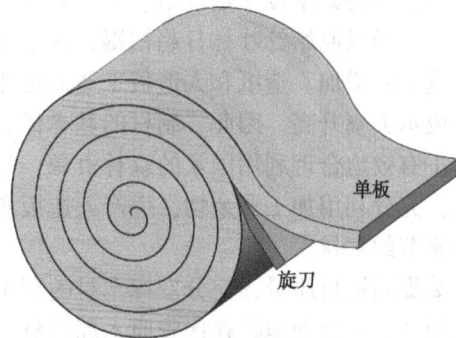

图 10-5　木材旋切

10.1.1.6　木材磨削

木材磨削在木制品加工中属于一种特殊的切削加工方法，其主要目的是磨除木制品外表面的一层材料，使木制品达到一定的厚度，或使木制品表面的粗糙度达到要求。不同于其他切削方式，磨削中所用到的工具主要是砂带、砂纸或砂轮等磨具，在木制品加工行业中主要用于四个方面：工件定厚及校准尺寸、工件表面磨光、工件表面装饰加工和油漆膜的精磨。常见的木材磨削方法有砂盘磨削、砂带磨削、砂辊磨削和砂轮磨削（图10-6）。砂轮、砂盘、砂辊和磨刷在磨削过程中作旋转运动，砂带以其工作区段作直线运动。砂带或工件都可完成进给工作。用砂轮、砂辊磨削时，木材工件作直线进给运动。磨削是木材加工中的精密加工，可使工件表面获得一定光洁度和平直度，既可加工平面，也可加工曲面，是木制品表面装饰必不可少的工作之一。磨削过程中，常因运动轨迹或磨粒大小不均等原因，使加工表面上产生波纹或条纹式的磨削痕迹，因此带式或辊式砂光机的砂带和砂辊在工作时都作轴向摆动，以消除磨削痕迹。

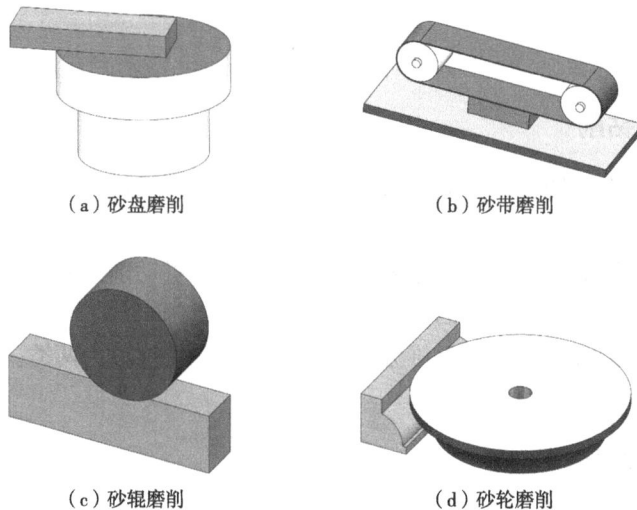

（a）砂盘磨削   （b）砂带磨削

（c）砂辊磨削   （d）砂轮磨削

图 10-6   木材磨削

10.1.2   原木制材技术

制材是将原木按一定规格、质量要求锯制成锯材的加工过程。近年来，制材原料资源中的大径级原始针叶林日趋枯竭，人工林和次生林上升到重要地位，小径木在原料中的比重不断增加。造纸和人造板工业的迅速发展，造成原木价格大幅度上涨，直接导致制材成本大幅升高。因此，制材的基本任务可概括为以下几个方面：

①有效地合理利用国家的森林资源，尽可能地多出材、出好材，提高原木出材率。同时，充分利用加工剩余物，生产人造板和纸浆等副产品，以提高原木的综合利用率，为国家节约木材。

②提高锯材质量，充分发挥木材的利用价值，做到优材不劣用、大材不小用；在生产过程中，应合理地贮存保管原木和锯材，防止其变质降等；尽可能提高锯材的加工精度，减少刨削余量；合理锯解缺陷原木，提高锯材的品等率。

③充分发挥锯机效率，组成合理的生产工艺流水线，提高设备的机械化和自动化程度，以提高劳动生产率，降低工人的劳动强度。

10.1.2.1   制材的原料

树木在伐倒以后，除去枝丫的树干称为原条；沿着原条长向，按尺寸、形状、质量、国家木材标准将其截成一定尺寸的木段，此木段称为原木。按照使用方式，原木可分为直接用原木和锯切用原木。制材用的原木主要包括锯切用原木、小规格原木和次加工原木。

我国的原木供应主要来自东北和内蒙古林区的针、阔叶材，另有福建、广西和江西的南方杂木、马尾松、杉木等。原木的运输方式通常分为水运和陆运，运送到厂后，贮存、保管的场地主要有两种：水上作业场和原木楞厂。由于原木是植物性原料，在运输和保管期间，其含水率不稳定，如果保存不当，原木就容易遭受菌、虫害和产生开裂。因此，需要采取有效的措施对原木进行保存。常用的原木保存方法主要有 3 种：

①水存法　可利用天然的港湾、湖泊和通航的江河水域条件，也可在制材车间前开挖贮木池。此法较适合水运到材。将原木扎成排，堆成水下楞垛，浸在水里，既能保持木材的高含水率，又能使其与空气和阳光隔绝。

②湿存法　可使原木保持较高的含水率（$MC>60\%$），以抑制菌、虫害生长，也能防止开裂。此法适用于新采伐材和水运到厂的原木，对易开裂而不宜干存的原木，也可用此法。湿存法对含水率较低、虫害和开裂严重的原木，或在易生白蚁及气候干燥的地区，不宜采用。此法由于水、电消耗较大，管理要求严格，管理成本较高，故国内使用较少。

③干存法　可使原木边材含水率在短期内迅速降低到 25% 以下的一种保存法。干存法的原木一般要进行剥皮，但为了减少原木边材水分蒸发过快而引起大量开裂，在剥除树皮时应尽量保存韧皮层，将其作为保护层。原木两端水分蒸发较快，容易产生端裂，为此原木两端应留有 10~15 cm 的树皮圈，并在端面涂防裂涂料。

10.1.2.2　原木的锯解

(1)原木锯解工艺

在制材生产中，为了提高原木的出材率和锯材质量，并达到最佳的经济效果，必须在原木的小端头设计下锯图后再进行锯解。原木锯解前，按照锯材规格，在原木小头端面上排列出的锯口图式，称为下锯图。下锯图是结合原木条件，按产品订制任务的规格、质量和用途而制定的，是下锯的指示图，也是制材生产的命令。按下锯图锯解，不但能保证完成订制任务的品种和数量，而且能提高原木出材率和木材的利用率。根据下锯方法，下锯图可分为四面下锯图、三面下锯图、毛板下锯图等。

(2)原木制材设备

原木制材设备主要有 4 种类型：锯切工艺设备、运输设备、其他工艺设备和辅助设备。锯切工艺设备指各种类型的锯机及其附属设备，用来直接将原木加工成一定断面尺寸的锯材或半成材。按锯切工艺，可分为剖料锯、剖分锯、裁边锯和截断锯；按锯机类型，可分为带锯机、圆锯机、排锯机、联锯和削片制材联合机。锯机附属设备包括各种类型的跑车、原木上车装置、翻木装置、接板、分板、传送装置等。

运输设备指的是运送原木、锯材和加工剩余物的设备，可起到联系各工艺设备的作用，对减轻体力劳动、提高生产效率、保证机床有节奏的生产有着重要的作用。运输设备包括从原木进车间、半成材转运以及锯材出车间的各种纵、横向运输设备，如原木拖进链、踢木机、横向运输链、辊筒运输机、皮带运输机等。

其他工艺设备指的是为主要设备加工前后服务的设备，如原木分类机械、原木材激光电动检测机构、选材机械、堆材机械、剥皮机、金属探测仪等。这类设备虽然不一定直接参与改变木材形状的工作，但也往往是完成制材生产工艺必不可少的设备。

辅助设备指的是用来保证上述几类设备维持正常运转所使用的设备，如锉锯间及机修车间所配置的各种设备等。

10.1.2.3 锯材的分选与检验

制材生产的主要产品是锯材。锯材是指由原木经纵向、横向锯解所得到的板材和方材，包括钝棱材在内。锯材在运出制材车间后和进入板院前，要在选材场进行分选和检验。分选是按照锯材的材种、规格、质量和用途等进行分门别类的区分，便于板院的堆垛保管和调拨。检验是按照国家锯材规定的木材缺陷、材质等级允许限度，对锯材进行检验评级等。因此，锯材的选材和检验是制材的重要工序。

（1）锯材的分选

锯材的分选过程是：首先，对制材车间运出的锯材按照锯材标准来检验评等，并作等级记号；其次，由抽板工人或分选机械将各等级、尺寸、材种的锯材抽出而分开堆放；最后，运送至板院。锯材的选材区分装置主要有3种类型：人工分选装置、机械自动分选装置和应力分等装置。其中，人工分选装置广泛应用于国内的制材生产中，多采用锯材纵、横向移动选材装置；机械自动分选装置有各种坠落式分选装置和多层链式分选装置等，在完成锯材的检验评等后，依据其规格送入相应的料仓，结合微机控制具有较好的效果；应力分等装置是根据锯材的强度和刚度来进行分等。

（2）锯材的检量与评等

锯材的检量主要是对锯材的长度、宽度和厚度的检量，直接关系到锯材的材积计算和锯材等级的确定，影响锯材的质量和销售。锯材的评等主要是根据锯材的尺寸检量和锯材质量(干燥质量、木材缺陷)对锯材进行等级划分，直接影响到锯材的质量和企业的经济效益。

10.2 木材机械加工装备

技术进步离不开对加工装备的升级。古人云：工欲善其事，必先利其器。因此，若想实现木制品加工技术的进步，对木制品加工所用到的工具及装备相关知识的掌握是必须的。

木材机械加工装备指的是木制品机械加工所用到的机器设备。木材经过加工制作所形成的木制品，广泛应用于建筑、装饰装修、家具及工艺品等多个领域，是国民生产和生活重要的工具和组成部分，其性能、加工质量和效率与机械加工设备有着重要联系。本节将从木工刀具、人造板机械和木材加工机械3个方面介绍木材机械加工装备。

10.2.1 木工刀具

10.2.1.1 木工刀具结构

木工刀具是木材及其制品切削加工中最重要的工具之一，能够直接影响生产效率和加工质量。刀具切削性能的改善将促进木制品生产效率大幅度提高，并促使机床机构和切削加工工艺发生变革。木工刀具的种类非常多，且结构差异比较大，但任何一把木工刀具都是由两部分组成的：切削部分和支持部分。切削部分的外形似一个楔形体，与木材接触，木材切削主要由它完成。切削部分通过不同方式固定在支持部分上，而支持部分的外形结构差异很大。木工刀具的分类方法有很多，根据不同的切削方式，常用的木工刀具可以分为锯切刀具、铣削刀具、钻削刀具、榫槽加工刀具、刨刀、旋切刀具和磨具。

木工刀具的重要参数是角度，其对木材切削具有重要影响。刀具前角影响到切削层木材的变形：前角越大，切削层木材变形越小；前角越小，切削层木材变形越大。刀具后角影响后刀面与切削平面之间的摩擦：后角越大，摩擦越小；后角越小，摩擦越剧烈，会产生更多的热量。楔角反映了刀具切削部分的强度和锋利程度：楔角越大，强度越大，但刃口容易变钝；楔角越小，强度越低，刃口很锋利。

10.2.1.2　木工刀具材料

木工刀具切削性能的好坏，取决于构成刀具切削部分的材料、几何形状和刀具结构。通常情况下，刀具材料的重要性居于首位，它对木材制品的加工质量、效率和生产成本以及刀具的耐用度都有很大的影响。

木工刀具在工作时要承受切削力、热、振动、摩擦等多种物理作用，而且如今木工刀具切削的对象不仅仅是木材，还包括现代人造板材料(胶合板、刨花板、纤维板等)，所以还会受到有机胶料、矿物质盐等物质的化学作用。因此，木工刀具材料要具备以下性能：一定的应度和耐磨性、热硬性，一定的强度和韧性，化学稳定性，工艺性。

常用的木工刀具材料有碳素工具钢、合金工具钢、高速钢、硬质合金钢、陶瓷、金刚石。碳素工具钢具有价格低廉、热塑性好等优点，但热处理变形大，热硬性差；合金工具钢的性能要优于碳素工具钢，但整体相差不大；高速钢的综合性好，应用广泛，具有热处理变形小、能锻造、易磨出锋利刃口等优点；硬质合金具有高硬度、高耐磨性、高耐热性等优点，是主要的木工刀具材料；陶瓷具有高硬度、高耐磨性、高耐热性、较高的化学稳定性、较低的摩擦系数和热导率等优点；金刚石具有极高的硬度和耐磨性，同时具有很好的导热性和较低的热膨胀系数，但其耐热性和抗冲击韧性较低。

刀具的使用寿命和木制品的加工效率、成本息息相关，因此，提高刀具的使用寿命对木制品的生产加工具有十分重要的意义。在木制品加工中，刀具磨损是影响刀具使用寿命的主要原因。木工刀具磨损的原因主要有磨料磨损、氯氧化腐蚀磨损、化学腐蚀磨损和电化学磨损。提高刀具抗磨性的技术有表面热处理技术、渗层处理技术、镀层处理技术和涂层处理技术。

10.2.1.3　木工锯

木材锯切中常用的锯可分为带锯和圆锯(图 10-7)。带锯是在带钢的一边或两边开齿后，首尾焊接起来的环状锯切工具，通过连续循环运动加工木材，主要用于纵向锯解木材。圆锯是盘状的，锯齿开在圆周上，通过连续旋转运动加工木材，有纵切和横截之分。

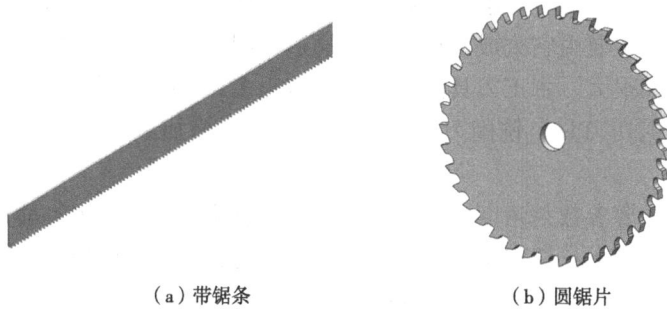

（a）带锯条   （b）圆锯片

图 10-7　木工锯

10.2.1.4　木工铣刀

（1）木工铣刀的分类

铣刀是木材切削中种类最多、应用最广泛的一类刀具，它广泛应用在以铣削方式工作的各类机床上。铣刀是切削效率很高的多刃刀具，其结构特点是在圆柱体、圆锥体或端面上装上一些刀齿。根据铣刀在主轴上的装夹方式不同，可分为套装铣刀和柄铣刀；根据铣刀的结构不同，可分为整体铣刀、装配铣刀和组合铣刀；根据铣刀齿背形式的特点，可分为铲齿铣刀、非铲齿铣刀和尖齿铣刀；根据铣刀的用途，可分为平面铣刀、成型铣刀、槽铣刀、开榫铣刀等。

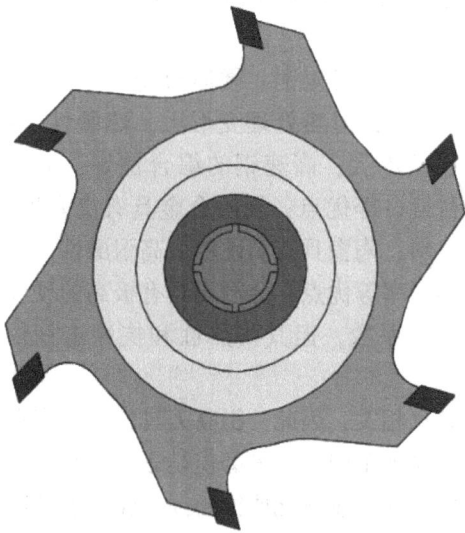

图 10-8　焊接式整体结构成型铣刀

（2）常见的木工铣刀及应用

焊接式整体结构成型铣刀广泛应用于各种木制品的切削加工中（图 10-8）。它采用高硬度、高耐热性的刀具材料，采用焊接方式将刀齿焊接在刀体上，构成焊接式整体铣刀。

槽铣刀主要用于在木制品上加工出榫槽，根据切削条件的不同，可分为顺纤维槽铣刀和横纤维槽铣刀两类。为了减少铣刀侧面和槽壁的摩擦，会将槽铣刀的侧面加工出斜磨角。在横纤维铣槽时，槽铣刀会设有沉割刀，以先于主刃割断槽壁两边的纤维，避免将槽壁两边的纤维撕裂。

组合铣刀由两把或两把以上的铣刀组合而成（图 10-9），主要用于被加工工件截面形状非常复杂、无法采用合理的单件铣刀进行加工的情况。组合铣刀的单把铣刀可以是铲齿的，也可以是尖齿的；可以是整体的，也可以是装配式的。

装配式铣刀主要由刀体、刀片和夹紧零件装配组成（图 10-10）。刀具的切削部分是可以拆卸的，只需要将磨损的刀具更换掉就可以重新使用。这种刀具不仅能避免焊接式刀具的缺点，还可以减少刃磨砂轮的消耗。

图 10-9　并拢调节组合铣刀　　　　　　图 10-10　装配式铣刀

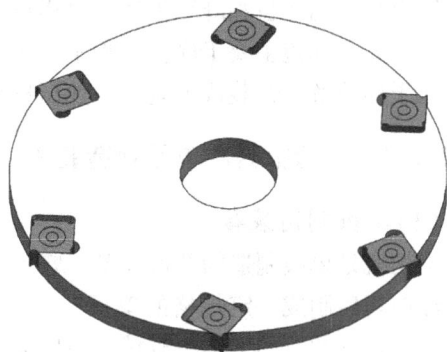

10.2.1.5　木工钻头

木工钻头主要用来在工件材料上加工空或者槽，是由尾部、钻颈和工作部分组成。尾部包括钻柄、钻舌，它除了为供钻头装夹用外，还用来传递钻孔时所需要的扭矩。钻颈位于钻头尾部和工作部分之间。

横向钻削和纵向钻削所采用的钻头结构不同（图10-11）。横向钻削时，钻头的锋向为 180°，且有沉割刃。在钻孔时，沉割刃先将孔壁的纤维切断，从而可以保证一定的孔壁质量。纵向钻削时，钻头的锋角小于 180°。

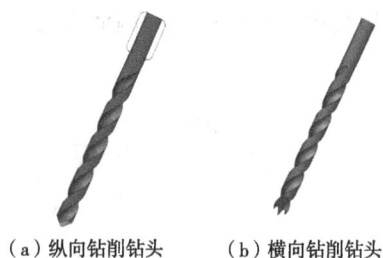

（a）纵向钻削钻头　　（b）横向钻削钻头

图 10-11　木工钻头

10.2.1.6　木工磨具

磨具是一种特殊的木材加工刀具，主要用于去除工件表面的一层材料，使工件达到一定的厚度尺寸或表面质量要求。木材磨削用的磨具结构分为砂布（或砂纸）和砂轮，前者使用更为广泛。砂布由基体、磨料、结合剂和气孔 4 个部分组成，砂轮由磨料、结合剂和气孔 3 个部分组成。木材磨削用的磨料分为钢玉类、碳化物类和玻璃砂三种类型，其尺寸大小采用粒度号来表示，粗砂的粒度为 30~60，细砂的粒度为 80~100，精砂的粒度为 120~180。结合剂是把磨料黏合在一起而构成模具的材料，模具的强度、耐热性和耐用度等性能很大程度上取决于结合剂的性能。木材磨削常用的结合剂有动物胶和树脂胶：动物胶的柔性好，但耐热性和耐水性较差，适用于低温磨削；树脂胶价格较高，但热固性和防水性好，适用于高温磨削。

10.2.2　人造板加工装备

人造板加工装备指的是人造板工业体系中的胶合板、刨花板、纤维板等人造板及其二次加工过程中的机械设备。它是现代木材加工机械产品中一个新的组成部分，已成为国民经济中不可缺少的部分。它服务于人造板工业，也随着人造板工业的发展而发展。

本节主要介绍胶合板、刨花板和纤维板加工生产装备。

　　胶合板、刨花板和纤维板生产过程可大致概括为单元制备、单元干燥、铺装成型、热压、砂光等几道主要工序，过程中所用到的装备可分为人造板基本单元制造装备、基本单元干燥装备、铺装成型装备、热压机和砂光机。

10.2.2.1　人造板基本单元制造装备

　　(1)单板制造装备

　　旋切机是单板制造的关键设备，它可以将一定长度和直径的木段加工成连续的单板带，经剪切后制成一定规格的单板。旋切机可分为有卡轴旋切机和无卡轴旋切机两大类。有卡轴旋切机的卡轴由机械或液压缸驱动夹持木段做轴向运动，采用较小的卡轴直径，可降低旋切后的木芯直径，达到较大的出板率，但往往不能满足旋切大径级木段所需要的扭矩；采用较大的卡轴直径虽然可以满足传递扭矩的需要，但旋切后的木芯直径比较大，出板率受限。无卡轴旋切机中，木段是由呈三角形布置的3个辊抱住的。固定辊起到进给压尺的作用，另外两个辊起到摩擦驱动和进给的作用。旋切结束时，2个摩擦辊可以靠得很近，因而旋切后的木芯直径可以很小。

　　(2)刨花制造装备

　　刨花制备主要有两种形式：直接刨片和先削片后刨片。当原料形状规整时，采用直接刨片法；原料形状不规整时，采用先削片后刨片法。

　　削片机用于将原木、采伐剩余物和木材加工剩余物切削成为一定规格的木片(图10-12)。按其结构，削片机可分为盘式削片机和鼓式削片机。盘式削片机加工的木片质量比鼓式削片机更好，因此造纸企业常采用盘式削片机，人造板企业常采用鼓式削片机。

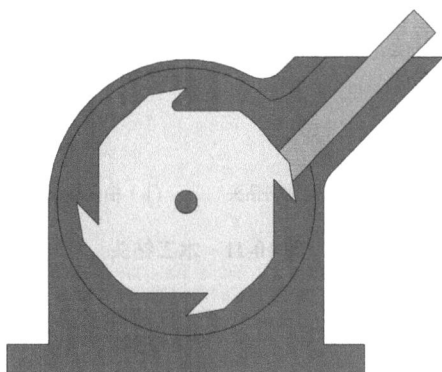

图10-12　削片机构

　　刨片机是用于将小径级原木、加工剩余物或木片制成一定规格刨花的设备。按其结构，刨片机可分为鼓式刨片机、盘式刨片机和环式刨片机。早期刨花的制备采用盘式刨片机，但由于生产效率低且刨花形态较差，目前多数已经被鼓式刨片机所代替。

　　(3)纤维制造装备

　　热磨机是纤维制造的重要装备，它是一种可在高温高压条件下，将木片等植物原料磨成纤维的连续式纤维分离设备。热磨机系统主要由进料装置、预热蒸煮装置、研磨装置和排料装置组成。

10.2.2.2　基本单元干燥装备

　　(1)单板干燥机

　　单板干燥机是一种连续式的单板干燥装备，常用的有网带式和辊筒式两大类。每种单板干燥机都包括干燥段和冷却段两个部分。干燥段主要用来加热单板，通过热空气循环使水分从单板中排出，干燥段越长，传送单板的速度越快，设备的生产能力越高。冷却段的作用在于对保持均匀受压状态的单板进行通风冷却，一方面消除单板内的应力，使单板平整，另一方面利用单板表芯层温度梯度蒸发一部分水分。

（2）刨花干燥机

刨花干燥机主要有辊筒式干燥机和固定式干燥机两大类。辊筒式干燥机包含以接触加热为主的管束式辊筒干燥机和对流传热为主的单通道、三通道辊筒干燥机。固定式干燥机包含以接触式加热为主的转子式干燥机和对流传热的喷气式干燥机、悬浮式气流干燥机。

（3）纤维干燥机

纤维干燥广泛使用的管道式气流干燥机。纤维堆积密度低、体积蓬松且易于结团，故难以用机械的或低速气流方法使其充分离散。管道式气流干燥机中的高速气流冲击纤维能使纤维分散成为悬浮状态，纤维表面全部暴露于热介质中，进而提高了湿纤维与干燥介质的换热系数，通常能在几秒钟之内把纤维干燥到所需的含水率。按其干燥工艺，管道式干燥机可分为一级和二级。由于一级干燥机所需要的设备少，结构简单，故应用较多。

10.2.2.3　人造板铺装成型装备

（1）刨花铺装机

刨花铺装机是刨花板生产中的关键设备之一，用于将施胶后的刨花按一定的密度要求均匀地铺装成一定尺寸的板坯。按照铺装方式的不同，刨花铺装机主要可分为机械式铺装机和气流式铺装机。机械式刨花铺装机主要由铺装运输带（或垫板）以及设置在铺装运输带上方的若干个机械式铺装头组成，适用于铺装三层结构板的板坯、渐变结构板的板坯。气流式刨花铺装机是利用水平气流对刨花进行分选的原理来完成板坯的铺装。与机械式刨花铺装机相比，气流式刨花铺装机生产效率高，对刨花的分选能力强，铺装的板坯表面平整、细腻，适用于渐变结构板或多层结构板表层的铺装。

（2）干纤维成型机

纤维板生产可分为湿法和干法两大类，由于干法生产纤维板具有用水量少、污染小、原材利用率高等特点，所以被广泛应用。干纤维成型机是干法生产纤维板中的关键设备之一，可分为机械式和真空气流式两大类。机械式干纤维成型机在干法纤维板生产的初期使用较普遍，其主要依靠纤维自重沉降铺坯，因而板坯十分蓬松，强度差，不利于板坯的高速运输。真空气流式干纤维成型机是近年来出现的，它依靠真空负压纤维沉降，铺成板坯，因而板坯比较密实，具有一定的强度，便于各种厚度的板坯成型。

10.2.2.4　热压机

热压机是胶合板、刨花板、纤维板等人造板生产中的一种关键性设备。根据热压机的结构，可分为多层热压机、单层热压机和连续式热压机。多层热压机是平压法热压机的一种，其主要特点是生产效率高、厚度范围广、设备易于控制和调控，但是其结构复杂而庞大。单层热压机也是平压法热压机的一种，其主要特点是结构简单、可制成大幅面、便于连续化和自动化控制。连续式热压机可以使板坯在运动中受热受压，主要有辊压式、钢带平压式和挤压式三类。辊压式主要用来生产薄型人造板；钢带式可以生产范围较大的板子；挤压式用来生产具有特殊功能的刨花板，如空心刨花板等。

10.2.2.5　砂光机

砂光机是木材加工行业广泛应用的一种精加工设备，它利用磨料对人造板、木制零部件和组件的表面进行精加工，提高其尺寸精度和表面光洁度。按照砂削机构形式的不同，砂光机可分为带式砂光机、辊式砂光机、盘式砂光机和联合砂光机等。带式砂光机以套装并张紧在 2 个或 3 个辊筒上的无端砂带作为砂削机构；辊式砂光机以包覆在辊筒圆周面上的砂带作为砂削机构；盘式砂光机以黏贴在圆盘端面上的砂布作为砂削机构。

10.2.3　木材加工装备

木材加工装备指的是以木质材料为加工对象的机械设备的总称。大部分木材加工的机械装备都是切削加工类型的。木材加工装备是木质材料加工生产过程中必不可少的基本生产技术装备，是企业实现生产过程现代化、保证产品质量、提高生产效率、取得良好经济效益的可靠技术措施和手段，其自动化、智能化程度也是木材工业现代化水平的重要标志。当前，木工机械制造工业已经发展成为一个完整独立的生产体系，是国民经济中不可缺少的组成部分。

10.2.3.1　木工锯机

木工锯机是用有齿锯片、锯条或带齿链条切割木材的木工机床，其在木材加工装备中所占比例重大，在制材、木制品、家具、建筑等多个行业中均有广泛的应用。木工带锯机和木工圆锯机是木工锯机中应用最广泛的两种锯机。

（1）木工带锯机

木工带锯机是以张紧在锯轮上的环状无端带锯条沿一个方向连续运动而实现切割木材的锯机（图 10-13），其主要优点是可以锯切特大径级原木和采用特殊下锯法切割珍贵树种原木，主要缺点是锯条的自由度大、带锯条薄，易产生振动和跑锯，影响锯切质量。木工带锯机按照结构可分为立式和卧式两大类。立式带锯机的一个锯轮在另一个锯轮的正上方，卧式带锯机的两个锯轮置于垂直平面内，且两锯轮的中心连线呈水平线。立式带锯机应用最广泛，卧式带锯机常用于锯切珍贵树种的木材。

（2）木工圆锯机

木工圆锯机是以圆锯片为刀具，使之做连续的旋转运动，完成锯切原木或板材的木工机床（图 10-14）。根据切割木材纤维方向的不同，可分为纵向木工圆锯机、横向木工圆锯机两类。纵向木工圆锯机主要用于对木材进行纵向锯切，横向木工圆锯机用于对各种规格的毛料或板材进行横向截断。两种锯机都有手工进给、机械进

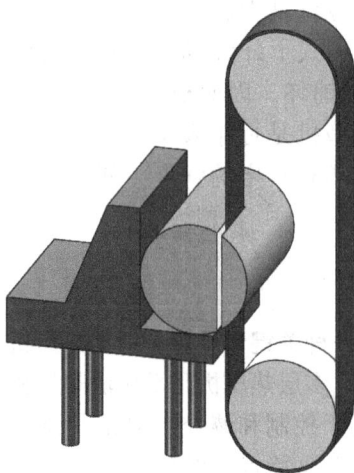

图 10-13　木工带锯锯切

给以及单锯片和多锯片等不同类型。

10.2.3.2　木工刨床

木工刨床主要用于对木制零件的纵切面进行精密加工，以获得零件的精确尺寸、截面形状和表面粗糙度。这类机床绝大多数是采用纵向铣削方式进行加工，只有少量机械采用纯刨削方式进行加工。木工刨床主要包含木工平刨床、单面压刨床、双面刨床、四面刨床。

（1）木工平刨床

木工平刨床用于精确地刨平材料表面，并作为以后加工其他表面的基准面，可分为手动进料的单轴平刨床和机械进料的平刨床。

（2）单面压刨床

木工压刨床用于按需要的厚度刨平工件的一面或两面，压刨床的进给一般采用机械进给机构（图 10-15）。单面压刨床具有一个刀轴，只能加工工件的一个表面。

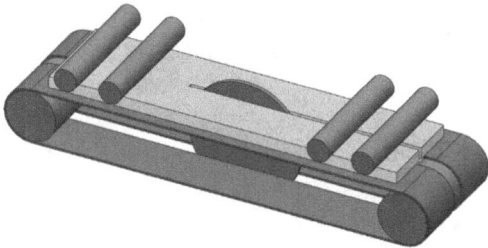

图 10-14　木工圆锯锯切

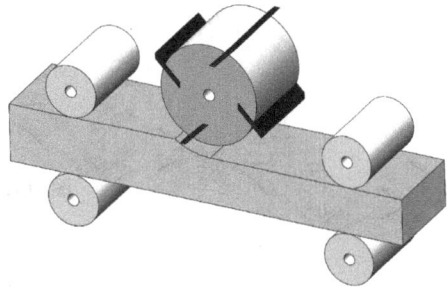

图 10-15　单面压刨床

（3）双面刨床

双面刨床可在一次进给中完成工件两个面的刨削加工，它由两个刀轴组合而成（图 10-16）。根据组合形式的不同，双面木工刨床主要有 3 种类型：平压双面木工刨床、直角二面木工刨床、压刨侧面刨二面木工刨床。

（4）四面刨床

木工四面刨床在一次进给中可以加工工件的四个表面（图 10-17）。四面刨床至少有四个刀头，其中两个是水平安装刀头，两个是垂直安装刀头，利用四个刀头，一次可以同时加工工件的四个表面，即按平面或成型面加工板材、方材。

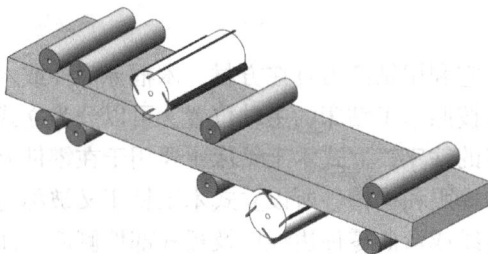

图 10-16　双面刨床

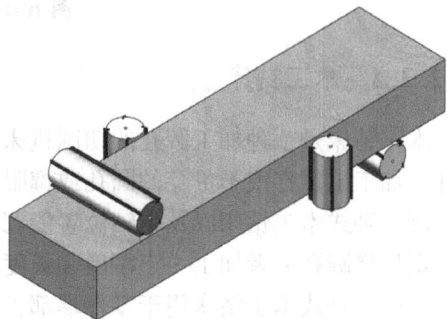

图 10-17　四面刨床

10.2.3.3　木工铣床

　　木工铣床主要用于对零部进行曲线外形、直线外形或平面铣削加工（图10-18）。采用专门的模具，可以对零件进行外廓曲线、内封闭曲线和外轮廓的仿形铣削加工。木工铣床的形式很多，按主轴数可以分为单轴铣床、双轴铣床和多轴铣床。按主轴的布局，可以分为立式铣床和卧式铣床，立式铣床又可分为上轴铣床和下轴铣床。

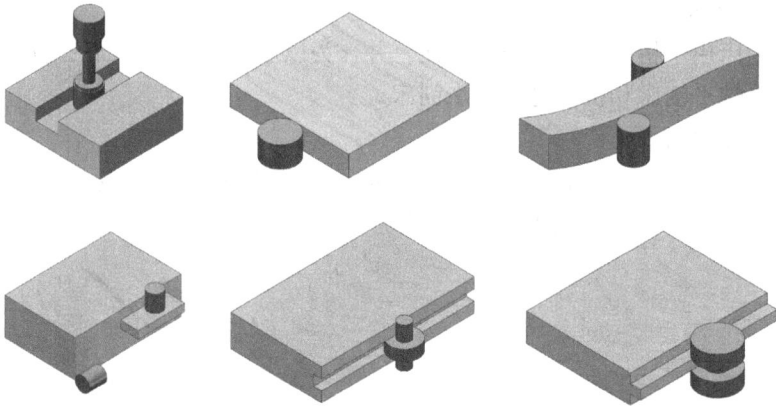

图 10-18　木工铣削

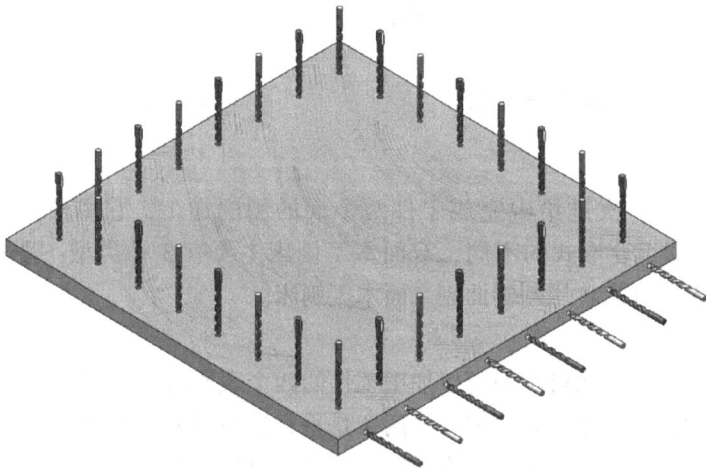

图 10-19　木工钻削

10.2.3.4　木工钻床

　　木工钻床是一种加工圆孔的切削机床。它利用钻削刀具在方材、木框等零件或木制组件上加工出贯穿或不贯穿的圆孔或榫眼。按照木工钻床的主轴位置，可以分为立式木工钻床、卧式木工钻床以及主轴位置能调节的钻床。立式木工钻床主要用于在零件上加工一定规格圆孔或者加工一定深度和长度的榫眼和榫槽，所以立式木工钻床又被称为立式榫槽机。卧式木工钻床用于零件端部、直线或弯曲零件边缘以及板式部件侧面等加工出一定规格的圆孔、榫眼或榫槽，所以卧式木工钻床又被称为卧式榫槽机。根据主轴的根数，木工钻床又可分为单轴的和多轴的（图10-19）。

10.3 木制品智能制造技术

2008 年金融危机让很多国家意识到过去实施的"去工业化"战略并不明智，它导致经济在危机面前不堪一击。痛定思痛，美国为了重振本国制造业，对未来制造业的发展进行了重新规划。2012 年，美国通用公司提出"工业互联网"的概念，提倡将人、数据和机器连接起来，构建出一个开放性的、可全球化的工业技术网络。德国则在 2013 年正式推出"工业 4.0"的概念，此概念的核心目标是利用信息系统实现人、生产装备和最终产品之间的实时连通，从而构建一个具有高度灵活、个性化、数字化的产品智能制造模式。此外还有英国的"英国工业 2050 战略"、法国的"新工业法国计划"、日本的"超智能社会 5.0 战略"等，诸如以上战略，都将智能制造作为该国制造业在国际上具有竞争优势的关键举措。

大国崛起离不开制造业的强大，我国紧跟时代发展的脚步，于 2015 年提出"中国制造 2025"的宏大计划，旨在实现制造强国的战略目标。而制造强国战略的主攻方向和关键举措就是智能制造，这已经成为中国政府、工业界和学术界的共识。

近年来，我国经济正在由高速增长转为中高速增长，迈入了经济发展的新常态。中国板式家具制造的劳工成本优势不再，传统劳动密集型制造模式的竞争优势正在逐步消失。一方面，原有板式家具制造产业正在向人工成本更低的地区和国家转移；另一方面，中国板式家具制造正在向产品高质量方向发展。近 10 年来，中国板式家具制造业快速发展，在消耗大量能源的同时，也给环境带来了巨大的影响，高污染、高能耗的问题愈加凸显。尽管有着巨大的体量，但是板式家具制造业的产品创新设计水平不高，产品质量存在一定程度的问题，产品生产制造工业基础较薄弱，产业结构不合理，能源资源利用效率偏低，智能化水平较低。我国板式家具制造业大而不强。近年来，发达国家纷纷再工业化，主要发展中国家在经历金融危机后也开始意识到实体经济的重要性，纷纷开始了工业化的进程，其资源优势吸引了部分板式家具产业从我国转移出去。尽管当前我国板式家具制造业正处于转型过程中的阵痛期，但同时也面临着机遇：新时代下，制造技术和信息技术的进一步融合引发了新一轮的制造技术革命和产业结构变革，而制造业数字化、网络化、智能化是这次变革的核心。新一轮的制造技术革命和产业结构的变革与我国加快转变经济发展方式形成了历史交汇。我国板式家具制造业需要在当前已经形成门类齐全、独立完整的制造体系基础之上，大力通过发展先进技术夯实基础，同时并行把握智能制造这一重要抓手，努力实现对老牌制造业强国的"换道超车"。

10.3.1 木制品智能制造发展

一直以来，木制品的制造在我国国民经济中占有重要的地位。传统木制品的制造加工主要依靠人工手动完成，虽然外观精美，但生产效率低下。中华人民共和国成立以后，我国的木制品制造行业进入快速发展阶段，生产过程逐渐进入自动化。自动化生产指的是采用各种高精度、高效率的自动化设备代替工人所要担负的繁重的体力劳动，同时采用多种自动控制检测装置完成对木制品加工过程的控制、监测和管理，从而保证产品的加工质量，提高产品的生产效率。经过多年的发展，我国已经是木制品制造大国、木制品出口第一大国，也是全球名列前茅的木制品消费大国，已成为世界木制品行业的中坚力量。近年来，由于木制品市场环境的改变以及产业结构的变革，木制品行业的增速变缓。木制品产业存在着产品研发设计、原材料供应与加工、生产制造等方面自主创新能力不强、质量效益水平不高、信息化和工业化融合深度不够等现象。

近些年，客户需求变化、全球市场竞争和社会可持续发展的需求使得木制品的制造环境发生了根本性变化。随着经济发展及居民收入的增加，劳动力成本上升，导致木制品制造业生产成本增加，进而挤压企业利润。当前，木制品制造业亟待解决的问题就是如何应对高额的人工成本。未来，通过智能化生产降低生产工人数量、降低直接人工成本、改善公司盈利能力，将成为木制品制造行业的核心竞争力之一。此外，定制之风已经成为业内不可小觑的发展趋势，这是因为现在的消费者对木制品品质的要求越来越高，定制产品既能解决消费者对生活的空间需求，又能根据消费者的喜好、空间尺寸以及整体风格进行量身定做，因此大受市场青睐。

降低人工成本、改善木制品制造业盈利能力和木制品的个性化定制，迫使木制品制造向智能化升级。过去，木制品企业在做大过程中，没有办法解决人们对产品的个性化需求与木制品生产工业化之间的矛盾，所以传统的个性化定制成本很高，而定制产品的发展最需要解决的便是这一痛点。为此，产业模式核心必须从"以产品为中心"向"以用户为中心"转变，从大规模的流水线生产向定制化的规模生产转变，从生产型制造向服务型制造转变，只有依托智能制造，才能实现定制化的规模发展。

10.3.2 板式家具智能制造的基本概念和架构

10.3.2.1 板式家具智能制造的基本概念

板式家具智能制造指的是采用高度集成且柔性的方式，利用计算机对人脑的分析、判断、思考和决策等行为进行模拟，以实现对制造环境中部分脑力劳动的延展或取代。

板式家具智能制造系统由智能制造模式、智能生产和智能产品组成。其中，智能制造模式指通过将智能技术和管理方法引入板式家具的生产车间，以优化生产原料的资源分配，优化生产过程，精细化管理过程，实现智慧决策；智能生产指的是根据客户的个性化需求智能化设计板式家具产品，智能设计并优化产品制造工艺和生产管理方案，这也是板式家具智能制造的核心部分；智能产品指的是在板式家具生产并使用以后，可根据客户体验进行产品设计方案的自我诊断及优化。

与传统的板式家具制造系统相比，板式家具智能制造具有自组织能力、自律能力、自学习和自维护能力、制造环境智能集成四个特征。自组织能力指的是板式家具生产的设备可以根据任务要求自行集合成为一种最适合目前生产方案的结构，且按照最优的方式运行，在任务完成后可自行解散，以备在下一个任务中重新集合成新的结构；自律能力指的是板式家具生产系统对自身作业情况的信息进行检测和处理，并根据处理结果自行调整控制，以采用最佳的行动方案；自学习和自维护指的是在板式家具生产过程中不断学习，修正完善系统知识库，使知识库趋于最优；制造环境智能集成指的是将板式家具的市场、开发、制造、服务与管理几个部分集合成一个整体，实现整体的智能化。

10.3.2.2　板式家具智能制造的系统架构

（1）板式家具智能制造系统

板式家具智能制造系统主要包括设备层、控制层、车间层、企业层和协同层（图10-20）。其中，设备层指的是板式家具企业利用多种制造设备、传感器、装置等，实现板式家具的生产和控制的层级；控制层指的是板式家具生产工厂内处理各种信息、实现对生产过程及产品质量监测和控制的层级；企业层指的是面向板式家具企业经营管理的层级；协同层指的是板式家具企业实现其内部和外部信息互联和共享的层级。

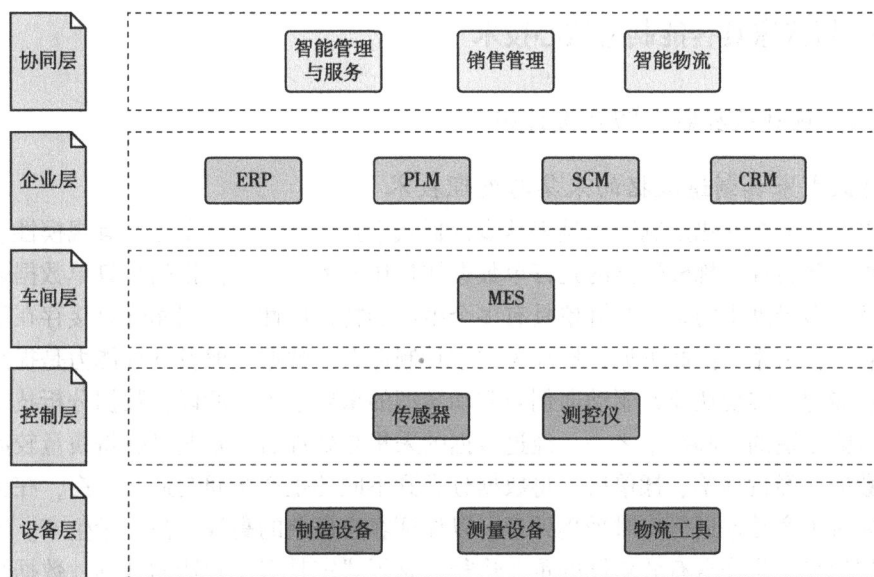

图 10-20　板式家具智能制造系统架构

（2）板式家具智能制造的关键支撑系统

①板式家具制造工业物联网　板式家具工业物联网是链接板式家具制造工业全系统、全产业链、全价值链，支撑板式家具制造工业智能化发展的关键信息基础。其核心在于通过工业物联网平台，将板式家具生产所需的原料、设备、生产线、工厂、工程师、供应商、产品和客户等制造工业全要素紧密连接融合起来。所有板式部件的加工工艺过程和对应人员信息均可被系统实时记录，通过对所采集信息进行分析，管理人员可以清楚地掌握所有工件的实时生产信息，并对质量做出有效管控，从而提高整体的生产效率和加工质量，推动板式家具整个制造过程和服务体系智能化。

②5G 技术　智能制造要具有自我感知、自我预测、智能匹配和自主决策等功能，要实现这些功能，板式家具制造设备之间应保持高密度连接、低功耗、通信质量高且可靠，高传输速率及低延迟。因此，采用具有低延迟、高传输率以及无处不在等特点的5G 通信技术可很好地解决上述问题。将 5G 技术应用于板式家具智能制造，可实现对数据信息的实时采集、高效分析处理、实时反馈，是实现智能制造的重要核心之一，为用户提供精准化、个性化的定制应用，从而使得整个生产更加贴合用户的实际需求。

③数据库 数据库是"按照数据结构来组织、存储和管理数据的仓库"，是一个长期存储在计算机内、有组织、可共享、统一管理大量数据的集合。数据库将数据以一定方式存储在一起，用户可以通过接口对数据库中的数据进行新增、查询、更新、删除、共享等操作。在板式家具智能制造中，数据库技术是数据分析、处理的重要保障，也是智能制造的重要支撑系统之一。利用数据库技术，围绕典型板式家具的智能制造模式，可以对客户需求、订单、制造工艺及装备、发货及交付等整个板式家具的生产生命周期的各个环节进行记录描述。当收到新的客户订单时，系统可以快速响应，依据当前车间状态设计该个性化定制的板式家具的制造工艺过程，最大限度提高板式家具生产的效率，实现板式家具设计及生产的智能化。

10.3.3 板式家具智能制造核心技术

10.3.3.1 板式家具制造智能设计技术

（1）板式家具制造数据的采集与处理技术

随着客户的个性化定制需求越来越多，板式家具订单中的信息已经具规模性、多样性、多维度等特性。规模性指的是订单数据体量比较大；多样性指的是订单数据多样和来源广泛；多维度指的是一个订单具有多个维度的特征属性，不同属性直接存在复杂的关联或者耦合关系。由此可见，提高板式家具制造企业数据获取及处理能力是提高板式家具制造能力，实现从要素驱动向创新驱动转型的重要手段。所以，数据分析技术是板式家具智能制造的核心技术之一。经过数据的采集与处理后，企业可获得质量较高的客户订单数据，经过拆单、揉单后，将数据分发到不同的生产车间制造、生产，在生产过程中需要对生产数据进行实时采集处理，以保证客户订单的高效、高质量生产。

数据的采集是获得有效数据的重要途径，是板式家具智能制造的基础。数据采集首先是从企业内部和外部等数据源获取各种类型和客户订单相关的数据，并围绕数据的使用，建立数据标准规范和管理机制流程，保证数据质量，提高数据管控水平。在板式家具的智能制造中，数据获取技术以传感器为主，结合射频识别技术、条码扫描器、生产和监测设备、个人数字助手、人机交互、智能终端等手段实现生产过程中的信息获取，并通过互联网或现场总线等技术实现原始数据的实时准确传输。

数据处理是智能制造的关键技术之一，其目的是从大量的、杂乱无章、难以理解的数据中抽取并推导出对于某些特定的人们来说有价值有意义的数据。数据处理流程主要包括数据清洗、数据融合、数据分析和数据存储四大部分（图10-21）。数据清洗也称为数据预处理，是指对所收集到的信息进行分析前的审核、筛选等必要处理，并对存在问题的数据进行处理，从而将原始的低质量数据转化为方便分析的高质量数据。数据融合指的是将板式家具智能制造生产线上的各种各样的传感器所采集到的信息依据某种准则或者算法进行组合优化，从而获得更多的对板式家具生产有用的信息。数据分析是指采用合适的统计学方法，将采集到的大量数字信息进行分析处理，并按照一定的规则进行汇总、理解和消化，以求将数据的功能最大化开发，并加以最大化利用。数据储存是指将产品相关的数据以某种格式保存在电脑上或者其他储存媒介上，其对象不仅包括产品的原始数据，还包括在加工过程中基于产品原始数据产生的其他数据信息。

数据清洗 ⇨ 数据融合 ⇨ 数据分析 ⇨ 数据存储

图 10-21　数据处理流程图

（2）板式家具制造智能设计技术

处理好板式家具的客户订单数据后，需要对板式家具的部件外形进行设计；在外形设计完成后，还需要对板式家具部件的生产工艺进行规划设计；生产完成后，还需要对板式家具的物流进行规划设计，从而完成一份客户订单。传统的板式家具产品设计是依靠人的智慧和能力在计算机辅助下完成的，而在智能制造环境下，为了提高板式家具制造业对客户个性化定制的小批量、多种类要求的快速响应能力，板式家具设计必须大幅度提高家具设计师与计算机组成的人机结合设计系统中计算机及相关机器的智能化水平，使其能在更大范围和更高水平上帮助或替代人类完成对各种数据和信息的处理，并根据不同数据做出决策，以大幅度提高家具设计的智能化水平。板式家具智能设计关键技术主要有多专家系统协作技术、再设计与自学习技术、多重推理技术、智能人机接口技术和多方案并行技术。

①多专家系统协作技术　板式家具产品设计过程一般可以分为若干个环节，每个环节都有一个专家系统与之对应，多个这样的专家系统之间相互配合、协同合作、共享信息，并利用数学方法（如模糊评价、人工神经网络等）解决家具产品设计过程中的多目标决策与优化等问题。

②再设计与自学习技术　板式家具设计的结果若不能满足要求，系统能够自主返回到相关的层级重新进行设计，或者对整体进行重新设计。同时，采用归纳推理、类比推理等数学方法获得新知识，对知识库进行扩充，实现自我完善。

③多重推理技术　板式家具的智能设计包括演绎推理、归纳推理、基于实例的类比推理、模糊推理等。多种推理方式的综合应用，可以博采众长，更好地实现设计系统的智能化。

④智能化人机接口技术　系统对语言、文字、图形和图像的直接输入和输出是智能设计系统的重要任务。设计专家参与复杂设计任务中的部分决策活动，可以使设计效果更好，从而将人与计算机各自的长处充分发挥出来。

⑤多方案并行设计　在板式家具设计时，用户提出一个要求，最终能够满足要求的设计方案可能会有多个，这就要求设计系统具有多方案设计的能力。另外，对于复杂的问题，需要将其分为若干个子任务，这时多方案并行处理可有效提高系统的处理效率。

（3）板式家具制造过程的建模仿真技术

在板式家具智能制造中，建模技术是指针对制造中的载体（如数控加工机床、机器人等）、制造过程（如加工过程中的力、热等问题）和被加工对象，应用机械、物理、力学、计算机和数学等学科知识，对研究对象的一种近似表达。仿真技术是在建模完成后，结合计算机图形学等计算机科学手段，对模型进行图像化、数值化、程序化等的表达。借助仿真，可以看到板式部件的生产加工过程，看到机器人的运动路径，对加工过程中的热与力等看不见的物理过程进行虚拟再现。因此，仿真技术还让模型的分析过程变得可量化和可控化，即依托建模与仿真技术，可以得到可视化与可量化的模型。分析量化的模型数据，进行虚拟加载和模拟模型调控，进而对板式家具制造工艺进行改进。

10.3.3.2　板式家具智能制造装备及控制技术

智能化是板式家具制造生产的趋势，而智能制造装备是实现智能制造的核心载体，这要求板式家具的制造生产设备也要向智能化转变。与传统的数控加工装备不同，板式家具的智能制造装备不仅仅是精密、复杂的机电一体化系统，还需要具有自感知、自适应、自诊断等智能特征，才能满足客户对板式家具的个性化需求。

（1）智能机床

板式家具生产使用的智能机床指的是能够感知自身加工状态，自动监视和优化自身加工能力，评估所加工工件质量，具有自学习能力的数控机床或加工中心。其智能功能主要包含：以人为中心的人、计、机动态交互功能，智能准备功能，智能执行功能，智能维护功能。人、计、机动态交互功能指的是人、计算机和机床之间及时进行信息传递与反馈、配合与结合，保证机床高效、优质、低耗地运行；智能准备功能指的是设备可以根据板式家具个性化定制的需求进行自主规划加工工艺参数、编写加工代码、确定控制逻辑等；智能执行功能指的是执行板式家具加工任务时，机床具有自主检测、智能诊断、自我优化加工行为、远程智能检测等功能，其闭环加工系统如图 10-22 所示；智能维护功能指的是设备具有自主故障检测和智能维修功能，同时具有自学习和共享学习能力。

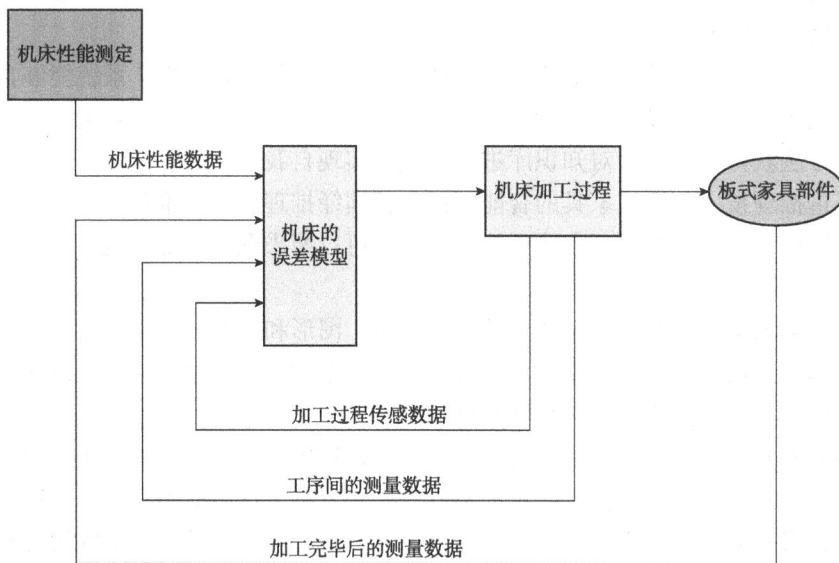

图 10-22　智能机床闭环加工系统

（2）工业机器人

工业机器人是具有多关节的机械手或者具有多自由度的机器人，它可以降低板式家具生产车间的人工成本，提高企业的生产效率。工业机器人主要由机械部分、感知部分和控制部分组成。机械部分包含驱动系统和机械结构系统，是机器人的血肉组成部分；感知部分包含传感系统和机器人–环境交互系统，类似人的五官，为机器人工作提供感觉；控制部分包含人机交互系统和控制系统，相当于人的大脑，对机器人的动作进行控制。通过这三大部分、六大控制系统的协调作业，工业机器人成为一台高精度精密的机械设备，具有加工精度高、稳定性强、工作速度快等特点，为提高板式家具生产效率和产品质量奠定了基础。

在板式家具的智能制造中，机器人技术在搬运、加工、装配、检测、清洁生产等领域得到规模化集成应用，极大地提高了生产效率和产品质量，降低了生产成本。借助人工程序的构架与编排，将搬运机器人投放到当今制造业生产之中，从而实现运输、存储、包装等一系列工作的自动化进行，不仅有效地解放了劳动力，而且提高了搬运工作的实际效率。

当前，机器人技术越来越多地应用到板式家具制造加工的锯切、钻削、铣削、磨削等工序中。与进行加工作业的工人相比，加工机器人对工作环境的要求相对较低，具备持续加工的能力，同时加工产品质量稳定、生产效率高，能够加工多种类型的工件，有能力完成各类高精度大批量、高难度的复杂加工任务。相比机床加工，工业机器人的缺点在于其自身的刚性较弱，但是，加工机器人具有较大的工作空间、较高的灵活性和较低的制造成本，对于小批量、多品种工件的定制化加工，机器人在灵活性和成本方面显示出较大优势。同时，机器人更加适合与传感器技术、人工智能技术相结合，具有广泛的应用前景。

（3）智能控制技术

智能控制是控制理论与人工智能的交叉结果，是经典控制理论在现代的进一步发展，其解决问题的能力与适应性相较于经典控制方法有显著提高，主要具有以下几个特点：①智能控制系统能有效利用拟人的控制策略和被控对象及环境信息，有效地对复杂系统的全局进行有效的控制；②智能控制系统具有混合控制特点，包括数学模型和以知识表示的非数学广义模型，实现定性决策与定量控制相结合的控制方式；③智能控制系统具有自适应、自组织、自学习、自诊断和自修复功能，能从系统的功能和整体优化的角度来分析和综合系统，以实现预定的目标；④控制器具有非线性和变结构的特点，能进行多目标优化。相较于传统控制方法，这些特点使智能控制更适用于解决含不确定性、模糊性、时变复杂性和不完全性的系统控制问题。

智能控制的关键技术主要包括专家控制、模糊控制、神经网络控制、学习控制四大部分。专家控制是将人工智能领域专家系统的思想引入控制系统中，与控制学科结合产生了专家控制，具有高可靠性和抗干扰性的特点。模糊控制是将模糊集理论、模糊逻辑推理和模糊语言变量与控制理论方法相结合的一种智能控制方法，目的是模仿人的模糊推理和决策过程，实现智能控制。神经网络由神经元模型构成，具有强大的非线性映射能力、并行处理能力、容错能力以及自学习自适应能力，非常适合将神经网络用于含不确定复杂系统的建模与控制。学习控制是可以在运行过程中逐步获得系统非预知信息，积累控制经验，并通过一定评价指标不断改善控制效果的自动控制方法，旨在通过模拟人类自身的优良调节机制实现优化控制。

板式家具智能制造要求对制造系统的运行过程进行合理的控制，实现提升产品质量、提高生产效率和降低能耗的目标。智能控制技术在板式家具智能制造中主要用于自动化过程控制、机器人控制、机床控制三大部分。在板式家具制造工业自动化过程中，智能控制能简化工业生产流程，对生产过程进行自动检测，发现问题并主动分析产生问题的原因，主要应用生产过程信息获取、系统建模与监控、动态控制 3 个方面。智能控制具有较好的适应性、较好的学习能力、可应对复杂的系统等特点，更适合复杂化和多元化的任务要求。在工业机器人领域的应用，主要集中于运动控制和路径规划控制两个方面。将智能控制技术应用于板式家具加工设备中，可提高零件的加工精度、效率和柔性，主要应用于机床运动轨迹的控制和工艺参数优化两个方面。

（4）板式家具加工过程智能监测技术

在板式家具的生产实践中，加工过程并非一直处于理想状态，而会伴随着木质材料的去除出现复杂的物理现象，如加工几何误差、弹塑性变形、热变形、加工系统振动等。这些复杂的物理现象可能会导致产品的加工质量不能满足要求。随着信息技术、传感技术、计算机技术、互联网技术的飞速发展以及生产中人们对加工质量要求的不断提高，通过对加工过程参数实施监测，并通过主动控制的方法对不利于产品高质量生产的加工过程进行干预的智能加工技术受到广泛关注。

在现代板式家具制造过程中，为实现高效、低成本的加工，自动化加工设备往往采用了更高的切削速度，切削过程的不稳定性和意外情况比传统加工高得多。通过对板式家具制造系统的一些关键参数进行有效的测量和评估，可以实现对板式家具制造过程的监测，从而保障自动化加工设备的安全和板式家具的加工质量。

智能加工技术通过借助先进的加工设备、监测设备及建模仿真技术，可以实现对板式家具加工过程的建模、仿真及预测，以及对加工系统的检测和控制。同时，集成已有的加工知识，使得加工系统能根据实时加工情况自动选择最优的加工方案和加工参数、调整自身状态，获得最优的加工性能和最佳的加工质量。板式家具加工过程监测与控制实现流程如图10-23所示。

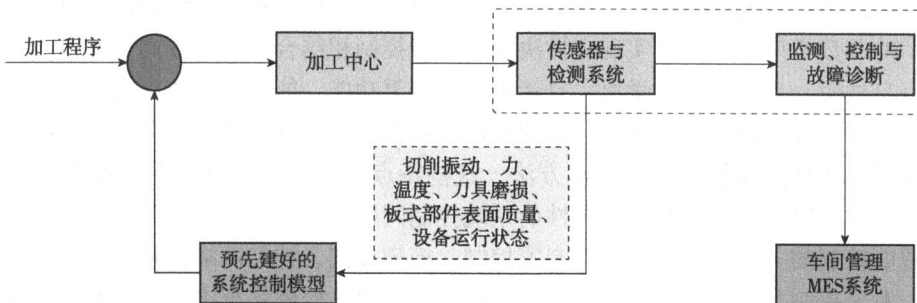

图10-23　板式家具加工过程监测与控制

板式家具无损检测是在不破坏目标物内部和外观结构与特性的条件下，利用部件材料的不同物理或化学性质对物体相关特性进行测试与检验，尤其是对各种缺陷进行测量，借以评价其某些物理性能。典型的板式家具无损检测方法主要有目视监测法、应力波检测法、振动检测法、超声波检测法、射线检测法、微波检测法、红外线检测法、声发射（AE）检测法和机器视觉检测法。这些检测方法在提高板式家具产品质量、降低生产成本等方面都取到了明显的效果。随着人工智能技术的迅猛发展，基于人工智能的机器视觉技术也在性能与精度上有了长足的进步，为板式家具加工过程实现智能化奠定了基础。

机器视觉是计算机视觉，是一种以机器视觉产品代替人眼的视觉功能，利用计算机对机器视觉设备采集的图像或视频进行处理，从而实现对客观世界的三维场景的感知、识别和理解的技术。它主要利用计算机来模拟人或者再现与人类视觉有关的某些智能行为，从客观事物的图像中提取信息，分析特征，最终用于工业检测中。它的系统主要由三部分组成：图像的采集(信息拾取)、图像的处理与分析(特征提取、模式识别、数据融合)、输出或显示。典型的机器视觉系统包括光源、目标、光学系统、图像捕捉系统、图像采集与数字化、智能图像处理与决策、控制执行器(图 10-24)。

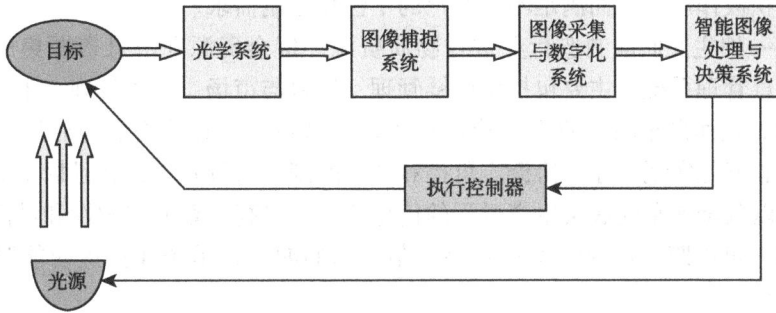

图 10-24　机器视觉系统的组成

10.3.3.3　板式家具生产的智能决策与管理

智能决策与管理系统是板式家具生产智能工厂的管控核心(图 10-25)，负责对家具产品市场进行分析，管理制定企业经营计划、制定产品原料采购计划、产品制造及订单交付等环节。企业管理者可以通过该系统了解掌握板式家具生产企业所具备的生产能力、产品生产资源及所生产的家具产品等，能够对产品的生产工艺进行调整，并根据市场和客户需求等信息快速且智能地做出合理的决策。一般情况下，板式家具企业所使用

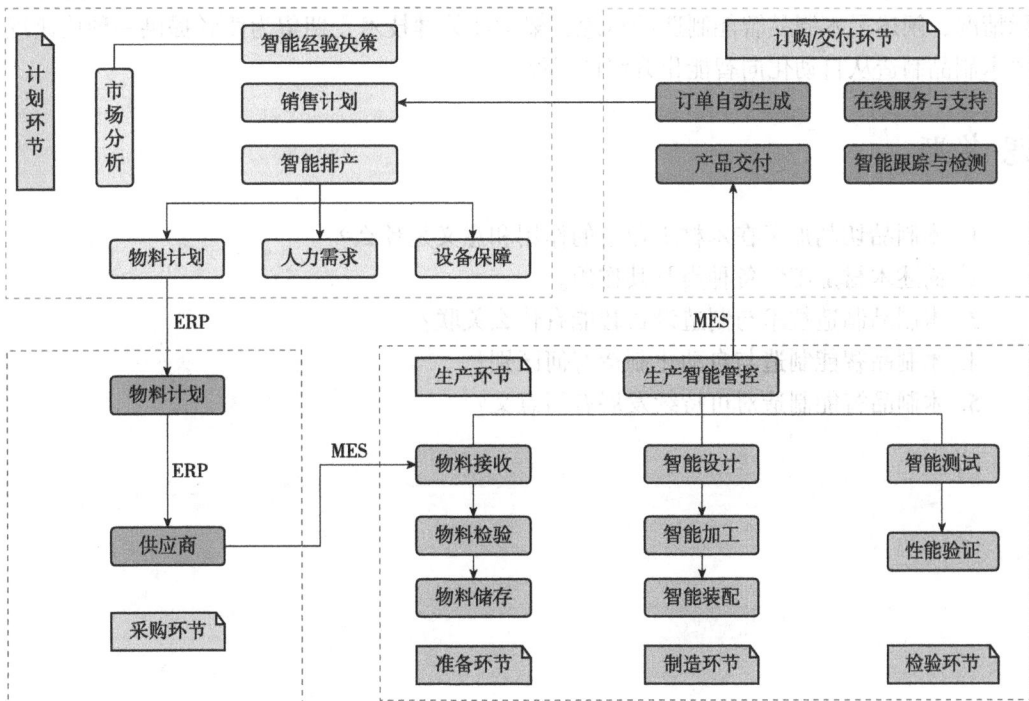

图 10-25　智能决策与管理系统示意图

的智能决策与管理系统主要包含企业资源管理系统（**ERP**）和制造执行系统（MES）等一系列生产管理系统。一方面，这些系统能够向板式家具生产工厂的管理者提供更全面的生产数据信息和更有效的决策依据，在提升产品质量、降低生产成本等方面有显著的作用；另一方面，这些系统工具本身已经具有一定程度的智能化水平，对提升企业的生产灵活性具有积极作用，进而满足不同客户的个性化定制需求。

ERP 是一种主要面向制造行业进行物质资源、资金资源和信息资源集成一体化管理的企业信息管理系统，主要包括供应链管理、销售与市场、财务管理、生产控制管理等功能。MES 是面向车间层的生产管理与实时信息系统，是管理层与底层控制之间的桥梁，其核心就是实现有序、协调、可控和高效的制造执行效果，其目标是提高生产计划的适应性以及增加车间底层生产过程的信息流动，提高计划的实时性和灵活性。通过 MES 的实施，可以跨越计划管理和底层控制之间的鸿沟，是企业推进智能制造的基本技术手段。

本章小结

木制品智能制造可被通俗地理解为将人工智能技术应用到木制品的生产制造中。木制品的加工主要包括木材及木质材料机械加工技术及装备，而人工智能技术主要包括自然语言处理、机器学习、机器视觉、自动推理、知识表示和机器人学习等。木制品智能制造是面向木制品全生命周期，实现泛在感知条件下的信息化制造，以现有的传感器、网络、自动化等技术为基础，通过智能感知技术、人机交互技术来实现木制品的设计和制造智能化。本章通过对木制品制造技术及装备进行介绍，结合板式家具智能制造的实际情况，阐述了木制品智能制造的概念、架构和关键技术，期望为读者提供一种快速理解木制品制造从自动化向智能化升级的思路。

思考题

　1. 木制品切削加工在木材工业中的作用和意义是什么？
　2. 简述木材加工装备种类及其作用。
　3. 木制品制造技术与制造设备智能有什么关联？
　4. 木制品智能制造与自动化制造有何区别？
　5. 木制品智能制造对可持续发展有何意义？

第 11 章
木结构建筑

本章介绍了现代木结构的定义和类型，分析了木结构建筑在二氧化碳减排和节能等方面的优势，以及由于木材特性导致的木结构建筑不足；概述了我国传统木结构建筑在各个时期的发展历史和现代木结构当前的发展历程和趋势；同时以欧洲、北美洲和日本为例，介绍了国外传统和现代木结构建筑的发展历程和特点；最后，分别从木结构材料、建筑设计、结构体系和连接技术等方面总结了现代木结构技术及发展。

从史前穴居、巢居到清代的大、小木作，从榫卯结构到斗拱形式，从应县木塔到故宫，我国古代木结构建筑可以说是世界木构建筑史上的集大成者。而今，现代木结构建筑更是发展迅猛，为现代建筑带来了一股绿色清新的自然之风，从幼托、小学到敬老院，从园林景观到传统木构改造，处处可见它的身影。相比其他建筑形式，木结构建筑具有低碳、节能、抗震和装配式等优点。发展木结构建筑，助力实现"双碳"目标。

11.1　木结构概述

11.1.1　木结构定义及结构类型

木材及其木质复合材料在建筑中的用途很多，既可以作为装饰材料，也可以作为承重的结构材料。木结构是指采用以木材为主制作的构件承重的结构，木结构建筑则是指以木材作为建筑结构材料的建筑形式。

木结构建筑广泛应用于住宅建筑、办公建筑、文教建筑、博览建筑、体育建筑等民用和公用建筑，以及温湿度正常的工业厂房和仓库。木结构还能够用于塔架、桅杆、栈桥、景观及一些辅助性或临时性的建筑中。木结构建筑可以分为纯木结构和木混合结构两大类，其中，按其结构构件采用的主要材料类型，纯木结构建筑（以下简称木结构建筑）可分为三大类结构体系：方木原木结构、轻型木结构和胶合木结构。

11.1.1.1　方木原木结构

方木原木结构是指承重构件主要采用方木或原木制作的单层或多层建筑结构。方木原木结构包括穿斗式木结构、抬梁式木结构、井干式木结构、木框架剪力墙结构和梁柱体系木结构等结构形式。当前，我国新建成的方木原木结构建筑多采用井干式木结构、木框架剪力墙结构和梁柱体系木结构，而穿斗式木结构和抬梁式木结构主要应用在一些传统民居、风景园林中的亭台楼阁和部分寺庙建筑中。

（1）井干式木结构

井干式木结构是采用截面经过适当加工后的方木、原木、胶合原木作为基本构件，将构件在水平方向上层层叠加，并在构件相交的端部采用层层交叉咬合连接，以此组成的井字形木墙体作为主要承重体系的木结构（图11-1、图11-2），也称原木结构或Log House。设计井干式木结构时，应采取措施减小因木材的变形导致结构沉降变形的影响。原木墙体中，层与层之间通常采用木销钉连接，并在墙体的两端用通长的螺栓拉紧；对于较长的墙体，还应采用扶壁柱，加强墙体的稳定性。

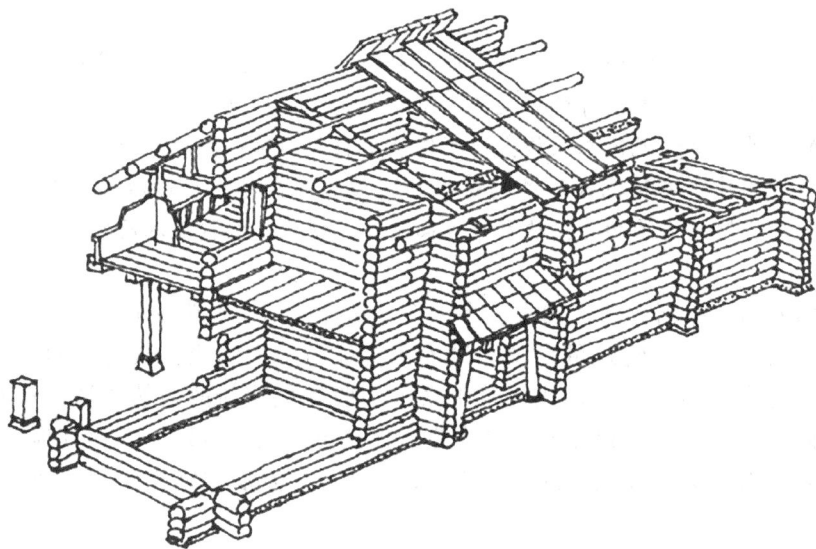

图11-1　井干式木结构结构体系

图11-2　井干式木结构建筑实物图

（2）木框架剪力墙结构

木框架剪力墙结构是方木原木结构的主要结构形式之一，在现代木结构建筑中得到了广泛应用（图 11-3）。它是在中国的传统木结构技术基础上发展形成的现代木结构建筑技术。随着木结构的发展，传统的梁柱式木结构在多地震、多台风地区已经发展演化为在柱上铺设木基结构板材而构成剪力墙，在楼面梁或屋架上铺设木基结构板材而构成水平构件的木框架剪力墙结构形式。即木框架剪力墙结构是以木框架承受竖向荷载，以剪力墙、楼盖、屋盖构件抵抗地震作用、风荷载等侧向荷载的结构形式。木框架剪力墙结构主要由地梁、梁、横架梁与柱构成木框架，并在间柱、木框架上铺设木基结构板，以构成承受水平作用的木结构体系。

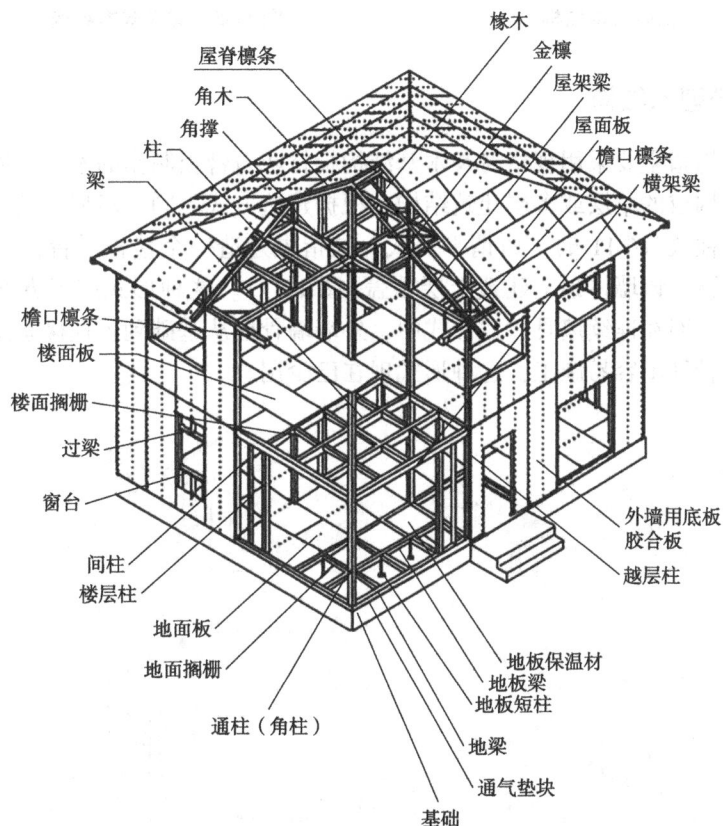

图 11-3　木框架剪力墙结构

（3）梁柱体系木结构

梁柱体系木结构是指以木梁、木柱承受竖向荷载的框架结构体系。传统梁柱体系木结构是按照传统建造技术要求，采用榫卯连接方式对梁柱等构件进行木木连接的木结构建筑体系。其建造方法通过传统的技术规则、世代相传和不断积累的建造经验来实现。传统梁柱式木结构建筑主要包括抬梁式木结构（图 11-4）、穿斗式木结构（图 11-5）和穿斗抬梁混合式木结构。对于现代梁柱体系木结构，为了满足抗侧刚度的要求，通常采用带斜撑的铰接框架、带木基结构板剪力墙的铰接框架或梁柱节点为半刚性连接的框架。

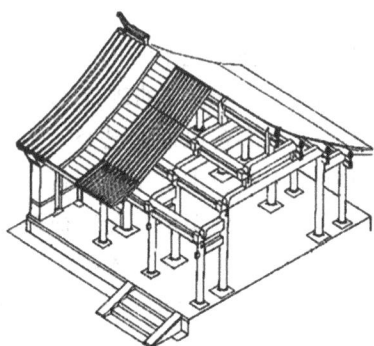

图 11-4　抬梁式木结构

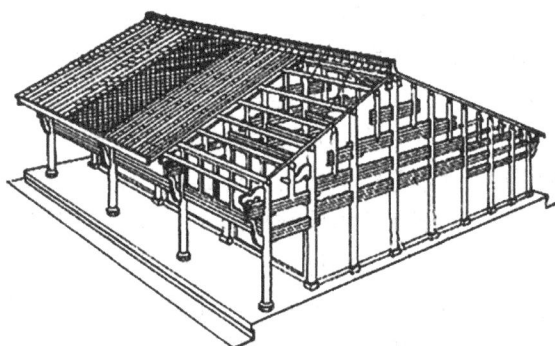

图 11-5　穿斗式木结构

11.1.1.2　轻型木结构

轻型木结构指主要采用规格材及木基结构板材或石膏板制作的木构架墙体、木楼盖和木屋盖系统构成的单层或多层建筑结构。根据建造方式不同，轻型木结构又分为平台式和连续墙骨柱式(图 11-6)。所谓平台式，是指先建造一个楼盖平台，在该平台上施工上层墙体，再在该墙体顶上建造上层楼盖(图 11-7)。这种形式施工方便，是目前主要的结构形式。而在连续墙骨柱式形式中，外墙墙骨柱从基础到屋顶椽条是连续的，但因为较长的墙骨柱不容易施工，这种形式现在已少用。

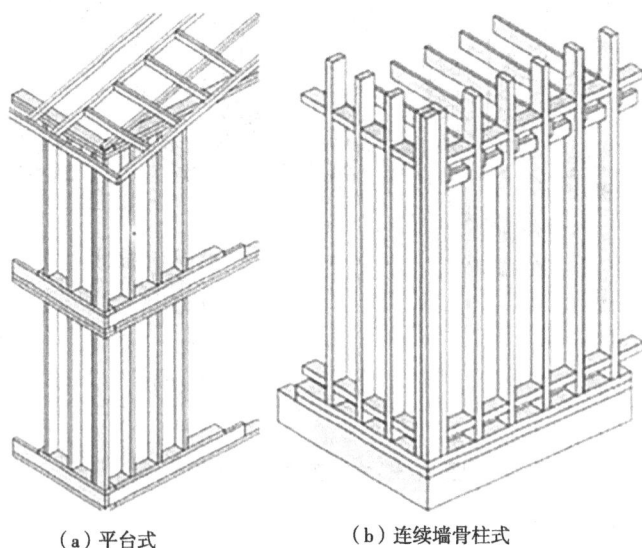

（a）平台式

（b）连续墙骨柱式

图 11-6　轻型木结构结构体系

轻型木结构采用的材料包括规格材、木基结构板材、工字形搁栅或木搁栅、结构复合材和金属连接件等。轻型木结构构件之间的连接主要采用钉连接，部分构件之间也采用金属齿板连接和专用金属连接件连接。

轻型木结构建筑可根据施工现场的运输条件，将木结构的墙体、楼面和屋面承重体系(如楼面梁、屋面桁架)等构件在工厂制作成基本单元，然后在现场安装的方式建造。在工厂，可将轻型木结构建筑基本单元制作成预制板式组件或预制空间组件，也可将整

图 11-7　轻型木结构建筑实物图

栋建筑进行整体制作或分段预制，再运输到现场，与基础连接或分段安装建造。规模较大的轻型木结构建筑能够在工厂预制成较大的基本单元，运输到现场后采用吊装拼接而成。在工厂制作的基本单元，也可将保温材料、通风设备、水电设备和基本装饰装修一并安装到预制单元内，装配化程度很高。轻型木结构建筑可以根据具体的预制化程度的要求，实现更高的预制率和装配率。

11.1.1.3　胶合木结构

胶合木(glued laminated timber，Glulam)结构是指承重构件主要由层板胶合木等工程木材制作而形成的结构体系的统称。层板胶合木结构主要应用于单层、多层的木结构建筑以及大跨度的空间木结构建筑(图 11-8)。胶合木结构是应用较广的结构形式，具有以下特点：①不受天然木材尺寸限制，能够制作成满足建筑和结构要求的各种形状和

图 11-8　第十届江苏省园艺博览会主展馆(主要材料为胶合木)

尺寸的构件，因而在建筑外观造型上基本不受限制；②能有效避免和减弱天然木材无法控制的缺陷影响，提高木材强度设计值，并能合理级配、量材使用；③构件自重轻，具有较高的强重比，能以较小截面满足强度要求，同时，可大幅度减小结构体系的自重，提高抗震性能，且有利于运输、装卸和现场安装；④构件尺寸和形状稳定，无干裂、扭曲之虞，能减少裂缝和变形对使用功能的影响；⑤具有良好的调温、调湿性，且在相对稳定的环境中的耐腐性能高；⑥经防火设计和防火处理的胶合木构件具有可靠的耐火性能；⑦构件通过工业化生产，能提高生产效率，控制构件加工精度，更好地保证产品质量；⑧能以小材制作出大构件，充分利用木材资源；⑨能发挥固定碳的作用，并可循环利用，是绿色环保材料。

11.1.1.4　正交胶合木结构

正交胶合木(cross-laminated timber，CLT)是指一种至少由涂布有结构用胶黏剂的三层或三层以上实木锯材或结构用木质复合材相邻层相互垂直组坯，加压预制而成的实体木质工程材。CLT因其由相互交错的层板胶合而成，在板的长度和宽度两个方向均有很好的力学性能，可制作成为墙体和楼盖、屋盖等结构构件。正交胶合木结构是指墙体、楼面板和屋面板等承重构件采用CLT制作的建筑结构，其结构形式主要为箱形结构或板式结构(图11-9)。

图11-9　正交胶合木结构

目前，正交胶合木结构在欧洲、澳大利亚和北美洲等地区被广泛地应用于多层或高层的商业建筑、办公建筑和居住建筑(图11-10)。

11.1.1.5　木混合结构

木混合结构主要是指木结构构件与钢结构构件、钢筋混凝土结构构件混合承重，并以木结构为主要结构形式的结构体系。包括下部为钢筋混凝土结构或钢结构、上部为纯木结构的上下混合木结构以及混凝土核心筒木结构(即水平组合的木结构体系)。多高

图 11-10　美国 T3 办公楼

图 11-11　加拿大英属哥伦比亚大学 Brock Commons
学生公寓建造过程

层木结构建筑通常采用木混合结构体系。下部建筑需要较大空间或对防火要求较高时，如商场、餐厅、厨房、车库等，可采用上下混合形式的木结构建筑。对于多高层木结构建筑而言，由于结构所承受的荷载增大，可采用其他材料的结构构件承受水平荷载的作用。例如，在混凝土核心筒木结构中，钢筋混凝土的筒体为主要抗侧力构件，周边建筑可采用木框架结构、木框架支撑结构或正交胶合木剪力墙结构建造。目前，北美洲已建成的最高木结构建筑——加拿大英属哥伦比亚大学 Brock Commons 学生公寓（图 11-11）就采用了钢筋混凝土核心筒提供抗侧力。

11. 1. 2　木结构特点

11. 1. 2. 1　二氧化碳固碳与减排

目前，全球每年向大气排放约 510 亿 t 的温室气体，空气污染状况堪忧。要想避免气候灾难，人类需减少或停止向大气中排放温室气体，实现零排放。随着全球气候变化对人类社会构成重大威胁，越来越多的国家将"碳中和"上升为国家战略，提出了"无碳未来"的愿景。2015 年通过的《巴黎协定》中提出：要把全球平均气温较工业化前水平升高控制在 2℃之内，并为把升温控制在 1.5℃内而努力。2020 年，中国在联合国大会上明确表示，2030 年实现"碳达峰"，2060 年实现"碳中和"。

建筑行业是仅次于交通的第二大碳排放源。中国房地产建筑全过程二氧化碳排放（2018 年）达 49.3 亿 t，约占全球二氧化碳排放的 15%，约占全国二氧化碳排放的 51%。对于中国来说，建筑节能将是我国实现 2030 年碳减排目标的关键领域，而木材将在其中扮演不可或缺的角色。木材是一种可循环再生资源，树木在生长过程中具有制氧固碳功能，使木材成为低碳环保的绿色建筑材料。通常，树木每生长 1 m³ 能吸收 1 t 二氧化碳，并释放 3/4 t 氧气。二氧化碳以碳的形式储存在树木中。生长活跃的幼林木比成熟林木能够吸收更多二氧化碳，砍伐后的树木制成木材产品后，能在其生命周期内始终固化最初由树木吸收的碳。根据欧洲的一项研究，以建造一栋 20 层的住宅建筑为例，木结构建筑能够固定 1200 t 的二氧化碳，混凝土建筑会释放约 3100 t 的二氧化碳，而钢结构建筑则会释放比混凝土建筑更多的二氧化碳。相比之下，木结构建筑减少的二氧化碳排放量达到 4300 t，这一数字相当于每年公路上减少约 1100 辆小汽车，或者一个家庭长达 490 年的碳排放。若将住宅建筑增加到 30 层，木结构建筑自身能够固定的二氧化碳将达到 3700 t 之多。

11.1.2.2　节能环保

木材密度小，质轻，易于在现场施工，且木材在运输过程中消耗的能源较少；木结构建筑施工速度快，无须或极少使用重型设备，木结构建筑在建造过程中消耗的能源也少。此外，木材细胞内有空腔，形成了天然的中空材料，这使得木材的热传导速度慢，保温、隔热性能好。木材热阻值是钢材的 400 倍，是混凝土或砖的 10 倍。现代木结构建筑可以在墙体、楼盖和屋盖空腔中填充保温材料，大大提升了木结构建筑的保温性能。比如，新型木结构住宅实测冬季采暖耗热量（25.38 W/m^2）比砖混复合保温结构的住宅（43.75 W/m^2）节省 41.99%，耗煤量节省 45.40%。另据统计，一幢 200 m^2 的建筑，假设分别以木材、钢材和混凝土为主要材料来建造，则木结构建筑的耗能分别为钢结构和混凝土结构的 66% 和 45%，空气污染指数分别为 57% 和 46%，生态资源耗用指数分别为 88% 和 52%，水污染指数分别为 29% 和 47%，固体废弃物分别为 120% 和 76%。由此可见，木结构的节能环保综合指标远优于钢结构和混凝土结构。

11.1.2.3　抗震性能好

结构物上的地震作用与结构质量有关，木结构质量轻，产生的地震作用当然也小；由于木结构质量轻，地震致使房屋倒塌时，对人产生的伤害也要比其他建筑材料小。另外，木结构的整体结构体系一般具有较好的塑性、韧性，因此木结构在世界上历次强震中都表现出了较好的抗震性能（表 11-1）。

表 11-1　全球地震伤亡情况统计

地震发生地及时间	里氏震级（M）	预计受到"强烈震动"的木结构房屋数量（栋）	总伤亡人数（人）	木结构房屋中的伤亡人数（人）
美国阿拉斯加，1964	8.4	—	130	<10
美国加利福尼亚圣费尔南多，1971	6.7	100 000	63	4
新西兰埃奇克姆，1987	6.3	7000	0	0
加拿大魁北克萨格奈市，1988	5.7	10 000	0	0
美国加利福尼亚洛马普列塔，1989	7.1	50 000	66	0
美国洛杉矶北岭，1994	6.7	200 000	60	16+4*
日本神户库县南库，1995	6.8	8000**	6300	0**

注：*山坡上基础被破坏导致房屋倒塌；**平台式轻型木结构房屋。

科学家曾对一栋足尺 7 层木结构混合建筑(底层为钢结构,以上 6 层为木结构的住宅)进行了抗震试验。试验在日本神户进行,是世界上迄今规模最大、最全面的地震试验。在试验中,该房屋经历的地震强度是美国洛杉矶北岭地震的 180%,却没有受到明显的损坏。这说明,即使中高层的木结构房屋,也能够在最严重的地震中几近完好无损地留存下来。

11.1.2.4　建造方式优越

现代木结构及其构件制作已基本上从传统的手工劳动转化为工厂化、标准化生产,极大地降低了工人的劳动强度,施工速度快、周期短。装配式木结构建筑是指建筑的结构系统由木结构承重构件组成的装配式建筑。采用工厂预制的木结构组件和部品,并在现场组装而成。装配式木结构建筑是现代木结构建筑的重要表现形式,其可以在工厂中预制生产大量构件、组件和部品,生产精度更高,生产效率也远高于手工作业,且不受恶劣天气等自然环境的影响,工期更为可控;同时,木构件加工完成后,运输到施工现场进行组合、连接和安装,施工装配机械化程度高,质量可控,安装方便,成本较低。

2017 年,加拿大英属哥伦比亚大学建成的一栋 18 层木结构建筑,连同建筑设计、工厂生产、施工装配以及调试运行等各个环节在内,主体结构施工只用了 3 个月,现场只有 9 个工人。建设周期大幅缩短并提前投入使用,获得良好收益,充分体现了装配式木结构建筑的建造优势。

11.1.2.5　其他特点

(1)木材各向异性和缺陷

木材是源自树木的生物材料,其组织构造的因素决定了木材的各向异性。树木形成层逐年分生,形成同心圆状的年轮层;组成木材的绝大多数细胞和组织是平行于树干并呈轴向排列的,而射线组织是垂直于树干并呈径向排列的;另外,构成木材细胞壁的各层,其微纤丝的排列方向不同,其纤维素的结晶为单斜晶体,等等。

木材在其物理力学性能等方面都表现出了各向异性。比如,木材强度按作用力性质、作用力方向与木纹方向的关系一般可分为:顺纹、横纹和斜纹方向的抗压、抗拉、抗剪和抗扭等,各种强度差别相当大,其中顺纹抗压、抗弯的强度较高。在木结构设计中,最好尽可能使构件承受压力,避免承受拉力,尤其要绝对避免横纹受拉。

另外,木材在生长以及后续加工中都可能会产生缺陷,如节子、斜纹理、翘曲、开裂和腐朽等。木材缺陷对材质一般都不利,每根结构木材上均有随机分布的缺陷,缺陷的严重程度、分布位置等不同,对木材的影响程度也不同。比如,斜纹理对木材的抗拉强度影响最大,抗弯次之,抗压最小;木节对木材抗拉强度的影响也很大(试验表明,位于截面边缘的木节影响最大,例如边缘木节的宽度为截面宽度的 1/3 时,其抗拉承载力仅为同截面无木节构件的 25%~30%),而对木材抗压强度的影响最小(如边缘木节的宽度为截面宽度的 1/3 时,其承载力为同截面无木节构件的 60%~70%)。

为降低木材各向异性和缺陷对木结构设计和建造等方面的影响,首先需要理解木材的这些特性，从材料选择、分级、加工工艺等方面进行控制，从而"扬长避短"地利用木材。

(2) 木结构耐久性

木结构建筑的耐久性取决于是否能防止木材大面积受潮。在木结构建筑围护结构的设计中，应防止水汽在围护结构内部凝结，并能够将潮气排出。在潮湿的环境中，可以采用坡度较大的屋面、大挑檐和防雨幕墙等，以减轻房屋的受潮程度。和其他建筑体系一样，木结构建筑的围护结构必须是密封的，以防雨水从窗户、门和其他外墙面的开口处(包括屋面和阳台)渗透进来。

白蚁胃中含有可消化纤维素和其他植物的微生物，在森林中起着分解有机物的作用，同时也会对木结构建筑造成生物危害，影响木结构建筑的耐久性。现有的 2400 种白蚁可分为三大类：湿木白蚁、干木白蚁和地下白蚁。其中，地下白蚁通常以大群落的形式居住在土壤中，需要稳定的湿气来源，如暴露于干燥空气中则极易脱水。为避免脱水，地下白蚁会进入建筑物，通常用泥土在惰性材料(如基础)上修建藏身管道。其能修建长至 25 cm 的无支撑管道，能穿过窄至 1 mm 的裂缝。所以，地下白蚁是破坏性最大的一类白蚁。在白蚁肆虐的地区，可以通过适当的木结构建筑设计和施工实现有效的防控。在施工和后期使用中，可以采取的方法包括抑制法、现场管理、土壤屏障、施工与维护和监控与补救等。

另外，如果做好了后期维护，木结构建筑就会具有良好的耐用性。木结构建筑在国内外历史悠久，且迄今仍有一些古老的木结构房屋被保留下来，如北美洲和欧洲有很多木结构民宅拥有超过 100 年的历史。截至 2005 年，在美国存量木结构房屋中，17%的房屋房龄超过 75 年。木结构房屋是北美洲最普遍的住宅类型，甚至在夏威夷和美国南部等昆虫危害严重的地区也是如此。

(3) 木结构防火性

在燃烧过程中，木材的碳化作用可使其表面形成碳化层，能起到很好的隔热和隔离氧气的作用，可保护构件内部免遭火的进一步损害(图 11-12)。在标准火灾条件下，木材的碳化速率约为 0.6 mm/min。大型木结构构件的耐火极限可以计算出来，并用于建筑设计。由于木材的燃烧速度是已知和可控的，因此只要计算出着火后一定时间内某构件的剩余截面面积，就能确定剩余部分能否在该时间段内承受要求的荷载。与之相反，钢构件会在一定温度下完全丧失承载能力。

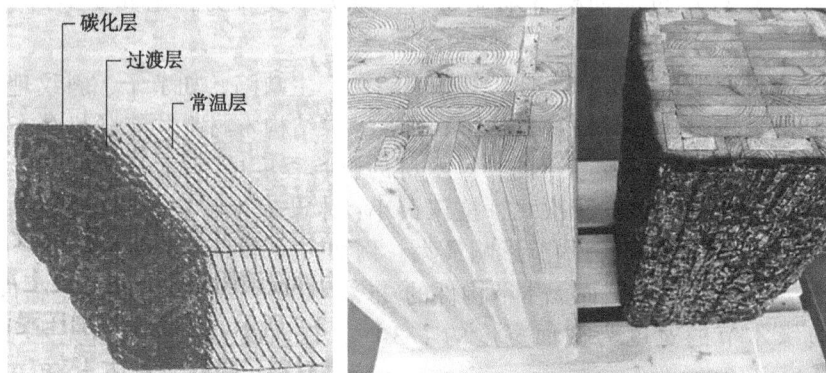

图 11-12 木材碳化层保护

　　轻型木结构建筑的承重构件是小截面的规格材，由于这些规格材的内侧通常采用防火性能好的石膏板进行覆面，因此轻型木结构建筑的防火安全性能与木结构材料的燃烧性能关系不大，而且构件之间的空腔内填充了不可燃的矿物纤维保温材料。在火灾实验室试验过程中，这些构件在设置的高温环境中燃烧，直到构件发生结构性破坏。木框架的结构墙体和屋盖构件要求在该试验高温下至少经历 1 h 后才发生结构性失效。

　　另据统计，各种类型的中低密度建筑发生火灾时，导致人员伤亡的主要原因并非房屋坍塌，而是受困的住户吸入了大量的有毒烟雾和气体所致，只有约 0.25% 的人员伤亡是由屋顶、墙体或地面坍塌直接造成的。因此，在火灾发生的早期，也可以借助木结构建筑表面的不燃材料、自动喷淋系统和烟雾探测器等减轻火灾风险。

11.1.3　木结构应用

　　目前，木结构在不同地区和类型的建筑中应用广泛，按其使用功能区分，应用比较普遍的有以下几个领域：

　　①住宅建筑　木结构建筑广泛应用于三层及三层以下的住宅建筑，既包括传统民居(如中国西部和南方山区生活的汉族和少数民族居住的大量建筑仍然采用传统的木结构建筑形式，也包括独立住宅(别墅)、联体别墅、私人住宅。这类木结构建筑通常采用方木原木结构和轻型木结构建造(图 11-13)。

　　②商业建筑　这类建筑包括会议中心、多功能场馆、博览建筑、游乐园项目等。在我国，随着旅游文化市场发展，木结构在旅游休闲建筑中应用广泛，如度假别墅、旅游酒店、养老院、福利院、俱乐部、休闲会所以及旅游地产等(图 11-14)。

图 11-13　木结构住宅

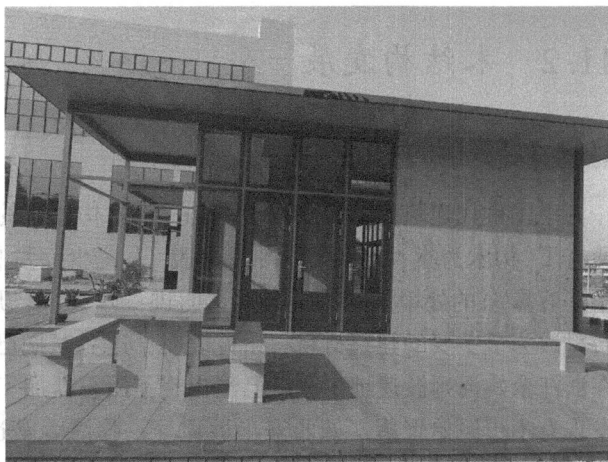

图 11-14　木结构咖啡馆

　　③文体建筑　包括各级学校、体育馆和文化馆等(图 11-15)。
　　④工业建筑　如厂房、仓库等(图 11-16)。
　　⑤宗教建筑　如教堂、寺庙建筑等(图 11-17)。
　　⑥木桥　包括人行桥和公路桥等(图 11-18)。

图 11-15　木结构体育馆

图 11-16　木结构仓库

图 11-17　木结构寺庙

图 11-18　木结构桥梁

11.2　木结构发展

11.2.1　我国的木结构发展

中国古代建筑的发展史几乎就是一部木构建筑的发展史。早在史前文明时期，我国便有了"构木为巢，以避群害"以摆脱"人民少而禽兽众，人民不胜禽兽虫蛇"（《韩非子·五蠹》）的处境。此后，人类文明进一步发展，形成了聚落式的居住形态，木材和石材成为最主要的建筑材料。研究表明，这一时期已经有了较为成熟的木构建筑体系。在浙江余姚河姆渡遗址中，就已经出现了用石器加工而成的榫卯式木构件。黄河流域也发现有不少原始聚落，如西安半坡遗址、临潼姜寨遗址等，这些聚落集居住区、墓葬区、制陶厂于一体，分区明确，布局有致，所有的房屋均为全木结构，表明木构架的形制已经出现。

夏、商、周时期，中国木结构建筑处于发育期，"茅茨土阶"奠定了中国古代建筑呈现台基、屋身、屋顶三分的面貌。此时期，夯土技术逐渐发达，高台建筑盛行。西周早期的青铜器上已经出现了早期的斗拱形象，梁柱构件已在柱间用阑额，柱上用斗，开启了运用斗拱之滥觞。

秦汉时期，木结构的三种主要形式——抬梁式、穿斗式、井干式木构架均已出现，木结构建筑体系已基本形成。屋顶的形式开始多样化，庑殿、悬山顶等各种形式的屋顶开始出现。斗拱的使用很普及，但形式还不统一，处于积极的探索期。在此时期，重楼建筑(多层楼阁，望楼)开始盛行。南北朝时期，斗拱比汉代有了进步，柱头铺作基本完善，斗拱中出现了斜向构件"昂"。

隋、唐、五代时期属于我国木结构建筑的成熟期，已具有相当的标准化程度，是我国建筑发展史上的高潮。唐朝时所编制的《唐六典》系统地介绍了木结构相关建造技术和标准。大体量的构筑技术得到了解决，殿堂型、厅堂型构架被广泛使用。斗拱的结构机能得到充分发挥，形制已经完备，形成了较为规范的斗拱系列(图 11-19)。建筑形象呈现出雄伟、豪健的气质。也正是在这个时期，我国的木结构建筑形式及技术标准被广泛传播到国外，如日本、朝鲜半岛等。

图 11-19　斗　拱

宋、辽、金时期，我国的木结构建筑逐渐走向规范化和精细化。北宋李诫编制的《营造法式》对成熟的木构架体系进行了规范化的总结，使建筑定型化达到了严密的程度。斗拱完全成熟，并以规范的形式确定下来。建筑规模缩小，单体建筑出现复杂形态。小木作发育成熟，内、外檐装修日趋华美、细腻，彩画趋向绚丽多彩，建筑风貌呈现出鲜明的地域特色和精细化特点。到了元代，木构架建筑基本继承了宋、辽、金时期的传统。

明、清时期，木结构建筑经过前朝的漫长发展，建筑技术以及建筑群体布置已经发展成熟，并形成了一套严谨的规制。明代斗拱处于承上启下的阶段，在大部分继承明代以前做法的基础上演化出了一些新的形式。建筑中的砖材使用增加，民居木构建筑类型丰富。清工部《工程做法则例》的颁布统一了官式建筑的规模和用料，制定了工程标准，简化了构造方法，规定了 27 种房屋的格局，使建造技术进一步规范化。此时，斗拱从名称、构造、外观、尺寸等方面发生了较大的变化。斗拱主要名称变为柱头科、平身科、角科，角科中出现的闹头昂使得斗拱发生了较大变化。清代建筑对于多变造型与精美装饰风格的追求进一步突出，建筑装饰、彩画等与结构构件形成了辉煌的建筑空间，在建筑传统的结构与建造做法之外，又形成了一套严谨的装饰装修体系，取得了令世界建筑界瞩目的成就。例如，北京故宫太和殿是现存中国古建筑中等级最高的建筑，其包括三层台基在内的总建筑高度超过 37 m，也是故宫中最高的建筑。太和殿充分体现了我国讲究数理的建筑文化传统，其建筑面阔十一间（长约 60m），进深五间（宽约 33m），总计五十五间（符合"凡天地之数五十有五"的古籍记载）。

中华人民共和国成立初期，由于钢材、水泥短缺，大多数民用建筑和部分工业建筑都采用了砖木结构，木结构广泛应用在木屋盖等建筑结构上，木结构工程的教学、科研工作兴旺发展。后来，随着我国国民经济建设发展的前三个"五年计划"的推进，基本建设的规模迅速扩大，木材需求量急剧增加，森林被大量砍伐。20 世纪 70 年代后，木结构在中国基本被停用。在此后长达 20 余年的时间里，我国的木结构发展处于停滞状态，而此时正是国外现代木结构飞速发展的时期。

进入 21 世纪后，特别是我国正式成为世贸组织成员后，木材进口关税降低，进口量连年上升。同时，一些国家的木材贸易组织和生产企业也大力向我国建筑市场推销木材和木材制品，大力推广现代木结构建筑，并逐步取得政府建设主管部门的认可。2014年，住建部在《关于大力推广现代木结构建筑技术的指导意见》中明确提出，到 2020年，我国现代木结构建筑在整个建筑业所占市场份额要接近或达到 8%。2015 年，工信部和住建部在《促进绿色建材生产和应用行动方案》中倡导推进城市木结构建筑的应用，在旅游度假区重点推广木结构建筑。2016 年，国务院在《关于进一步加强城市规划建设管理工作的若干意见》中提出"大力推广装配式建筑，积极稳妥推广钢结构建筑，在具备条件的地方，倡导发展现代木结构建筑"。2021 年，《中华人民共和国国民经济和社会发展第十四个五年规划和 2035 年远景目标纲要》（"十四五"规划）提出"推广绿色建材、装配式建筑和钢结构住宅，建设低碳城市"。在此背景下，在引进、吸收国外现代木结构建筑技术的基础上，我国现代木结构建筑终于在新世纪迎来了快速发展时期。自2000 年以来，我国先后颁布了包括木结构设计、施工、验收以及材料在内的 20 多项标准。全国专业木结构施工企业从不到 20 家发展到目前，具有一定规模的施工企业已超过300 家。建设量从全国几乎为零，发展到目前，每年新建木结构建筑 350 万~400 万 m²。

近十年来，我国出现了很多标志性的木结构公共建筑，如太原植物园展览温室项目（图 11-20）、第十届江苏省园艺博览会主展馆、南京丽笙酒店项目等。这些优秀的现代木结构建筑都是利用现代建筑设计手法表达传统建筑文化的案例。

11.2.2　国外的木结构发展

近现代国外木结构建筑发展的推动力主要体现在两个方面：一是在木材资源丰富的地区，以材料供给和建筑传承为推动力；二是自 18 世纪末以来，以现代木材产品技术的发展为推动力。欧洲、北美洲以及日本等地，基于丰富的森林资源和地域建造传统，以独立式住宅为主要类型的木结构建筑（图 11-21、图 11-22），在近现代逐步形成了完整、成熟的产业化建造体系。

欧洲的传统木结构是一种独立的木框架支撑体系，其发展与所处地区有较紧密的联系。欧洲传统木结构的基础之上一般为木质桁架，木桁架间填以泥坯或砖。中世纪后期，大多数的木结构建筑造型朴素简洁，外墙面还没有出现斜撑；文艺复兴时期，外墙的构架开始出现斜撑，房屋构架开始出现斜撑并大胆地暴露在外墙面上，此后逐渐发展

图 11-20　太原植物园展览温室

图 11-21　德国传统木结构

图 11-22　北美洲传统木结构

成为外墙面上变化多样的图案。欧洲传统木框架结构主要分为英伦、德式、法式三个流派，此后，这些木结构设计风格也通过殖民方式传播到其他大洲。在北欧，独户住宅采用木结构是传统，井干式木结构建筑是传统建筑的主要类型之一。20 世纪 90 年代至今的 30 多年中，多层木结构建筑、新型连接技术和木结构建筑工业化相继出现，促进了木结构建筑的发展，尤其是 2000 年后，欧洲木结构建筑的发展更为迅速。随着胶合木材料等技术得到良好的传承发展，欧洲以重型工程木产品为基础，扩大发展了多种木结构建筑体系，形成了功能类型多样、形态自然多变、风格简洁现代、技术合理精致的地域木结构建筑特征。

北美洲的木结构建筑兴起于 16 世纪资本主义萌芽时期，当时的建筑是不同于欧洲的传统木结构。直到 19 世纪，随着锯木厂和蒸汽动力的圆锯产生，加工出大量的规格材，轻质框架结构才得到发展，代表类型是轻型木结构框架体系。19 世纪末到 20 世纪初，乔治·华盛顿·斯诺提出的轻型木结构框架结构在美国住房市场中得到认可，逐渐发展成为从材料、设计、搭建，直至售后维修的完整建造体系。如今，在美国，包括住宅小区、商业建筑、公共建筑在内的95%以上的低层民用建筑和50%以上的商用建筑都采用木结构。美国每年新建的150万幢住宅，有90%采用木结构。目前，依托于工程木材料在技术工艺和设计上的巨大进步，北美木结构建筑正在向工业化、大型化、标准化的方向快速发展。

日本木结构民居的传统结构形式为梁柱式结构（图11-23）。其最初是将木房屋的柱埋入土中进行固定，由于土中部分容易腐朽，后逐渐将木柱移至基石之上。到我国宋朝时期，日本吸收了当时中国木建筑文化和技术的许多精华，在京都和奈良等都市建造了不少气势宏伟、具有中国特色的大型木结构建筑。16世纪末至17世纪初，为了增加立柱的支承重量，又将木结构的立柱支承于底座之上。底座由水平放置于地面的横木构成，分散了立柱下端对地基的集中负载，允许建造更高、支承重量更大的木结构建筑。为了适应日本夏天闷热的气候，传统的日本梁柱式木结构一般做成大空间，墙壁可拆移、不承重，不使用斜撑。到第二次世界大战结束，日本几乎所有房屋都是木结构建筑。之后，日本建筑界在经过了一段时期的混乱后，于1962年诞生了采用木质人造板的板式木质结构，1970年引进了原木结构，1974年又从北美洲引进了用规格材作框架、用结构胶合板覆面的木框架覆面结构（即轻型木结构）。进入21世纪后，日本建筑界也积极适应环境保护和可持续发展的潮流，努力推进木结构建筑的发展，建筑水平得到了很大的提高，不但建造了大量木质结构的小学校舍、多功能会堂，还建造了木质结构的桥梁和大型的木质结构体育馆等。在日本，基于传统工艺，发展了轴组工法木结构体系，同样形成了集材料、设计和建造于一体的完善的标准化建筑体系；尤其是"SE构法"等建造技术的发明，显示了日本现代木结构技术的水准与特色。SE（safety engineering）构法（图11-24）是在胶合木构件端部或中部加工出对木材损伤较小的线槽以及螺栓孔，配合SE钢制连接件，在施工现场进行装配连接，形成承重木结构框架，力学性能稳定，结构强度较高，在日本应用广泛。

图11-23　日本传统木结构　　　　　　　图11-24　"SE"构法

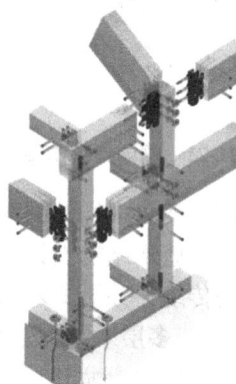

从世界范围内来看，自20世纪初胶合木出现后，木结构的发展进入了一个全新的时代，胶合木的生产应用成为木结构建筑发展的里程碑。胶合木技术有效地解决了木材自身缺陷，使其结构强度、稳定性以及耐腐蚀等性能均得到大幅提升，极大地拓展了木材在建筑中的应用。20世纪90年代，CLT材料的出现将现代木结构引入了一个新的发

展时期。胶合木和 CLT 联合使用，不但被大量应用于各类中小型建筑，而且其在大跨结构、高层建筑中的应用也取得了突破性的进展。

11.3　木结构技术及发展

11.3.1　木结构材料

一般而言，优质的针叶材（如红松、杉木、云杉和冷杉等树种）具有树干挺直、纹理平直、材质均匀、易加工、干燥不易开裂（或扭曲变形）和一定的天然耐腐性等优点，是理想的结构用材。早期的结构用材多为优质的天然针叶材。天然木材可以分为原木（log）、方木或板材（也称作锯材，sawn lumber）和规格材（dimension lumber）。

原木是指树干经砍去枝丫、去除树皮后的木段。小头直径大于 200 mm 的原木可以经锯切成为方木（截面宽度不大于 3 倍厚度）或板材（截面宽度大于 3 倍厚度）。规格材也是锯材的一种，是指按轻型木结构设计需要，木材截面宽度和高度按规定尺寸加工的规格化木材。规格材常用作轻型木结构中的墙骨柱、搁栅、椽条以及过梁等结构构件。常见的规格材尺寸见表 11-2（表中的名义尺寸是指进行干燥和最终处理之前的生材尺寸，实际尺寸是指干燥和刨光处理之后的尺寸）。

表 11-2　常见规格材尺寸

名义尺寸（inch①）	名义尺寸（mm）	实际尺寸（inch）	实际尺寸（mm）
2×4	50.8×101.6	1.5×3.5	38×89
2×6	50.8×152.4	1.5×5.5	38×140
2×8	50.8×203.2	1.5×7.25	38×184
2×10	50.8×254	1.5×9.25	38×235
2×12	50.8×304.8	1.5×11.25	38×286

在北美洲，采用规格材印章来表示规格材的评级机构、树种、等级、含水率和制材厂编号等信息（图 11-25）。北美洲常见的规格材树种或树种组合包括花旗松-落叶松，云杉-松-冷杉和铁杉-冷杉等。采用目测分级的规格材分为精选结构级、1 级、2 级、3 级、墙骨柱级、施工级和标准级等 7 级。不同等级规格材用于不同构件，如精选结构和 1 级规格材通常用于对强度、刚度和外观有较高要求的构件。含水率过高的木材容易收缩，并且当含水率超过 28% 时，木材会腐朽，因此，结构用规格材在建筑结构闭合前的含水率最高不超过 19%。

图 11-25　规格材印章

①　1 inch=2.54 cm。

　　天然木材的截面尺寸因受到树干直径的限制，不可能很大；树干是直线形，不能进行整体弯曲，否则会影响木结构构件的形式和承载能力；此外，天然木材又有许多缺陷，严重影响木材的强度。长期以来，人们一直在寻找解决上述问题的方法，工程木（engineering wood products）的出现及其在木结构中的应用为解决上述问题提供了一条有效的途径和手段。工程木是一种重组木材，即通过工业化生产，将天然木材锯切成一定厚度的木板、木条或木片，按一定的性能要求重新黏结或组合在一起而形成的结构木制品。工程木包括层板类工程木、结构复合木材、木基结构板材和预制木构件产品等系列。

　　层板类工程木一般也称为重型木材（mass timber），是指采用一定厚度的锯材为材料单元，通过胶合、钉接等连接方式形成的工程木（图 11-26）。层板类工程木主要有四大典型代表：层板胶合木（简称胶合木或集成材，glued laminated timber，glulam 或 GLT）、正交胶合木（cross-laminated timber，CLT）、钉接层积木（nail-laminated timber，NLT）和销接层积木（dowel-laminated timber，DLT）。

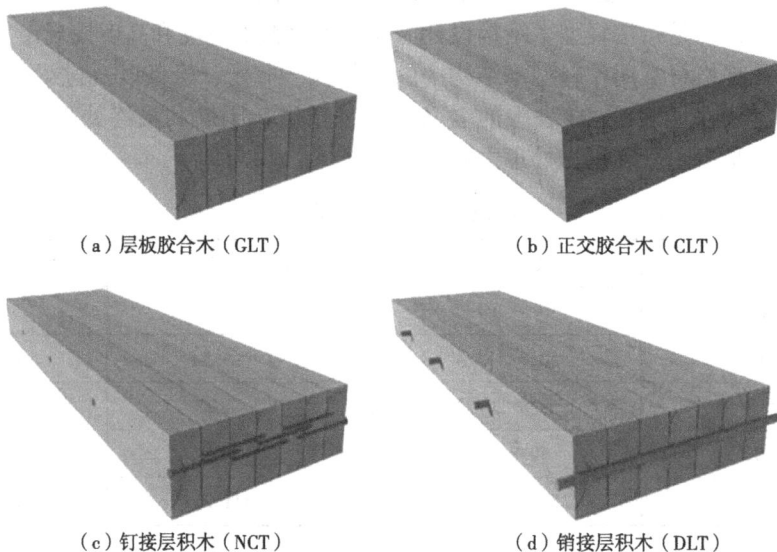

（a）层板胶合木（GLT）　　　　　　　（b）正交胶合木（CLT）

（c）钉接层积木（NCT）　　　　　　　（d）销接层积木（DLT）

图 11-26　层板类工程木

11.3.1.1　层板胶合木（GLT）

　　层板胶合木（下称胶合木）是一种以厚度 20~45 mm 的板材，沿顺纹方向叠层胶合而成的工程木产品。制作胶合木构件所用的层板，经过干燥和分等分级，根据不同受力要求和用途，将不同等级的材料在截面方向进行组合。强度等级高的层板被放在使用中产生应力较大的部位，同样，将弹性模量较高的层板放在远离截面中和轴的位置，以增加构件的抗变形能力。制作胶合木构件所用的木板，当采用一般针叶材和软质阔叶材时，刨光后的厚度不宜大于 45 mm；当采用硬木松或硬质阔叶材时，不宜大于 35 mm。木板的宽度不应大于 180 mm。

　　胶合木可以直接用作建筑结构骨架，常用在大跨建筑中，用以满足复杂建筑造型与结构的需要；也可用作梁、柱或承受压弯荷载的弧形构件。胶合木具有物理性能好（稳定度高、缺陷少、不易开裂、强度高）、加工性能好、尺寸大、构件设计灵活等优点。胶合木的出现为现代木结构的长足发展奠定了基础，使木材在建筑中的利用更为高效，在一定程度上拓宽了木材的应用途径。目前，胶合木在民用、公共、大跨度空间等各类建筑中都得到了广泛的应用。

11.3.1.2　正交胶合木(CLT)

CLT 最早出现在 20 世纪 90 年代欧洲的奥地利、德国等地。CLT 是一种至少由 3 层实木锯材层叠(典型的层板之间为正交铺设),锯材宽面采用结构胶黏剂压制而成的一种工程木产品。层板之间除胶合黏结外,还可以采用钉、木销等连接件连接。CLT 通常为奇数层,常见的为 3~7 层,实木锯材也可以和其他结构的复合木材形成混合结构 CLT,提高其力学性能。层板实木锯材厚度范围为 16~51 mm,宽度范围为 60~240 mm,锯材长度可采用结构胶黏剂指接接长。CLT 产品的常见宽度有 0.6 m、1.2 m、2.4 m 和 3 m,长度可达 18 m,厚度可达 508 mm。由于其具有良好的物理力学性能,CLT 常用于建筑中承重的楼面板、墙面板和屋面板等构件。

11.3.1.3　钉接层积木(NLT)

NLT 是一种重型板式木结构构件,一般常用截面为名义尺寸 2 inch×4 inch、2 inch×6 inch、2 inch×8 inch 等 SPF 规格材通过钉连接的方式进行一维组合,类似于胶合木的组坯方式,从而形成板式构件。其表面通常会覆盖胶合板或定向刨花板,以提高其结构承载力和稳定性。NLT 的主要优点是可以让木材裸露在外,并且具有很好的防火性能,不需要工厂的大规模预制,现场便可根据需要灵活组装。这种新型构件在北美地区被广泛应用于多高层、大跨度建筑的楼(屋面)板,以及需要木材裸露的项目当中。

11.3.1.4　销接层积木(DLT)

DLT 与 NLT 在层合组坯方面类似,但在使用的紧固件方面有区别:DLT 使用密度大的阔叶木(如橡木)木销代替金属钉来连接层板。DLT 通常是由厚度为 38 mm,宽度为 89 mm、140 mm 或 184 mm 的针叶木材制造,用圆木销将层板连接固定。DLT 层板的含水率在制造时小于 19%,而圆木销直径通常为 19 mm,含水率较低,约为 6%~8%。在 DLT 的后期使用中,这两种材料(层板和木销)的含水率达到平衡时,木销湿胀而层板木材收缩,这样在木材和木销之间就形成了一个强大的摩擦紧固力,使得在不需要使用胶黏剂或金属钉的条件下,DLT 层板间就能形成紧密的连接。相比其他工程木产品,DLT 更环保,并具有更好的加工性能。DLT 在建筑设计中具有很大的灵活性,非常适合楼盖和屋盖,也可以用作墙板。

11.3.1.5　其他工程木产品

结构复合木材(structural composite lumber, SCL)是指一个种类的工程木产品,这些工程木由室外用胶黏剂胶合单板或单板条,形成像木材一样的结构构件。相较于天然木材,SCL 具有强度高、稳定性好、节省大尺寸木材资源消耗,便于进行防虫、防腐、防火、防水等性能预处理工艺等优势。根据基本材料与制作方式的不同,SCL 又有不同的分类,主要有单板层积材、单板条层积材、层叠木片胶合木、定向木片胶合木等。

木基结构板材是将原木旋切成单板或将木材切削成木片,经胶合、热压而成的承重板材,可用于轻型木结构中的墙体、楼面及屋面的覆面板,其宽度和长度规格通常为 1220mm×2440mm。木结构建筑中常用的木基结构板材主要分为两种:结构胶合板(structural plywood)和定向刨花板(oriented strand board, OSB)。

　　预制木构件产品是工厂化生产的预制构件，如预制木工字梁以及专门用于轻型木结构屋盖的轻型木桁架等。这些产品具有完善的性能指标，设计师在设计时可直接采用标准的产品尺寸进行设计。木质工字梁是一个"工"字形截面的构件，它是由翼缘和腹板胶合制作而成的一种工程木产品。通常情况下，木质工字梁翼缘由实木锯材（目测分等或机械应力分等锯材）或单板层积材制作而成，腹板通常由 OSB（定向刨花板）或胶合板制作而成。木桁架是由采用镀锌钢板将木材连接而成的三角形单元组成的工程结构框架。木桁架具有承载力强、经济性佳、通用性强等特点。木桁架广泛应用于混合建筑结构中，通常和钢结构、混凝土结构或砖石结构墙一起构成复合结构。木桁架的形状几乎可以无限制地变化，构成各种与众不同的屋顶形状。另外，木桁架和楼面桁架的空腹特点，还便于水管、电气、机械和卫生设备的安装。

11.3.2　建筑设计

　　基于木材易塑性、亲和力强等材料特性，木结构建筑在形式表现上具有相当的优势。木结构建筑的外部形态设计主要可以从建筑形体、结构形态和建筑表皮 3 个方面重点表现。

11.3.2.1　突出形体特征

　　木结构建筑可以表现出多种建筑形态。其中，造型灵活多变、体量尺度惊人的建筑更加契合木材自然、亲切的材料特性。在打造木结构建筑灵活多变的形体时，常使用一些建筑表达的手法来进一步体现木结构建筑的多样性，例如：将大体量的建筑打散成小体块，使建筑以"建筑群"的姿态展现，同时可将其中的某些部分融入环境等，来打造一种建筑与环境交融的姿态（图 11-27、图 11-28）；充分运用曲线、折线等元素，打造强烈的现代感等（图 11-29、图 11-30）。

图 11-27　土耳其 Odunpazari 现代艺术博物馆

图 11-28　云南腾冲贡山手工造纸博物馆

图 11-29　芬兰 Kamppi 静谧教堂

图 11-30　加拿大 Philip J. Currie 恐龙博物馆

11.3.2.2 突出结构特征

木结构建筑易于进行结构创新的优势非常明显。在建筑的外部形态设计中，从结构关系入手成为突出木结构建筑特征的最主要策略之一。暴露木结构建筑局部或整体结构，可以突出建筑的视觉特征，增强视觉表现力，强化视觉焦点，展现建筑的力量感（图 11-31、图 11-32）。

图 11-31　米兰世博会法国馆　　　　图 11-32　万科青岛小镇游客中心

11.3.2.3 突出表皮特征

木结构建筑易于建构界面肌理创新的视觉优势同样突出，因此，木质表皮常常成为突出木结构建筑特征的重要载体，其细部肌理变化与整体控制相辅相成，表达出木结构建筑独特的表皮风格（图 11-33、图 11-34）。

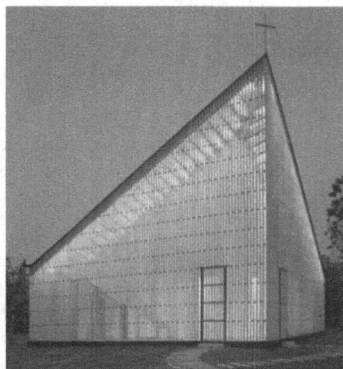

图 11-33　意大利 Damiani Holz&Ko 木材公司办公楼　图 11-34　南京河西万景园教堂木质表皮

在木结构建筑的内部空间，木材主要用于结构和围合界面。相对于建筑外部，内部空间中的木结构暴露机会更大，与接触者的距离更近。从视觉上来说，木结构建筑的内部空间设计可以增强空间的识别性，并形成适宜的空间氛围。木结构建筑的内部大多暴露主体结构构件，并对其进行适当个性化处理，例如将直线构件变异为曲线、折线或异形化构件，以增强木结构的艺术性与空间表现力。同时，在木质结构构件中加入适当的金属元素（如钢索、金属连接件等），可以充分发挥各自材料的性能优势，实现更好的整体结构性能，节省木材用量，让结构形态变得更加轻盈和现代。

木结构建筑内部空间的木质界面可以营造亲近、温暖的氛围，不少建筑的室内屋面和墙面木质界面都具有很强的个性，显著提高了空间的识别性和趣味性。其中，利用线性肌理加强空间方向感的做法，既发挥了木材的特性，又强化了空间秩序与特征，在实践应用中较为常见（图 11-35~图 11-38）。

图 11-35　芬兰森林研究所

图 11-36　贵州榕江室内游泳馆

图 11-37　智利天窗马厩

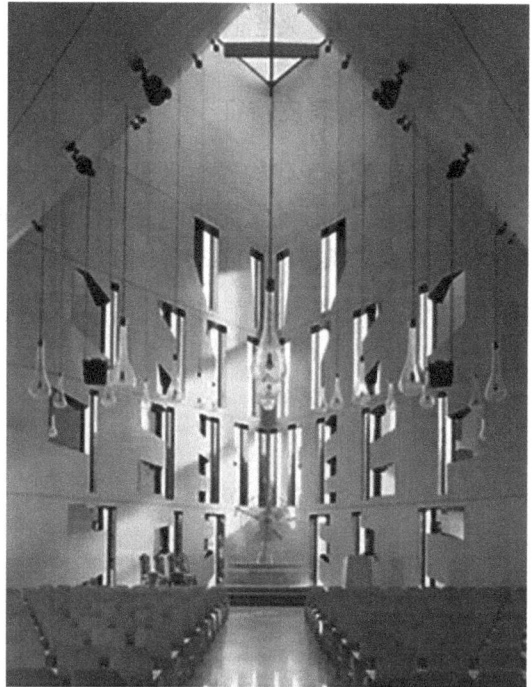

图 11-38　挪威 Våler 墓园教堂

11.3.2.4　BIM 技术应用

建筑信息模型（building information modeling，BIM）是一种智能化的实体建筑模型，集数据、资源和过程于一身，其具有可视化、协调性、模拟性、优化性、可出图性等优点，在城市规划、促进城市智能化、工程项目等方面具有良好的发展前景。BIM 在建筑施工的运作中起到了很重要的作用，如在施工前所做的准备工作、在现场临时施工规划以及对工程造价的控制等，都可在 BIM 中体现。在一些重大建筑中，BIM 展现出了无可比拟的优越性，如 2008 年北京奥运会水立方建筑、2010 年上海世博会建筑、2012 年伦敦奥运会主场馆、上海迪士尼乐园建筑等，都运用了 BIM 技术。

在现代木结构建筑中，通过 BIM 技术平台的深化设计和数字化加工的有效结合，就可以实现木结构从建筑设计到数字化加工再到现场施工全周期的协同。通过 BIM 新型的应用技术，实现以创新的理念驱动行业间的交流与协作，充分发挥各自领域内的技术优势，创造建筑行业设计、安装新型产业链，开启全新施工模式。2015 年，加拿大斯阔米什探险中心建成，其全部构件由三维 BIM 软件进行设计，并且利用数字化 BIM 构件指导木材加工；在施工过程中，又采用了基于 BIM 理念的精益建筑技术，极大地缩短了项目工期，项目总历程仅为 8 个月。在国内，第十届江苏省园艺博览会主展馆、南京河西区生态公园生态馆等木结构建筑也在设计过程中引入了 BIM 技术，项目的建造效率均得到了较大的提升。

11.3.3　结构体系

随着城市化进程的不断推进，现代木结构建筑正在向大空间、多高层的方向发展。但是，受限于材料性能，轻型木结构及方木原木结构无法做到大跨度或者多高层。随着现代工程木产品的出现，材料的性能得到了大幅提升，大跨、多高层的现代木结构建筑便如雨后春笋般出现。

11.3.3.1　大跨木结构建筑

大跨建筑一般采用结构跨度值作为衡量标准，定义为横向跨越 30 m 以上空间的各类结构形式。中国古代木结构形成了抬梁式、穿斗式等多种成熟的建筑结构类型，多以榫卯连接，对木材尺寸要求高，因此跨度有限。而大跨木结构主要在桥梁中有独到的应用。以桥梁为代表的古代大跨木结构形式主要有悬索结构、伸臂梁结构、拱结构等，其节点连接构造主要采用了榫卯、绑扎、金属件连接等方式。1989 年，北京亚运会工程康乐宫戏水乐园制成跨度 60 m 的胶合木混凝土组合钢架结构，由此开启了我国现代大跨木结构的发展历程。2013 年，在苏州胥江古运河上建成了当时世界跨度最大的重型木结构拱桥——欢乐胥虹桥，该桥全长 120 m，主跨度达到 75.7 m，主体采用桁架拱的结构形式(图 11-39)。

大跨木结构具有结构轻质高强、形态亲和醒目、绿色节能环保、耐腐优于钢材等优点，在地震中表现优异，且造型设计灵活，适合在游泳馆、溜冰场及高湿工业生产厂房等大跨空间使用。得益于现代木材材料技术和加工技术的飞速发展，几乎所有的大跨结构形式，如实腹梁、桁架、拱、悬索、网架、薄壁壳、折板等，均可运用木材加以实现。

按照大跨结构的常规分类方法，大跨木结构可分为平面结构和空间结构两大类。空间结构比平面结构更适合实现较大的空间跨度，但这并非设计选型的唯一原则，还要综合考虑建筑的空间和形态要求。大跨木结构的平面结构类型主要有实腹梁结构、桁架结构、拱结构、刚架结构等；空间结构类型主要有网架结构、壳结构等。上述一些结构类型，如果结合了张弦结构做法，则可被称为张弦木结构(图 11-40)。这种结构是另一视角的木结构类型，可以使大跨木结构用材更节省、结构更合理、形态更丰富。因此，张弦木结构的运用已越来越普遍，并已发展为一种重要趋势。

图 11-39　苏州欢乐胥虹桥

图 11-40　日本兵库县游泳馆

11.3.3.2　多高层木结构

我国建筑标准规定，建筑高度大于 27 m 的木结构住宅建筑、建筑高度大于 24 m 的非单层木结构公共建筑和其他民用木结构建筑为高层木结构建筑。住宅建筑按地面上的层数分类时，4~6 层为多层木结构住宅建筑，7~9 层为中高层木结构住宅建筑，大于 9 层为高层木结构住宅建筑。

高层木结构建筑并非全新的建筑形式，在世界建筑史中已经存在了近 10 个世纪。山西应县木塔（又称山西应县佛宫寺释迦塔、应州塔）建于辽代（1056 年），高约 67 m，是世界上现存唯一最古老最高大之木塔（图 11-41），与意大利比萨斜塔、巴黎埃菲尔铁塔并称"世界三大奇塔"。2016 年，应县木塔获吉尼斯世界纪录认定，为世界最高的木塔，标志着我国古代木建筑的辉煌成就。侗族鼓楼是侗乡具有地域文化特色的典型建筑，以木凿榫衔接，不用一钉一卯，结构严密坚固，可达数百年不腐。中国历史上最高的侗族鼓楼位于贵州省榕江县车江三宝千户侗寨中部，始建于清道光年间，咸丰至同治年间被毁，光绪十七年（1891 年）重建。建筑高约 35.18 m，共 21 层。

在西方历史中，高层木结构主要应用于教堂建筑中，代表性建筑是位于俄罗斯奥涅加湖基日小岛上的纯木质教堂"基日乡村教堂"。这座建筑拥有 150 多年的历史，高约 37.4m，墙体均为由原木搭建的井干式结构，很可能是现存世界最高的井干式木结构建筑。该教堂虽经历过一些改建，但仍沿用了纯木结构。1990 年，该教堂被联合国教科文组织列为世界遗产（图 11-42）。

自 19 世纪末以来，高层建筑主要采用混凝土和钢材建造。这两种材料虽然具有良好的结构性能，但随着人民对环境问题的日益关注以及建筑材料等技术的突破，现代高层木结构建筑开始出现（表 11-3）。第一座现代高层木结构建筑是 2009 年建于英国伦敦的 Murray Grove 大厦。此后，高层木结构建筑在北美、北欧、澳大利亚等地区迅速发展，建筑高度不断增加，结构体系不断完善。截至 2019 年，全球已建成的高层木结构建筑中，层数最多的是奥地利维也纳的 HOHO 大厦，建筑层数 24 层（图 11-43）；高度最高的是挪威的 Mjøstårnet 大厦，建筑高度 85.4 m（图 11-44）。我国于 2017 年 10 月 1 日正式颁布《多高层木结构建筑技术标准》（GB/T 51226—2017），这也让中国成为继加拿大、美国、欧洲各国家、澳大利亚之后，又一个允许木结构应用于高层建筑的国家。

图 11-41　山西应县木塔

图 11-42　俄罗斯基日乡村教堂

图 11-43　维也纳 HOHO 大厦

图 11-44　挪威 Mjøstårnet 大厦

　　高层木结构建筑不但保持了木结构建筑的自身优势，而且因规模更大，使其建造价值更加突出。对于建材消耗量巨大的高层建筑来说，木材吸收和存储的碳量非常可观，采用可再生的木材可以使建筑的整个生命周期都能实现负碳排放。据研究，如果一座城市中的高层木结构建筑占有一定比例，对于改善城市生态环境就具有重大意义。此外，高层木木结构建筑还具有施工快捷、污染小、自重轻等特点。

　　高层木结构建筑的结构形式分为三类：一是纯木结构，其中，由于正交胶合木（CLT）剪力墙结构没有明显的受力薄弱方向，具有抗侧力强、尺寸稳定性好的优点；二

表 11-3　国外已建成的高层木结构建筑

项目名称	地点	层数/高度	建筑功能
Treet	挪威卑尔根	14 层/51 m	居住
Mjøstårnet	挪威布鲁蒙达尔	18 层/85 m	公寓、酒店、办公
Stadthaus	英国伦敦	9 层/30.3 m	居住
Brock Commons	加拿大温哥华	18 层/53 m	公寓
Forte	澳大利亚墨尔本	10 层/32.2 m	居住
Holz8	德国巴德艾比林	8 层/21 m	居住、办公
Lifecycle Tower One	奥地利多恩比恩	8 层/27 m	办公
Cenni Di Cambiamento	意大利米兰	9 层/31 m	居住、商用
Bridport House	英国伦敦	8 层/25.6 m	办公
Limnologen	瑞典韦克舍	8 层/27 m	居住

是上下混合木结构，当上部为木框架结构时，为增强结构稳定性，通常采用加入斜撑的方式；三是混凝土核心筒结构，在该结构体系中，混凝土核心筒主要承担水平荷载，木结构部分主要承担竖向荷载。

在上述 3 种结构形式下，目前现代多高层木结构建筑主要应用的是 4 种结构体系：木框架剪力墙结构体系、正交胶合木剪力墙结构体系、巨型木桁架结构体系和木混合结构体系。

木框架剪力墙结构体系是指采用梁柱作为主要竖向承重构件，以剪力墙作为主要抗侧力构件的纯木结构体系。剪力墙主要集中分布于电梯井、管道井区域，多采用 CLT 墙体或者类似轻型木结构的墙骨柱结合覆面板结构板材的墙体。木框架主要包括胶合木梁和柱，均匀分布于剪力墙周围。例如，加拿大 UNBC 大学的木构创意中心（wood inno-vation and design center）的建筑主体结构为胶合木框架+CLT 核心筒（图 11-45）。虽然其纯木结构部分只有 6 层，但由于 CLT 核心筒极大地增强了结构的抗侧和抗弯性能，因此结构中出现了夹层和局部两层通高的楼层，建筑高度相当于一座 9 层的建筑。

正交胶合木剪力墙结构体系是指采用 CLT 剪力墙作为主要受力构件，以抵抗结构竖向荷载和水平力的纯木结构体系。CLT 剪力墙具有较高的强度和刚度，能同时抵抗水平荷载和竖向荷载。相较于木框架剪力墙结构，CLT 剪力墙的整体性更好，具有更好的抗震性能，理论上也能实现更高的建筑高度。例如，在英国伦敦 Stadthaus 公寓的建筑结构中，所有墙体、楼板（包括电梯和楼梯井道）全部由 CLT 板材建造，提供结构的竖向承载力和抗侧承载力（图 11-46）。整座建筑的建造速度很快。相关研究表明，这座建筑在其全生命周期内可储存 186 t 碳。

巨型木桁架结构是高层木结构建筑中的一种新颖的结构体系，是由胶合木框架和斜撑构成的空间桁架结构，所需的木构件具有很大的截面尺寸。虽然规范中并没有将其作为一类结构体系详细介绍，但众多案例证明，该结构体系不仅能优化木框架结构的受力方式，实现更加灵活的内部空间，其外露的巨型木构件还能够突出木材的结构张力和空间表现力。因此，该结构体系也是未来高层木结构建筑的一类发展方向。例如，挪威的Treet 木构高层住宅的建筑整体结构分为两部分：外层是类似于竖向木桥的空间桁架结构；内部是以 4 层为一个单元的预制住宅模块，分别位于 1~4 层、6~9 层和 11~14 层

（图 11-47）。同时，为提高防火性能并保证结构刚度，在 5 层和 10 层加设结构加强桁架层，且桁架层的上表面及屋顶都采用了混凝土楼板。

《多高层木结构建筑技术标准》（GB/T 51226—2017）将木混合结构分为上下混合木结构和混凝土核心筒木结构两类。上下混合木结构体系是指在木混合结构中，下部采用混凝土结构或钢结构，上部采用纯木结构的结构体系。该结构体系很好地解决了木结构主体与基础的连接问题，提高了结构稳定性，有利于木结构建筑的防潮处理；同时为增加建筑高度提供了可能，目前已被广泛应用。混凝土核心筒木结构体系是指在木混合结构中，主要抗侧力构件为混凝土核心筒，其余部分为木质构件的结构体系。相比于纯木结构体系，混凝土核心筒承担了主要的水平荷载，大幅度提高了结构的抗侧刚度。大部分已建成的高层木结构建筑均采用此种结构形式。例如，加拿大 UBC 大学的 Brock Commons 学生公寓（图 11-48）的建筑首层为混凝土结构，混凝土核心筒内布置楼梯、电梯和管道井，作为主要的抗侧力构件；其余结构由胶合木柱支撑结构与 CLT 楼板共同组成。

图 11-45　加拿大 UNBC 大学木构创意中心

图 11-46　英国伦敦 Stadthaus 公寓

图 11-47　挪威 Treet 木结构高层建筑

图 11-48　加拿大 UBC 大学 Brock Commons 学生公寓

近几年，随着《多高层木结构建筑技术标准》（GB/T 51226—2017）颁布与实施，胶合木和 CLT 等材料在国内广泛应用和国内木结构技术的发展，国内木结构建筑高度也在发展中。目前，已建成的最高现代木结构建筑为山东鼎驰木业研发中心（图 11-49），该建筑一共 6 层，建筑高度 23.55 m，建筑面积共 4771.96 m^2。

由于木结构建筑具有低碳环保、建造迅速等显著优势，高层木结构建筑逐渐受到

图 11-49 山东鼎驰木业研发中心

世界各国的推崇，掀起了研究和建造高层甚至超高层木结构建筑的热潮。未来，随着建筑技术与结构技术的进步，高层木结构建筑将快速突破高度限制，建筑平面布局和整体造型也将更加灵活多变。同时，木结构的应用领域将逐渐扩大，应用前景十分广阔。

11.3.4 连接技术

连接是限制相交构件间产生某种相对位移的技术措施，而结构是由各种构件通过节点连接构成的静定或超静定的平面或空间体系；平面结构体系还需由若干构件通过连接构成稳定的空间体系，以满足使用功能要求。另外，木材是天然生长的材料，其长度与截面尺寸都受到一定的限制，有时并不能满足构件长度和承载力的要求，需采取某种适当的连接方式，将有限尺寸的木材连接在一起，形成符合要求的构件。木材不像钢材那样具有可焊性，也不像钢筋混凝土那样可通过整体浇筑混凝土实现连接。木结构的连接及其计算方法与其他结构有很大的不同。节点连接的质量会直接影响结构的可靠性，习惯上，人们寄希望于结构的最终失效发生于构件本身而不是发生在连接处，但木结构有其特殊性，承载力往往取决于节点连接，约80%的木结构失效起源于节点连接的破坏，因此，连接问题对木结构设计及研究具有重要的意义。

按不同功能，木结构的连接可分为：①节点连接，即木结构间或木构件与金属构件间的连接，以构成平面或空间结构；②接长，即木材的长度不足时，可将两段木料对接起来，以满足长度要求。比如，可用螺栓和木夹板将木料接长；在层板胶合木中，层板通过指接接长等；③拼接，即单根木料的截面尺寸不足时，可用若干根木料在截面宽度或高度方向拼接，如规格材拼合梁、拼合柱以及胶合木层板在宽度、高度方向的拼（胶）接等。

木结构的连接应满足一些基本要求：①传力明确、安全可靠；②具有一定的韧性，如螺栓连接的端距、边距和中距必须足够大，防止木构件在螺栓孔前端发生顺纹抗剪破坏或木材撕裂，因为这两种破坏均是脆性的；③应有一定的紧密性，因为木结构的连接与其他结构连接相比，紧密性较差；④构造简单、便于施工、节省材料。同时，在进行木结构连接节点设计时，还要充分考虑木材的各向异性和干缩湿胀等物理力学特性，比如，应尽量减少木材横纹拉伸下的连接，避免木材干缩湿胀对构件产生横纹方向的应力。

11.3.4.1　榫卯连接

榫卯连接是我国古代木结构普遍采用的连接方法，国外有时也称之为木工连接（carpentry joint），特点是无需以连接件或胶结材料作媒介，即可完成构件间作用力的传递（图 11-50）。有些榫卯连接形式可传递一定的拉力，用其构成的节点，有时可视为半刚性连接。齿连接是榫卯连接的一种，是将一根木构件的一端抵承在另一根木构件的齿槽中，以传递压力，常用于桁架节点的连接。由于榫卯加工对构件的截面有较大的削弱，榫卯连接节点的刚度和承载力也相对较低，因此在现代木结构中限制了其应用。为提高榫卯节点的力学性能，国内外学者尝试采用各类金属件、纤维增强复合材料（FRP）等材料，对榫卯节点进行增强、加固。

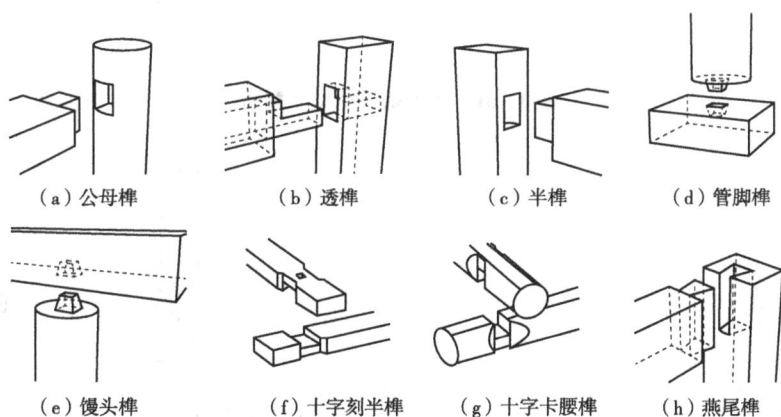

(a) 公母榫　　　　(b) 透榫　　　　(c) 半榫　　　　(d) 管脚榫

(e) 馒头榫　　　(f) 十字刻半榫　　(g) 十字卡腰榫　　(h) 燕尾榫

图 11-50　榫卯连接

11.3.4.2　销连接

销连接是指采用钢质或木质的杆状物作连接件，将木构件彼此连接在一起，通过连接件的抗弯性传递拉力或压力。常用的销类连接件有销、螺栓、钉、方头螺钉和木铆钉等。近几年，随着 CLT 等重型工程木的发展和应用，新型自攻螺钉（self-tapping screw，STS）及其连接技术发展迅速。

自攻螺钉包括钉帽、钉杆和钉尖 3 个部分，其中钉杆又分为 3 个区域。根据其用途不同，自攻螺钉的 3 个部位的形态构造以及材料选择也会有所不同。不同类型的自攻螺钉具有不同的直径、长度、螺纹长度和头型，可以根据不同的需要，灵活选取适合的STS 类型（图 11-51）。与普通螺钉相比，自攻螺钉具有以下优点：①自攻螺钉具有自攻头，无需预钻孔，方便安装；②钉杆螺纹区域的特殊形状使其能将荷载传递到周围的木材中去，木材不易劈裂；③滚压的螺纹经过硬化处理，极大提高了自攻螺钉的抗弯强度、抗扭强度和抗拉强度（抗拉强度高达 1200 N/mm^2）；④钉杆螺纹区域长度较长，淬火钢提升了刚度，减少了滑移，提升了轴向承载力。目前，国产 STS 常见的公称直径

有 6 mm、8 mm 和 10 mm，钉长可达 80~400 mm，国外一些厂家生产的 STS 长度可达
2 000 mm。由于具有优异的机械性能、使用安装性能和较大的长度，STS 目前常用于连
接 CLT 和 GLT 等重型工程木(图 11-52)。

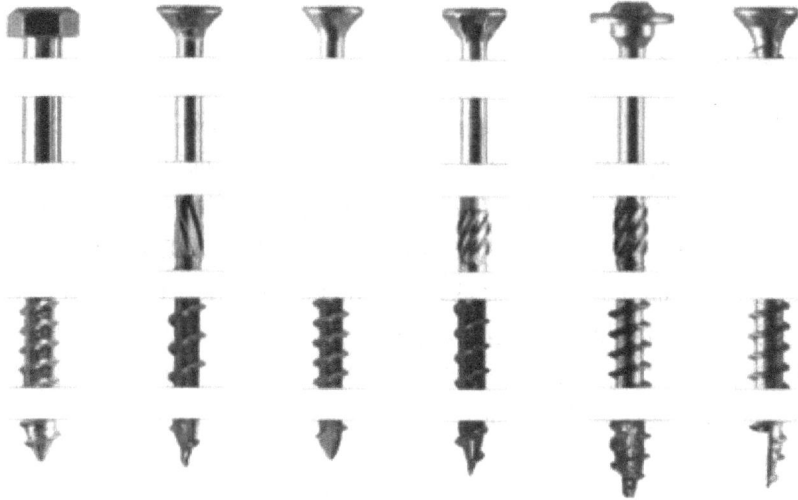

图 11-51   自攻螺钉结构示意图

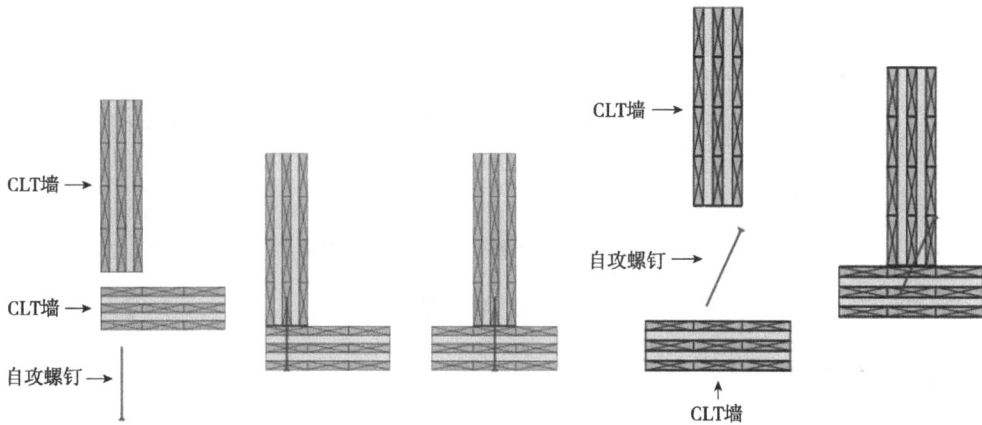

图 11-52   自攻螺钉连接 CLT 构件

11.3.4.3   键连接

用钢质或木质的块状或环状物作连接件，将其嵌入两木构件的接触面间，阻止相
对滑移，从而传递构件间的拉力或压力。这类连接件被视为刚体，常用的有裂环与
剪板。

裂环连接主要用于木构件之间的抗剪连接：将相连的木构件表面挖成深度为裂环高
度一半的环形槽齿，然后将裂环嵌入两边的环槽中，用螺栓或方头螺钉等将两个木构件
连接成整体(图 11-53)。其连接原理为：扩大了木材的承压面，同时裂环连接点对木材
受力面积的削弱较小，充分利用了木材的承载能力。受力时，其作用机理主要是靠裂环和
螺栓抗剪、木材承压或者受剪来传力。裂环件主要用于胶合木施工或重木结构体系中，其

抗剪承载力大大超过钉连接及螺栓连接。但是，裂环和螺栓的强度都较高，构件端部木材发生抗剪撕裂的概率较大，节点处发生脆性破坏的概率也较榫卯连接和销连接更大。

剪板连接与裂环连接的原理相同，不再赘述(图 11-54)。

另外，一些木质复合材料(如单板层积材、胶合板等)也可被开发用作木结构构件的键连接(图 11-55)。

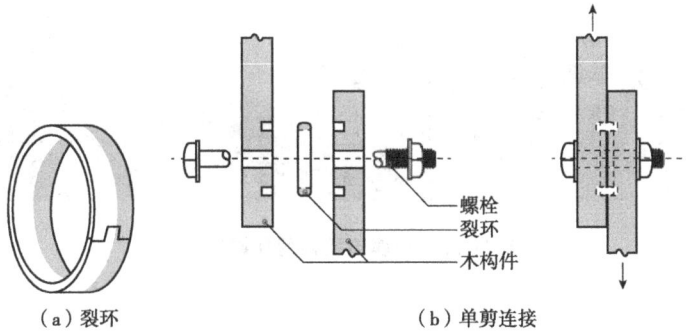

（a）裂环　　　　　　　　　　（b）单剪连接

图 11-53　裂环及其连接

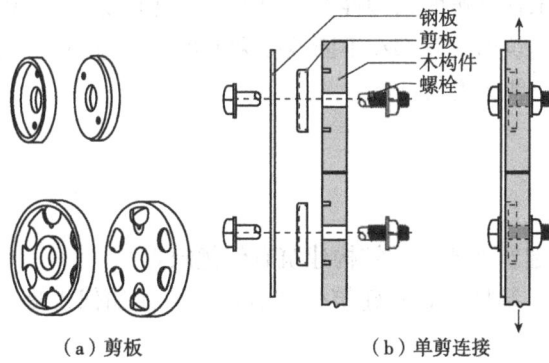

（a）剪板　　　　　　　　　　（b）单剪连接

图 11-54　剪板及其连接

图 11-55　木质复合材料用作键连接

在现代木结构中，一些新型的定制金属连接件的出现使得木结构的节点设计变得更加灵活，外形更加有个性，结构性能也得到进一步提升（图11-56）。

图11-56　金属连接件用作键连接

本章小结

随着世界范围内木材资源的结构性变化以及人们环境保护意识的日益增强，木结构建筑的材料、结构和建筑形式等都在不断改变和发展。因地制宜，结合中国国情发展现代木结构建筑，具有广阔的发展前景。

思考题

1. 与钢筋混凝土建筑相比，木结构建筑有何优缺点？
2. 试从建筑材料、结构形式和建筑外观方面，论述如何发展具有国内本土特色的现代木结构建筑。
3. 平台式木结构与连续墙骨柱式木结构的区别是什么？
4. 试从结构构成、用途等方面，分析胶合木和正交胶合木的异同点。
5. 查阅课外资料，列举两种以上木结构新型连接技术。

第 12 章
木材科学与工程中的社会、经济和环境问题

本章介绍了木材科学与工程专业的科学研究和生产实践对国民经济、社会发展、生态环境的影响及其相互关系的发展规律，重点阐述了木材加工利用中产生的社会问题、经济问题和环境问题。在探讨和分析这些问题的同时，提出了一些有针对性的思考和建议。

一万年以来，气候波动与人类活动叠加，导致地表沙化速度加快、范围扩大。近百年来，人类过度开垦、放牧、樵采，导致大量森林被砍伐，大量草原变成耕地。在森林与草场被过度利用的同时，随之而来的气候恶化、环境污染、水土流失、土地退化也威胁着人类生存与发展，而且变成了恶性循环。如果不加以重视，并辅以行之有效的解决办法，将会发展成为影响社会成员健康生活、妨碍社会协调发展、引起社会大众普遍关注的一种社会失调现象，即社会问题。进入 21 世纪，世界各国政府正式启动《2030 可持续发展议程》，号召国际社会共同行动，一起应对新世纪全球正在面临的多重而复杂的挑战。2017 年，中华人民共和国国家主席习近平在日内瓦提出了"共同构建人类命运共同体"的新理念。这一理念也于 2017 年 3 月 17 日首次载入联合国安理会决议。

虽然森林资源保有量充裕，但是没有节制的木材砍伐确实可能会加剧一些地区的荒漠化。木材的非法采集给国家带来的损失是难以估量的。森林和树木对人和地球的积极贡献不言而喻。树木是一种生命体，木材是树木全部生物量中碳素存储最多的寄存体。树木采伐后，不论是作为建筑用材、家具用材还是用于制造各种复合材料，都是将树木生长中固定的碳素持续储存积蓄的延续。在物质循环过程中，木材经历着碳吸存—碳排放—碳储存—碳排放的循环，有效地增加其碳吸存量、减少碳排放量、延长碳存储时间，对保障生态安全、实现绿色可持续发展具有重要意义。

12.1 木材科学与工程中的社会问题

12.1.1 木材行业与可持续发展

林业的可持续发展概念是在 1992 年巴西里约热内卢环境会议上首次被提出的，它的内涵要求在经济、社会和生态等多个方面都能够可持续发展。经济可持续发展要求在长期平稳提供木材供应的同时产生足够的利润，以保证林业和森林管理的正常运行。社会可持

续发展则要考虑地区和国家层面的原住居民、工人权益、娱乐休闲和社会环境，使其能够在林业的基础上长期稳定发展。生物可持续发展考虑的则是土地能够维持长期的生产能力、能够维持自然的生态进程以及保持生物多样性，这一点对全球任何国家都极为重要。

　　木材作为林业的主要经济产品，对于全社会的可持续发展意义重大。通常认为，木材是对人类和环境最友好的材料之一，这主要反映在木材原料的可再生性、木材加工中的低能耗性以及木材使用中的可循环性。这些特性是完全符合社会可持续发展需要的。以木制品制造产业链能源消耗为例：作为原料的木材，其生长过程中所需的能源来自太阳能，清洁、无污染、且取之不尽；在材料生产过程中，木材是最节约能源的一种材料，主要是因为木材加工不需要高温、高压等特殊条件，能量消耗较小。不论是哪种木材加工方式，其矿物燃料消耗、制造时碳排放量均小于钢材、铝等金属材料（表 12-1）。当然，对于任何一种材料在社会发展与生态环境中的作用，均需要客观科学地评价，即进行生命周期评价。木制品的生命周期评价尚处于研究初期阶段，结果的可靠性与原材料获取阶段、生产加工阶段、再生处理阶段等的影响因子密切相关。

表 12-1　制造各种材料的能耗和碳排放量

材料	矿物燃料能耗		制造时的碳排放量	
	（MJ/kg）	（MJ/m³）	（MJ/kg）	（MJ/m³）
自然干燥木材(密度 0.5g/cm³)	1.5	750	30	15
人工干燥木材(密度 0.5g/cm³)	2.8	1390	56	28
胶合板(密度 0.55g/cm³)	12	6000	218	120
刨花板(密度 0.65g/cm³)	20	10 000	308	200
钢材	35	266 000	700	5320
铝	435	1 100 000	8700	22 000
混凝土	2.0	4800	50	120

　　促进森林可持续经营的传统方法（如发展援助、软贷款、技术援助和海外培训等），大多数忽视了木材产品的国际贸易。但是，贸易对森林的直接影响是很明显的。在巨大利益驱使下，木材非法采集与贸易是人为毁林的主要原因。国际刑警组织估计，全球木材贸易中有 15%～30% 违反了所在国法律或国际条约。而在一些地方，非法采伐量甚至有可能超过合法木材贸易，如刚果民主共和国、老挝和巴布亚新几内亚，非法木材占地方产量的 70% 以上。根据维也纳国际林业研究组织联盟 2016 年的一份报告，这个市场每年的价值在 100 亿～1000 亿美元。世界自然基金会认为，每年有超过 2000 平方英里①的森林被非法砍伐，这正在危及地球吸收二氧化碳的能力，以及摧毁野生动物栖息地、破坏生物多样性。比如，随着珍贵木材供需矛盾不断加剧，濒临灭绝的红木树种迅速增加。濒危野生动植物种国际贸易公约(The Convention on International Trade in Endangered Species of Wild Fauna and Flora，CITES)和世界自然资源保护联盟(International Union for Conservation of Nature，IUCN)对濒危红木树种实行严格管控。CITES 通过制定濒危物种名录，并将其分别列入不同管理级别的附录，要求各缔约方实施许可证制度，约束贸易活动，以达到各国协同保护和合理利用野生动植物资源的目的。CITES 所列入限制贸易

---

　　①　1 英里≈1.609 km。

的红木种类见表 12-2。

表 12-2　CTTES 限制贸易的红木

木材商品名	学名	主要产地	CITES 附录	收录时间	会议举办地
檀香紫檀(小叶紫檀)	*Pterocarpus santalinus*	印度南部	附录Ⅱ	2013 年 3 月	泰国曼谷第 16 次缔约方大会
交趾黄檀(大红酸枝)	*Dalbergia cochinchinensis*	越南、泰国、柬埔寨	附录Ⅱ	2013 年 3 月	
微凹黄檀	*Dalbergia retusa*	中南美洲	附录Ⅱ	2013 年 3 月	
中美洲黄檀	*Dalbergia granadillo*	墨西哥南部	附录Ⅱ	2013 年 3 月	
伯利兹黄檀	*Dalbergia stevensonii*	中美洲	附录Ⅱ	2013 年 3 月	
卢氏黑黄檀	*Dalbergia louvelii*	马达加斯加	附录Ⅱ	2013 年 3 月	
巴西黑黄檀	*Dalbergia nigra*	巴西	附录Ⅰ	2013 年 3 月	
刺猬紫檀	*Pterocarpus erinaceus*	热带非洲	附录Ⅲ	2016 年 9 月	南非约翰内斯堡第 17 次缔约方大会
降香黄檀(海南黄花梨)	*Dalbergia odorifera*	中国海南	附录Ⅱ	2016 年 9 月	
刀状黑黄檀	*Dalbergia cultrata*	老挝、缅甸	附录Ⅱ	2016 年 9 月	
黑黄檀	*Dalbergia fusca*	云南	附录Ⅱ	2016 年 9 月	
阔叶黄檀	*Dalbergia latifolia*	印度、印度尼西亚	附录Ⅱ	2016 年 9 月	
卢氏黑黄檀	*Dalbergia louvelii*	马达加斯加	附录Ⅱ	2016 年 9 月	
东非黑黄檀	*Dalbergia melanoxylon*	非洲东部	附录Ⅱ	2016 年 9 月	
亚马逊黄檀	*Dalbergia spruceana*	巴西	附录Ⅱ	2016 年 9 月	
赛州黄檀	*Dalbergia cearensis*	热带美洲	附录Ⅱ	2016 年 9 月	
绒毛黄檀	*Dalbergia frutescens* var. *tomentosa*(Vogel)Benth.	巴西	附录Ⅱ	2016 年 9 月	
奥氏黄檀	*Dalbergia oliveri*	缅甸、泰国、越南等	附录Ⅱ	2016 年 9 月	
巴里黄檀	*Dalbergia bariensis*	柬埔寨、老挝等	—	2016 年 9 月	

为了打击木材的非法采伐及贸易，国际社会采取了一系列措施，许多国家政府实施的公共采购政策都对木材合法性提出了要求。木材合法性验证主要是验证木材来源以及在流通过程中的合法性，具体表现在：具有合法采伐权利、合法采伐的木材(遵守国家和地方的规章制度)、合法贸易的木材(遵守出口贸易政策)。

木材合法性验证由政府或非政府组织发起和推行。比如，根据美国国会于 2008 年 5 月 22 日通过的《雷斯法案修正案》，美国会对出口到美国的木材及其制品进行严格的来源合法性审查，严格禁止非法来源木材及其制品的贸易。欧盟委员会早在 2003 年就颁布了《森林执法、施政与贸易行动计划》，2011 年 7 月又制定了《欧盟木材法规》(草案)，并于 2013 年正式执行。印度尼西亚林业部负责编制了 SVLK 强制性木材合法性保障体系。我国国家林业和草原局成立了国际林产品贸易中心木材合法性管理办公室，专门负责制定并执行《中国木材合法性认证体系》。比较积极的非政府组织则有欧洲的"木材贸易行动计划"(Timber Trade Action Plan)，是在欧洲板材贸易联盟的基础上发展起来的，归属热带森林协会管理，目的是协助一些国家的木材供应商生产经过第三方合法验证的木材。其他有代表性的合法性验证机构有瑞士通用公证行的木材合法性和可追溯性认定体系(SGS)，国际雨林联盟下属的 Smartwood(SW)合法来源认定，必维国际检验集团(BV)的木材原产地和合法性认定以及美国科学认证体系(SCS)的合法采伐验证体系(LHV)。2010 年 7 月，欧盟议会在斯特拉斯堡高票通过了禁止非法木材进口的法案《原产国标签法》，要求木材企业对存在风险的木制品提供合法证明，并追溯到木材原产国，违法者将会被处以与其所造成的环境和经济损失成比例的罚款。此外，澳大利亚政府正在启动立法程序，以兑现执政党在 2007 年大选过程中关于打击非法木材的承诺。所有这些行动都将对全球木材产业带来系统性的转变，最终将有利于森林产业的可持续发展。

在木材合法性检验中，木材树种识别是一项基础性工作。即使是同一种木材，在不同的国家，贸易中也可能面临不同的合法性。因此，不仅要鉴定木材树种，还要明确其来源地。传统的木材识别技术是基于木材细胞的宏观和微观解剖构造特征进行的，通常只能鉴别到"属"，无法区分因为地理环境而出现的构造差异。经过几十年的研究，化学指纹、同位素示踪、DNA 标定、3D 显微等分析技术大大进步，可以确定树木的生长位置，甚至是具体的某一片森林。目前来说，这些技术还多处于建立数据库的阶段。世界范围内开展相关研究的机构有：英国伦敦皇家植物园—邱园、德国汉堡杜能研究所木材溯源能力中心、美国林产品实验室、南京林业大学木材科学研究中心、中国林科院木材工业研究所、法国国家农业研究院、美国鱼类及野生动物管理局法医鉴定实验室等机构。2017 年 9 月，中国林科院木材工业研究所在木材解剖学基础上，结合 DNA 信息，准确鉴定出送检样品，并正式出具了我国第一份木材 DNA 权威鉴定报告。

鉴于森林在应对气候变化、维护生态安全中的重要作用，林业的可持续发展受到全球各国政府的充分重视。以市场为基础，依靠贸易和国际市场运作的森林认证，成为促进森林可持续经营的新模式。森林认证要求对社会、环境和经济三个方面负责。最具代表性的机构是森林管理委员会(FSC)、森林认证体系认可计划(PEFC，由泛欧森林认证发展而来)，中国森林认证体系(CFCS)。目前，PEFC 已成为世界上最大的森林认证体系。截至 2016 年 12 月，该机构认证的森林面积达到 3 亿 hm^2，来自 36 个国家和地区，认证面积占全球森林认证面积的三分之二。FSC 和 PEFC 的森林认证标志及经其对中国湖北宝源木业提供的原木和中密度纤维板所做的认证报告如图 12-1 所示。

(a)FSC 认证标志   (b)PEFC 认证标志   (c)木材认证报告

图 12-1　FSC 和 PEFC 林业认证标志及其木材认证报告

12.1.2 "两山"理论与木材科技

"中国明确把生态环境保护摆在更加突出的位置。我们既要绿水青山，也要金山银山。宁要绿水青山，不要金山银山，而且绿水青山就是金山银山。我们绝不能以牺牲生态环境为代价换取经济的一时发展"——习近平总书记于 2013 年 9 月 7 日在哈萨克斯坦纳扎尔巴耶夫大学的发言掷地有声。2016 年 5 月，联合国环境规划署根据习近平总书记的"两山"理论发表了《绿水青山就是金山银山：中国生态文明战略与行动》报告，并给予了高度评价。"两山"理论深刻阐述了人与自然对立统一的关系，揭示了经济发展与环境保护的辩证关系，彰显了保护生态环境就是保护生产力、改善生态环境就是发展生产力的重要理念，为我国的可持续发展指明了方向。更为重要的是，"两山"理论说明生态保护与自然资源的合理利用是可以协调共进的。

木材产自森林。未采伐之前，木材是物质循环中碳的固着载体，是维护生态环境的"绿水青山"。树木采伐之后，按照标准要求制成原木、锯材或木质单元，然后进入再加工工序，直至制成各种产品，呈现在消费者面前。这就创造了社会价值，即"金山银山"。在木材加工利用行业中，"绿水青山"和"金山银山"是相互包含、辩证统一的。首先，木材之于维护生态环境也是"金山银山"。印度加尔各答农业大学的一位教授对一棵树算了两笔不同的账：一棵树正常生长 50 年，按市场上的木材价值计算，最多值 300 美元，但如果按照它的生态价值粗略计算，每年可以产出价值 31 250 美元的氧气和价值 2500 美元的蛋白质，同时可以减轻大气污染（价值 62 500 美元），涵养水源（价值 31 250 美元），还可以为鸟类及其他动物提供栖息环境（价值 31 250 美元），等等。将这些价值综合起来，一棵树的价值就不是 300 美元，而是 20 万美元。其次，木材对于社会经济发展亦是"绿水青山"。木材的使用过程是对其固着碳的延伸和储存。如图 12-2 所示：1 hm^2 日本柳杉采伐加工后，会将约 50% 的碳以住宅建筑的形式固定，储碳时间一般为 30~50 年；住宅解体后，木质材料还可以用来制造人造板和家具等，储碳时间从十几年到几十年不等；最后，以各种形式回归自然，降解的过程也需要时间。所以，木材作为生物质材料或制品的使用寿命越长，其固碳的生命周期就越长，对于抑制二氧化碳排放具有积极作用。只有将木材固着的碳有效、可靠、长时间地封存，才能最大化体现其在使用中的绿色材料特性。这时，木材扮演的角色便是社会经济发展的"绿水青山"。第三，木材的"绿水青山"和"金山银山"是可以协调共进的。协调共进的本质是绿色发展、可持续发展的科学观念。在树木生长过程中，可通过优质木材、定向培育、合理管护等途径，提升木材的固碳增汇能力。在木材加工利用中，又可通过科学防护、复合制造、循环利用等方式，实现木材固碳的储存和延伸。因此，我们可以从木材物质循环的生命周期中，扎实践行"两山"理论。

木材是国民建设和人民生产生活不可或缺的重要原材料，而且还是可再生、低能耗、可降解的绿色材料。虽然我国目前严禁天然林木材商业采伐，更加突出了森林的生态作用，但这是阶段性的，会随着社会发展和时间推移而调整。其实，对于森林最好的保护就是可持续经营，也就是对木材的科学、合理、高效以及高附加值利用进行模式创新。树木采伐后，按照标准要求制成原木、锯材或木质单元，然后进入再加工工序。待木制品使用结束后，就进入回收循环利用或回归自然的环节。这是一个完整的生命周期，也是物质循环的自然规律。

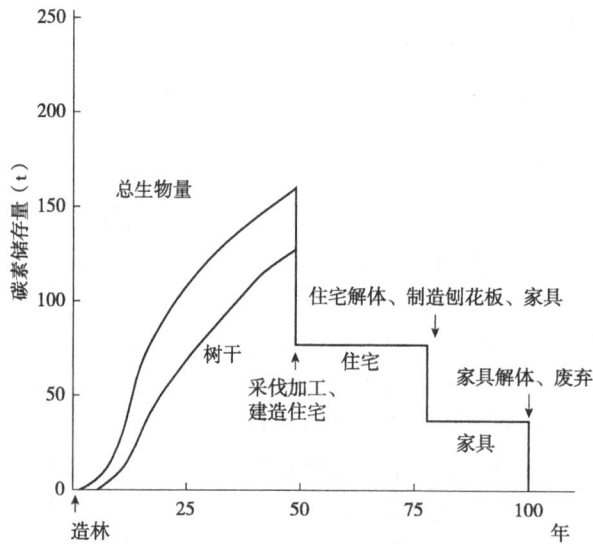

图 12-2　1 hm² 的日本柳杉在生长和利用过程中的碳素储存量

我国现有用材林面积占全部造林面积的比重较低，根据《2015 年中国林业发展报告》，用材林占比只有 19.68%。另外，我国现有人工林树种单一，木材质量差，用途窄。2018 年，我国商品木材供应量 8811 万 m³，而木材消费量 5.7 亿 m³（原木材积）。同年，我国木材加工及木竹制品制造业的产值为 12 816 亿元，是林业的支柱产业。我国人造板、地板、木门、家具等木质产品产量世界第一，已成为最具影响力的世界林产品生产、贸易和消费大国。从 2010 年到 2019 年，我国国内木材消耗量每年保持 4.6%~7.8% 的增长速度，以木材为原材料的生产加工不断增多，而且随着我国经济社会发展与全面深化改革的深入，木材资源消耗将会进一步增多。这就使得木材供需矛盾加剧，特别是珍贵优质木材。

从木材利用的角度出发，只有通过科学技术的进步，不断提升木材综合利用效率，创制多功能新型木材，强化生产企业的自主创新，转变经营方式，才能彻底改变优质木材的供需矛盾。为此，需要重点关注以下方面：①木材碳学。以木材形成为主线，系统阐释木材吸收和排放碳的生命周期，特别是木材碳素储存的评价、木材碳储能形式与量化、木材形成中的碳储存模式以及木材碳素的循环体系；②木材保护与改性技术。这是延长木材及其制品使用寿命的有效途径，也是碳素固存的延伸（比如木材的阻燃、防腐等）。假如不对木材进行这类处理，不仅木制品的使用寿命和可靠性会降低，而且会过早将固着的碳素排放到自然中，削弱木材的固碳效力；③全面提升木材利用效率。国外发达国家的木材综合利用效率超过 90%，而我国仅有 60%~70%。仅节材代木一项，我国每年约在 1 亿 m³ 左右。另外，我国制材、木质单元生产、木制品生产等环节，加工水平相对落后，产业集中度低，木材浪费现象比较突出；④木质功能新材料创制。木材是具有细胞结构的天然高分子材料，具有多孔、各向异性、高强重比、多组分等特性，使木材不只能做家具、建筑材料，还能成为储能、光电、生物医药等高值化新材料；⑤产学研机构的自主创新能力。不论是高校科研院所还是企业，对于核心科学技术的基础研究需要不断加强，通力合作，解决行业的"卡脖子"问题，以推动木材加工企业的绿色生产，提升木材加工产品环境质量，建立木材加工行业的绿色认证体系；⑥创新木材加工企业经营模式。在"经济双循环新发展格局"背景下，木材产业发展应关注国内循环、国际循环以及绿色发展三大主要基调，促进木材产业转型升级。特别是注重木材产业园区化发展，打造园区加工模式，培育重量级产业集群。

12.1.3　木材与人文情怀

　　《辞海》中将"人文"定义为人类社会的各种文化现象。文化是人类或一个民族、一类人群具有的共同符号、价值观及其规范，而人文情怀则是保持和追求这种文化现象的心境与胸怀。从人类进步和社会发展来看，人文情怀与科学、艺术同等重要。人文情怀是对"善"的追求，能够给人以信仰，既有深刻的理性思考，又有深厚的情感魅力，是人类在精神上的最高诉求。相比于物质认同，人群或民族之间在精神上的认同是更难以实现的，而且也会受到认知水平、经济环境、文化传承等的影响。更为重要的是，精神信仰在很多时候表现为内化的、自然的和主观的。因此，精神的物化或自然与社会的类比，将主观信念赋予生活中的事物，更易于实现内心的表达和交流。从古至今，木材作为一种具有生命的材料，一直是这种精神内涵和文化传承的重要载体。在不同的历史时期和文化背景中，反映着中华民族优秀的传统文化和民族精神。这里主要从木材的文化属性、文化传承以及木材美学等方面加以阐述。

　　木材的文化属性起始于古人对树木的崇拜。《说文》记载，"木，冒也。冒地而生。东方之行，从草，下象其根。"五行中，"木"的位置被安放在旭日照耀的东方，寓意为一切生命之源。这在《春秋繁露》中也有相似记载："木者，春生之性。"古人将木与自然比拟，赋予其本征价值，用以塑造文化和思维引领。其次，木材的利用反映了人类社会的发展与文明的进程，具有实践意义。《康熙字典》中以"木"为偏旁部首的字有 1413个，其中与建筑有关的超过 400 个，如柱、栋、梁、楹、枓、栱、栏、杆、榫等。而且这些文字不仅是对房屋结构的简单说明，更包含了重要的思想内涵。柱、梁、楹等皆为房屋结构的核心构件，房屋是家的包装。一旦没有"木"的存在，家也随之消失。房屋的"木材"与家的"主人"同等重要。我国汉代的造纸术、改良后的木活字印刷术，都是用木材开创了文明，书写了民族历史。另外，木材也是人们表达美好事物的载体。如江浙一带建造房屋时，明间的四个大柱子分别用柏木、梓木、桐木和椿木制成，寓意"百子同春"。含羞草科相思木属的相思木，因其种子为红豆，被文人与"红豆生南国，春来发几枝。愿君多采撷，此物最相思"这首唐诗联系起来，用以外化其暗含的精神意义与文化内涵。以上信息都充分反映了木材特有的文化价值与精神特质。

　　木材的文化传承还表现在具体的载体上，像建筑和家具。建筑结构演替是人类文明进步的重要特征。从原始的巢穴到今天各种形式的房屋结构，木材的身影无处不在。中国是世界上最早使用木结构建造房屋的国家之一，在木结构的应用方面拥有数千年的历史和经验。最古老和原始的建筑物由木材制成。目前，全国各地尚留存着很多处数百年甚至数千年前留下的木结构建筑。最早的古代木结构可以追溯到西汉时期。直到唐朝，特别是经宋元之后的明清时期，经过几千年的艰苦努力，中国的木结构建筑达到了建筑艺术的高峰。宋朝李诚所著的《营造法式》和明清时期的《园冶》《清工部工程做法则例》等著作，表明中国人形成了建筑实践与理论的统一。中国古代木结构的辉煌成就已成为中华民族的瑰宝之一，它在世界建筑史上是独一无二的，丰富了人类文明的历史。我国古代木结构建筑特有的连接方式是榫、卯，因其无钉、齿轮销等与木材材料、刚度不一致的连接部件，在节点受力时不会发生脆性破坏。因此，榫卯节点不仅可以传递弯矩，而且可以实现建筑物的刚度协调。与此同时，当发生强烈地震时，建筑物的所有部分都将"松散"和"变形"，使得建筑物"松散而不塌陷"，体现了木结构建筑物的灵活性，也体现了中国木结构节点"柔性和刚性""阴阳结合"的基本特征。"斗拱"是中国古建筑结构构件的典型，它是柱与梁之间的过渡构件，逐渐发展成为上下柱网或柱网与屋梁框架之间的整体结构层。它由若干桶形方木和弓形交叉木底座组成，垂直和水平交叉，以支撑延伸的屋顶空腔，并将其重量集中在支柱上。中式古建筑的柱头科斗拱的形象已经成为一个文化符号，上海世博会中国馆的造型就是对我国建筑历史及文化精华——"斗拱"的全新发展(图 12-3)。

图 12-3   上海世博会中国馆

在研究木质建筑时，不仅要关注建筑本身的艺术与技术，还要了解与之对应的使用者的生活方式和精神诉求。这是因为木质建筑的演进过程体现了人类文化的变迁。虽然木结构建造中的技术无法切实反映社会文化和价值观念，但是人们对建筑的态度及其原有技术体系对应的价值观念依然会约束思想、行为，形成一种文化上的延续性，进而产生深远影响力。比如，日本及欧洲的许多地区很好地传承了木材文化，这是面对工业文明之时继续保持传统文化认同感的重要途径。因此，面对全球经济、文化一体化的趋势，利用木质结构重塑人文精神，找回文化归属感，寄托民族大义与精神，显得异常重要。

中国传统家具源远流长，凝结着祖辈先贤的聪明才智，展现出鲜明的民族特色。特别是明代中期以后，使用优质硬木制作的明式家具在功能和艺术上成为世界经典风格之一。这主要是因为明式硬木家具蕴含了"天人合一""中和""器以载道"等中国传统文化思想内涵。其中，"中和"表现在其"中剖二分"的对称造型上。《中庸》有云："中也者，天下之大本也；和也者，天下之大道也。致中和，天地位焉，万物育焉。"《道德经》："万物负阴而抱阳，冲气以为和。"故可认为，在中国传统观念里，"和"是万物存在的根本，是协调发展之基础。明式家具通过整体造型中的"曲直相依"、构件造型上的"方圆共体"、形式上的"虚实相生"，完美地体现了"中和"的哲理。明式家具"以线塑型、以型显性"的特点说明了遵循自然规律的重要性。木材是有生命的，比如，木材的天然纹理包含了"曲直""方圆"等信息，在形制利用中应与之呼应、融合，才能体现"器以载道"的传统思想。2006 年，国务院就将"明式家具制作技艺"列入第一批国家级非物质文化遗产名录。2016 年以来，国家又评选出一批木材加工行业内技艺精湛、务实严谨、专注专一的"大国工匠"。

木材美学是关于木材美的属性的学科，其内涵包括两个方面：①木材所具有的各种美的属性和对木材美的属性的开发利用。《易经》："地可观者，莫可观于木。"也就是说，世间万物，只有树木最美。实际上，木材美学探索与人文情怀密切相关，因为木材是树木生长的产物，经历了生命活动；②木材本来所有的细胞结构、物质组成决定了其多样性、变异性及复杂性，而在木材利用实践中，匠人们的思想与艺术的具体表现等，也会使木材美学呈现自然、变幻莫测、妙趣无穷等特点。

12.2 木材科学与工程中的经济问题

12.2.1 木材加工行业的经济价值体现

中国木材产业发展历史悠久，在人们的衣食住行中，木制产品随处可见。同时，木材行业也服务于国民经济发展与进步。中华人民共和国成立初期，木材产业曾一度成为国家的重要支柱产业，归属于国家战略资源。改革开放以来，木材产业保持了快速、持续发展势头，有力助推了经济社会发展、乡村振兴和精准脱贫。木材产业作为林业中的第二产业部分，对中国"绿色经济"的发展至关重要。目前，中国木材产业保持强劲发展势头，已成为全球木质林产品生产、消费和贸易大国。

2018 年，我国木制品行业产值约 2.2 万亿元，其中人造板和木家具规模最大，其余依次为竹材加工、红木、木门、地板等。同时，其他木制品由中高速发展向高质量发展趋势明显，其中木家具产值稳步增长，相关企业超 8 万家，从业人员约 500 多万元，产值同比增长 6.31%。木门产值达 1470 亿元，小幅增长。木地板产量下降但产值略有增长，其中木竹地板产量为 7.89 亿 m²，产值达 1106.6 亿元。我国木材产业表现为地理区位集中、企业私有化程度较高、产品同质化严重、市场竞争激烈等特点，这也进一步体现了经济水平的地区差异。木材加工行业生产主要集中在山东、广西、江苏三地，2019 年占全国总产量的比重分别为 18%、16% 和 15%。而在人造板方面，2019 年，山东、江苏、广西、安徽和河北五省产值总和占全国总产值的 74.70%，其中山东占比最大，达到 25%。

2008—2018 年，我国商品木材贸易量由 1.2 亿 m³ 增加到 2 亿 m³，其中国产商品木材供应量由 8108 万 m³ 增加到 8811 万 m³，年平均增长 0.76%；进口商品木材供应量由 3959 万 m³ 增加到 11 196 万 m³，年平均增长 9.91%。2014 年，我国进口木材首次超过国产木材，进口木材供应持续增长，国产木材供应保持稳定。2019 年，我国原木进口前十大来源国占原木进口总量的 84.21%，依次为新西兰、俄罗斯联邦、澳大利亚、美国、德国、巴布亚新几内亚、加拿大、所罗门群岛、捷克、乌拉圭（其中，新西兰原木占我国原木进口总量近30%）。我国锯材进口前十大来源国占锯材进口总量的89.49%，依次为俄罗斯、加拿大、泰国、美国、芬兰、德国、乌克兰、瑞典、智利、加蓬（其中，俄罗斯锯材占我国锯材进口总量的50%）。

现阶段，我国社会主要矛盾已经转化为人民日益增长的美好生活需要和不平衡不充分的发展之间的矛盾，木材及其制品行业发展面临新的机遇和挑战。第一，随着我国经济保持稳定增长，城乡居民收入增长，中等收入群体扩大，消费结构升级，人们追求更加绿色健康的生活，由"求温饱"变为"要环保"。木材及木制品具有天然、绿色、环保、可再生、可循环的特点，完全符合消费升级需要，行业发展前景持续看好。同时，还应积极推进木材行业结构调整、核心技术创新，逐步实现"绿色制造"。第二，国家政策保障木材行业高质量发展。2022年，国家林业和草原局印发了《林草产业发展规划（2021—2025年）》，积极推动木材加工产业全面绿色转型，鼓励企业创制环保新产品，实施环保新技术；巩固提升木质地板、家具、乐器等传统优势产业，加快木质结构材料和高性能重组木质材料等新兴产业。到2025年，人造板产量稳定在3亿m^3左右，地板产量稳定在8亿m^2左右，木家具产值超过8000亿元。第三，进口木材的需求将进一步增长，进口结构持续优化。随着"一带一路"倡议的深入实施，我国已得到沿线100多个国家的响应和支持。"一带一路"沿线国家森林资源较为丰富，林业产业各具特色，在木材及木制品方面具有各自的比较优势。目前，我国已与46个"一带一路"沿线国家签署了81份林业双边合作协议，为木材及木制品进出口贸易创造了新的契机。第四，产业集中度进一步提升，市场资源向大品牌、大企业集中。在此背景下，产业界应持续强化科学合理管理，提升木材综合利用效率。研究表明，我国目前的森林采伐利用率和木材综合利用率分别为61%和63%，而发达国家一般在90%左右。森林采伐利用率和木材综合利用率每提高1个百分点，相当于增加木材供给100万m^3和40万m^3。另据统计，全国城镇每年排放的垃圾中含有约2000万t废弃木材，经估算，这些废弃木材约合木材3000万m^3，是全国商品材总产量的1/3，如能妥善回收利用，将是一笔潜在的巨大财富。

12.2.2　木材及木制品国际贸易争端

联合国粮农组织和国际林业研究中心认定的进入国际贸易的6种木质林产品包括工业用原木、锯材、木质人造板、木材纸浆、纸、薪炭材与木炭。与木材直接加工相关且附加值较高的，是锯材、工业用原木和木质人造板。一直以来，北美洲是木材及其制品国际贸易的主要进出口集中地。虽然美国森林资源丰富，但其仍大量进口原木和人造板，用来生产锯材和制造各种木质产品，并出口到全球其他国家和地区，其中的关键原因就是美国拥有发达的国家经济与科技实力。加拿大则是全球原木、锯材等木材及木制品出口量最大的国家。欧洲是世界木材贸易的第二大消耗区域，其从北美洲、俄罗斯和非洲进口原木，从亚洲进口人造板，也是纸和纸浆的主要出口地区。欧洲也是世界上最大的家具消费市场，主要从中国、印度尼西亚和南非等国家进口家具。俄罗斯木材贸易以单向出口为主，生产的原木、锯材等主要出口到日本、中国和东欧等。非洲原木产量位居全球前三，以热带硬阔叶原木和初加工木材为主，其中有接近70%进入亚洲市场。澳大利亚和新西兰是重要的原木出口国。东南亚各国则以出口原木和人造板为主。总体而言，全球各个国家或地区结合自身的森林资源、加工技术等因素，在木材及木制品贸易上各有侧重。发达国家的贸易总额占有绝对优势，且以锯材、木制品等高附加值产品为主；而发展中国家则以原木和初级加工产品为主。

中国已经成为名副其实的木材及木制品生产制造、进出口、消费贸易大国。2018年，我国木材及木制品进出口额约 1201 亿美元。木材及木制品国际贸易不仅受森林资源和加工技术的影响，还与各个国家的贸易政策密切相关。与其他商品的贸易一样，关税、非关税壁垒、非关税措施等在木材及木制品国家贸易中屡见不鲜。在我国积极倡导全球一体化的同时，贸易保护主义和贸易壁垒依旧盛行。国际贸易活动中的双边、多边组织谈判磋商也时常听闻。

关税是传统的贸易壁垒，它是进口某种货物时由进口国征收的税。关税的征收提高了进口货的价格，以限制其进口量，并降低其在进口国内的利用率，从而使进口商品处于相对不利的地位。其实，这对于进口国相关企业也是一种单方面的保护政策。进口国在制定相关税率时会考虑其对国内企业和消费市场的影响，做出利益最大化的选择。在世界上的贸易发达国家和地区，原木税率一般较低，发展中国家的税率则比发达国家高得多。我国原木进口关税税率为 0%，增值税为 13%，表示我国实行的是鼓励进口原木的贸易政策。而在出现贸易摩擦或限制时，进口国会提高关税税率。比如，在 2019 年中美贸易摩擦中，中国对于从美国进口的辐射松、樟子松等原木加征 10% 进口关税，以应对贸易制裁。

非关税壁垒的目的则是限制贸易。这些壁垒包括各种政策、法案、程序等，旨在降低进口数量、打压出口国行业经济、保护进口国相关行业等。木材及木制品行业最有名的非关税壁垒有美国的《雷斯法案》修正案、《欧盟木材法案》、技术性贸易壁垒措施以及美国的"反倾销、反补贴"调查（337 调查和 301 调查）等。贸易壁垒的实施，严重限制和打压了出口国木材加工行业的市场份额和贸易顺差。下面用两个案例来说明贸易壁垒的现状及应对措施。

【案例一】深圳燕加隆实业发展有限公司（下称燕加隆）自主研发出了"一拍即合"核心锁扣技术，走出了我国地板自主创新之路。木地板锁扣技术是木地板行业的核心技术之一，亦是引发专利纠纷的技术点。当代木地板锁扣技术中的核心技术主要掌握在比利时的 Unilin 公司和瑞典的 Valinge 公司两家企业手中。这两家企业十多年来仅靠专利实施许可及侵权赔偿，就获得几十亿美元收入。近 20 年中，中国地板行业因欠缺核心技术，不得不向他们支付巨额专利许可费。2005 年 7 月 1 日，比利时 Unilin 公司旗下美国公司 Unilin-Beheer、Unilin-Flooring、Unilin-Flooring Industry 等 3 家企业向美国国际贸易委员会（ITC）递交申诉，指控进口至美国的复合强化地板侵犯了他们的地板锁扣专利，要求 ITC 对侵权产品实施普遍排除令，并对被诉企业的违法行为发布停止令。7 月 29 日，ITC 发布公告，决定对包括 18 家中国企业在内的世界 38 家强化复合木地板企业立案进行"337 调查"。

燕加隆自主研发的"一拍即合"三防锁扣技术（专利号：200710074680.1）是世界地板产业核心专利技术之一，被行业誉为地板产业的"CPU"，是中国民族企业自主创新重大技术成果。该技术拥有中国自主核心知识产权，是燕加隆的核心专利技术之一，也是世界地板行业三大锁扣专利技术之一。截至 2010 年底，燕加隆已向中国、美国、加拿大、日本、欧洲等全球 50 多个国家和地区申请专利保护，并已经在接近 120 个国家和地区推广和运用。"一拍即合"锁扣专利技术是中国境内唯一可以出口的地板锁扣技术，其采用独特的背槽技术原理，在锁扣的公槽加开了纳米级的背槽，将公槽嵌入母槽之中，然后通过外力，利用背槽及基材（或胚板）的弹性变形，将公槽完全嵌进母槽之中；当公槽完全进入母槽之后，再次利用背槽及基材（或胚板）的弹性变形，使公槽在母槽内恢复原有形状，从而充实母槽并形成充涨，最终达到牢固咬合的目的。这一背槽设计巧妙地运用了基材（或胚板）弹性变形的原理，充分利用了基材（或胚板）本身的特质，"借力打力"，使地板连接达到了真正意义上的紧密。此背槽设计具有随气候的变化而自动调节伸缩的特殊功能：当天气潮湿或气温较高、地板产生轻微膨胀时，该背槽设计能减缓膨胀压力，从而有效地解决了常见于地板的起翘、脱落、开裂三大难题，突破了欧洲锁扣技术所采用的斜插锁扣理念，首创垂直嵌入型锁扣，开创了全球地板锁扣技术发展新领域，堪称锁扣技术领域的一次艺术革命。

燕加隆在积极应战"337调查"的过程中，不断优化自身的专有专利技术，使中国专有技术变得更加无懈可击。2006年7月7日，ITC裁决燕加隆的"一拍即合"锁扣地板产品没有侵犯Unilin公司的任何诉争权利。2007年1月24日，ITC公布燕加隆发明设计的"一拍即合"锁扣地板产品没有侵犯申诉方的任何诉争专利，其新锁扣产品可以自由进入美国市场。

【案例二】江苏宜兴森茂竹木业有限公司（下称江苏森茂）全力增强木业自主创新，自信应对美国"双反"调查。2010年10月22日，美国地板企业联盟向美国商务部提出申请，要求对中国地板企业启动反补贴和反倾销调查。称中国的多层实木复合地板和强化地板存在政府补贴及倾销。这是中国地板行业第一次同时遭遇反补贴调查和反倾销调查，涉案企业达169家，涉案金额高达100多亿元。美国商务部于2015年7月15日发布美国对华木地板第二轮复审的终裁公告［2012—2013，80 Fed. Reg. 41，476（Int'1 Trade Admin. July 15，2015）］，江苏森茂作为反倾销强制答卷人之一，获得了13.74%的终裁税率。中美律师团队对该终裁裁决进行仔细梳理和分析后，决定向美国国际贸易法院就美国商务部的终裁裁决提起诉讼，就该复审中的替代价格问题和增值税与出口退税差等问题要求法院纠正美国商务部的错误裁决。经过多轮谈判与交锋，美国商务部分别于美国东部时间2021年10月21日和10月25日发布了对华多层实木复合地板第八次年度复审的反补贴、反倾销终裁裁决结果，江苏森茂获得了美国木地板反倾销零税率，并再度为整个中国木地板行业带来对美出口零税率的好结果。

以上两个贸易案例给我们带来了几点启示：

第一，自主创新是建设科技强国、实现"中国创造"的核心竞争力。创新所需的核心技术来源于内部的技术突破，是摆脱技术引进、技术模仿对外部技术的依赖，依靠自身力量、通过独立的研究开发活动而获得的，其本质就是牢牢把握创新核心环节的主动权，掌握核心技术的所有权。自主创新是指通过拥有自主知识产权的独特的核心技术以及在此基础上实现新产品价值的过程。自主创新包括原始创新、集成创新和引进技术再创新。自主创新的成果一般体现为新的科学发现以及拥有自主知识产权的技术、产品、品牌等。燕加隆洞悉东方榫卯文化，根据太极图的原理研发的"一拍即合"地板锁扣技术就是该企业自主创新的成果。实施创新驱动发展战略、加快建设创新型国家和科技强国，是决定中国现代化命运的重大抉择。突破发展瓶颈、实现高质量发展、保障国家安全和应对全球挑战、赢得战略主动等均对科技强国建设提出了更高要求。2006年1月，党中央首次提出要提高自主创新能力、建设创新型国家，《国家中长期科学和技术发展规划纲要（2006—2020 年）》开始实施。2007 年 9 月，党的十七大明确提出到 2020 年进入创新型国家行列。2012 年 11 月，党的十八大强调实施创新驱动发展战略，坚持走中国特色自主创新道路。2016 年 5 月，习近平总书记发表《为建设世界科技强国而奋斗》重要讲话，开启科技强国建设新征程。2017 年 10 月，党的十九大提出到 2035 年基本实现社会主义现代化，跻身创新型国家前列；到 2050 年，建成世界科技强国和社会主义现代化强国。一系列新的战略部署在理论上阐明了中国作为发展中大国建设创新型国家的重大意义和发展路径，在实践上展示了科技强国建设的宏伟蓝图和行动纲领，与中华民族从站起来、富起来到强起来的历史进程和发展逻辑高度契合。中华人民共和国成立 70 余年、特别是改革开放 40 多年来，经过不懈奋斗，我国发展已为世界第一制造业大国、第一贸易大国、第二大经济体，实现了由小到大的历史性跨越。党的十八大以来的系列重大科技成就显示，中国已在一些重要领域方向跻身世界先进行列，某些前沿方向开始进入并行、领跑阶段，正处于从量的积累向质的飞跃、点的突破向系统能力提升的重要时期。但与现代化强国建设需求相比，与欧美等世界科技强国相比，我国的经济社会发展还面临诸多重大科技瓶颈，许多产业在国际分工中仍然处于中低端，关键领域核心技术受制于人的格局没有从根本上改变，在科技创新能力特别是原创能力、关键核心技术、创新体系整体效能、创新生态、国际话语权等方面仍然存在显著差距。作为一家民营企业，燕加隆自主研发"一拍即合"核心锁扣专利技术，在历时 6 年的多次国际贸易摩擦中，面对美国发起的"337 调查"、德国发起的知识产权临时禁止令和加拿大发起的反倾销、反补贴，从容应对，取得最终胜利，这意味着中国企业拥有与 Unilin 地板专利平行的排他性专利，可以在全球领域展开专利授权竞争。燕加隆不仅维护了我国林业产业的整体安全，还标志着我国地板企业已经掌握全球产业核心专利技术，占领了全球产业制高点，率先实现了"中国创造"。

第二，自主创新是企业获得良性发展、突破技术壁垒的必由之路。科技创新从来都不是"舶来品"。实际上，自 20 世纪以来，国外少数国家一直对中国实行科技封锁策略，企图限制中国的发展和崛起。近年来，随着中国实力的逐步增强，特别是随着中国改革开放、自主创新能力的不断提升，国家科技事业发展已经有了长足的进步，对国外科技的依赖程度也在进一步降低，甚至在很多领域具有领先优势。历史实践证明：国家科技的发展永远都不能存有依赖心理，只能抱有自主创新的理念。自主创新能力是国家竞争力的核心，也是企业生存和发展的关键。只有切实提高自主创新能力，依靠科技进步加快改造传统产业和开辟新的科技产业，才能为调整经济结构、转变增长方式提供重要支撑；只有切实提高自主创新能力，增强自主开发能力，掌握自主知识产权，突破发达国家及其跨国公司的技术垄断，争取更为有利的贸易地位和竞争优势，才能为提高我国国际竞争力和抗风险能力提供重要支撑。地板行业的"337 调查"诉争的权利正是强化木地板的核心技术——锁扣。凭借掌握锁扣技术的优势，Unilin 和 Valinge 等国际地板业巨头通过侵权赔偿和专利实施许可收入，已经在全球获取了数十亿美元的收入。而我国共有大大小小的强化木地板企业数千家，"欠缺核心专利技术"已经成为困扰地板行业十多年的问题。燕加隆之所以敢于国际维权并最终获得成功，最根本的原因是通过自主创新，拥有了自己的锁扣专利技术，掌握了市场竞争的制胜法宝。燕加隆通过技术创新成功在海外维权的事实表明：一个缺乏自主知识产权的企业或行业，仅靠传统的制造优势、劳动力优势或单纯的品牌宣传模式求发展是没有出路的；没有自主创新能力的提升，就不会有企业的良心发展，更难以应对和突破欧美市场的知识产权贸易壁垒。

第三，以"中国智慧"应对国际地板业巨头挑起的知识产权争议。21世纪以来的一系列涉及我国企业的知识产权诉争，已经反映出跨国公司的知识产权策略，即技术专利化—专利标准化—标准全球化。我们应深刻认识到，对欧美国家咄咄逼人的知识产权保护策略，发展中国家和发达国家之间是有根本利益冲突的。面对美国发起的"337调查"，燕加隆同样也面临一次艰难的抉择，因为"337调查"是目前国际上最棘手的贸易摩擦，需要耗费大量的人力物力财力，这对于当时还处于起步阶段的燕加隆来说是一个巨大挑战。这场国际知识产权官司，要不要打？如果选择打，就要做好支出上千万律师费用的准备；如果像其他一些国内企业选择缄默，那辛苦打拼下来的海外市场就会付诸东流，中国强化木地板出口产业更将面临全军覆没的危险。在面临生死抉择的艰难处境下，燕加隆选择积极应诉，走上了一条艰苦却又自豪的国际知识产权维权道路。为了确保应诉的顺利进行，保证充足的应诉费用，燕加隆全体员工奋发图强，艰苦朴素，努力降低运营成本，并在应诉中积极开拓市场，最终克服了费用紧缺、物力不足等重重困难，开拓了"以有限企业规模，成就无限胜诉效益"的新局面。江苏森茂再度代表中国企业赢得美国反倾销官司，再次证明企业只有掌握核心技术，并合理通过法律途径寻求救济，才能打破发达国家的行业垄断。

12.2.3 循环经济中的木材行业

20世纪60年代，美国经济学家K. E. Boulding首次提出了"循环经济"的概念。1996年，德国出台实施《循环经济与废物管理法》，成为世界上第一个将循环经济写入法律的国家。我国从2005年开始循环经济第一批试点。2008年8月29日，第十一届全国人民代表大会常务委员会通过《中华人民共和国循环经济促进法》。最初的循环经济，以促进经济发展、提高资源利用率、保护和改善环境、实现可持续发展为目标，其基本原则是在生产、流通和消费等过程中实现减量化(reduce)、再利用(recycle)和资源化(relocate)，即"3R原则"："减量化"要求以最少的原料和能源投入及最少的废弃物排放，达到既定的生产目标；"再利用"要求延长产品的服务时间，使产品及包装能够以初始的形式反复使用；"再循环"要求产品在完成其使用功能后，可再次变成可利用资源，并减少最终处理量。在循环经济的实践中，人们逐渐发现，行业之间的协调共同发展、兼顾经济与生态效益等问题日益明显。有学者提出，现代循环经济不应简单以节约资源为目标，而应以资源节约为手段、以环境保护为目标，而且必须让企业获得经济效益(低成本)。这里的核心是通过顶层设计，在区域内建立不同企业之间的物质循环利用网络，形成共同环境保护机制与资源节约联动机制，实现区域内总体废弃物减排和环境保护。这个区域可以是生态型工业园区，也可以是城市组合，甚至是国家或地区层面。

循环经济是我国木材工业实现可持续发展的必然选择，对此，可以从以下方面理解：①缓解木材资源短缺，是提高木材综合利用率的有效途径；②节约资源，提升经济效益；③促进企业淘汰落后产能，结构转型调整，推进自主创新；④有利于整个生态环境的稳固持续；⑤完全符合木材—森林—生态的自然物质循环规律。对于木材利用和森林开发，应该遵循自然规律。从哲学意义上讲，消极地保护不如积极地利用，积极地利用才是更好的保护。基于可再生资源的发展才可能是可持续发展，而基于不可再生资源的发展不可能是可持续发展。

对应现代循环经济原则，木材工业需要创新发展模式，建立新的产业格局。"减量化"不是一味地低投入，从经济学的角度，高投入才有高回报，但高回报不能以牺牲环境为代价。这也符合中国特色"两山"理论的指导思想。要从根本上解决这类问题，需要通过科技创新，革新木材加工新技术、新工艺和新设备，建立木材高效利用体系。一是梳理废弃木材及木制品的回收利用系统，创制各类废弃木材回收新技术，加快实现废弃木材制品的资源化、能源化、产业化等。例如，我国每年废弃的木质门窗、家具、包装材、建筑工程材等约为 6000 万~8000 万 t，并且会逐年增加，如果折合成木材接近1 亿 m³。二是通过顶层设计，优化木材加工行业资源配置，建立基于全产业链或特色高值化产品的工业生态园区。这种模式有利于形成资源共享与副产品互换的产业共生组合，有效控制废弃物产出，实现经济效益与环境效益的双重收益。此模式的全球典型是丹麦的卡伦堡生态工业园区。此外，还需要建立木材工业循环经济的正常规范，主要包含环境和质量认证体系、标准化体系、市场运行规范体系等。

12.3　木材科学与技术中的环境问题

12.3.1　木材是环境友好型的材料

这主要体现在两个方面，一方面是木材源自森林中的树木生长，该过程是同化二氧化碳、固定有机碳的过程。按照任何商业产品的生产过程来说，木材的生产无疑是低碳的。如前所述，生产金属、水泥、塑料等材料均需要消耗化石能源，同时排放二氧化碳，而木材的形成是个生命过程，森林每生长 1m³ 的蓄积量，平均吸收二氧化碳 1.83 t，同时释放出氧气 1.62 t（图 12-4）。另一方面，相对于金属、水泥、塑料等材料而言，木材加工利用过程中的碳排放与能源消耗较少（图 12-5）。2007 年数据显示，木材加工及家具制造业直接造成的碳排放量为 245 万 t，仅占全部制造业总排放量的 0.12%。而石油加工、化学工业、非金属矿物制造业、金属冶炼等行业的碳排放量均超过了千万吨。

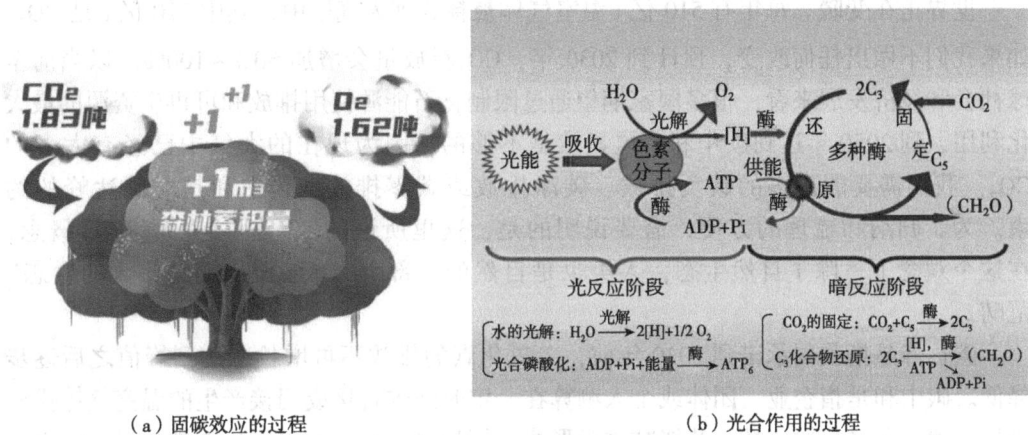

（a）固碳效应的过程　　　　　　　　　　　（b）光合作用的过程

图 12-4　树木生长的固碳效应和光合作用

虽然我们始终认为木材属于环境友好型材料，木材加工利用也是有利于可持续发展的。但是在生产实践中，我们还要协调生态与经济的关系、社会发展与环境变化的关系、短期利益和长期利益的关系等，用唯物主义辩证法和科学发展的眼光看待木材加工行业。一段时间来，传统木材加工行业表现出产能过剩、制造技术设备落后、生产中的污染日趋严重，特别是废水、废气、工业粉尘、工业噪音等。比如木材干燥过程会排出烟尘、二氧化硫、少量氮化物，假如不加以控制和处理，则容易导致大气温室效应、酸雨和臭氧层破坏等环境问题。木材工业生产中的粉尘，容易燃爆，是潜在的安全隐患。本节将从木材行业与大生态环境的关系，木材工业生产中的环境问题两方面阐述。

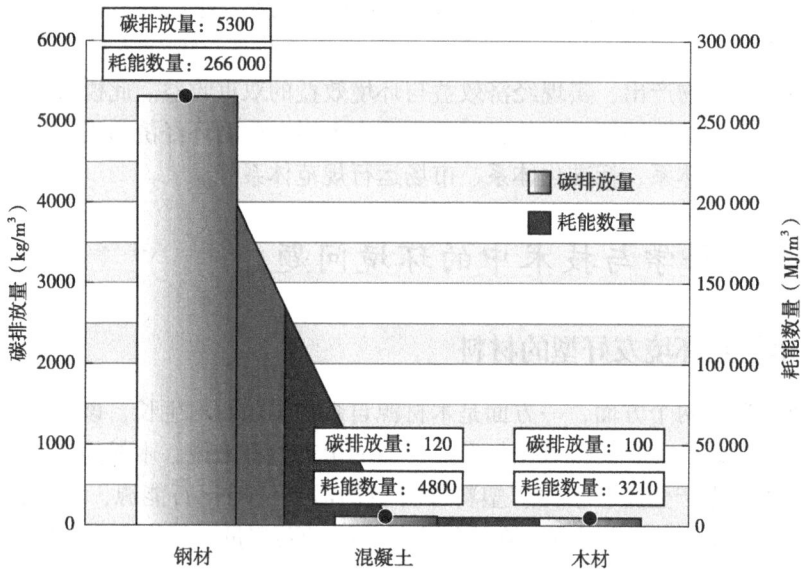

图 12-5　不同建材的碳排放量与耗能数量

12.3.2　木材行业与"碳达峰、碳中和"

世界正在变暖。每年有 510 亿 t 温室气体被释放到大气层中，其中 370 亿 t 是 CO_2。如果我们不做出任何改变，预计到 2030 年，CO_2 释放量会增加 50% ~ 100%。以当前全球社会和经济发展来看，很多国家期望通过限制化石能源使用排放和可再生资源的最大化利用，到 2050 年达到碳中和。这显然是不够的，因为现在的大气中已经有太多的 CO_2。我们需要能更多的碳负排放、碳净排放或碳零排放。碳中和是对碳达峰的约束。为了归纳和梳理的方便，需要说明的是，这里所说的"生态"是"大生态"概念，在这个观念下，除了自然生态，人类也是自然的一部分，人文也属于"伟大的生态"范畴。

碳达峰是指我国承诺到 2030 年前，二氧化碳的排放不再增长，达到峰值之后逐步降低。碳中和是指企业、团体或个人测算在一定时间内直接或间接产生的温室气体排放总量，然后通过植树造林、节能减排等形式，抵消自身产生的二氧化碳排放量，实现二氧化碳的"零排放"。碳达峰是碳中和的基础和前提，达峰时间的早晚和峰值的高低直接影响碳中和实现的时长和实现的难度。而碳中和是对碳达峰的紧约束，要求达峰行动方案必须要在实现碳中和的引领下制定。想要达到碳中和，就需要把排放到大气中的二氧化碳再"吸收"回来，最高效合理的方式应该是依靠植物的光合作用。据研究测定，树木每生长 1 t 的生物量，可以吸收 1600 kg 二氧化碳和水分，产生 1200 kg 氧气。树木的叶子通过光合作用每产生 1 g 葡萄糖，能消耗 2500 L 空气中所含有的全部二氧化碳。从控制气候变化的角度看，木材的优点显而易见：一是木材在生产过程中排放的二氧化碳比生产其他材料（如钢铁、塑料）要少得多；二是木材具有固碳功能。树木生长主要以二氧化碳为"原料"，就是说，它可以吸收、固定、贮存，是二氧化碳的收集器、捕捉器、贮藏器；三是按照联合国《气候变化框架公约》要求，相关国家要承担的"减排"责任，可以通过发展植树造林、减少森林破坏来"抵减"，就是说，木材具有"间接减排"的功能。获得这个指标就等于获得了经济发展空间，这对我国尤为重要。所以，发展林业被认为是控制温室气体排放最经济、最有效、最简便的措施。

虽然木材产业被认为是绿色低碳行业，但我们依然要通过科技进步不断稳固和提升木材加工产业的绿色属性，书写好木材甚至林业固碳减碳这篇文章。2021 年，中共中央和国务院印发《关于完整准确全面贯彻新发展理念做好碳达峰碳中和工作的意见》，提出科学经营和利用森林资源，进一步增强森林碳汇能力；鼓励倡导多使用木材制品，推广绿色低碳建筑材料；调整优化产业结构和能源结构等。这充分体现了木材工业与林业产业在低碳经济、可持续发展中的重要作用。

第一，要构建木材工业低碳生产模式。2013 年，楚杰等在讨论低碳经济背景下，分析木材工业的特征与低碳经济的内涵，提出"低碳政策、低碳标准、低碳制度"的战略方案，初步制得木材工业低碳发展模式图（图 12-6）。木材加工行业需要从木材的收获、物流运输、仓储保管、交换消费等环节入手，以产品流通链为主线，逐步、逐环节实现科技赋能，完善全周期生命评价，做到结构优化、低碳循环。以人造板企业为例，实现低碳经济、绿色工厂主要体现在用地集约化、原料无害化、生产洁净化、废物资源化、能源低碳化。人造板的"绿色工厂"需要重点考虑建筑占地面积、绿地面积、绿化率，积极开展环境、质量、职业健康和能源认证，严格控制能耗、细化原料利用方案、关注原料和添加物的环境质量，重复发挥原料的生态属性优势，优化除尘、废气排放体系。此外，还要加强宣传认识，实现政府、企业、协会的相互协作。

第二，全面提升木材加工智能化制造水平。传统木材加工属于减材制造，我国木材加工制造行业还处于较落后的生产模式。先进的加工设备往往要从德国、瑞典等发达国家进口，在企业自主创新设计、先进制造技术、先进制造工艺等方面还有很大提升空间。使用高度数字化、自动化、机械化加工设备，可以提高加工精度、减少木材损失，提高木材综合利用效率。以节能环保型木材加工设备开发为例，首先，要在装备设计中融入节能环保的理念，如设计对象系统化、设计内容完善化、设计目标最优化、设计问题模型化、设计过程动态化、设计手段计算机化等；其次，优化和完善木材加工基础理论体系，如木材切削理论分析、制材优选理论、木材及木制品无损检测理论等；最后，实现新型加工装备的开发。

第三，不断创新木材及木制品的保护技术。木材及木制品在加工和使用中，容易出现尺寸变化、腐朽、燃烧等现象，影响和降低品质，也缩短了木材固着碳的时间。因此，实施木材的性质改良或功能化处理是十分必要的。欧美等发达国家对于木材保护技术的研发非常重视，比如，美国、德国、芬兰、新西兰、英国等国家每年都有大量的经

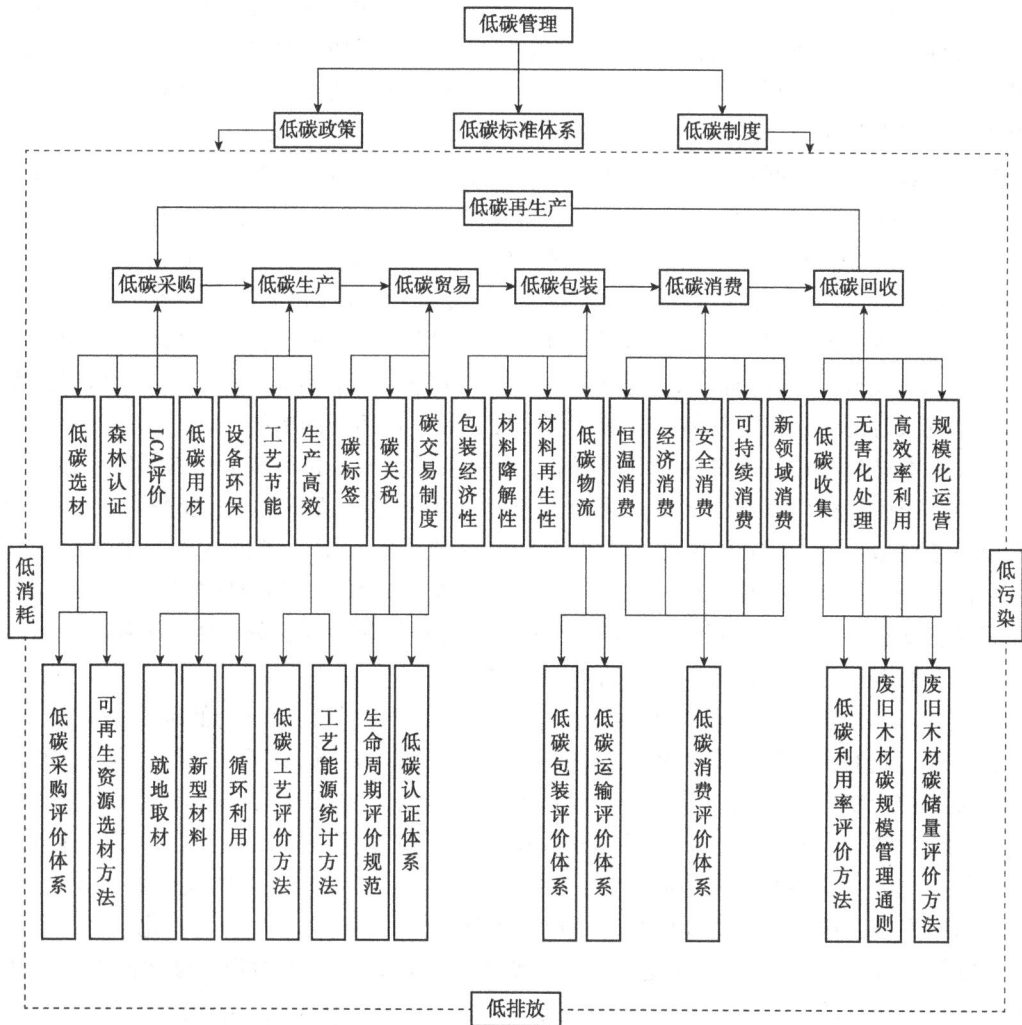

图 12-6 木材工业产业低碳发展模式

过防腐处理、阻燃处理、尺寸稳定化处理的木材流入市场。美国每年的木材防腐处理量约 2000 万 m^3，相当于减少采伐 4000 万 m^3 原木。美国、英国和新西兰每年进行防腐处理的木材量分别占木材消耗量的 15.6%、20% 和 43%。我国每年进行防腐处理的木材产量为 150 万~200 万 m^3，仅约占木材消耗量的 0.3%，说明木材防护技术应用很低，并且每年约有 60% 的商品材未得到立即加工，存储中有约 40% 遭受腐朽或虫蛀，在影响木材品质的同时，还会使固着碳随即进入自然循环。其他的木材保护技术在我国的应用也非常有限。

第四，创制和发展木质新材料。基于木质单元的新材料不仅可以改善木材原有缺陷和问题，还可能赋予其新的功能，提高附加值。多年以来，木质复合材料的研究成果丰硕。如木材和塑料的复合、木塑复合材或塑木复合材已广泛用于户外景观、门窗、工艺品等。2019 年，我国木塑产品产量超过 320 万 t，占世界总产量的三分之二。根据相关机构测算，2019 年我国木塑复合材料市场规模约 7 亿美元。定向刨花板作为结构型板材，具有高强度、优异的尺寸稳定性、绿色环保等特点，已得到市场和消费者的认可，可用于建筑行业、包装材料、家具与装饰业、车船制造业、墙体围护保温板等。北美洲和欧洲是定向刨花板的主要产区。截至 2018 年底,全球定向刨花板产能约 3443 万 m^3(不含中国),北美地区为 2400 万 m^3,欧洲为 940.3 万 m^3。我国定向刨花板产业起步较晚,2019 年产量约为 140 万 m^3。木结构建筑用的正交胶合木(CLT)是一种非常有市场竞争力的产品。其由规格木材横纹和竖纹正交排布胶合而成。CLT 保留了木材的天然优点,耐火性优异,预制化程度高,抗震和舒适性良好,是适用于装配式木结构建筑优势木制品。目前,CLT 消费市场集中在欧洲、北美洲和新西兰/澳大利亚,年需求量大约为 80 万 m^3。中国 CLT 市场处于起步阶段,年产量约 3~5 万 m^3。碳材料在能源、吸附、化学传感、催化、电子设备等领域有广泛的应用。近 10 年,木材仿生智能科学大大发展,引入纳米科学、高分子化学、电磁学、生物工程等,形成了与木材独特的性质相融合的多学科交叉研究前沿,出现了仿贝壳微观结构的轻质高强特种木材、仿贻贝的无甲醛木质胶黏剂、各向同性仿生木材、透明木材、光子木材、能量存储木材、智能响应木材、磁性木材、荧光木材等新型材料。

第五,推广木结构建筑的利用。木结构有助于减少碳排放。装配式木结构建筑具有以下特点:一是资源安全、环保、可再生、可循环利用;二是使用中舒适、性能好、身心健康;三是预制化高,质量可控;四是装配式施工省时省力,科技含量高;五是耐久性好,抗震防灾能力强;六是体现文化自信,传承中国传统建筑文化。一些研究表明,轻钢建筑在整个生命周期中的总能耗最大,比木结构建筑高 31%;其次是混凝土结构,比木结构建筑高 30%;而木结构建筑的总能耗最低。哈尔滨市对木结构与砖混结构隔热墙结构采暖过程中能耗的对比研究表明,轻型木结构房屋比砖混房屋复合保温房消耗的热量少 41.99%。木质结构对全球气候变暖的影响仅为混凝土结构的 60%。现代木结构建筑技术的发展和推广为中国的绿色生态、节能和减碳建设项目提供了新的可行选择。2015 年,由工业和信息化部、住房和城乡建设部发布的《促进绿色建材生产和应用行动方案》中指出,"发展木结构建筑""促进城镇木结构应用,推动木结构建筑在政府投资的学校、幼托、敬老院、园林景观等低层新建公共建筑,以及城镇平改坡中使用"旅游区重点推广木结构建筑""农村自建住宅、新农村居民点建设重点推进木结构农房"。2016 年 2 月,由国家发展改革委、住房和城乡建设部发布的《城市适应气候变化行动方案》指出,"加快装配式建筑的产业化推广……政府投资的学校、幼托、敬老院、园林景观等新建低层公共建筑采用木结构"。2017 年 1 月,住房和城乡建设部发布《装配式木结构建筑技术规范》(GB/T 51233—2016)。这表明,中国发展木结构建筑发展潜力很大,但受土地和公共资源等制约,木结构建筑市场规模较小。因此,必须结合中国国情与传统文化,创新发展具有中国特色的木结构建筑。

第六,构建木质产品的生命周期评价体系。生命周期评价(life cycle assessment,LCA)是一种环境影响评价技术和方法体系,国际标准化组织对其的定义为:汇总和评估一个产品体系在其整个生命周期的所有投入,以及产品对环境造成的和潜在的影响的方法(图 12-7)。对刨花板进行生命周期评价发现,刨花制备和板坯铺装热压的能耗、木质原料能耗、废气和污水是降低刨花板生命周期能源消耗的主要因素。制造单位体积的定向刨花板,其环境负荷分别是胶合木和规格材的 1.24 倍和 1.66 倍。对于木质产品的生命周期评价,还需要进一步建立基础理论与分析方法,特别是对于统计数据和系统边界等的标准化。另外,还需要结合中国国情,建立本土化的评价模型,开发具有自主

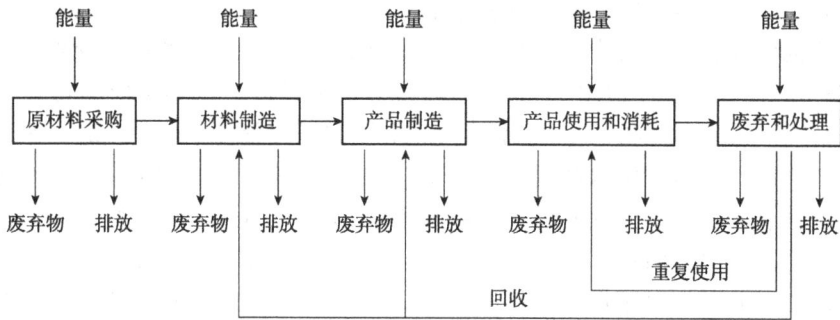

图 12-7　LCA 生命周期分析流程图

知识产权的评价软件,计算适合我国使用的权重系数。

第七,完善国家及各级政府政策制度,加强标准化建设,搭建政府、企业和研究机构的合作融合平台。发挥绿色标准的引领作用,编制、宣贯及实施《人造板行业绿色工厂评价要求》《绿色设计产品技术评价规范 重组装饰材》《产品碳足迹 产品种类规则人造板和木地板》等绿色制造标准。

从 1992 年发布的《联合国气候变化框架公约》至今,全球重要经济体均已经实施碳排放交易体系。全球碳交易体系日趋完善,将成为国际贸易、国家竞争、综合实力的重要体现。近年来,全球碳交易价格不断上涨(图 12-8),由于配额紧缩,欧盟碳排放价格从 2018 年开始持续上升,由 15 欧元/t 升至 40 欧元/t。

全球主要碳交易体系2020年碳交易价格
(来源:ICAP)

交易体系名称	价格/吨二氧化碳当量
加利福尼亚-魁北克碳排放交易体系	美元 17.87
中国碳交易试点省市:	
- 北京	人民币84.72 (美元 11.93)
- 重庆	人民币28.51 (美元 4.02)
- 广东	人民币30.20 (美元 4.25)
- 上海	人民币33.50 (美元 4.72)
- 湖北	人民币27.98 (美元 3.94)
- 深圳	人民币10.63 (美元 1.50)
- 天津	人民币15.15 (美元 2.13)
- 福建	人民币14.00 (美元 1.97)
欧盟排放交易体系	欧元 14.60 (美元 15.66)
韩国	韩元 40,050 (美元 31.60)

图 12-8　2020 年全球主要碳交易体系及价格

12.3.3　木材加工利用中的环境问题

唯物辩证法认为，任何事物都有两面性，矛盾是客观存在的。木材加工行业也不例外：在获得经济利润的同时，也会对环境产生一定程度的危害。但是，两者之间又不是绝对对立的，关键在于如何科学合理地将两者进行转化，以达到一个平衡、可持续发展的模式。随着《中华人民共和国环境保护法》的实施，生态环境部对全国各个省市开展了多批次的专项督察行动，木材加工行业中的废水、废气、工业粉尘、工业噪音等环境问题被无限放大。严格的环保政策引导大量木材加工企业进入整改，调整产能结构，进行技术转型升级。2019 年，河北、山东、江苏等地近 95% 的中小型企业被临时停产整改。但是，由于传统企业生产模式落后、资金不足、经济不景气、劳动力流失等，又限制了转型升级。从行业发展来看，这也是优化行业结构、提升行业核心竞争力的基础。

木材加工利用中对于环境的影响主要有：加工中的废弃物（废水、废气、粉尘、固体废弃物），工业噪声，废弃木制品（防腐木材、木塑复合材料等）。其带来的环境问题主要表现在容易诱发大气温室效应、酸雨和臭氧层破坏，污染水源，资源过度开发，垃圾成灾，空气质量下降等。以胶合板生产为例，在木段剥皮、蒸煮、干燥和冲洗、调胶与涂胶、设备冲洗等一系列生产工序中，都需要使用水作为溶剂、稀释剂、载体等，等到工序完成之后，如未经过污水处理而直接排放，会导致水污染。废水中有机物含量、木质素含量过高等问题，也严重影响了废水治理的有效性。木制品，特别是含有醛类的人造板，其释放的有机物严重影响了人们的室内居住环境，因此消费者更愿意选择环保的木材加工产品，这也促使木材加工企业积极提升木制品品质。要改变木材加工行业中的环境污染问题，首先要建立木材资源保障体系，科学合理利用木材。为此，提高木材加工业技术创新能力是关键。有研究表明，企业的研发能力、投入比重等对木材加工业转型升级具有积极作用。要积极推进企业创新产品设计、加工工艺、管理模式等，充分利用互联网、大数据、云平台等网络手段和数字化技术，推动木材加工业从高能耗、高污染、劳动力密集型产业向低能耗、生态环保、技术密集型产业转变。金融支持是木材工业转型升级的保障。代表资本存量的固定资产投资额对于木材加工业转型升级呈现正面影响。充分的资本投入使企业转型升级有了物质基础。在这个方面，还需要政府主导，开创适合木材加工行业的金融政策与服务模式，注重对拥有自主知识产权、具有核心竞争力的创新实施精准支持。建议搭建良性互助的政府企业共进平台，实现环境规制和生态文明共建新模式。

废弃木材不仅会造成固体污染，而且防腐处理中析出的化学药剂还对水体、土壤等存在危害。铬化砷酸铜（CCA）木材防腐剂是性能优异、广泛使用的一类防腐剂。但考虑到砷、铬等元素潜在的环境危害，从 2004 年开始，美国、加拿大、欧盟等已经限制其使用。经 CCA 防腐处理的木材作为木结构使用时，与土壤接触后，防腐剂会有一定程度的流失，如果时间太长，金属元素在土壤中富集，可能继续渗透至地下水源，造成水体污染。另外，当人频繁与经 CCA 处理的木材接触时，可能会诱发急性或慢性过敏症状，甚至造成人体中毒等。现有的防腐处理木材废弃后多采用入土掩埋的方式。随着防腐处理木材用量的持续增加，废弃防腐处理木材会越来越多，构建科学适当的回收模式成为当务之急。2021 年 5 月，我国已经颁布《废弃防腐木材回收规范》（GB/T 40245—2021），规定了废弃防腐木材回收的术语、定义、分类等，为废弃防腐木材回收再用提供了依据。

　　废弃木材回收利用是循环经济的重要组成部分。客观地说，所有木制品最终都会变成废弃木材。废弃木材主要来自木材加工、人造板、家具及木制品制造业的加工剩余物，城市基础建设以及城市建筑和住房装修所产生的木质废弃料，工业产品、物流仓储、会议展览、交通等行业的木质废弃物，以及其他类别的木制品废旧物。2018年的统计显示，在整个欧洲，每年共有3500万~4000万t废弃木材。我国每年产生的木制品废旧物大约有5000万 m³。从循环经济的角度出发，这有望成为很多工业生产的原料。但是，事实上却是大部分被进行焚烧或掩埋处理。其实，废弃木材回收利用的最大障碍是各组分的分离纯化，在这个过程中所消耗的能源或成本可能远高于其二次利用所获得的价值，关键是还可能会环境造成再次危害。在工业上，唯一能够进行回收再利用的木材是生产刨花板。意大利和德国在刨花板生产中使用废弃木材的绝对量最高，估计每年有150万~160万t干材。废弃木材回收再利用受板材质量（表面）、污染程度、价值链等因素的影响。

　　实现木材加工企业的生态化发展，仍然任重道远，因此各级政府要给予政策支持，企业也要树立高度负责的环保意识。当前，科学发展观、"两山"理论、习近平新时代中国特色社会主义思想等，都为开创木材加工企业与经济和环境"双赢"模式提供了理论和实践指引。

本章小结

　　本章主要阐述了木材科学与工程专业所对应的木材产业对于社会发展、国民经济和生态环境的响应特性。客观来说，木材及其制品在加工使用中既有积极作用，也存在一些问题。两者之间是有矛盾的，但亦是可以辩证统一的。作为符合绿色低碳经济、可持续发展的重要资源，必须深入理解木材行业的发展现状，充分发挥木材的绿色属性，驱动行业提高自主创新能力，真正实现木材产业的转型升级和高质量发展。

思考题

　　1. 简述木材科技发展对于生态型行业的意义。
　　2. 系统理解木材产业中的循环经济元素。
　　3. 分析影响木材科技创新模式的关键因素。
　　4. 如何正确理解木材加工行业对于"碳达峰、碳中和"的贡献？
　　5. 思考木材资源化利用的途径与可能模式。

参 考 文 献

阿米特·班德亚帕德耶，萨斯米塔·博斯，2017. 3D 打印技术与应用[M]. 王文先，葛亚琼，崔泽琴，译. 北京：机械工业出版社.

蔡志楷，梁家辉，2016. 3D 打印和增材制造的原理及应用[M]. 4 版. 陈继民，陈晓佳，译. 北京：国防工业出版社.

曹金珍，2006. 国外木材防腐技术和研究现状[J]. 林业科学，42(7)：120-126.

陈蓓秋，林春香，刘以凡，等，2020. 离子液体在纳米纤维素制备中的应用进展[J]. 化工学报，71(3)：903-913.

陈晓阳，沈熙环，2021. 林木育种学[M]. 2 版. 北京：高等教育出版社.

楚杰，段新芳，吕斌，等，2013. 基于低碳经济的木材工业发展战略研究[J]. 木材工业，27(3)：25-28.

邓朝辉，2021. 智能制造技术基础[M]. 武汉：华中科技大学出版社.

邓叶，余康，商敏欣，等，2021. 非关税壁垒对林产品贸易影响研究进展[J]. 世界林业研究，34(5)：8-13.

翟海潮，张军营，曲军，2021. 现代胶黏剂应用技术手册[M]. 北京：化学工业出版社.

杜宇雷，2020. 3D 打印材料[M]. 北京：化学工业出版社.

葛英飞，2019. 智能制造技术基础[M]. 北京：机械工业出版社.

顾继友，2017. 我国木材胶黏剂的开发与研究进展[J]. 林产工业，44(1)：6-9.

顾炼百，丁涛，江宁，2019. 木材热处理研究及产业化进展[J]. 林业工程学报，4(4)：1-11.

郭明辉，李坚，关鑫，2012. 木材碳学[M]. 北京：科学出版社.

国家林业和草原局，2019. 中国森林资源报告(2014—2018)[R]. 北京：中国林业出版社.

花军，2009. 节能环保型木材加工设备的开发[J]. 林业机械与木工装备，37(12)：4-8.

李坚，2010. 木材的生态学属性——木材是绿色环境人体健康的贡献者[J]. 东北林业大学学报，38(5)：1-8.

李坚，2010. 木材对环境保护的响应特性和低碳加工分析[J]. 东北林业大学学报，38(6)：111-114.

李坚，2013. 木材保护学[M]. 2 版. 北京：科学出版社.

李坚，2014. 木材科学[M]. 3 版. 北京：科学出版社.

李坚，2017. 生物质复合材料学[M]. 2 版. 北京：科学出版社.

李坚，甘文涛，王立娟，2021. 木材仿生智能材料研究进展[J]. 木材科学与技术，35(4)：1-14.

李坚，郭明辉，赵西平，2011. 木材品质与营林环境[M]. 北京：科学出版社.

李坚，栾树杰，1993. 生物木材学[M]. 哈尔滨：东北林业大学出版社.

李少锋，2019. 林木木材形成机制及材性改良研究进展[J]. 温带林业研究，2(2)：40-47.

李书伟，龚嘉悠，2010. 从"中国制造"到"中国创造"的跨越：何贻信在国际商战路上的铿锵行动[J]. 中国林业产业(2)：36-40.

李伟，刘守新，李坚，2020. 纳米纤维素的制备与功能化应用基础[M]. 北京：科学出版社.

李越方，陈炳耀，曹明，2019. 木器漆与涂装的发展[J]. 山东化工，48(22)：56-57.

梁思成，2001. 梁思成全集(第四卷)[M]. 北京：中国建筑工业出版社.

廖可瑜，吴美燕，刘超，等，2020. 低共熔溶剂在纳米纤维素制备中的应用和研究进展[J]. 中国造纸，39(2)：65-72.

刘博文，周云霞，周照玲，等，2021. 木材工业用淀粉胶黏剂的研究进展[J]. 中国胶黏剂，30(10)：53-61.

刘一星，于海鹏，赵荣军，2007. 木质环境学[M]. 北京：科学出版社.

罗东炜，张智光，陈岩，等，2017. 绿色木材加工产品认同度以及消费倾向研究[J]. 中国林业经济，143(2)：26-31.

罗建举，罗帆，何拓，等，2015. 木与人类文明[M]. 北京：科学出版社.

吕建雄，徐康，刘元，等，2014. 速生人工林杨木增强改性的研究进展[J]. 中南林业科技大学学报，34(3)：99-103.

梅长彤，韩广萍，吴章康，2012. 刨花板制造学[M]. 北京：中国林业出版社.

牛晓霆，2013. 明式硬木家具制造[M]. 哈尔滨：黑龙江美术出版社.

潘景龙，祝恩淳，2019. 木结构设计原理[M]. 北京：中国建筑工业出版社.

彭晓瑞，吕斌，王超，等，2021. 木制品表面装饰新产品和新技术[J]. 木材科学与技术，35(2)：6-11.

卿彦，吴义强，罗莎，等，2016. 生物质纳米纤维功能化应用研究进展[J]. 功能材料，47(5)：5043-5049.

卿彦，易佳楠，吴义强，等，2016. 植物纳米纤维薄膜研究进展[J]. 中国造纸学报，31(2)：55-62.

卿彦，易佳楠，吴义强，等，2018. 纳米纤维素储能研究进展[J]. 林业科学，54(3)：134-143.

沈和定，石峰，英犁，等，2020. 基于循环经济的木材工业可持续发展研究[J]. 林产工业，57(9)：53-55.

施季森，2012. 林木生物技术育种未来10年若干科学问题展望[J]. 南京林业大学(自然科学版)，36(5)：1-13.

石江涛，李坚，2011. 木材形成的分子生物学研究——"多组学"在应力木系统中的应用[J]. 东北林业大学学报，39(8)：101-105.

石江涛，李坚，2019. 基于代谢组学分析技术的木材形成机理研究[J]. 西南林业大学学报，39(1)：1-8.

宋东亮，沈君辉，李来庚，2008. 高等植物细胞壁中纤维素的合成[J]. 植物生理学通讯，44(4)：793-794.

唐世钰，杨健，杜宏，等，2021. 纤维素纳米纤丝在生物质基3D打印材料中的应用研究[J]. 中国造纸，40(1)：95-105.

田莉丽，吴盛富，2012. 森林认证与木材合法性验证的比较[J]. 中国人造板，19(4)：33-34.

田莉丽，吴盛富，2012. 森林认证与木材合法性验证的比较(续)[J]. 中国人造板，19(5)：33-35.

王济昌，王晓琍，2006. 现代科学技术名词选编[M]. 郑州：河南科学技术出版社.

王鹏，2019. 木用涂料40年[J]. 中国涂料，33(12)：18-22.

王清文，王伟宏，2018. 木塑复合材料制造与应用[M]. 北京：科学出版社.

王瑞，吕斌，2019. 我国木质家居表面装饰产业发展现状及思考[J]. 中国人造板，26(12)：10-14.

王颂，曹永建，李兴伟，等，2019. 木塑复合3D打印耗材制备研究进展[J]. 林业与环境科学，35(4)：118-122.

王玉镯，曹加林，高英，2018. 装配式木结构设计施工与BIM应用分析[M]. 北京：中国水利水电出版社.